自然システムを利用した水質浄化

土壌・植生・池などの活用

Sherwood C. Reed
Ronald W.Crites
E.Joe Middlebrooks 著

石崎勝義／楠田哲也 監訳

財団法人ダム水源地環境整備センター 企画

Natural Systems for Waste Management and Treatment

技報堂出版

ABOUT THE AUTHORS

SHERWOOD C. REED has 30 years of experience in the research and design of natural systems for waste treatment and other environmental engineering facilities. He is principal of Environmental Engineering Consultants (E.E.C.), an engineering firm located in Norwich, Vermont. He has authored several books and more than 100 technical articles on wastewater and sludge management.

RONALD W. CRITES is Director—Water Resources for Nolte and Associates, an engineering consulting firm in Sacramento, California. He is an internationally recognized expert on land application of wastes, water reuse, constructed wetlands, and other natural treatment processes. He has 25 years of experience in wastewater management and has written several books and numerous journal articles.

DR. E. JOE MIDDLEBROOKS is a teacher, college administrator, researcher, author of numerous books and articles, and recognized authority on lagoons and aquatic systems. He is currently with the Civil Engineering Department at the University of Nevada at Reno.

Japanese translation rights arranged with
Sherwood C. Reed, Ronald W. Crites, E. J. Middlebrooks
through Japan UNI Agency, Inc., Tokyo

Natural Systems for Waste Management and Treatment

Sherwood C. Reed
Ronald W. Crites
E. Joe Middlebrooks

Second Edition

McGraw-Hill, Inc.
New York San Francisco Washington, D.C. Auckland Bogotá
Caracas Lisbon London Madrid Mexico City Milan
Montreal New Delhi San Juan Singapore
Sydney Tokyo Toronto

Library of Congress Cataloging-in-Publication Data

Reed, Sherwood C.
Natural systems for waste management and treatment / Sherwood C. Reed Ronald W. Crites, E. Joe Middlebrooks.
p. cm.
Includes bibliographical references and index.
ISBN 0-07-060982-9 (acid-free paper)
1. Sewage—Purification—Biological treatment. 2. Sewage sludge—Management. I. Crites, Ronald W. II. Middlebrooks, E. Joe. III. Title.
TD755.R43 1995
628.3'5—dc20 94-33399
CIP

2 3 4 5 6 7 8 9 10 11 12 13 14 BKMBKM 9 9 8 7 6

ISBN 0-07-060982-9

The sponsoring editor for this book was Larry S. Hager, the editing supervisor was Olive H. Collen, and the production supervisor was Pamela A. Pelton. The book was set in Century Schoolbook by McGraw-Hill's Professional Book Group composition unit.

This book is printed on acid-free paper.

序

本書は，実地業務，自治体および製造業における水質浄化施設(汚水と汚泥の双方)の計画・設計・建設または運用に係わる技術者のためのものである．

本書の焦点は，自然の浄化機能に最大限に依存し，機械的要素になるべく依存しない水質浄化プロセスにおかれている．この自然の浄化機能を利用すれば，費用・処理エネルギーを軽減し，運用を容易にすることができる．新たな浄化システムの計画および既存のシステムの改良や更新の際には，このような自然のシステムを，まず第一に考慮の対象にしてほしいと思っている．

池システムのような本書で述べる処理技術のいくつかは，多くの技術者にとって馴染みの深いものであろうが，本文では単純化した使いやすい設計手順を紹介している．また，あまり馴染みのない他の技術でも，機械処理の場合よりもずっと低い費用で，非常に効果的な処理を行うことができる．とりわけ，湿地法のように，最近登場してきたいくつかの技術の設計基準は，他のテキストにはみられないものである．

設計にかかわる章では，対象となる技術の完全な解説，処理能力に関するデータ，そして詳細な設計手順を実例をまじえて示す．第２章では，これらの自然の生物学的システムに共通の基本的な反応および相互作用を紹介する．毒物・危険物に対する処理性をこの章で述べ，設計の章で必要に応じて議論する．第３章では，自然処理システムの計画とプロセス・用地の選択の合理的な手順を示す．

シャーウッド・C・リード

日本語版 序

本書は，土壌・池・植生などの自然システムを利用した水質浄化の方法について集大成したものである．

自然システムを利用した水質浄化とは，自然の構成要素に最大限に依存し機械的要素になるべく依存しない水質浄化のことである．その目的はコストとエネルギーを節約し，運用の複雑さを軽減することにある．

米国では 1972 年に Clean Water Act：連邦水質保全法が成立し，湖沼の水質保全などを目的として放流水の水質を厳しく管理するようになった．これ以来，土壌を利用した下水処理水の高度処理などの事業が各地で試行されるようになった．また，都市部で行われていた廃水処理が地方部に移っていくにつれて，ラグーンや安定池など分散型の処理方法へのニーズも大きくなった．これらの動向はわが国にも伝えられてきたが，やや断片的であった憾みがある．

そんな折，カリフォルニア大学デーヴィス校の浅野孝教授からのおすすめで，原著 Natural Systems for Waste Management and Treatment を手にとって見て，その内容が豊富なのにびっくりした．

すなわちこの本は水圏，地圏分野から安定池，浮遊植物，沈水植物，水生動物，湿地システム，土壌処理，汚泥処理，オンサイト汚水処理など実際に行われている多彩な水質浄化法の調査に基づき，原理やメカニズムも含めて技術の内容を実に解りやすく説明している．とくに，これらの方法で実現できる処理後の水質を調査に基づいて述べたところなどは，コンサルタントや水処理分野の技術者にもすぐに役に立つのではないかと思う．

もちろん，自然システムを利用する水質浄化法を採用するには，一定の広さの土地や水面が必要である．そのため国土の狭いわが国で，この技術がはたして使われるかどうか心配される方もおられるであろう．しかしわが国でも，都市から離れた場所で汚水処理を行うケースが増えている．また身近な自然の生態系保全のため，リン・窒素を除去したい場合も多くなっている．

さらに土地面積に余裕のある途上国などでは，経済性や資源循環の視点からまず自然システムが優位に立つことが多いと思う．

幸いにもこの本では，処理すべき水量に応じてどれくらいの面積の土地や水面が必要になるかを簡単に概算できるようになっている．このあたりには，基準にとらわれず，いろいろな技術の適用可能性を気軽に検討するという，いかにもアメリカ的な雰囲気が感じられて面白い．

なお本書で紹介された技術のなかには，日米の国情の違いによってわが国にそのまま転用出来ないものもある．そのつど註を付したので参照されたい．

本書の翻訳出版の意義については，ダム水源地環境整備センター加藤昭理事長のご理解を得ることができ，同センターの吉田延雄部長が事務局を担当してくれた．翻訳については土木研究所北川明環境部長（現 独立行政法人土木研究所企画部長），酒井憲司新下水処理研究官（現 仙台市下水道局長）を中心とする翻訳メンバーが訳出を担当した．

この本には，水処理に伴って発生する汚泥についても自然処理システム利用の説明がある．この部分は，㈱西原環境衛生研究所大久保泰宏専務を中心とするメンバーが訳出を担当した．

また監訳者にこの分野の研究に造詣の深い九州大学大学院楠田哲也教授，北海道大学大学院船水尚行助教授にも参加していただき，前掲の北川，酒井，大久保の各氏と石崎の合計6人が担当した．

また技報堂出版小巻慎部長にも大変お世話になった．

本書の出版に多大のご苦労をおかけした関係各位に深く感謝する次第である．

平成13年7月

長崎大学環境科学部教授　石崎　勝義

翻訳版の出版にあたって

ダム貯水池の水質を適切に保全することは，景観，水利用，生態系などにとって，きわめて重要なことであります．当センターにおいては，ダム水源地の環境整備および保全に関する調査研究の一環として，その水質保全にかかわる研究を進めてきております．

一方，わが国の多くの湖沼やダム貯水池においては，依然としてアオコや淡水赤潮などといった富栄養化現象が発生しており，現時点でも多くの課題を抱えている状況にあります．富栄養化の原因としては，上流域からの栄養塩の流入が主なものであります．その軽減対策として，下水道事業や農村集落排水事業などが中心となっておりますが，上流域は中山間地を抱えている場合が多いことから，多くの費用と時間が必要となっているのが現状であります．

本書「Natural Systems for Waste Management and Treatment」は，米国における水質問題の発生源対策として広く行われている自然のシステムを活用した水質浄化対策について，多岐にわたって，しかも系統立てて書かれているのが特徴であります．その施設設計にあたって具体の計算事例を含めた解説がしてあるなど，自然浄化システムにあまりなじみのない人にとっても，わかりやすい内容となっております．さらに特筆すべきは，土壌，植生，池などの自然に優しい手法で水質を浄化する方式が網羅されており，その方式は，従来の機械処理方式に比べて格段に安いコストで維持管理を行うことができることであります．

本書は，長崎大学石崎勝義教授からご紹介いただき，㈱西原環境衛生研究所のご協力を得て，当センターで翻訳・出版を企画させていただいたものであります．本書が水処理分野の技術者の方々に活用され，その結果，湖沼やダム貯水池における水質保全に役に立つことを願っております．

翻訳にあたっては，別表に掲げた多くの方々にご協力をいただきました．石崎教授および九州大学楠田哲也教授には，全編にわたって監修していただきました．また，出版にあたっては技報堂出版小巻慎部長に大変お世話になりました．あらためて皆様方に感謝申し上げます．

平成13年　盛夏

(財)ダム水源地環境整備センター
理事長　　加藤　　昭

翻訳委員会名簿

〈監　訳　者〉

石崎　勝義　長崎大学環境科学部教授

大久保泰宏　株式会社 西原環境衛生研究所専務

北川　　明　独立行政法人 土木研究所企画部長

楠田　哲也　九州大学大学院工学研究科都市環境システム工学専攻教授

船水　尚行　北海道大学大学院工学研究科都市環境工学専攻助教授

〈翻　訳　者〉

安陪　和雄　国土交通省国土技術政策総合研究所環境研究部河川環境研究室主任研究員

天野　邦彦　国土交通省国土技術政策総合研究所環境研究部河川環境研究室主任研究員

石崎　勝義　前　　掲

石橋　康弘　長崎大学環境保全センター助手

忌部　正博　社団法人 雨水貯留浸透技術協会技術第1部長

大久保泰宏　前　　掲

北川　　明　前　　掲

酒井　憲司　仙台市下水道局長

杉山　和一　長崎大学環境科学部助教授

土屋　之也　株式会社 西原環境衛生研究所新規事業推進部

中村　　徹　株式会社 西原環境衛生研究所設計部

船水　尚行　前　　掲

安田　佳哉　国土交通省国土技術政策総合研究所環境研究部河川環境研究室長

吉田　延雄　財団法人 ダム水源地環境整備センター研究第二部長

〈事　務　局〉

財団法人　ダム水源地環境整備センター

（五十音順，所属は2001年6月現在）

目　　次

第1章　水質浄化のための自然処理システム：概要

本書で述べる水質浄化システムは，期待する水質浄化または管理の目標を達成すると同時に，自然の反応を最大限に利用するように設計されている．このシステムによれば多くの場合機械処理よりも建設と運転の費用が低く，必要とするエネルギーが少なくなる．

1.1　自然処理システム

総ての水質浄化プロセスは，沈殿における重力のような自然の作用，あるいは生物体のような自然の要素に依存している．しかしながら，通常これらの自然の要素の機能は，往々にして複雑な要素からなるエネルギー消費型の機械装置によって支えられている．本書に用いる「自然システム」という用語は，目標を達成するために自然の要素に主として依存するシステムをさす．この自然システムは汚水輸送のためのポンプと配管を別として，主要な処理過程を維持するのに外部エネルギー源に依存しないものとする．

1.1.1　背　　景

水質浄化のために自然システムを使おうとする大きな動きは，米国では1972年の水質保全法(Clean Water Act PL 92-500)の可決後に再登場した．当初，法律の「ゼロディスチャージ」命令は，高度汚水処理(AWT)用の機械装置の組合せにより達成されると多くの人が考えた．たしかに理論的には，指定されたあらゆるレベルの水質を，機械操作の組合せによって実現することができる．しかしながら，この手法にはエネルギーが必要でコストが高くなることが明らかになり，代替案の研究が開始された．

汚水の土壌処理が，再発見された最初の「自然」技術であった．19世紀には，これは唯一使われていた汚水処理方法であったが，近代的な装置の発明とともに徐々に使用されなくなっていった．研究と調査により，土壌処理はPL 92-500の総ての目標を実現することができると同時に，汚水中の栄養塩類や，その他の無機物および有機物の再利用によって，大きな便益が得られることが明らかになった．汚水の土壌処理は，PL 92-500施行後の10年間に，実行可能な処理技術として技術者の間で認識され受入れられるようになり，いまやプロジェクトの計画および設計に日常的に考慮されている．

池システムと汚泥の土壌還元も，利用が途絶えたことのない「自然」技術である．安定池は自然の池で生じる物理的･生化学的相互作用を応用したものである．また，汚泥の土壌還元は動物の肥料を用いた伝統的な農法を真似たものである．

水圏や湿地を利用するシステムの技術は，米国における汚水と汚泥の利用に関するまったく新たな展開産物である．これらの技術のいくつかは，費用効率の良い水質浄化の選択肢を与えるものであるので，本書に含めている．調質・脱水・処理および再利用などの汚泥処理技術も，同様に自然の要素とプロセスに依存する．第8章で議論する汚泥処理手順は，現行の米国環境保護庁(USEPA)の下水汚泥の利用または処理の規制および指針(40 CFRパート257，403，503)に適合している．

1.1.2　水質浄化の技術と処理性能

効果的な水質浄化のための自然システムは，3つの主要な分野すなわち水圏，地圏および湿地を利用するシステム技術として利用可能である．いずれも自然の物理・化学反応，ならびに各プロセスに独特の生物学的要素に依存する．

a.　水圏を利用するシステム

自然の水圏を利用する処理ユニットの設計諸元と処理性能を，**表-1.1**に要約する．いずれの場合も，主要な処理反応は生物学的要素によるものである．水圏を利用するシステムを細分化し，第**4**章で微生物と下等植物および動物に依存する安定池や池システムを，第**5**章では高等植物および動物を利用するものを扱う．

表-1.1に列挙した池システムでは，ほとんどの場合，処理性能と最終的な水質いずれも，システム中に存在する藻類に依存する[7]．藻類は機能的にすぐれており，酸素を供給して他の生物学的反応を助ける．第**4**章で論じる藻類-炭酸塩

表–1.1 水圏を利用する処理システムの設計諸元と処理性能[2,7,12]

手　法	処理の目標	代表的な基準			有機物負荷 [kg/ha・d]	処理水の特性*1 [mg/L]
		必要な気候	滞留時間 [d]	深さ [m]		
酸化池	二次	温暖	10～40	1～1.5	40～102	BOD 20～40 TSS 80～140
通性嫌気性安定池	二次	なし	25～180	1.5～2.5	22～67	BOD 30～40 TSS 40～100
部分混合曝気式安定池	二次，仕上げ	なし	7～20	2～6	50～200	BOD 30～40 TSS 30～60
貯留および放流制御型安定池	二次，貯水，仕上げ	なし	100～200	3～5	－*2	BOD 10～30 TSS 10～40
ホテイアオイ池	二次	温暖	30～50	<1.5	<30	BOD<30 TSS<30
ホテイアオイ池	AWT，二次インプットによる	温暖	>6	<1	<50	BOD<10 TSS<10 TP<5 TN<5

注）*1　BOD＝生物化学的酸素要求量；TSS＝全懸濁物質量（濃度は藻類の含有量による）；TP＝全リン；TN＝全窒素（かなりの金属の除去も行う）

*2　通性嫌気性または曝気処理装置として設計されたシステムの最初のセル

反応は，池における効率的な窒素除去の基礎となる．しかし，懸濁物質濃度に厳しい制限がある場合は，藻類では，除去が困難になる可能性があり，その場合には，代替手段を考えなければならない．このために，池の水質と受水域の水質条件が一致するまで，処理水を貯留する放流制御システムが開発された．**表–1.1** に列挙したホテイアオイ池は，植物の葉が表面を覆い日光の透過を減少させるために，池の中の藻類の成長を抑制する．水圏を利用するシステムに用いられる他の植生および動物については，第**5**章で述べる．

b.　湿地処理システム

湿地は，水分で飽和した土壌と，そこに生育する植生の成長を維持できるように，1年のうちかなりの期間，地下水位が地表面あるいは地上にある土地として定義される．湿地の水質浄化能力は，多様な地理的環境における数多くの研究で立証されている．このように利用されている湿地には，既存の自然の湿地，湿原，水辺，沼地，泥炭湿地，イトスギの繁みや汚水処理のために建設された人工湿地が含まれる．

表-1.2　湿地を利用する処理システムの設計諸元と処理性能[2,7,9]

手　法	処理の目標	代表的な基準			有機物負荷 [kg/ha・d]	処理水の特性*1 [mg/L]
		必要な気候	滞留時間 [d]	深さ [m]		
自然の湿地	仕上げ，AWT，二次インプットによる	温暖	10	0.2～1	100	BOD 5～10 TSS 5～15 TN 5～10
人工湿地						
表面流湿地	二次，AWTまで	なし	7～15	0.1～0.6	200	BOD 5～10 TSS 5～15 TN 5～10
伏流湿地	二次，AWTまで	なし	3～14	0.3～0.6	600	BOD 5～40 TSS 5～20 TN 5～10

注）*1　記号については表-1.1注）を参照のこと．

表-1.2は，3種の基本的な湿地について設計の特徴と処理性能をまとめたものである．自然湿地の利用における制約として，ほとんどの規制当局が湿地を排出先水域の一部と考えてしまうということがある．その結果，湿地に排出される処理水は，放流水基準を満たしていなければならないことになる．この場合，湿地の水質浄化能力が十分に利用されないことになる．

人工湿地システムは，流入水水質に対する特別な制約条件を設けることなく，システムの流況すべてにわたり信頼性の高い制御を保証でき，したがって自然の湿地より確実に機能するものとなりうる．一般に用いられている人工湿地には，

①　水面が大気中に出ている点で自然の湿地に似ている表面流湿地，

②　透水性の材質を使用し，水位を土層表面より下に維持する伏流湿地

の2つのタイプがある．これらの方法および変法の詳しい解説は第**6**章を参照されたい．汚泥乾燥のためのこの方法の変法は第**8**章を見られたい．

c.　土壌処理システム

表-1.3は，3つの基本的な土壌処理システムの設計諸元と処理性能を示している．これら総てが，土壌中の物理・化学および生物学的反応に依存している．また，緩速浸透法および表面流下法には，主要な処理要素として植生が必要である．緩速浸透法では，樹木から牧草，条植え作物まで広範囲の植生を利用することができる．第**7**章で述べるように，表面流下法では常時植物によっておおわれ

表-1.3　土壌処理システムの設計諸元と処理性能[11,13]

手　法	処理の目標	代表的な基準			水理学的負荷 [m/年]	流出水の特性 [mg/L]
		必要な気候	植生	面積 [ha]*1		
緩速浸透	二次または高度処理	温暖な季節	あり	23〜280	0.5〜6	BOD<2 TSS<2 TN<3*2 TP<0.1 FC 0*3
急速浸透	二次，高度処理または地下水涵養	なし	なし	3〜23	6〜125	BOD 5 TSS 2 TN 10 TP<1*4 FC 10
表面流下	二次，窒素除去	温暖な季節	あり	6〜40	3〜20	BOD 10 TSS 10*4 TN<10
オンサイト	二次から三次	なし	なし	3 785 m³/d の流れには適用されない．水底の広さと能力は予備処理レベルに依存する．第**6**章および第**9**章を参照のこと．		

注）*1　計画流量 3 785 m³/d．
　　*2　窒素除去は作物と管理のタイプに依存．
　　*3　FC：糞便性大腸菌群［個/100 mL］．
　　*4　ため池の近くで測定．移動距離が長いほど除去率は増大する．
　　*5　懸濁物質の総量は，流入する汚水の種類に部分的に依存．

るようにするために多年草を用いる．いくつかの例外を除いて，一般に急速浸透法の水量負荷は高すぎて，有用な植生を維持できない．いずれの方法でも，高水質の放流水を期待できる．一般に，緩速浸透法では浸透水が飲料水用水質を達成するように設計することができる．

これら処理水の再利用は，いずれの方法でも可能である．回収は表面流下法が最も容易である．これは処理水が土壌面の下端で流出溝に放流されるためである．多くの緩速浸透法および急速浸透法では，水回収用の暗渠または井戸を必要とする．

もう1つのタイプの土壌処理法は，一家族用の住居，学校，公共施設および商業施設に用いられるオンサイトシステムである．これは一般に一次処理段階を含み，その後に土壌中に排出するものである．第**9**章で，このオンサイトシステムについて述べる．一次処理に用いる小規模の人工湿地については，第**6**章で述べる．

d. 汚泥処理のコンセプト

表-1.4に列挙した凍結，コンポスト化やリードベッド法は，汚泥の最終的な処分または再利用を意図したものである．第8章に述べる凍結/融解法は，融解時に汚泥の固体含有率をほぼ瞬時に，35%以上にまで容易に上昇させることができる．コンポスト化は，汚泥をいっそう安定化させ病原体含有率を大幅に減少させ，水分含有率を減少させる．リードベッド法の主な利点は多年にわたる汚泥散布を可能にする点であるが，除去前の乾燥が必要になる．また，埋立処分が許容される固体含有率を容易に達成することができる．

汚泥の土壌還元は，汚泥中の栄養塩類を農業・林業および土地改良プロジェクトに利用されうるように設計する必要がある．通常，汚泥負荷原単位は対象とする植生の栄養塩類の要求性に基づいて決められる．さらに，汚泥の金属含有率により，ある特定の場所に散布する際に単位面積当りの負荷原単位と散布期間の双方が制限される場合がある．

e. 費用とエネルギー

自然の機能を利用する手法に対する興味は，元来は可能な限りの資源のリサイ

表-1.4　自然の方法による汚泥処理・処分[1]

方　法	内　容	制　約
凍結	冬期に寒冷な気候で汚泥を調節・脱水する方法．現在利用できるどのような機械装置よりも効果的かつ確実である．既存の砂床を利用できる．	汚泥層が完全に凍結するのに十分な長さの零度以下の天候が必要．
コンポスト	汚泥をさらに安定化し脱水し，殺菌する手法であり，最終生成物の利用の制約が少ない．	混合と分別のために水分低下用添加物と機械装置が必要．寒冷な気候では，冬期の運用に困難な場合がある．
リードベッド法	砂層を有し，下層へ排水できるようになった葦を植えた狭い溝またはろ床．植生が水分の除去を助ける．	温暖から穏やかな気候に最も適する．植生の刈取りと整理が毎年必要．
土壌還元	農地・森林または干拓地に，液体または部分的に乾燥した汚泥を散布・注入する手法．	州と連邦の規制により，金属等の年当りおよび累積の負荷が制限されている．

クルと再利用をめざす環境倫理に基づくものであった．前項で述べた多くの方法は，そのような可能性を有している．しかしながら，多くのシステムが設置され運転の経験が蓄積されるにつれて，これらの自然の機能を利用するシステムは，立地条件が好ましければ，よく知られ普通に使われている機械技術よりも通常は少ない費用と少ないエネルギーで建設・運用できることがわかってきた．多数の比較事例が，このような費用とエネルギーの優利性を明らかにしている[8,10]．このような優利性は今後も変ることがなく，長期的にさらに増していく可能性が高い．例えば，米国には1970年代初めに，約400の家庭用の汚水処理のための土壌処理システムが存在した．その数は1980年代半ばまでに，少なくとも1 400に増え，2000年までに2 000をこえると想定されている．これに匹敵する数の工業用，商業用のシステムも存在すると，推定されている．これらのプロセス選択はこれまでも，そして今後も費用とエネルギーの観点から，され続けると思われる．

1.2 計 画 作 成

水質浄化プロジェクトの構築は，公共と企業とを問わず，技術的な要素に加えて制度と社会の問題に影響される．これらの問題は計画および予備設計の段階

表-1.5 プロジェクト構築の指針

仕　　事	説　　明	参照する章
汚水の特性化	処理する汚水の量および組成を決定する．	*
コンセプトの実行可能性	自然のシステムのいずれかが特殊な汚水および立地の条件と要求に合致する場合には，それを確定する．	2, 3
設計上の制限	設計を左右する汚水の成分を決定する．	3
プロセスの設計	池システム	4
	水圏を利用するシステム	5
	湿地システム	6
	地圏を利用するシステム	7
	汚泥管理	8
	オンサイトシステム	9
土木機械工学的な詳細	共同体，ポンプステーション，輸送管等の回収ネットワーク	*

注）＊：このテキストでは扱わない．参照文献〔5〕および〔6〕を参照のこと．

における決定に影響したり，しばしば変更をせまる可能性がある．連邦，州および地域レベルの現在の規制要請は，特に重要である．技術者はプロジェクト構築のなるべく早い段階でこのような制約を明確にし，考慮対象の手法が制度的に実行可能であることを確認しなければならない．参考文献〔3, 4, 11〕は，プロジェクト構築の制度的・社会的な面に関して有用な指針を与えるものである．

表-1.5は，プロジェクト構築の技術的条件に関する指針の要約と，必要な基準を解説する本書の各章を示している．汚水の特徴づけと設計のための土木機械工学的な細部に関する詳細な情報は自然システムに特有のものではないので，このテキストには含めていない．これについては参考文献〔5〕および〔6〕を参照されたい．

参考文献

1. Banks, L., and S. Davis: Wastewater and Sludge Treatment by Rooted Aquatic Plants in Sand and Gravel Basins, in *Proceedings of a Workshop on Low Cost Wastewater Treatment,* Clemson University, Clemson, SC, Apr. 1983, pp. 205–218.
2. Bastian, R. K., and S. C. Reed (eds.): *Aquaculture Systems for Wastewater Treatment,* EPA 430/9-80-006, U.S. Environmental Protection Agency, Washington, DC, Sept. 1979.
3. Deese, P. L.: Institutional Constraints and Public Acceptance Barriers to Utilization of Municipal Wastewater and Sludge for Land Reclamation and Biomass Production, in *Utilization of Municipal Wastewater and Sludge for Land Reclamation and Biomass Production,* EPA 430/9-81-013, U.S. Environmental Protection Agency, Washington, DC, July 1981.
4. Forster, D. L., and D. D. Southgate: Institutions Constraining the Utilization of Municipal Wastewaters and Sludges on Land, in *Proceedings of Workshop on Utilization of Municipal Wastewater and Sludge on Land,* University of California, Riverside, Feb. 1983, pp. 29–45.
5. Metcalf & Eddy, Inc.: *Wastewater Engineering: Collection and Pumping of Wastewater,* McGraw-Hill, New York, 1981.
6. Metcalf & Eddy, Inc.: *Wastewater Engineering: Treatment, Disposal, Reuse,* 3d ed., McGraw-Hill, New York, 1991.
7. Middlebrooks, E. J., C. H. Middlebrooks, and S. C. Reed: Energy Requirements for Small Wastewater Treatment Systems, *J. Water Pollution Control Fed.,* 53(7), July 1981, pp. 1172–1197.
8. Middlebrooks, E. J., C. H. Middlebrooks, J. H. Reynolds, G. Z. Watters, S. C. Reed, and D. B. George: *Wastewater Stabilization Lagoon Design, Performance and Upgrading,* Macmillan, New York, 1982.
9. Reed, S. C., R. Bastian, S. Black, and R. K. Khettry: Wetlands for Wastewater Treatment in Cold Climates, in *Proceedings Water Reuse III Symposium,* American Water Works Association, Denver, CO, August 1984.
10. Reed, S. C., R. W. Crites, R. E. Thomas, and A. B. Hais: *Cost of Land Treatment Systems,* EPA 430/9-75-003, U.S. Environmental Protection Agency, Washington,

DC, 1979.
11. U.S. Environmental Protection Agency: *Process Design Manual—Land Treatment of Municipal Wastewater,* EPA 625/1-81-013, Center for Environmental Research Information, Cincinnati, OH, Oct. 1981.
12. U.S. Environmental Protection Agency: *Process Design Manual for Municipal Wastewater Stabilization Ponds,* EPA 625/1-83-015, Center for Environmental Research Information, Cincinnati, Ohio, 1983.
13. U.S. Environmental Protection Agency: *Process Design Manual Supplement on Rapid Infiltration and Overland Flow,* EPA 625/1-81-013a, Center for Environmental Research Information, Cincinnati, OH, Oct. 1984.

第2章　計画，実行可能性および用地の選定

水質浄化プロジェクトの計画の初期段階では，最も費用効率の良いプロセスを確実に選択できるようにするために，なるべく多くの選択肢を考えておくことが重要である．本書に述べる自然処理システムの実行可能性は，立地条件・気候および関連要素に大きく依存する．しかしながら，あらゆるプロセスについて，計画と予備設計の段階で可能性のある総ての場所で，詳細な実地調査を行うことは，実際的でも経済的でもない．本章では，実行可能性と処理施設に必要な土地面積を決定し，可能性のある場所を複数選定することを第一とする一連のアプローチを提示する．第二段階では，技術的・経済的要因に基づいて特定された場所を評価し，詳細な調査のために1ヶ所または数ヶ所を選択する．最終段階では詳細な実地調査，最も費用効率の良い選択肢の決定，そして最終設計に必要な基準を作成する．

2.1　手法の評価

開始にあたり，まず可能性のある数多くのプロセスを，放流システムと非放流システムに分ける．前者のグループには，地表水への排水口が直接放流施設があるのが普通で，通常は処理池，水生生物，湿地や表面流土壌処理施設からなる．第二の非放流のグループには，他の土壌処理法，オンサイトシステムや汚泥処理法が含まれる．用地の地形・土壌・地質および地下水の状態は，放流システムの建設にとって重要な要素であるが，第二のグループではしばしば処理プロセス自体にとって，不可欠な構成要素となる．両者の設計諸元と処理性能を，**表–1.1**，**1.2** および**表–1.3** に示す．その他の注意すべき特性と必要条件を，**表–2.1** および**表–2.2** に列挙する．

非放流システムからの浸透水が地下水と混ざり，結局近接する地表水中に現れる場合がある．このシステムでは，通常プロジェクト区域の境界に達したときに

表-2.1　放流システム：特別な条件

手　法	必要条件
処理池	放流のために地表水に近接していること，不透水性の土壌またはライナーがあること，急斜面がないこと，氾濫原の外または堤内地にあること，掘削する深さ内に岩盤層または地下水帯がないこと
水生生物利用法	池と同様の物理的特性，水生植物その他の生物学的構成要素を育てるのに適した気候でなければならない
人工湿地	放流のために地表水に近接していること，不透水性の土壌またはライナーがあること，0～3%の斜面，氾濫原にないこと，掘削する深さより下に岩盤層または地下水面があること
表面流下法	比較的不透水性の土壌，粘土および埴壌土，0～15%の斜面，地下水面および岩盤層までの深さは重要ではないが 0.5～1 m が望ましく，放流のために表面水へのアクセスが可能なこと

表-2.2　非放流システム：特別な条件

手　法	必要条件
汚水処理システム	
緩速浸透法	埴壌土および砂質ローム，>0.15～<15 cm/h の透水性が望ましく，岩盤層および地下水位>1.5m，斜面勾配<20%，農用地<12%.
急速浸透法	砂質ロームおよび砂，透水性>5～50 cm/h，斜面<10%，建設に大きな埋戻しが必要な立地は避ける．地表水に近いか飲料水に使われない帯水層上の立地を探す．
汚泥処理システム	
土壌還元・処理	一般に農地または森林地の緩速浸透法と同じ．毒性があるか危険な汚泥についての特殊な条件は，第 8 章を参照のこと．
コンポスト，凍結，ミミズ安定処理またはリードベッド法	一般に廃水処理プラントの設置位置にあるので特別な実地調査は必要ない．3 つの方法総てが地下水を保護するために不透水性の障壁を必要とする．凍結とリードベッド法には浸透水のための暗渠も必要．

この浸透水あるいは地下水が水質規制条件を満たすように設計される．これらの手法のあるものについては，暗渠，回収井戸または排出水収集溝がシステムの構成要素である場合には，直接排出として設計することも可能である．ミシガン州 Muskegon の緩速浸透処理システムはこの例である[4]．一方，ジョージア州 Clayton 郡の森林地の緩速浸透システムでは自然の地下水中に排出している[7]．この地下水流はコミュニティの飲料水供給源の一部である表面流中に現れるが，この土壌処理システムは，米国環境保護庁 (USEPA) およびジョージア州では放流システムとはみなされていない．

2.1.1 必要な情報

プロセスの実行可能性のおおよその判断と利用可能な用地の選定を，地図やその他既存の情報の分析結果に基づいて行う．**表-2.1**および**表-2.2**の必要条件と各手法に必要な推定土地面積も行う．コミュニティの地図は，地形，水域と河川，洪水の危険がある地域，コミュニティのレイアウトと土地利用(居住，商業，工業，農業，森林等)，既存の上下水道システム，成長・拡大が予想される地域，コミュニティと近接地域の土壌のタイプを示していることが必要である．このような地図の出所として，米国地質調査所(USGS)，米国土壌保全局(SCS)，州機関ならびに地域の計画・土地利用設定当局がある．

2.1.2 必要土地面積のおおよその推定

ここで得られた推定土地面積は，**表-2.1**および**表-2.2**の条件のもとで，対象となるプロセスに適した地区が存在するかどうかを地図上で決定するために用いられる．このおおよその土地面積推定値はかなり控えめなものであり，予備評価のためだけのものである．最終設計にこれらの値を用いてはならない．

a. 処 理 池

池システムの面積の推定は，処理水の要求水質[生物化学的酸素要求量(BOD)および懸濁物質(SS)で定義される]，池システムの提案タイプや地理的な位置に依存する．米国南部の通性嫌気性安定池は，カナダにおける同じものよりも必要面積が小さい．以下の算定式はプロジェクトの総面積を求めるためのものであり，溝，道路および利用不可能な部分のための余裕分を含んでいる．

(1) 酸 化 池

温暖な気候にある深さ1mの酸化池を想定し，滞留時間30日と有機物負荷90 kg/ha·dとする．処理水の期待水質がBOD＝30 mg/L，SS＞30 mg/Lである時には，

$$A_{op}=kQ \tag{2.1}$$

ここで，A_{op}：プロジェクトの総面積[ha]

Q：設計流量[m^3/d]

$k=3.2\times10^{-3}$

(2) 寒冷な気候における通性嫌気性安定池

深さ1.5mの池で有機物負荷16.8 kg/ha·d，滞留時間80日以上を仮定する

と，期待される処理水質がBOD＝30 mg/L，SS＞30 mg/Lである時，

$$A_{fc}=kQ \tag{2.2}$$

ここで，A_{fc}：通性嫌気性安定池の用地面積［ha］

$k=1.68\times10^{-2}$

（他の項は前に定義したとおり）

⑶　温暖な気候における通性嫌気性安定池

深さ1.5 mの池で有機物負荷56 kg/ha･h，滞留時間60日以上を仮定すると，期待される処理水質がBOD＝30 mg/L，SS＞30 mg/Lである時には，

$$A_{fw}=kQ \tag{2.3}$$

ここで，A_{fw}：温暖な気候の通性嫌気性安定池の用地面積［ha］

$k=5.1\times10^{-3}$

（他の項は前に定義したとおり）

⑷　放流制御型安定池

放流制御型安定池は，米国北部の気候では冬期の流出を防ぎ，温暖な地域では処理水質を決められた条件に適合させるために用いられる．代表的な深さが1.5 m，最大滞留時間が180日，予想される処理水質がBOD＜30 mg/L，SS＜30 mg/Lである時には，

$$A_{cd}=kQ \tag{2.4}$$

ここで，A_{cd}：放流制御型安定池の用地面積［ha］

$k=1.63\times10^{-2}$

（他の項は前に定義したとおり）

⑸　部分混合曝気式安定池

部分混合曝気式安定池の大きさは，気候により異なる．50日以上の滞留時間，2.5 mの深さ，100 kg/ha･dの有機物負荷を仮定すると，期待される処理水質が，BOD＝30 mg/L，SS＞30 mg/Lである時には，

$$A_{ap}=kQ \tag{2.5}$$

ここで，A_{ap}：曝気式安定池の用地面積［ha］

$k=2.9\times10^{-3}$

（他の項は前に定義したとおり）

b.　ホテイアオイシステム

ホテイアオイシステムは，未処理汚水の処理または二次処理水の三次処理仕上

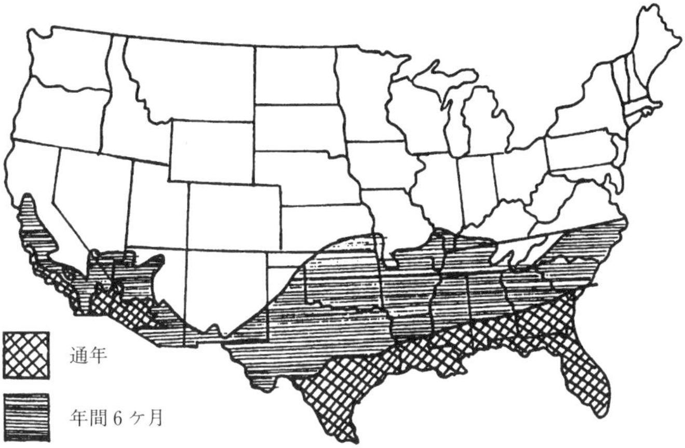

図-2.1 ホテイアオイシステムに適した地域

げまでの，あらゆるレベルについて設計することができる．他のタイプの池システムと同様，重要な設計のパラメータは，有機物負荷である．ホテイアオイシステムにより達成される栄養塩類除去の程度は，刈取りの頻度に直接的に関係する．ホテイアオイシステムは，植物が自然に生育できる場所だけで実施可能である．この範囲については**図-2.1**を，詳細な設計基準については第**5**章を参照のこと．

(1) 二次処理用ホテイアオイ池

二次処理用のホテイアオイ池は未処理汚水のために用いられ，滞留時間は50日以上，水深は1.5 m以下，水温は10℃以上である．期待される処理水質は，BOD＜30 mg/L，SS＜30 mg/Lである．ホテイアオイの主要な機能は，藻類を抑制することである．

$$A_{hs}=kQ \tag{2.6}$$

ここで，A_{hs}：二次処理用ホテイアオイ池の用地面積 [ha]

$k=9.5\times10^{-3}$

(2) 高度二次処理用ホテイアオイ池

高度二次処理用ホテイアオイ池は，一次処理水またはそれと同等水質のものを受入れ，栄養塩類の除去を含む二次処理より高次の処理を行えるように設計される．曝気を追加し，6日以上の滞留時間，1 m未満の水深，1 000 kg/ha·dの有機物負荷を仮定する．期待される処理水質はBOD＜10 mg/L，SS＜10 mg/Lであり，栄養塩類の除去は刈取りの頻度に依存する．この時，

$$A_{has}=kQ \tag{2.7}$$

ここで，A_{has}：高度二次処理用ホテイアオイ池の用地面積［ha］

$k=9.5\times10^{-4}$

(3)　三次処理用ホテイアオイ池

三次処理用ホテイアオイ池は，二次処理水を入れて高次の処理を行ったものである．他のパラメータとして6日以上の滞留時間，1 m未満の水深，50 kg/ha·dの有機物負荷，水温＞20℃を仮定し，追加の曝気は行われない．期待される処理水質が，BOD＜10 mg/L，SS＜10 mg/L，全窒素(TN)＜5 mg/L，全リン(TP)＞5 mg/Lである時，

$$A_{ht}=kQ \tag{2.8}$$

ここで，A_{ht}：三次処理用ホテイアオイ池の用地面積［ha］

$k=7.1\times10^{-4}$

(他の項は前に定義したとおり)

c.　人 工 湿 地

人工湿地は，一般に一次処理水またはそれと同等水質のものを受入れ，二次処理水以上の水質となるようにし，やや寒冷な気候で通年運用するためのものである．滞留時間は約7日間，水深は0.3 m，有機物負荷は100 kg/ha·dである．期待される処理水質は，BOD＜10 mg/L，SS＜10 mg/L，TN＜10 mg/L(温暖な季節)，TP＞5 mg/Lである．式(2.9)により得られる推定面積には，湿地に入る前の予備処理システムに必要な面積が含まれていい．

$$A_{cw}=kQ \tag{2.9}$$

ここで，A_{cw}：人工湿地の用地面積［ha］

$k=4.31\times10^{-3}$

(他の項は前に定義したとおり)

d.　表面流下法

表面流下法の用地の広さは，このプロセスの稼働期間の長さに依存する．**図–2.2**を用いて，汚水の貯水が必要になる非稼働日数を推定することができる．その後，表面流下法の設計流量を式(2.10)を用いて計算する．

$$Q_m=q_c+(t_s q_c/t_a) \tag{2.10}$$

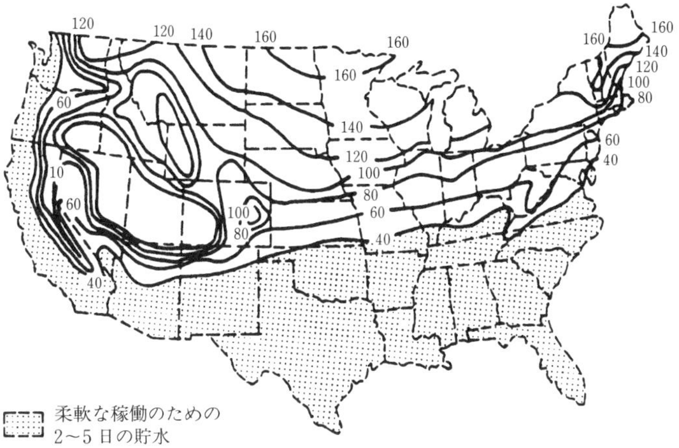

図-2.2 表面流下法の推奨貯水日数

ここで，Q_m：土壌処理に対する月平均設計流量［m³/月］

q_c：コミュニティからの月平均流量［m³/月］

t_s：貯水が必要な月数

t_a：稼働可能なシーズンの月数

表面流下法における斜面での滞留時間は約1～2時間，斜面上の水深は数cm以下である．プロセスの設計値は，通常有機物負荷にはよらない．期待される処理水質は，BOD＝10 mg/L，SS＝10 mg/L，TN＜10 mg/L，TP＜6 mg/Lである．式(2.11)により与えられる推定面積は，全日曝気運転，冬期の汚水貯水池(必要な場合)ならびに15 cm/週の水量負荷の条件に対するものであり，処理面積にはゆとり分を含んでいる．

$$A_{of}=(3.9\times10^{-4})(Q_m+0.05q_ct_s) \tag{2.11}$$

ここで，A_{of}：表面流下法の施設全面積［ha］

Q_m：土壌処理にかける月平均設計流量［m³/月］

q_c：コミュニティからの月平均流量［m³/月］

t_s：貯水が必要な月数

e. 緩速浸透法

緩速浸透法は，代表的な非放流システムである．用地面積は，稼働期間に依存する．**図-2.3**を用いて，米国各地の稼働月数を見積ることができる．その後，

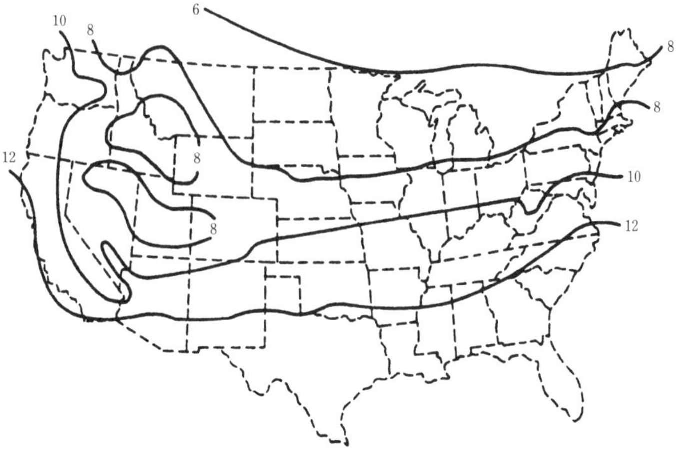

図-2.3　緩速浸透法で汚水の適用が可能な，年間のおおよその月数

緩速浸透法の設計流量を式(2.12)を用いて計算する．有機物負荷は，通常は重要な設計パラメータではない．土壌の窒素または水量の負荷許容量のいずれかが，ほとんどの場合，処理水質を決めることになる(第**7**章を参照のこと)．工業汚染物質に対する処置については，第**3**章で述べる．式(2.12)により得られる推定面積は，曝気セルにおける前処理用のゆとり分，冬期の貯水用のゆとり分と，実際の土壌処理面積を含んでいる．水量負荷を 5 cm/週と仮定し，期待される処理水質が，BOD＜2 mg/L，SS＜1 mg/L，TN＜10 mg/L，TP＜0.1 mg/L である時，

$$A_{sr}=(6.0\times10^{-4})(Q_m+0.03q_ct_s) \tag{2.12}$$

ここで，A_{sr}：緩速浸透法の施設総面積［ha］

Q_m：土壌処理にかける月平均設計流量［m³/月］

q_c：コミュニティからの月平均流量［m³/月］

t_s：貯水が必要な月数

f.　急速浸透法

急速浸透法は，一般に非放流システムである．米国全域で通年の稼働が可能であるので気候は設計要素とはならない．設計処理面積は，通常は土壌の水量負荷許容量に支配される．水量負荷が高い時，浸透水中の窒素が場合によっては 10 mg/L をこえる可能性があるので，飲料水用の帯水層に悪影響が生じない場所を

選ばなければならない．期待される浸透水質は，BOD＜5 mg/L，SS＜2 mg/L，TN＞10 mg/L，流域下の TP＜1 mg/L である．式(2.13)により与えられる推定面積には，一次処理の水質と同等なものにするための予備処理分を含む．

$$A_{ri}=kQ_m \qquad (2.13)$$

ここで，Q_m：土壌処理にかける月平均設計流量 [m^3/月]

$k=5.0\times10^{-5}$

g. 土地面積の比較

寒冷な気候の場所(緩速浸透法・表面流下法で5ヶ月の汚水の貯水)，中部大西洋諸州(3ヶ月の貯水)および米国南部(貯水なし)の，4 000 m^3/d のコミュニティの汚水処理に必要な土地面積は，式(2.1)から式(2.13)を用いて推定できる．結果を**表-2.3**に示す．表中の結果には，必要な予備処理部分と一般的な用地面積の間の不使用部分が含まれている．

ホテイアオイシステムは，**図-2.1**に示した範囲外では適用されない．湿地法は，この目的のためには通年稼働可能とみなされる．第**6**章に述べるように，湿地における処理反応は温暖な気候では高速で進行するため，北部に比較して狭い面積でよい．この相違は，計画とプロセス選択の段階では決定的なものではなく，表-2.3には含まれていない．

表-2.3 4 000 m^3/d のシステムに必要な推定土地面積

処理システム	面積 [ha]		
	北部	中部大西洋	南部
池システム			
酸化池	NA*1	NA	12.8
通性嫌気性安定池	67.2	43.6	20.4
放流制御型安定池	65.0	65.2	65.2
部分混合曝気式安定池	20.4	15.3	11.6
ホテイアオイ，二次	NA	NA	38.0
ホテイアオイ，高度二次	NA	NA	4.0*2
ホテイアオイ，三次	NA	NA	22.8*3
人工湿地	24.0	20.2	17.2
緩速浸透	134.0	102.0	72.0
表面流下	92.0	69.0	47.0
急速浸透	6.0	6.0	6.0

注) *1 NA＝適用不可
*2 一次処理のためのゆとりを含む
*3 20 ha の通性嫌気性安定池を含む

h. 汚泥処理システム

コンポスト，汚泥凍結，ミミズ安定処理やリードベッド法の汚泥処理システムに必要な土地面積は，汚泥量，水分含有量と地域の気候に依存する．それぞれの処理に必要な面積を決定するためには，第8章の手順に従えばよい．これらの汚泥処理施設は，通常汚水処理施設の近くに置かれる．必要用地は用地全体のごく一部であるため，特別な実地調査はたいてい必要ない．例外は，大量の汚泥のためのコンポスト用地であり，住民の苦情を避けコストの低い土地を利用するために，遠隔地での立地が望ましい．汚泥の土壌還元に必要な面積は，汚泥の量と特性ならびに予定されている運転方式にも依存する．**表-2.4**の負荷を用いて，主要な土壌還元の選択肢のそれぞれに必要な土地面積を推定することができる．

表-2.4　用地面積の予備決定のための汚泥の負荷

選択肢*	適用のスケジュール	代表的な割合 [m^3/ha]
農地	通年，10年間	10
森林	1回，または5年間隔で20年間	45
土地改良	1回	100
タイプB	通年	340

注）*　選択肢の詳細な説明は，第8章を参照のこと．

2.2　用地の選定

前項で与えられたり，作成された情報を，汚水処理または汚泥処理の実行可能な用地が妥当な距離のところに存在するかどうかを判断するために，コミュニティの地域の地図と組合せて用いる．

コミュニティまたは企業が，妥当な距離内に**表-2.1**および**表-2.2**に列挙した総ての汚水処理や汚泥処理法に適した立地条件を有するとは限らないので，これらのうちのいくつかは通常初期の段階で考慮対象からはずされる．技術的に可能な用地の総てを地図に書き込む．次いで，土地利用上の制約，費用および技術的な格付けの手順(次項で説明する)を考慮して，どのプロセスと立地が技術的に実行可能であるかを判断する．池，水圏および湿地を利用する手法については，可能性のある用地の数が通常限られているために，複雑な選定の手順は必要ない．これらの場合の決定的な要因は，汚水の排出源に近いことと最終的な排出のための地表水域へのアクセスである．汚水の土壌処理または汚泥の土壌還元に係わる手法については，可能性のある多数の用地が存在することが多いので，逆のことがいえる．可能性のある総ての用地について詳細な現場調査を実施することは経済的ではないので，予備選定が必要となる．

2.2.1 用地選定の手順

USEPA が推奨する選定の手順[13]は，可能性のあるそれぞれの用地を評価するために格付け要素を利用するもので，中程度から高い点数の用地が，本格的な検討，実地調査および試験の候補地になる．標準的な手順に含まれる条件には，土地の勾配，地下水深，土壌層，土地利用(現在および将来)そして汚水処理のための揚水距離と地盤高が含まれる．汚泥処理/利用のための経済的な運搬距離は，固体密度やその地固有な要素に依存するので，事例に応じて判断しなければならない．**表-2.5，2.6** は，汚水の土壌処理に用いられる．

表-2.7 は汚泥の処理に，**表-2.8，2.9** は汚泥または汚水の処理に森林地域を利用する特殊な場合のためのものである．土壌のタイプは，表-2.5～2.7 には，要素として含まれていない．これらは**表-2.1，2.2** に既に含まれており，用地の予備選定の基礎資料の一部になっていたために，格付け要素にはもはや含まれていない．

表-2.5，2.6 の様々な条件の相対的重要性は，示されている数値の大きさに反映されており，最も大きい数値が最も重要な特性であることを示している．表-2.6 の最終的な分類は，土壌処理で予想される必要な管理に関するものである．時として，汚水または汚泥を栄養塩類として積極的に受入れ，現場を管理し続けることを望む農場または森林事業者を農村地域で見つけることが可能である．

特定の用地の格付けは，表-2.5，2.6 の個々の数値を合計することにより得られる．最も格付けの高い用地が最も適している．適合性の格付けは，次の範囲内で決定することができる：

低い適合性	＜18
中程度の適合性	18～34
高い適合性	34～50

表-2.7 の液体状汚泥(固体 7％未満)に関する制約条件は，地表面に投入した汚泥の表面流出または浸食を抑えるためのものである．液体状汚泥の投入は 6～

表-2.5　汚水の土壌処理の物理的格付け要素[15]

条件	コンセプト		
	緩速浸透	表面流下	急速浸透
立地の勾配［%］			
0～5	8	8	8
5～10	6	5	4
10～15	4	2	1
15～20	森林のみ，5	NS*1	NS
20～30	森林のみ，4	NS	NS
30～35	森林のみ，2	NS	NS
＞35	森林のみ，0	NS	NS
土壌の深さ［m］*2			
0.3～0.6	NS	0	NS
0.6～1.5	3	4	NS
1.5～3.0	8	7	4
＞3.0	9	7	8
地下水の深さ［m］			
＜1	0	5	NS
1～3	4	6	2
＞3	6	6	6
土壌の透水性，最も困難な層［cm/h］			
＜0.15	1	10	NS
0.15～0.50	3	8	NS
0.50～1.50	5	6	1
1.50～5.10	8	1	6
＞5.10	8	NS	9

注）*1　NS＝不適当
　　*2　基盤または不透水性層までの土壌の深さ

表-2.6　汚水の土壌処理のための土地利用と経済的な要素[15]

条　　件	格付けの数値
汚水の排出源からの距離［km］	
0～3	8
3～8	6
8～16	3
＞16	1
高度差［m］	
＜0	6
0～15	5
15～60	3
＞200	1
土地利用，既存または計画	
工　業	0

高密度の居住地または都市	0
低密度の居住地または都市	1
農地または空地，農業用緩速浸透法または表面流下法に対して	4
森　林	
森林に対して	4
農業用緩速浸透法または表面流下法に対して	1
土地の費用および管理	
土地費用なし，農場主または森林会社の管理	5
土地購入，農場主または森林会社の管理	3
土地購入，企業または自治体の運営	1

表-2.7　汚泥の土壌還元のための物理的格付け要素[17]

条　件	コンセプト		
	農業	土地改良	タイプ B*1
土地の勾配 [%]			
0～3	8	8	8
3～6	6	7	4
6～12 (地表に液体汚泥なし)	4	6	NS*2
12～15 (液体汚泥なし)	3	5	NS
>15 (液体汚泥なし)	NS	4	NS
土壌の深さ [m]*3			
<0.6	NS	2	NS
0.6～1.2	3	5	2
>1.2	8	8	8
土壌の透水性，最も困難な層 [cm/h]			
<0.08	1	3	5
0.08～0.24	3	4	5
0.24～0.8	5	5	5
0.8～2.4	3	4	0
>2.4	1	0	NS
運転時の地下水の深さ [m]			
<0.6	0	0	NS
0.6～1.2	4	4	2
>1.2	6	6	6

注) *1　産業排水の表面処理の詳細は，第8章を参照のこと．
*2　NS＝不適当
*3　基盤または不透水性層までの土壌の深さ

表–2. 8　森林における汚泥または汚水処理のための格付け要素，地表の条件[13]

条　　件	格付けの数値*
優勢な植生	
マツ	2
広葉樹または混合林	3
植生の樹齢［年］	
マツ	
＞30	3
20～30	3
＜20	4
広葉樹	
＞50	1
30～50	2
＜30	3
マツと広葉樹の混合林	
＞40	1
25～40	2
＜25	3
勾配［%］	
＞35	0
0～1	2
2～6	4
7～35	6
地表水までの距離［m］	
15～30	1
30～60	2
＞60	3
近接する土地の利用法	
高密度の住宅地	1
低密度の住宅地	2
工業用地	2
未開発	3

注）*　総合的な格付け：3～4＝不適当，5～6＝乏しい，9～14＝良好，＞15＝優秀.

表–2. 9　森林における汚泥または汚水処理のための格付け要素，地下の条件[13]

条　　件	格付けの数値*
季節的な地下水の深さ［m］	
＜10	
1～3	4
＞10	6
基盤の深さ［m］	
＜1.5	0
1.5～3	4
＞3	6
基盤のタイプ	
頁岩	2
砂岩	4
花崗片麻岩	6
岩石の露頭（地表全体の%）	
＞33	0
10～33	2
1～10	4
なし	6
浸食等級（米国土壌保全局）	
激しい浸食	1
浸食	2
浸食なし	3
土壌の潜在収縮膨張（米国土壌保全局）	
高い	1
低い	2
中程度	3
土壌の陽イオン交換容量［m-Eq/100 g］	
＜10	1
10～15	2
＞15	3
土壌の透水性［cm/h］	
＞15	2
＜5	4
5～10	6
地表の浸透速度［cm/時］	
＜5	2
5～10	4
＞15	6

注）*　総合的な格付け：5～10＝不適当，15～25＝乏しい，25～30＝良好，30～45＝優秀.

12%の斜面では許容されるが，それより大きい勾配では，効果的な表面流出の抑制策なしでは推奨されない．

表-2.7の値を(場合により)表-2.6による土地利用および土地の費用の要素と組合せて，汚泥処理の可能な用地を格付けすることができる．これらの組合せは，次表のような範囲となる：

	農　業	土地改良	タイプB
低い適合性	<10	<10	<5
中程度の適合性	10～20	10～20	5～15
高い適合性	20～35	20～35	15～20

輸送距離は決定的な要素であり，最終的な格付けに含めなければならない．表-2.6に示した距離に対する格付けの値は，農業用の汚泥の事業にも適用できる．一般に，液体の汚泥(固体8%未満)を排出源から約16 km輸送することは経済的であるが，これより長い距離では，脱水した方が費用効率が良い．

汚水または汚泥の森林地での処理を，**表-2.8，2.9**に別のカテゴリーとして示してある．初期の事例では，使用する植生のタイプの決定が処理を最適化するための設計因子となっていて，システムの建設の際に適当な植生を決めていた．森林では，もともと存在する植生に依存する方がずっと一般的であり，その生育植生のタイプと状態が重要な選択要素となる[7]．総合的な格付けは，表-2.8および表-2.9の数値を組合せることになる．最終的な格付けには，他の方法と同様，輸送距離を含めなければならない．汚水処理システムには，表-2.6の数値を用いて差し支えない．

2.2.2　気　　候

地域の気候は，**表-2.10**に示すように，汚泥管理手法の選択に直接的な影響を与える．気候の要素は汚水処理システムの格付けの手続中には含まれないが，これは稼働にかかわる季節的な制約が，土地面積の決定の要素としてすでに含められているためである．季節的な制約条件と地域の気候は，あらゆる手法にとって水量負荷，汚水処理システムの稼動サイクル，稼働期間の長さと豪雨の流出条件を決定するうえで重要な要素である．**表-2.11**には，汚泥および汚水処理システ

表-2.10　汚泥の土壌還元に対する気候の影響

影　響	気候地域		
	温暖/乾燥	温暖/湿潤	寒冷/湿潤
稼働時間	通年	季節的	季節的
稼働コスト	低い	高い	高い
汚泥の貯蔵	少ない	多い	大部分
土壌中の塩の蓄積	高い	低い	中程度
浸出の可能性	低い	高い	中程度
表面流出の可能性	低い	高い	高い

表-2.11　土壌処理の計画に必要な気象データ

条　件	必要なデータ	分析のタイプ
降水量	雨・雪として，年平均，最大，最少	頻度
豪雨	強さ，継続時間	頻度
気温	霜のない期間の長さ	頻度
風	風向き，風速	エアロゾルの危険を評価
蒸発散量	年間および月間の平均	年間の分布

ムの両方の最終的な設計に必要な，直接関係のある気候データを列挙している．少なくとも 10 年間に 1 度生起するような事象まで考慮することを奨める．参考文献〔8，9，10〕は，これについての有用な出所である．

2.2.3　洪水に対する配慮

氾濫原内にある汚泥または汚水処理システムは，計画と設計に用いられる方法により有利にも不利にもなりうる．洪水の起きやすい地域は，排水特性が変化しやすく洪水がシステムの構成要素にダメージを与える可能性が高いために，望ましくない場合がある．他方，氾濫原および類似の地域が，その地域で唯一の深い土壌を有する地域である場合がある．規制当局が許可するなら，この汚水や汚泥処理のための用地を，氾濫原管理計画の重要な要素として利用することができる．また，汚水や汚泥をオフサイトで貯蔵できれば，その処理地を洪水にさらしていいとして設計することも可能となる．

米国の洪水の起きやすい地区のマップが，米国地質調査所 (USGS) により洪水損害管理上国内統一プログラムの一部として，多くの地域について作製されている．このマップは，標準の 7.5 インチ USGS 地形図に基づいてつくられている．これは，百年に１回の確率で発生する洪水により氾濫が生じる可能性のある地域を，白黒の重ね刷りで示したものである．他の詳細な洪水情報は，通常は米軍工兵隊の地方事務所や洪水管理局から入手可能である．選定作業を進めていく途中で，洪水の起きやすい地域が特定された場合には，詳細な現場調査を開始する前に，地域当局に問合せて規制の条件を確認する必要がある．

2.2.4 水利権

ミシシッピー川より東の各州の河岸所有者水利法は，水路沿いの土地所有者がそこの水を利用する権利を保護している．西部諸州の専有法は，以前からの水の利用者の権利を保護している．いずれの汚水の自然処理システムを採用しても，水利権にかかわる問題に直接的な影響がある：

・施設用地の排水が量的・質的に影響を受ける可能性がある．

・非排出システム，あるいは新たな排出場所の設置が，以前から排出されている水域の流量に影響する．

・土壌処理システムの運転により，水域への排水のパターンと質が変化する可能性がある．

明確にわかる河道または流域の地表水に加えて，多くの州は他の表面水および地下水も規制または管理している．専有使用する場合に対する州および地域の排出条件を，設計開始に先だって明らかにしておかなければならない．プロジェクトが法的に問題となる可能性がある場合には，水利権所有者の意見を聞くべきである．

2.3 用地の評価

用地とシステムの選択プロセスの次の段階は，地図データを確認するための実地調査と，その後の確認と設計に必要なデータを得るための実地試験に係わるものである．この予備的な手順には，前の段階で選定した何箇所かの用地の費用効率を評価できるよう，資本金と運転・保守費の見積りが含まれる．その後に，これらの結果に基づいて，最終設計のための手法と用地を選択する．それぞれの用地評価には，以下の情報が含まれていなければならない．

・土地所有権，用地の物理的諸元，現在と将来の土地利用

・地表水と地下水の状態：井戸の位置と深さ，地表水，洪水と排水の問題，地下水位の変動，地下水の水質と利用者
・緩速浸透法およびほとんどの汚泥処理システムでは1.5 mまで，急速浸透法および池タイプのシステムでは最低3 mまでの土壌の物理的・化学的特性の鉛直分布
・農作物：作付けのパターン，収穫高，使用肥料，耕作法と潅漑方法，作物の最終用途，敷地内への車両によるアクセス
・林地：樹木の樹齢と種，商業用かレクリエーション用か，潅漑方法と施肥方法，当該地までと敷地内の車両によるアクセス
・開拓地：既存の植生，開拓を妨げた歴史的な原因，以前の開拓の努力，勾配または地形の変更の必要性

急速浸透法用地の調査には，地形および土壌のタイプと均一性を特に考慮する必要がある．広範囲な掘削と土盛りまたはそれに関連する大量の土砂を移動させる工事は費用がかかるばかりではなく，必要な土壌の特性が圧密によって変化する可能性がある．狭い範囲に多数の際だった変化があるような場所は，急速浸透法にとって最善ではない．かなりの粘土分（>10%）がある土壌で，設計により土盛りが必要とされる場合には，通常急速浸透法の建設を避ける．用地全体にわたって非常に不均一な土壌のところでは，急速浸透法が絶対に無理というわけではないが，立地調査の費用と複雑さが大幅に増大することになる．

2.3.1　土壌調査

表–2.12は，必要な土地の土壌の物理的・化学的特性を明らかにするための，現地試験の一連のアプローチを示したものである．現場の試験用縦坑とボーリングに加えて，用地内または付近の道路の切通し，土取場および耕作した畑の土壌は，ルーチンとしての調査対象とすべきである．

土壌の状態が許せば，主な土壌のタイプそれぞれについて，深さ3 mまでのバックホー試験用縦坑を掘ってみることを推奨する．土壌のサンプルは重要な層，特に汚水の浸透面とみられる層または汚泥の散布層のものが必要である．これらのサンプルは将来の試験のために保管しておくべきである．試験用縦坑の壁を注意深く調査し，**表–2.13**に列挙した特性を明らかにする．参考文献〔11, 15, 18〕は，このために有用な出典である．試験用縦坑は，地下水の浸出が生じ

表-2.12 一連の現地試験，左から右が一般的な順序[1]

コメント	試験用縦坑	試験ボーリング	透水試験*1	土壌の化学的性質*2
試験のタイプ：	バックホー縦坑，道路の切通し等も調査する	ドリルまたはオーガー，土壌データと水位のために地域の井戸も記録する	可能なら湛水試験	米国土壌保全局土壌調査も再検討する
必要なデータ：	断面の深さ，組成，構造，制約を与える層	地下水位，不透水層の深さ	浸透速度	窒素，リン，金属等，滞留，土壌および作物管理
その後に推定：	透水性試験の必要性	地下水流の方向	水量負荷許容量	土壌の改善，作物の制限
さらに試験：	必要なら透水性	必要なら水平方向の透水性	—	—
さらに推定：	水量負荷	地下水のマウンド，排水の必要性	—	あらゆる浸透水の水質
試験の回数：	最低3～5回，大規模な用地・不均一な土壌ではさらに多数	最低3回，急速浸透では緩速浸透より多数，不均一な土壌ではさらに多数	最低2回，大規模または不均一な土壌ではさらに多数	用地のタイプ，土壌の均一性，汚水の特性による

注）*1 汚水の土壌処理のみに要求される．地表下の浸透性をある程度明らかにすることは，池および汚泥システムにも必要とされる．
*2 一般に，汚泥または汚水の土壌処理のみに必要とされる．

るかどうかを判断するために十分な期間開けておき，その後に到達した最も高い水位を記録する．同様に重要なのは，土壌の斑紋によってよく示されていることがある季節的に高くなる地下水位の痕跡である (参考文献〔15〕を参照のこと)．

土壌ボーリングは，地下水面が地表から 10～15 m 以内であれば，その下の層まで貫通していなければならない．用地内のそれぞれの主要な土壌タイプのところで，少なくとも 1 箇所ボーリング調査を行う．全体的にみて均一なら，大規模なシステムの場合 1～2 ha ごとに 1 箇所のボーリングを行う．小規模なシステム (<5 ha) では，用地全体にわたって間隔をあけ 3～5 箇所の浅いボーリングを考える (参考文献〔17, 18〕を参照のこと)．

経験を積んだスタッフなら，現地において**表-2.13** の総てのパラメータの測定または推定が可能である．この予備的な現地確認は，地図調査の段階で得られた公表されている土壌データを，確認または修正するのに役立つ．とっておいたサンプルによる実験室テストで現地の状況を確認し，設計の基準とする．

表-2.13　現地調査における土壌の特性[1]

特　　性	意　　義
礫，砂および微粒子の推定割合	透水性に影響する
土壌の組成の等級	透水性に影響する
土壌の色	季節的な地下水，土壌中の鉱物の徴候
微粒子の可塑性	透水性，掘削・土盛りの土工事に影響する
層位および構造	水を鉛直方向および横方向へ移動する能力
水分およびコンシステンシー	排水の特性

a.　土壌の組成と構造

土壌の組成と構造は，水の浸透が設計要素である場合には特に重要である．組成の分類と土壌特性の記述に用いる一般的な用語を，**表-2.14**に示す．土壌の構造とは，団粒と呼ばれる土壌粒子の集合物が，大きな粒子の集合体になったものをいう．団粒の間に大きな間隙がある優れた構造の土壌は，構造のない同じ組成の土壌より速く水を通す．微細な組成の土壌でも，優れた構造のものは大量の水を通すことができる．大量の土の移動とそれに関連する建設行為は，現場の土壌の構造を変化または破壊させる可能性があり，自然の透水性を大きく変化させる．土壌の構造は，試験用縦坑の側壁で観察することができる．さらに詳細については，参考文献〔10〕および〔12〕を参照されたい．

b.　土壌の化学的性質

土壌の化学特性は植物の生長に影響し，汚水中の多くの成分の除去を制御し，

表-2.14　土壌の組成の等級および土壌の記述に使用する一般的な用語[15]

一般的名称	組成	分類	USCS 記号*
砂質土壌	粗い	砂	GW，GP，GM-d
		ローム質砂	SW
ローム質土壌	やや粗い	砂質ローム 微細砂質ローム	SP，SM-d
粘土質土壌	中位	非常に微細な砂質ローム，シルトローム，シルト	MH，ML
	やや細かい	埴壌土，砂質埴壌土，シルト質埴壌土	SC
	細かい	砂質粘土，シルト質粘土，粘土	CH，CL

注）*　USCS＝統一土壌分類システム

土壌の透水性に影響する．例えば，ナトリウムは粘土粒子を分散させ，当初は水の移動を可能にしていた土壌の構造を変化させることにより，土壌の透水性に影響を与える可能性がある．この問題は，乾燥した気候のところで最も深刻である．第**3**章では，このようなナトリウムの影響および土壌のpHと鉱物の重要性を，詳細に論じる．汚水中の鉱物と土壌の化学的相互作用は，土壌処理または毒性・危険物質の汚染に特に重要である．第8章で，毒性の汚泥の土壌処理に関する情報を述べる．

提案された手法が汚泥または汚水の土壌処理にかかわるものであり，これらの処理が処理構成要素としての地表の植生に依存する場合には，土壌の化学的性質はその植生の生長と将来の維持にとって非常に重要な要素となる．現地の主要な土壌のタイプのそれぞれについて，次の試験を行うことを提案する：

・pH，陽イオン交換量(CEC)，ナトリウム交換率(ESP：乾燥した気候で)，バックグラウンド金属(鉛，亜鉛，銅，ニッケル，カドミウム)，土壌溶液の電気伝導度(EC)
・植物が利用できる窒素(N)，リン(P)と，カリウム(K)およびpHの調節と維持に必要な石灰分

土壌の化学分析の標準試験手順はほとんど存在しない．これについては，参考文献〔2，6，12〕を参照されたい．**表-2.15**を用いて，これらの化学試験の結果を解釈することができる．

土の陽イオン交換量は，負の電荷を帯びた土のコロイドが，土壌の溶液から陽イオンを吸着できる量の尺度である．この吸着は永続的なものではない．それは陰イオンが土壌溶液中の他のイオンによって置換されるためである．このような交換があっても，土のコロイドの構造は大きく変化しない．特定の陽イオンによる陽イオン交換量の割合を，その陽イオンの“飽和度”という．交換可能な水素，ナトリウム，カリウム，カルシウムおよびマグネシウムの陽イオン交換量の和の割合を“塩基飽和度”と呼ぶ．様々な作物と土壌の組合せにとっての，“塩基飽和度”の最適な範囲が存在する．カルシウムやマグネシウムがナトリウムやカリウムよりも，含有率の高い陽イオンとなっているということが重要である．自然の土壌中における陽イオンの分布は，石灰または石膏のような土壌改良材を使用して容易に変化させることができる．

土壌の栄養塩類の状態は，植生が処理システムの構成要素になる場合や土壌シ

表-2.15　土壌の化学的性質の試験結果の解釈[18]

パラメータおよび試験結果	解　　釈
飽和した土壌ペーストの pH	
＜4.2	多くの作物にとって酸性が強すぎる
5.2～5.5	酸に耐性のある作物に適する
5.5～8.4	多くの作物に適する
＞8.4	多くの作物にとってアルカリ性が強すぎる
陽イオン交換量 (CEC) [mEq/100 g]	
1～10	限られた吸着（砂質の土壌）
12～20	中程度の吸着（シルトローム）
＞20	高い吸着（粘土および有機土壌）
交換可能な陰イオン	望ましい範囲（CEC の％）
ナトリウム	＜5
カルシウム	60～70
カリウム	5～10
ナトリウム交換率 (ESP) (CEC の％)	
＜5	十分
＞10	組成の細かい土壌では透水性が低い
＞20	粗い土壌では透水性が低い
電気伝導度 (EC) ([mmho/cm]，25℃の飽和抽出物で)	
＜2	塩分の問題なし
2～4	非常に敏感な作物の生長を阻害する
4～8	多くの作物の成長を阻害する
8～16	塩分に耐性のある作物だけが生長する
＞16	塩分に耐性のある非常に少数の作物だけが生長する

ステムが窒素とリンを除去する場合に重要となる．他の栄養塩類との適切なバランスが維持されていることを確認するために，カリウムも測定する．汚水と汚泥の窒素：リン：カリウムの割合は，作物の最適な成長に常に適しているとはかぎらず，カリウムの追加が必要な場合がある．栄養塩類に関する詳細な解説については，第3章を参照のこと．

2.3.2　浸透と透水性

水が土壌の表面にしみこみ，その後に鉛直または横方向に広がる能力は，本書において論じる処理方法のほとんどにとって決定的な因子である．一方，過剰な透水性は多くの池システム，湿地システムおよび表面流下法の設計意図を無にする可能性がある．不十分な透水性は緩速浸透法および急速浸透法の効果を減らし，汚泥の土壌処理には望ましくない水浸しの状態を生みだす．主要事項である水理学的特性には，水を土壌表面にしみこませる能力と，土壌鉛直方向の水の流れまたは保水性がある．これらの要素は，土壌層の飽和透水係数または透水性，浸透量，間隙率，比残留量および比浸出量によって決まる．

a. 飽和透水性

ある物質が，相互に連結した孔，亀裂，その他水または気体が流れることのできる通路を有していれば，透水性であるとみなされる．透水性は，液体および気体の土壌を通過する能力の指標である．透水性のおおよその推定値は，多くの米国土壌保全局の土壌調査報告書に記載されている．最終的な用地とプロセスの選択と設計は，当初の推定値を確認するための適切な現地および実験室における試験結果に基づいてなされなければならない．**表-2.16** に，米国土壌保全局が定義した透水性の等級を列挙する．

範囲の下限にある自然の土壌は，池・湿地・表面流下法および毒性の成分を含んでいる可能性がある産業汚泥の処理に最も適している．中間にある土壌は，緩速浸透法および汚泥の土壌処理に適している．これらの土壌は，土壌改良剤または特殊な処理により農業者の使用に適したものにすることができる．範囲の上限にある土壌は，自然の状態では急速浸透法だけに適しているが，適当なライナーの建設により池・湿地または表面流下法にも適したものにすることができる．

土壌中の水の移動は，ダルシーの公式を用いて定義することができる：

$$q = Q/A = K(\Delta H/\Delta L) \tag{2.14}$$

ここで，q：水の流量，単位断面積当りの流量 [cm/h]

Q：単位時間当りの流量 [cm³/h]

表-2.16 飽和した土壌に対する米国土壌保全局の透水性等級[1]

土壌の透水性 [cm/h]	等　級
<0.06	非常に遅い
0.15～0.51	遅い
0.51～1.50	やや遅い
1.50～5.10	中程度
5.10～15.20	やや速い
15.20～50.0	速い
>50.0	非常に速い

表-2.17 K_h 対 K_v の測定比

K_h [m/d]	K_h/K_v	コメント
42	2.0	シルト質の土壌
75	2.0	—
56	4.4	—
100	7.0	砂利が多い
72	20.0	末端堆石に近い
72	10.0	砂および砂利の層の不規則な連続，K の実地測定より

A：単位面積 [cm²]

K：透水係数 [cm/h]

H：全水頭 [m]

L：水理学的経路の長さ [m]

$\Delta H/\Delta L$：動水勾配

全水頭は，土壌水の圧力水頭 h と重力による水頭 Z の合計すなわち $H=h+Z$ であると仮定することができる．流れの経路が実質的に鉛直である場合には動水勾配は1に等しく，鉛直方向の透水係数 K_v を式(2.14)にて用いることになる．流れの経路が実質上水平の場合には，水平の透水係数 K_h を用いる．透水係数 K は真の定数ではなく，急速に変化する含水率の関数である．飽和状態でも K の値は粘土粒子の膨張その他の要素により変化する場合があるが，通常の工学的設計では定数とみなすことができる．K_v は，大部分の土壌で K_h に等しい必要はない．一般に横方向の K_h の方が大きくなる．これは微細な粒子と粗い粒子の層の層間浸透が鉛直方向の流れを抑制する傾向にあるためである．代表的な数値を，**表-2.17** に示す．

b. 浸　透　能

土壌の浸透速度は，水が地表から土壌に入る速度として定義される．土壌が飽和しており，地表に少し水たまりがある場合には，浸透速度はすぐそばの土壌の鉛直断面の有効飽和透水性に等しい．

特定の用地にて測定した浸透速度が，地表の目詰りにより時とともに減少しても，地表面下の飽和状態における鉛直方向の透水性は通常劣化せず一定である．そのため，利用している試験手順により推定できる影響範囲内では，短期的な浸透量測定結果を飽和状態における鉛直方向の透水性の長期的な推定に用いることができる．

c. 間　隙　率

土壌の全体積に対する空隙の割合を，土壌間隙率という．これは，式(2.15)により定義される小数または%で表される．

$$n=(V_t-V_s)/V_t=V_v/V_t \tag{2.15}$$

ここで，n：間隙率 [—]

V_t：土の全体積 [m³]

V_s：土の全体積中の固体体積 [m³]

V_v：土の全体積中の空隙体積 [m³]

d. 比浸出量と比残留量

土の間隙率は，土が飽和したときに含むことのできる水の最大量として定義される．比浸出量はその水が重力の影響で流出する部分であり，比残留量は流出後に水膜としてや非常に小さい空隙中に残る部分である．したがって，間隙率は比浸出量と比残留量の合計の全体積に対する比となる．**図-2.4**は，代表的なカリフォルニア州の現場の固められた土についての関係を図示したものである．

比浸出量は帯水層の特性を明確にするために，特に池および汚水処理用地の下に保持されうる地下水量を計算するために用いられる．比較的組成の粗い土のところで，しかも地下水面の深いところでは，比浸出量は一定と仮定できる．この計算は比浸出量の小さな変化に特段敏感ではないので，通常は図-2.4や**図-2.5**に示す他の特性値から推定することで十分である．図-2.4も図-2.5も，伏流のある人工湿地の材質の水理学的特性を示すために用いることはできない．地下水マウンド分析は，粒度の細かい土壌では地下水面が高くなることからわかるように，土壌の毛管効果のために，いっそう複雑になる可能性がある．詳細は，参考文献〔3〕および〔5〕を参照されたい．

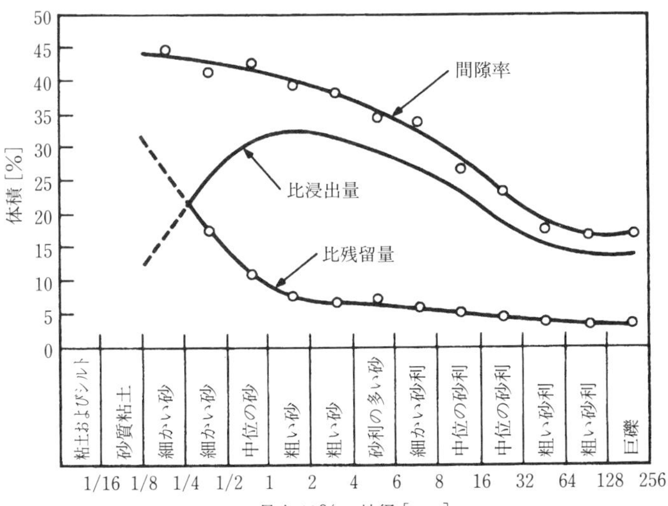

図-2.4 粒径による間隙率，比残留量および比浸出量の変化，現場の固められた土，海岸に近い流域，カリフォルニア州

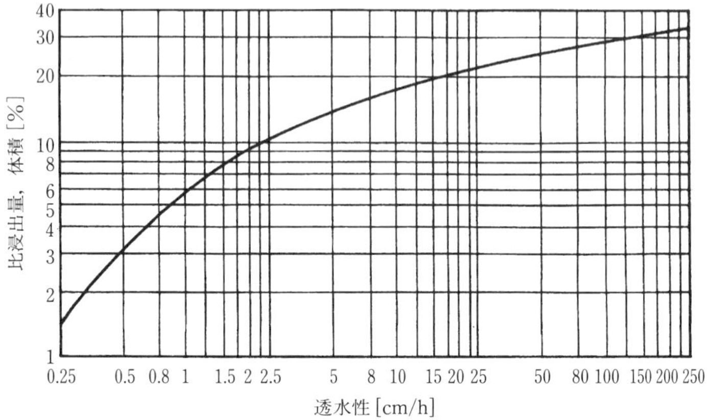

図-2.5　組成の細かい土壌の比浸出量と透水性の一般的な関係

e.　試験手順と評価

土壌の透水性を米国土壌保全局のリストから推定してもよいが，それは現地調査を行って，実際にその土壌が存在することを確認した場合に限るべきである．透水性の低い自然土壌における池および表面流下法の場合には，これで十分である．土壌中の水流が設計時の主要な考慮点となるような方法に対しては，現地試験と，できれば実験室における試験が必要になる．現地における透水試験は，土壌の表面および試験用縦坑中の小規模の装置により可能であり，実施することを勧める．さらに深い地下の水流がプロジェクトを左右する場合には，試験ボーリングによって得た不攪乱サンプルの室内透水性試験結果を利用する必要がある．現地で浸透速度または鉛直方向の飽和透水係数 K_v を測定するのに，様々な方法

表-2.18　現場透水試験の方法の比較[1]

技　術	試験に必要な水量[L]	試験時間[h]	必要な装置	コメント
湛水試験	1 900～7 600	4～12	バックホーまたはブレード	詳細は本章を参照
エアエントリー透水計(AEP)	10	0.5～1	AEP装置	詳細は本章を参照
シリンダー浸透計	400～700	1～6	標準装置	詳細は参考文献〔16〕を参照
スプリンクラー浸透計	1 000～1 200	1.5～3	ポンプ，圧力タンク，スプリンクラー，回収缶	詳細は参考文献〔16〕を参照

を利用できる．最も一般的な方法のいくつかを**表-2.18**に示した．試験結果の信頼度は，試験区域の面積および影響域の地下に存在する物質の種類の関数となる．この関係は，表-2.18中の1回の試験を実施するために必要な水の体積により間接的に示される．第**7**章に示すように，大規模な現地試験により高い信頼度が得られると，土壌処理システムの設計安全率を下げることが可能になる．

(1) 湛水試験

水の浸透性と土壌の透水性が設計上必要となる総てのプロジェクトにおいては，少なくとも面積7 m^{2}の湛水試験を提案する．湛水区域を不透水性のプラスチックカバーをかけた土の低い小段で囲んでもよく，アルミニウム製の水切りを土中に円形に部分的に設置して試験範囲を定めてもよい．水漏れを防ぐために，アルミニウム製の水切りの周囲にベントナイトでシールすることを勧める．深さ15 cm，30 cmと，試験が進むにつれて順次これらの深さにおける飽和度を明らかにするために，円の中心近くにテンションメーターを設置してもよい．確実に飽和させ，計測器を較正するために数回湛水させる．実際の試験は，予備試験から24時間以内に完了しなければならない．この最終試験の実施には，組成の粗い土壌で3～8時間が必要である．

湛水時の水位を観察し，時間とともに記録する．これらの値を，浸透速度[cm/h]対時間[h]のグラフにする．この浸透速度は，最初は比較的速く，その後時間経過とともに低下する．試験は，浸透速度が「定常状態」に近づくまで続けなければならない．「定常状態」の速度を，試験の影響域の土壌についての限界浸透速度とすることができる．その後に，第**7**章に述べるように，システム設計のためにその速度に安全率を乗じる．

土壌層の表面近くの透水性を明らかにすることが，試験の基本的な目的なので，多くの場合清水(予想される汚水とほぼ同じイオン組成の)を使用してさしつかえない．しかしながら，汚水の固形分含有率が高く，それが表面の目づまりを引起すと予想される場合には，同種の液体を現地試験に使用すべきである．

この湛水試験は，大量の汚水が比較的狭まいところに注入される急速浸透土壌処理法において最も重要となる．第**7**章に述べるように，多くの急速浸透法では施設の地表面の浸透能力を回復させるために，湛水と乾燥を周期的に繰返すパターンで運転されている．特定のプロジェクトで連続して湛水するタイプの浸透池が必要になる場合には，この条件を再現するために，初期の現地試験を十分に長い期間継続しなければならない．用地の条件により，盛り土上にフルスケールの急速浸透流域を建設することが必要な場合には(勧められないが)，現場に試験用の盛土を築造し，フルスケールの機器類を備えてその後に上記の湛水試験をその材料を用いて実施する．試験用の盛土は，施設の設計と同じ深さのものか1.5 mのうちの小さい方とする．土盛り区域最上部は，中心近くに湛水試験池の設置が可能なように少なくとも幅5 m，長さ5 mとする．

湛水浸透試験を，現場の主な土壌のタイプのそれぞれについて1回ずつ実施する．大面積のところでは，一般に最大10 haにつき1回の試験で十分である．試験は，建設されるシステムの，最終的な浸透面となる土壌層で行う．

⑵　エアエントリー透水計

エアエントリー透水計は，地下水面がない場合に，ある地点の透水性を測定するために，米国農務省(USDA)が開発したものである．この装置は市販されていないが，仕様書と製造法の詳細は米国農務省水質保全研究所，4332 East Broadway, Phoenix, AZ 85040から入手することができる．

この装置は非常に狭まい領域の土壌の状態を明らかにできる．必要水量が少ないことと1回の試験に要する時間が短いために，大規模な湛水試験中の敷地の条件を確認するためにも有効である．この方法は現場の深さ方向の透水性を明らかにするために，試験用縦坑中でも使用することができる．縦坑は，一方の端が地面に対して傾斜するように掘り，手作業で幅約1 mのベンチをつくり，エアエントリー透水計装置をその表面で使用する．

⑶　地表下の透水性と地下水の流れ

さらに深いところの土壌の透水性は，通常現地のボーリングで入手した不攪乱サンプルを，室内試験にかけて測定される．このようなデータは，通常は急速浸透法の設計のため，あるいは地下の土壌が好ましくない浸出水を含んでよいかどうかを確認するためだけに必要とされる．多くの場合，急速浸透法の設計には地下の層の水平方向の透水性を決定しておくことが望ましい．これは，水をボーリング孔から汲上げ，その後に横方向の流れによって水位が回復する時間を測定する，オーガーホールテストと呼ばれる現地試験によって行うことができる．米国開拓局はこの試験の標準的な手順を作成しており，詳細は参考文献〔11〕および〔14〕に記されている．

地下水の水位と流向の決定は，本書で論じるほとんどの処理法にとって不可欠である．表面流下法および湿地法は地下水位が深くてもほとんど関係ないが，それでも地表近くの季節的に高くなる地下水による影響を受ける．季節的な地下水の動向は，試験用縦坑で観察することができる．水位は，現場または隣接する土地のボーリングと既存の井戸で観察することができる．これらのデータは，その地域の全体的な水頭勾配と流れの方向に関する情報を提供できる．これらのデータは，第3章に述べるように，地下水のマウンドや排水がプロジェクトに関係する場合にも必要である．

2.3.3 緩衝地帯

現場調査に先だって，州および地域が定めた緩衝地帯またはセットバックについての必要条件を確定し，システムに十分な面積が存在するか入手できることを確認する．緩衝地帯または隔離間隔に関する必要条件の多くは，美観と臭いについての苦情も回避するためのものである．病原体のエアロゾル伝播の可能性は，汚水の土壌処理の実施時やいくつかのタイプの汚泥コンポスト化の関心事となっている(後者の議論は第8章を参照のこと)．エアロゾルに関する多数の研究が通常の処理と土壌処理設備の両方について行われてきているが，これまでのところ近接する住民に対しかなりのリスクがあるという証拠はない．そのため，エアロゾル汚染を防ぐために緩衝域を拡大する必要性はない．システムがスプリンクラーを使用する場合には，風の強い日にスプリンクラーの飛沫をとらえるための緩衝地帯を考慮しなければならない．針葉樹を植えた幅10～15 mの細長い土地で十分である．臭いの可能性は通性嫌気性の池システムにとって主な懸念事項である．これは季節的な上下水層の循環が毎年春と秋の短期間，液体表面に嫌気性の物質をもたらす可能性があるためである．このような場合の一般的な必要条件は，このような池を集落から少なくとも0.4 km離して設置することである．こ

表-2.19 汚泥処理に対するセットバックの推奨[17]

セットバック距離 [m]	適当な活動
15～60	汚泥注入：住居から離れた，小さい池で10年に1回の高水位，道路．地表散布なし．
90～460	注入または地表近くでの散布：上記の総てに加え，泉と水道用井戸の近辺．注入は高密度の宅地開発の近辺のみ．
>460	上記の総てにおける注入または地表散布．

のシステムにおいて積極的な抑制対策が計画されていない場合には，湿地法の蚊の抑制にも，同様の隔離距離が必要になる．汚泥処理に対する推奨隔離距離を，**表-2.19**に示す．

2.4 用地とプロセスの特定

ここまでの評価手順では，特定の処理法にとって可能性のある用地を選定し，その後に実行可能性を判断すべくデータを入手するための現地調査を実施した．現地データの評価により，**表-2.1**および**表-2.2**に示した施用地としての必要条件が存在するか否かが示される．施用地の状況が好ましいなら，当該地で予定している方法は間違いなく実行可能であると結論づけることができる．

この選定のプロセスにおいて唯一の用地とそれに関連する処理の方法が選定されたならば，最終設計と，その設計を支援する詳細な追加現地試験に焦点を移すことになる．選定のプロセスの後に特定の方法に対して複数の用地が残ったり，複数の方法が技術的に実行可能なものとして残る場合には，最も費用効率の良い選択肢を選定するための予備的な費用分析を行う必要がある．このような場合には，第**4～9**章における基準を，対象の手法の予備設計に用いる．このために本章の式(2.1)～(2.13)を用いてはならない．これらの式は，特定の手法に必要となる全用地面積の予備的な推定だけを意図したものである．その後に，予備設計結果を予備的な費用推定(資本金および運転/保守)のために用いるが，これには土地のコストならびに汚水を排出源から処理地へ移すための，揚水または輸送の費用を含むものとする．これらの費用の比較により，最も費用効率のよい選択肢を得ることができる．多くの場合に，最終選定は提案された用地の社会的・制度的受容可能性とそこで用いられる手法に影響される．

参考文献

1. Asano, T., and G. S. Pettygrove (eds.): *Irrigation with Reclaimed Municipal Wastewater—A Guidance Manual,* Water Resources Board, State of California, Sacramento, July 1984.
2. Black, A. (ed.): *Methods of Soil Analysis, Part 2: Chemical and Microbiological Properties,* Agronomy 9, American Society of Agronomy, Madison, WI, 1965.
3. Childs, E. C.: *An Introduction to the Physical Basis of Soil Water Phenomena,* John

Wiley, London, 1969.

4. Demirjiian, Y. A., J. Wilson, W. Clarkson, and L. Estes: *Muskegon County Wastewater Management System—Progress Report, 1968–1975,* EPA 905/2-80-004, U.S. Environmental Protection Agency, Region V, Chicago, Feb. 1980.
5. Duke, H. R.: Capillary Properties of Soils—Influence upon Specific Yields, *Transcripts Am. Soc. Agr. Eng.,* 15:688–691, 1972.
6. Jackson, M. L.: *Soil Chemical Properties,* Prentice-Hall, Englewood Cliffs, NJ, 1958.
7. Mckim, H. L., R. Cole, W. Sopper, and W. Nutter: *Wastewater Applications in Forest Ecosystems,* CRREL Report 82-19, U.S. Cold Regions Research and Engineering Laboratory, Hanover, NH, 1982.
8. National Oceanic and Atmospheric Administration: *The Climatic Summary of the United States* (a 10-year summary), NOAA, Rockville, MD.
9. National Oceanic and Atmospheric Administration: *Local Climatological Data* (annual summaries for selected locations), NOAA, Rockville, MD.
10. National Oceanic and Atmospheric Administration: *The Monthly Summary of Climatic Data,* NOAA, Rockville, MD.
11. Reed, S. C., and R. W. Crites: *Handbook of Land Treatment Systems for Industrial and Municipal Wastes,* Noyes Publications, Park Ridge, NJ, 1984.
12. Richards, L. A. (ed.): *Diagnosis and Improvement of Saline and Alkali Soils,* Agricultural Handbook No. 60, U.S. Department of Agriculture, Washington, DC, 1954.
13. Taylor, G. L.: A Preliminary Site Evaluation Method for Treatment of Municipal Wastewater by Spray Irrigation of Forest Land, in *Proceedings of the Conference of Applied Research and Practice on Municipal and Industrial Waste,* Madison, WI, Sept. 1980.
14. U.S. Department of the Interior, Bureau of Reclamation: *Drainage Manual,* U.S. Government Printing Office, Washington, DC, 1978.
15. U.S. Environmental Protection Agency: *Design Manual—Onsite Wastewater Treatment and Disposal Systems,* EPA 625/1-80-012, Water Engineering Research Laboratory, Cincinnati, OH, Oct. 1980.
16. U.S. Environmental Protection Agency: *Process Design Manual—Land Treatment of Municipal Wastewater,* EPA 625/1-81-013, Center for Environmental Research Information, Cincinnati, OH, Oct. 1981.
17. U.S. Environmental Protection Agency: *Process Design Manual Land Application of Municipal Sludge,* EPA 625/1-83-016, Center for Environmental Research Information, Cincinnati, OH, Oct. 1983.
18. U.S. Environmental Protection Agency: *Process Design Manual Supplement on Rapid Infiltration and Overland Flow,* EPA 625/1-81-013a, Center for Environmental Research Information, Cincinnati, OH, Oct. 1984.

第3章　基本的なプロセスと相互作用

本章では，汚水の含有成分間の基本的な応答と相互作用，および自然浄化を構成する要素について説明する．これらの応答の多くは，複数の浄化のコンセプトに共通していることから，本章で議論しておく．もし，ある含有成分が設計上の制限因子となるようなら，それについては，適切なプロセス設計の章でさらに詳しく論じる．

水は本書で取扱う総ての汚水の大部分を占める成分である．乾燥汚泥でさえ50%以上の水分を含む．水が存在すると，あらゆる処理方法においてその量が問題とされる．自然浄化においては，水の存在はより重要な意味あいをもつ．処理水の流れの経路や流量が自然浄化の成否を規定するからである．

その他の関心が高くなる成分は，炭素系有機物(溶解性と浮遊性)，毒性があり有害な有機物，病原体，微量金属，栄養塩類(窒素，リン，カリウム)およびその他の微量栄養塩類である．自然浄化を構成する要素で，決定的な反応と応答を規定するものにバクテリア，原生動物，藻類，植生(水生と陸生)および土壌がある．自然浄化で起る応答とは，物理的，化学的および生物学的な範囲の反応を意味している．

3.1　水の制御

水の制御の課題には，地下水への汚濁物質の流入の可能性，池や他の水圏を利用するシステムからの漏水の危険性，土壌処理における地下水マウンド生成の潜在力の程度，排水施設の必要性，そして池，湿地や他の水圏を利用するシステムでの設計流量を保つ条件の維持が含まれる．

3.1.1　基本的な関係式

第2章で，自然浄化において重要ないくつかの水理学的なパラメータ(透水係数等)を紹介し，また現地や実験室でのそれらの値の求め方について議論した．流れの解析に取りかかる前に，ここでさらにそれらの詳細と定義について説明することが必要であろう．

a. 透水係数

前章で述べた現地と実験室試験で得られた結果は，深さや場所の違いで異なってくる．たとえ，基本的に同じ土壌のタイプがサイトの大部分を占めているとわかっている場合であってもそうである．浸透やろ過に依存する処理の場合，プロセスの必要条件として，最も制約的な透水係数を有する土壌に設計の基本をおくことになる．得られたデータにかなりばらつきがみられる場合，設計には平均した透水係数を用いる．

土壌が一様で，鉛直方向の透水係数 K_v が深さや場所によって変らないとみなしうる場合，測定値の違いは，測定誤差によるものと考えられる．この場合，K_v は式(3.1)に示されるように，算術平均して求めることができると考えられる．

$$K_{am}=\frac{K_1+K_2+K_3+\cdots+K_n}{n} \tag{3.1}$$

ここで，K_{am}：鉛直方向透水係数の算術平均

$K_1 \sim K_n$：それぞれの測定で得られた透水係数

土壌がそれぞれ異なる K_v をもつ層からなる場合，透水係数は通常深くなるにつれて小さくなる．この場合，透水係数の平均値は調和平均(harmonic mean)で表される．

$$K_{hm}=\frac{D}{\dfrac{d_1}{K_1}+\dfrac{d_2}{K_2}+\cdots+\dfrac{d_n}{K_n}} \tag{3.2}$$

ここで，D：土壌の厚さ

d_n：n 層の土壌厚

K_{hm}：調和平均透水係数

測定値の統計的解析で，何らかのパターンあるいは傾向がみられない場合は，相乗平均をとれば妥当なところであろう．

$$K_{gm}=(K_1 \cdot K_2 \cdot K_3 \cdots K_n)^{1/n} \tag{3.3}$$

ここで，K_{gm}：相乗平均透水係数

他の項目は先に定義したとおり

式(3.1)～(3.3)は，水平方向の透水係数 K_h を決定する際にも用いられる．

表-2.17には，典型的な K_h/K_v 比の値を示した．

b. 地下水の流速

地下水の実際の流速は，水理学において流速を与える基礎式であるダルシー則と，土壌の空隙中を流れることから間隙率とを用いて表される．

$$V=K_h\Delta H/n\Delta L \tag{3.4}$$

ここで，V：地下水流速

K_h：水平方向飽和透水係数

$\Delta H/\Delta L$：地下水勾配

n：間隙率（小数で表す，**図-2.4**に代表的な土壌の値を示す）

式(3.4)は，鉛直方向の流速にも適用できる．この場合，地下水勾配は1となり，鉛直方向透水係数 K_v を用いる．

c. 浸透量係数

帯水層の浸透量係数は，透水係数と帯水層の飽和厚の積で表される．これは，単位幅当りの帯水層の地下水浸透能力を示す．単位幅当りの地下水流量は，次式(3.5)によって計算できる．

$$q=K_hbw(\Delta H/\Delta L) \tag{3.5}$$

ここで，q：地下水流量

b：飽和帯水層厚

w：帯水層幅（単位幅では1 m）

$\Delta H/\Delta L$：地下水勾配

多くの場合，井戸の揚水試験によって帯水層の特性が決定される．帯水層の浸透量係数は，揚水試験の揚水量と水位低下のデータから見積られる．詳細は参考文献〔6，32〕を参考にされたい．

d. 分　　散

地下水の汚濁物質の分散は，分子拡散と水理学的混合が複合して起る．その結果，物質の濃度は低くても，流下方向にあたる場所では汚濁物質との接触ゾーンが大きくなる．分散は流れ方向(D_x)と，流れとは直行する横方向(D_y)で生じる．均一で等方性を有する粒状の媒体で染料を用いた実験によると，注入点から約6度の円錐状に染料が広がる．現場で層理や他の面的不均一性がみられる場合には，流れ方向，横方向とも分散がより大きくなるであろう．例えば，割れ目の入った岩では，円錐状の広がりは20度以上にもなりうる[6]．分散係数は，式(3.

6) で示されるように，浸透流速と関係している．

$$D = av \tag{3.6}$$

ここで，D：分散係数 (D_x：流れ方向の分散係数，D_y：横方向の分散係数)

a：分散度 (a_x：流れ方向の分散度，a_y：横方向の分散度)

v：地下水の浸透速度 [$v = V/n$，(V：式 (3.5) のダルシー則から得られる流速，n：間隙率，土壌の典型的な間隙率については**図-2.4** を参考にされたい)]

分散度の測定は，実験室においても現地においても難しい作業である．通常，トレーサーを投入し，近くの観測井での濃度を測定するという現地試験で求められる．マサチューセッツ州 Fort Devens での急速浸透現地試験[3]で得られた平均値は 10 m²/d であった．しかし，分散度を 2 倍以上に仮定しても，汚濁物質の輸送レベルはほとんど変らなかった．文献で報告されている多くの値は，測定された現地特有の値であって，他のサイトで用いるには信頼性が乏しい．

e. 滞　　留

前項で述べた水理学的な分散は，総ての汚濁物質の濃度に等しく影響する．しかしながら，吸着，沈殿そして地下水成分との化学反応は，汚濁物質の進行の速度を遅らせる．この効果は，滞留因子 R_d で記述される．この値は，現地でよくみられる有機物に対し，1～50 の幅で変化する．保存力の高い物質，例えば塩化物のように地下水中で取除かれないものでは最も低い値となる．塩化物は地下水の速度と同じ速度で移動する．塩化物濃度変化は，滞留でなく分散によって生じる．滞留は，土壌および地下水の特性の関数となり，必ずしも総ての場所で一定となるわけではない．いくつかの金属の R_d は 1 に近くなるが，この場合帯水層の pH が低く，汚れのない砂で構成されていることになる．しかし，粘土質土壌の場合では，その値は 50 近くになる．有機化合物の R_d は，土壌有機物への吸着プラス揮発と生物分解に依存する．吸着性の反応は，土壌中の有機物量と地下水中での有機物の溶解性による．DDT，ベンゾピレンやいくつかの PCB などのような非溶解性の化合物は，ほとんどの土壌で除去される．溶解性の高いクロロホルム，ベンゼンやトルエンなどの化合物は，有機物に富んだ土壌で

表-3.1　有機化合物の滞留因子

有機化合物	R_d
クロライド	1
クロロフォルム	3
テトラクロロエチレン	9
トルエン	3
ジクロロベンゼン	14
スチレン	31
クロロベンゼン	35

も効率的な除去はできない．揮発や生物分解は必ずしも土壌のタイプによらないので，これらによる有機化合物の除去は場所によって変化せず，一様になる傾向がある．**表-3.1** に参考文献〔3, 10, 27〕から引用したいくつかの有機化合物の R_d の値を示す．

3.1.2 汚濁物質の動き

汚濁物質の地下水での動きや移動は，前項で述べた要因によってコントロールされている．池，緩速浸透法あるいは急速浸透法土壌処理を用いる他の水処理システムでは，汚濁物質の挙動に注意を払うことが必要になる．**図-3.1** に，かなりの浸透が見込まれる急速浸透池あるいは処理池からの，浸透による地下への影響を示す．

浸透地点より流下部の地点での地下水中の汚濁物質濃度を決めることがしばしば必要となる．与えられた時間に与えられた濃度に達する距離，あるいは，特定の地点で与えられた濃度になる時間を決めることが必要となることがあるかもしれない．**図-3.2** の計算図表は，流下浸透体の中心におけるこれらの値を得る場合に用いられる[38]．分散および滞留因子も解を得る際に必要となる．計算図表を利用するために必要なデータは以下のとおりである．

- 帯水層厚　z [m]
- 間隙率　n [%]
- 浸透速度　v [m/d]
- 分散因子　a_x，a_y [m]
- 注目する汚濁物質の滞留因子　R_d
- 浸透量　Q [m^3/d]
- 浸透地点での汚濁物質濃度　C_0 [mg/L]
- 地下水のバックグラウンド濃度　C_b [mg/L]
- 汚濁物質の流下量　QC_0 [kg/d]

計算図表の利用にあたって，次の3つのスケールファクターの計算が必要となる．

$$X_D = D_x/(v = a_x)$$

$$t_D = R_d D_x / v^2$$

$$Q_D = 16.02 nz (D_x D_y)^{1/2}$$

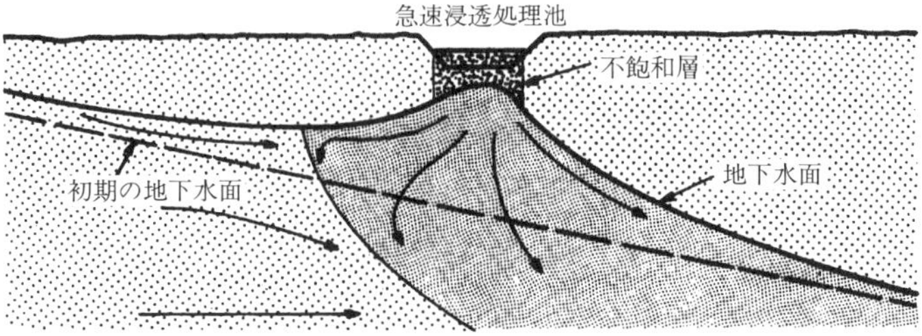

図-3.1　急速浸透処理池からの浸透による影響

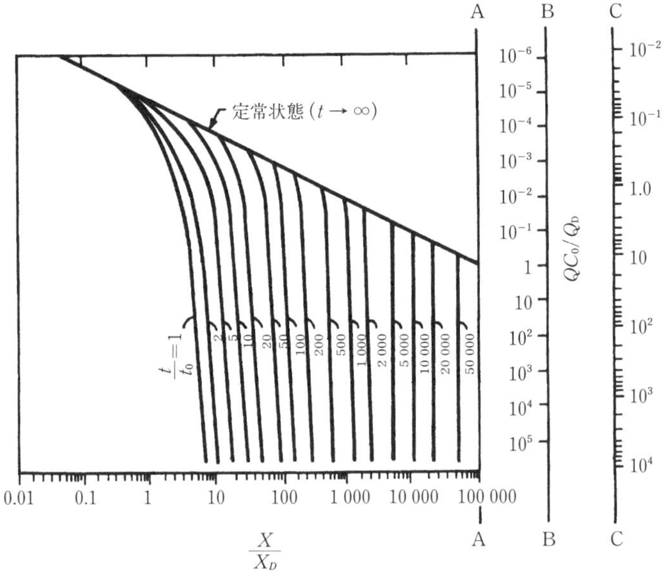

図-3.2　地下水中の汚濁物質の計算図表

図の利用は，**例題-3.1**に詳しく示されている．

【例題-3.1】

急速浸透法を始めてから2年経過後の，600 m流下地点での浸透体中心線上の硝酸塩濃度を求めよ．データは，帯水層厚＝5 m，間隙率＝0.35，浸透速度＝0.45 m/d，分散度 a_x＝32 m，a_y＝6 m，流下量＝90 m^3/d，浸透水の硝酸塩濃度＝20 mg/L，地下水の硝酸塩のバックグラウンド濃度＝4 mg/Lである．

〈解〉

1. 地下水流下量は，本来の地下水の流れと急速浸透法よって発生する流れを加えたものになる．とりあえず，浸透地点の全硝酸塩濃度を 20 mg/L と仮定して計算する．計算図表によって，ある流下地点での硝酸塩濃度を得て，その値に地下水のバックグラウンド濃度 4 mg/L を加えて，求める硝酸塩濃度とする．実験によると，硝酸塩は，微生物の活性度の高いとされる土壌の植物根帯を浸透したあとでは，保存されることが示されている．そこで，R_d を 1 とする．
2. 分散係数を求める．

   $D_x = a_x v = 32 \times 0.45 = 14.4\ \mathrm{m^2/d}$

   $D_y = a_y v = 6 \times 0.45 = 2.7\ \mathrm{m^2/d}$
3. スケールファクターを計算する．

   $X_D = D_x/v = 14.4/0.45 = 32\ \mathrm{m}$

   $t_D = R_d D_x/v^2 = (1 \times 14.4)/(0.45^2) = 71\ \mathrm{d/m}$

   $Q_D = 16.02 nz(D_x D_y)^{1/2} = 16.02 \times 0.35 \times 5(14.4 \times 2.7)^{1/2} = 174.8\ \mathrm{kg/d}$
4. 汚濁物質の流下量を求める．

   $$QC_0 = \frac{(90\ \mathrm{m^3/d}) \times (20\ \mathrm{mg/L})}{1\,000\ (\mathrm{g/kg})} = 1.8\ \mathrm{kg/d}$$
5. 計算図表のパラメータを求める．

   $x/x_D = 600/32 = 18.8$

   $t/t_D = (2 \times 365)/71 = 10.3$　　$t/t_D = 10$ を使用

   $QC_0/Q_D = 1.8/174.8 = 0.01$
6. X/X_D 軸上の 18.8 の点から垂直に直線を引き，t/t_D 曲線との交点を求める．この交点から A-A 軸に垂線を落とす．B-B 軸上の計算値 0.01 からその A-A 上の交点とを直線で結び，その延長線と C-C 軸との交点が求める濃度であり，その値は 0.4 mg/L となる．
7. 2 年後の 600 m 流下地点での硝酸塩濃度は，計算図表で得られた値と地下水のバックグラウンド濃度を加える，つまり 4.4 mg/L となる．

それぞれの汚濁物質に対して，適切な滞留因子を用いて，計算を繰返せばよい．計算図表は，指定された時間に指定された濃度となる流下距離を求める際にも利用できる．図上の上部の直線は，長時間たって到達する定常状態を示すもので，**例題–3.2**のように，平衡状態に達したときの状況を評価するときに用いることができる．

【例題–3.2】

例題–3.1のデータを用いて，硝酸に関する米国環境保護庁(USEPA)の上水基準(10 mg/L)を満たす流下距離を求めよ．

〈解〉

1. バックグラウンド濃度が4 mg/Lとすると，計算図表で求める濃度は6 mg/Lとなる．この値をC-C上にプロットする．
2. この点と例題-3.1で得られたB-B軸上の0.01の点とを直線で結び，A-A軸まで延ばし交点を求める．この交点からの水平線と定常状態線との交点を求め，そこからX/X_D軸に垂線を落とす．そこでの値は$X/X_D=60$となる．
3. すでにX_Dの値を得ており，この値から距離Xが求まる．

$$x=x_D\times60=32\times60=1\,920\ \mathrm{m}$$

3.1.3　地下水マウンド

地下水マウンドの概略を**図–3.1**に示した．不飽和帯の浸透は鉛直方向であって，K_vによって左右される．下方に地下水位，不浸透層あるいは障害物がある場合には，水平方向の浸透が生じ，地下水の流れは，地下水マウンド内のK_vとK_hで決まる．マウンドの縁やさらに離れた位置では，流れはほとんど水平方向であり，K_hで左右される．

浸透地点からの横方向への流れやすさによって，地下水マウンドの広がりの程度が決まることになる．横方向流れが生じる範囲は，帯水層と設計上許容できる浸透に伴う地下水上昇を加えたものと考えることができる．地下水マウンドが大きくなり過ぎると，急速浸透法からの浸透を妨げることになるであろう．そのため，地下水マウンド上の毛管帯から急速浸透池の浸透面までの距離を必ず0.6 m以上に離すべきである．このことは，現場の土壌構造によるが，地下水位までの深さが1~2 mに対応するということになる．

急速浸透処理池からの浸透は，多くの場合，近傍の表流水への基底流として地表に出てくる．そこで，浸透地点と地表に出てくる地点との間の地下水位の状況を把握することが必要となる．そのような解析を行えば，介在する地層で浸透水が泉としてあるいは滲み出すように出てくるのかどうかわかることになる．さらに，近傍の水域の保全を図るため，規制をかける機関は土壌中での滞留時間を明らかにするよう要求してくることになろう．そのためには，浸透地点から地表に出てくる地点までの到達時間を計算することが必要となる．式(3.10)によって，浸透地点からの流下地点における飽和地下水厚が求められる[37]．いくつかの地点で繰返し飽和厚を求め，それらを地下水位に換算し図示することが代表的な利用例である．これは，問題域のポテンシャルを示すことになる．

$$h=\left[h_0^2-\frac{2\times Q_i d}{K_h}\right]^{1/2} \tag{3.10}$$

ここで，h：関心のある地点での被圧地下水厚 [m]

h_0：浸透地点における被圧地下水厚 [m]

d：浸透地点から滲み出す地点までの横方向距離 [m]

K_h：土壌の横方向の有効透水係数 [m/d]

Q_i：単位幅当りの浸透流量 [m^3/d·m]

$$Q_i=K_h(h_0^2-h_i^2)/2d_i \tag{3.11}$$

ここで，d_i：滲出し面あるいははけ口までの距離 [m]

h_i：はけ口での被圧地下水厚 [m]

横方向流れの到達時間は，地下水位勾配，到達距離，K_h そして土壌の間隙率の関数となり，次式(3.12)で定義される．

$$t_D=nd_i^2/K_h(h_0-h_i) \tag{3.12}$$

ここで，t_D：浸透地点から表流水として出てくる地点までの到達時間 [m]

K_h：土壌の水平方向の有効透水係数 [m/d]

h_0 と h_i：それぞれ浸透地点および滲み出る地点での被圧地下水厚 [m]

d_i：浸透地点から滲み出す地点までの距離 [m]

n：間隙率(小数値を用いる)

地下水マウンドの状況を把握するために簡略化された図解法が，Glover[14] によって開発され，Bianchi と Munkel[5] によってとりまとめられている．この方法は，厚く均質で無限に広がると仮定しうる帯水層の上部に設置された正方形あるいは長方形の浸透池で生じる地下水マウンドに有効である．しかしながら，円

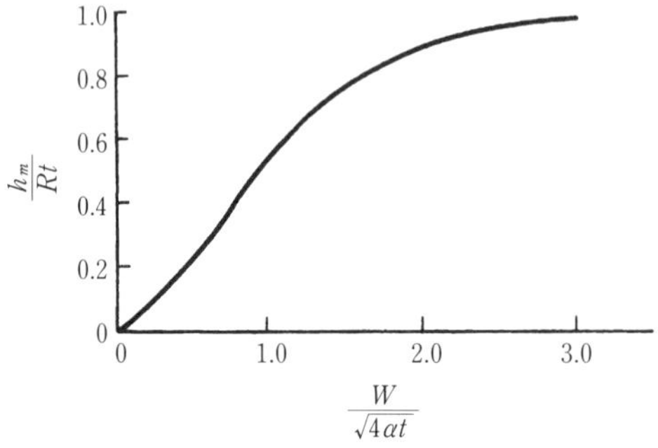

図-3.3　正方形浸透池中心での地下水マウンド

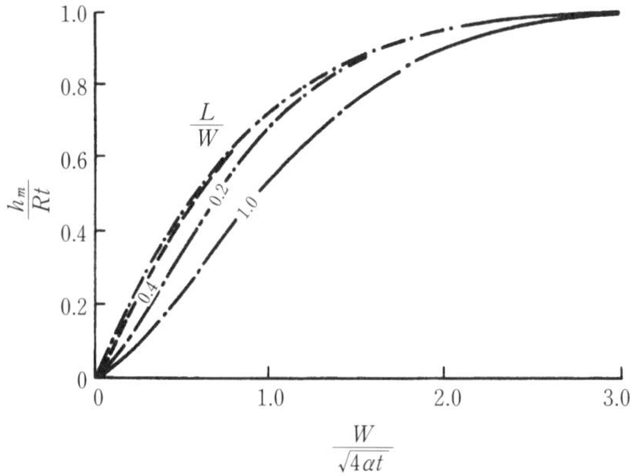

図-3.4　幅 W と長さ L の異なる比をもつ地下水マウンドの上昇と水平方向への広がり

形の浸透池に対しても，等面積の正方形浸透池からの浸透を代用することによってそれなりに近似ができる．地下水マウンドが，事業の実施を左右する問題となる場合には，Hantushの方法[1]を用いた解析を行うことを勧める．地下水位の勾配，宙水的なマウンドを発生させる不透水層，近傍に滲出し地点がある場合など複雑な条件を有する場合には，参考文献〔7，17，33〕を参照されることがよいであろう．簡略法は，いくつかの因子を**図-3.3～3.5**，あるいは**図-3.6**から求めることになる．この場合，浸透池が正方形か長方形かによって，用いる図は異なる．

式(3.13)～(3.15)で定義されている $W/(4\alpha t)^{1/2}$ と Rt の値を計算することが必要である．

$$W/(4\alpha t)^{1/2}=\text{無次元のスケールファクター} \tag{3.13}$$

ここで，W：浸透池の幅 [m]

$$\alpha=K_h h_0/Y_s \tag{3.14}$$

ここで，K_h：帯水層の有効水平方向透水係数 [m/d]

h_0：浸透池中心下の初期飽和帯水層厚 [m]

Y_s：比浸出量 [m³/m³] で，**図-2.4** あるいは**図-2.5** を用いて求める．

Rt＝スケールファクター [m]

ここで，$R=I/Y_s$ [m/d]

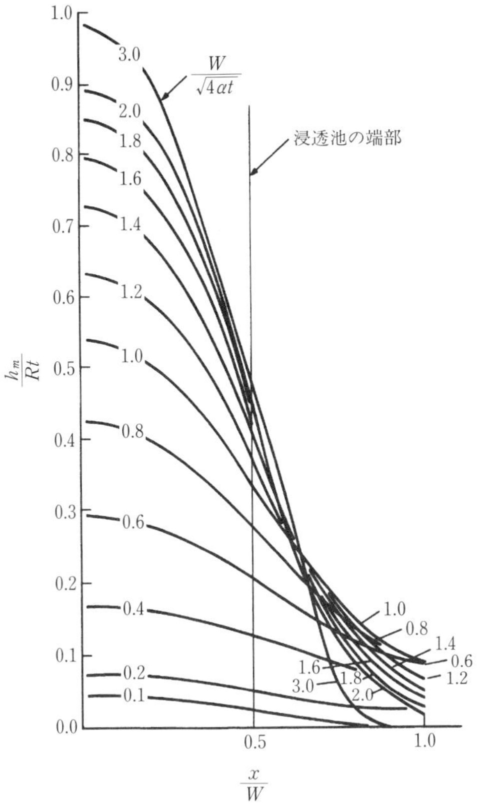

図-3.5 正方形浸透池からの浸透による地下水マウンドの上昇と水平方向への広がり

I：単位面積当りの浸透量 [m^3/d]

t：浸透時間 [d]

$W/(4\alpha t)^{1/2}$ を計算して，図-3.3 あるいは図-3.4 を用いて $h_m/(Rt)$ を求める．ここで，h_m は地下水マウンド中心での上昇量であり，すでに計算してある Rt から h_m が求まる．

図-3.5（正方形の浸透池）と図-3.6（長さが幅の 2 倍の長方形の浸透池）から，浸透中心から任意の距離での地下水マウンドの厚さが得られる．設計を取上げた**例題-3.3** にその適用が詳しく示されている．

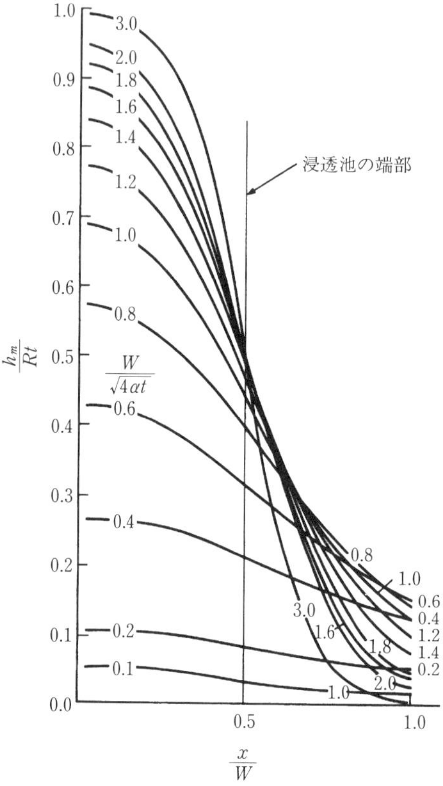

図-3. 6　幅の 2 倍の長さをもつ長方形浸透池からの浸透による地下水マウンドの上昇と水平方向の広がり

【例題-3. 3】

径 30 m の円形急速浸透池からの浸透による地下水マウンドの高さと広がりを求めよ．初期の帯水層厚は 4 m で，K_h はサイトで求められたものとして 1.25 m/d である．設計浸透面から初期の地下水面までの距離は 6 m である．設計浸透量は 0.3 m/d で，汚水の散水期間は 1 サイクルに 3 日間である (1 サイクルは 10 日で，3 日の浸透と 7 日の乾燥からなる．詳しくは第 **7** 章を参照)．

〈解〉

1.　等面積相当正方形の辺を求める．

$$A = 3.14D^2/4 = 706.5\ \mathrm{m}^2$$

故に，等面積相当正方形の辺 $W=706.5^{1/2}=26.5$ m となる．

2. 図-2.5 を用いて比浸出量(Y_s)を求める．

$K_h=1.25$ m/d$=5.21$ cm/h

$Y_s=0.14$

3. スケールファクターを決定する．

$\alpha=K_h h_0/Y_s=(1.25\times 4)/0.14=35.7$ m²/d

$W/(4\alpha t)^{1/2}=26.5/(4\times 35.7\times 3)^{1/2}=1.28$

$R=0.3/0.14=2$ m/d

$Rt=2\times 3=6$ m

4. 図-3.3 を用いて因子 h_m/Rt を求める．

$h_m/Rt=0.68$

$h_m=0.68\times Rt=0.68\times 2\times 3=4.08$ m

5. 初期地下水面までは浸透面から 6 m である．地下水の上昇量は，計算の結果 4.08 m となり，浸透池浸透面まで 2 m 以内に近づくことになる．以前述べたように，この値は設計浸透量を維持するうえでちょうど適切な範囲内である．設計としては，地下水マウンドのポテンシャルをいくらか減じるために，第 **7** 章で述べるように浸透時間を短くすること(例えば 2 日)を考慮するほうがよいかもしれない．

6. 図-3.5 から地下水マウンドの広がりを求める．先に求めた 1.28 の値を有する $W/(4\alpha t)^{1/2}$ の曲線を用いる．選ばれた x/W (ここで，x は横方向距離)の値での h_m/Rt の値を曲線から読みとる．
浸透池の中心から 10 m 離れた地点での地下水マウンドまでの深さを求める．

$x/W=10/26.5=0.377$

上記の値をもつ x/W での $W/(4\alpha t)^{1/2}=1.28$ 曲線上の h_m/Rt を求めると，0.58 となる．

$h_m=0.58\times 2\times 3=3.48$ m

10 m 離れた地点での地下水マウンドまでの深さは，6 m−3.48 m=2.52 m となる．同様に，13 m 離れた地点での深さは 3.72 m，26 m 離れた地点では 5.6 m となる．このように，浸透池幅の 2 倍も離れると，地下水位はほとんど元の水位に近づくことになる．散水スケジュールを 3 日から 2 日にすると，浸透池浸透面からの地下水マウンドまでの深さは，3 m と深くなる．

例題-3.2 で示された解法は，ただ1つの浸透池に対して適用できる．しかし第**7**章で述べるように，代表的な急速浸透法としては，複数の浸透池を有し，それらに逐次的に負荷がかけられる．この場合，総ての処理区域に一様な設計負荷がかかると仮定して地下水マウンドを計算するのは適切でない．多くの場合，地下水マウンドによって急速浸透法の操作が制限を受けるという，間違った結論になってしまうことになるであろう．

まず，浸透期間中の1つの浸透池下でのマウンドの上昇を計算する必要がある．時間 t で浸透が止った場合，仮想の一様な流出が時間 t に始まり，休息期間中継続するものと仮定する．これら2つのマウンドの和が，次の浸透が開始される直前の近似的なマウンド形となる．次は近傍の浸透池からの浸透が開始されることになるから，マウンドの広がりも計算しておくことが必要である．いま注目している浸透池下での全地下水マウンドの高さは，これらの浸透地点からの上昇量を加えることによって求められる．計算手続きは**例題-3.4** で説明する．

【例題-3.4】

急速浸透池下のサイクル終了時点での地下水マウンドの高さを求めよ．浸透池は1辺 26.5 m の正方形とし，4つが一列に並べられている(幅 26.5 m で，長さ 106 m)．現地条件は**例題-3.3** と同じとする．また，1つの浸透池での浸透を止めると同時に，近傍の浸透池からの浸透を開始するものとする．オペレーションサイクルは，2日の浸透と12日の休息である．

〈解〉

1．マウンドの最高上昇量は，2日浸透の例題-3.3 で示されているように，$h_m = 3.00$ m となるであろう．

2．隣接の浸透池での2日間浸透の影響は，例題-3.3 におけるケースで 26 m 地点での地下水位上昇量，すなわち 0.4 m の地下水位を上昇させることになる．他の浸透池は影響を及ぼす範囲外となるため，マウンド高の最大ポテンシャル値は，

$$3.00 + 0.4 = 3.4 \text{ m}$$

隣接浸透池から2日間浸透している間，最初の浸透池からは排水が行われ

ているので，実際には，上記の値まで上昇することはないであろう．計算のために，静的地下水位から 3.4 m 上昇するものとする．

3. 「一様な」流出に対する R の値は，**例題-3.2** の計算と同様に考えればよい．ただしこの場合，時間 t は 12 日となる．

$$Rt = 2 \times 12 = 24 \text{ m/d}$$

4. 時間を 12 日として $W/(4\alpha t)^{1/2}$ を計算する．

$$W/(4\alpha t)^{1/2} = 26.5/(4 \times 35.7 \times 12)^{1/2} = 0.62$$

5. **図-3.3** を用いて，h_m/Rt を求めると，0.30 の値が得られる．

$$h_m = 24 \times 0.3 = 7.2 \text{ m}$$

これは，10 日間での休息（近傍の浸透池からの浸透が終了してから）で低下するであろう仮想の地下水マウンドの低下量である．しかし，静的平衡地下水位以下に低下することは起りえないから，可能最大低下量は 3.4 m となる．このことは，次の浸透が開始される前に，地下水マウンドは消滅してしまうことを示している．地下水マウンドが一定量 0.72 m/d で低下するとすれば，3.4 m の地下水マウンドは 4.7 日で消えてしまうことになる．

地下水マウンドの解析によって，システムの操作に支障をきたす可能性が示された場合には，修正のための多くの選択肢がある．第 **7** 章で議論されるように，浸透池の浸透と干上げのサイクルを修正したり，一連の浸透池をお互いの干渉が小さくなるように再配置したりすることが可能である．最終的な選択肢として，マウンドの発達を物理的に抑制する排水による地下水位低下がある．

暗渠排水は，土壌処理や水生植物処理のオペレーションに支障が起りうる場合に，浅いあるいは季節的に変動する地下水位の抑制にも必要とされるかもしれない．また，土壌処理から浸透した処理水の有効利用のための取水や他地域への排水のためにしばしば用いられる．

3.1.4 排水による地下水位の低下

排水を効果的に行うためには，排水施設を地下水内に，あるいは流れの障害物の直上に設置しなければならない．排水施設が 5 m ぐらいの深さに設置可能であれば，暗渠排水施設は一連の井戸より効率的かつ経済的である．

最近の技術を用いることも可能である．それは，ジオテキスタイル膜で周囲を包まれた半たわみ性のプラスチック管を使い，ただ一種の機械でトレンチを掘り，埋戻す方法である．

暗渠排水が浅い地下水位を制御するために不可欠であることがある．そうしないと，サイトを汚水処理として利用できないこともありうるからである．暗渠排水が，地下水の制御に対して効果的であれば，土壌浄化によって処理された浸透水もまた取込むことになる．集水された浸透水は，その場から排出されなければならない．利用したりあるいは処分することができないとすれば，暗渠排水は表流水への放流の手だてまで必要となる．暗渠排水施設は，季節的に高くなる地下水位を制御するようなケースでも用いられてきた．このタイプのシステムは，地下水が高くなる期間における表流水への排水許可が必要となるかもしれない．しかし，地下水位が下がる一年の他の時期では，地下水の排水システムとしては機能しないことになる．

暗渠排水の設計は，設置する排水パイプや排水土管の深さと設置間隔を決めることになる．代表的なケースでは，深さが 1～3 m で，間隔は 60 m かそれよりやや広いぐらいである．砂質土壌での間隔は 150 m ぐらいまで広げられる．間隔が狭ければ狭いほど，地下水の制御は容易になるが，コストがかなり上昇する．

排水間隔を計算する手法としては，Hooghoudt 法[20]が最も一般的である．その方法においては，いくつかの仮定がなされている．それは，① 土壌が均質であること，② 排水間隔が等しいこと，③ ダルシー則が成立つこと，④ 地下水の

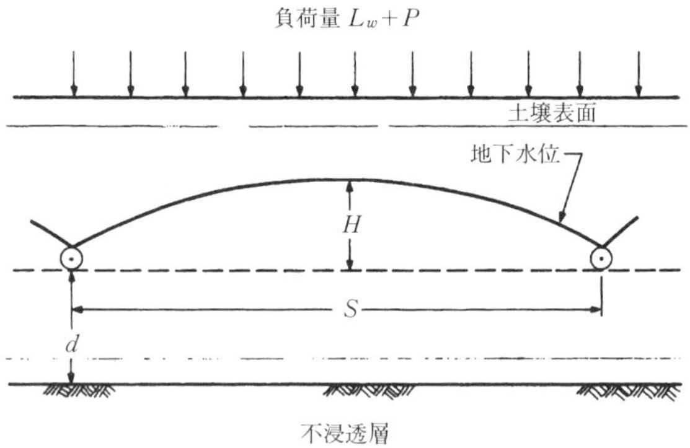

図-3.7　排水間隔計算のための定義図

動水勾配がそこでの地下水位の勾配に等しいこと，⑤排水施設下に不透水層が存在すること，である．**図-3.7**に設計に必要なパラメータを示す．式(3.16)が設計に用いられる．

$$S=\left[\frac{4K_h h_m}{L_w+P}(2d+h_m)\right]^{1/2} \tag{3.16}$$

ここで，S：排水間隔［m］

K_h：水平方向の透水係数［m/d］

h_m：排水管からの地下水マウンド高［m］

L_w：年平均日負荷量［m/d］

P：年平均日降水量［m/d］

d：排水管から不浸透層までの距離［m］

排水管に挟まれた地下水マウンドの最高位置は，設計によってあるいは特殊な事業に対してはその満たすべき要件によって定まる．例えば，急速浸透法では，設計浸透速度を維持するために，地下水マウンドから2，3mの不飽和層が必要となる．また，緩速浸透法においても，植生にとって望ましい条件を維持するために不飽和層が要求される．詳しくは第**7**章を参照．もっと複雑な状況での手順や基準については，参考文献〔32，39〕を参照すればよい．

3.2　生分解性有機物

生分解性有機物は，溶解性であろうと浮遊性であろうと，汚水の生物化学的酸素要求量(BOD)で特徴づけられる．**表-1.1〜1.3**に，本書で紹介している自然浄化システムでの代表的なBOD除去性能を示している．

3.2.1　BODの除去

第4〜6章で説明するように，BOD負荷は，安定池，水圏を利用するシステムそして湿地での処理を設計する際の制限因子となりうる．このような制限値の基本となるコンセプトは，施設における水体上層での好気的条件の維持および結果的に得られる臭いの制御からきている．これら処理システムにおける溶存酸素の起源となるのは，水面での酸素の再曝気と光合成による酸素供給である．風によるあるいは機械的手段で水面を乱すことによる水面での再曝気は意味深い．観測の結果，曝気をしていない汚水池での溶存酸素は，光合成活動のレベルに応じて直接的に変化することが示されている．すなわち，夜および早朝では低く，午後の早い時間帯でピークに達する．藻類の光合成応答は，光，水温，栄養塩類や他の成長因子によって変ってくる．

藻類の除去は困難であること，さらに，それが放流水における許容できる以上の懸濁物質(SS)となりかねないことから，安定池と水生養殖プロセスにおいて，酸素供給源として機械曝気が利用されている．部分混合曝気式安定池では，水深を深くして濁り物を部分混合させると，通性嫌気性安定池に比べ藻類の生長が制限される．ホテイアオイ池による浄化(第**5**章)やほとんどの湿地による浄化(第**6**章)では，植生によって光の浸透が妨げられるため，藻類の生長が抑えられる．

ホテイアオイと湿地浄化で使われる水生植物類は，両者ともに，酸素を葉から根に送る特別な能力を有している．これら植物それ自体は，直接的にBODを除去することはない．むしろ，これらの植物はこれらに付着する様々な微生物の宿主として機能する．主として有機物の分解を受けもつのが，これら微生物の活動である．ホテイアオイの発達した根系および水生植物類の茎，軸根そして地下茎が，微生物に必要な付着面となる．そのための必要な要件として，比較的浅い反応と，付着微生物の成長に必要な汚水との最適接触機会を確保するための比較的緩やかな流速があげられる．

汚水のBODや汚泥は，第**7**，**8**章に述べられる土壌処理プロセスの設計を制限する因子とはめったにならない．設計は他の因子，例えば，窒素，金属，有毒

表-3.2　自然浄化システムにおける代表的な有機物負荷

処理方法	有機物負荷
酸化池	40～120
通性嫌気性安定池	22～67
部分混合曝気式安定池(Aerated partial-mix pond)	50～200
ホテイアオイ池	20～50
人工湿地	100
緩速浸透法	50～500
急速浸透法	145～1 000
表面流下法(Overland-flow land treatment)	40～110
汚泥の土壌還元(Land application of municipal sludge)	27～930*

注）*これらの値は年負荷量を365日で除して求めた.

物あるいは土壌の水理的な能力で決まる．それで，システムは，有機物の微生物による分解が効果的に行われる範囲に十分おさまることになる．**表-3.2**に，自然浄化システムにおける代表的な有機物負荷を示す．

3.2.2 懸濁物質（SS）の除去

通常，汚水のSSの含有量は設計の制限因子となることはないが，適切に取扱わないと結果的に処理が失敗してしまう要因になりうる．水圏および地圏を利用する処理のどちらにおいても，処理反応内でうまくSSを配分させることに，重大な関心をもたなくてはならない．処理池における流入散気装置，湿地水路での段階流入そして産業用表面流下法における高圧スプリンクラーの利用は，いずれも一様なSSの配分と処理の初期段階での嫌気的条件を避けることを意図したものである．

池を用いた処理におけるSSの除去は主に重力沈降による．先に述べたように，藻類に注意を払うことが必要になってくる状況もある．沈降と微生物の成長による補足の両方が，ホテイアオイ法，湿地法そして表面流下法におけるSSの除去に寄与する因子である．土壌マトリックスによるろ過は，緩速浸透法と急速浸透法における主な除去機構である．様々な方法におけるSS除去量については**表-1.1～1.3**に示してある．除去量が二次処理レベルより優れていることが特徴づけられる．ただし，池による処理システムでは排出水中に藻類が含まれるので，そうでないケースもある．

3.3 有機汚染物質*

有機汚染物質は微生物によってなかなか分解されない．あるものはほとんど完全に分解されることなく，かなりの期間，環境に存在するかもしれない．他のあるものは，毒性を有したり，危険性があったりして，特別な管理が必要となったりする．

訳者注）*わが国では米国との自然条件や社会条件が大きく異なるため，ここに記述されている有機汚染物質の自然浄化法の適用は，その非分解性からかえって土壌汚染や地下水汚染等を引起しかねない．ここでは，有機汚染物の性状，これらによる汚染の現象等の理解やむしろ汚染対策を考えるうえでの参考としていただければ幸いである．

3.3.1 除去方法

揮発，吸着そして微生物分解が，自然浄化システムにおける微量有機物の主な除去法となる．池や湿地そして急速浸透池での水面から，土壌浄化でのスプリンクラーの水滴から，表面流下土壌処理における薄い流れから，そして大気に曝されている汚泥表面から揮発する．吸着は，汚水と接触する処理システム内の有機物上で主に起る．多くの場合，吸着された物質は微生物の活動によって分解されていく．

a. 揮　　発

揮発性有機物の水面からの消失は，水面上の大気内の揮発性有機物濃度はゼロと考えられることから，一次反応式を用いて記述が可能である．式(3.17)が基本的な式である．そして，式(3.18)が濃度が半減する時間を求めるために用いられる(第8章で汚泥有機物に対する半減時間の概念と応用についてさらに詳しく取扱う)．

$$\frac{C_t}{C_0}=\exp-(k_{vol}t)/y \tag{3.17}$$

ここで，C_t：時刻 t における濃度 [mg/L]

C_0：初期 ($t=0$) 濃度 [mg/L]

k_{vol}：揮発係数 [cm/h] ($=ky$)，ただし k は総合的な速度係数 [h^{-1}]

y：水深 [cm]

$$t_{1/2}=\frac{0.693y}{k_{vol}} \tag{3.18}$$

ここで，$t_{1/2}$：濃度が初期濃度の半分になる時間，つまり，$C_t=1/2\times C_0$ となる時間 [h]

(他の項は以前に定義されているとおり)

揮発係数は，式(3.19)で示されるように，汚濁物質の分子量とヘンリー則定数で定義される空気水分離係数との関数で表される．

$$k_{vol}=\frac{B_1}{y}\frac{H}{(B_2+H)M^{1/2}} \tag{3.19}$$

ここで，k_{vol}：揮発係数 [h^{-1}]

H：ヘンリー則定数 [10^5 atm・m^3・mol^{-1}]

M：汚濁物質の分子量 [g/mol]

係数 B_1 および B_2 は，物理システムに特有な値を有する．Dilling[11] はよく混合された水面での，塩素を作用させた様々な揮発性の塩素処理炭化水素に対して値を求めている．

$$B_1=2.211 \qquad B_2=0.01042$$

Jenkins ら[16]は，表面流下法における多くの揮発性有機物に対する値を実験的に求めている．

$$B_1=0.2563 \qquad B_2=5.86\times10^{-4}$$

表面流下法の場合の係数は，はるかに小さい値となっている．というのは，斜面を下る流れが非乱流つまりほとんど層流 (Reynolds 数＝100～400) とみなしうる．この場合，流れの平均水深は約 1.2 cm であった[16]．

Parker と Jenkins[22]は，式 (3.19) を変形し，低圧で大きい水滴となる汚水スプリンクラーの水滴からの揮発消散を与える式を求めた．この場合，y は平均水滴半径となる．結果としては，得られた係数は特別なスプリンクラーシステムだけに有効である．しかし，手法自体は問題がなく，他のスプリンクラーや作動圧力にも適用可能である．式 (3.20) は，Parker と Jenkins によって求められたもので，**表-3.3** にあげてある有機複合物に対して用いられる．

$$\ln\frac{C_t}{C_0}=4.535(k_{vol}'+11.02\times10^{-4}) \tag{3.20}$$

揮発性有機物は，池処理における曝気によっても除去が可能である．Clark

表-3.3　揮発性有機物の汚水散水による除去

物　質	式 (3.20) で計算された k_{vol} [cm/min]
クロロホルム	0.188
ベンゼン	0.236
トルエン	0.220
クロロベンゼン	0.190
ブロモフォルム	0.0987
m-ジクロベンゼン	0.175
ペンタン	0.260
ヘキサン	0.239
ニトロベンゼン	0.0136
m-ニトロベンゼン	0.0322
PCB 1242	0.0734
ナフタリン	0.114
フェナントレン	0.0218

表-3.4　式(3.21)を用いるためのいくつかの揮発性有機物の特性

化学物質	M	S	s
トリクロロエチレン	132	1 000	0
1,1,1-トリクロロエタン	133	5 000	1
テトラクロロエチレン	166	145	0
四塩化炭素	154	800	1
シス-1,2-ジクロロエチレン	97	3 500	0
1,2-ジクロロエタン	99	8 700	1
1,1-ジクロロエチレン	97	40	0

ら[8]は式(3.21)を導き，曝気によって揮発性有機物の必要な量を除去するための空気量を求めた．

$$A/W=76.4\left(1-\frac{C_t}{C_0}\right)^{12.44}S^{0.37}V^{-0.45}M^{-0.18}0.33^{s} \tag{3.21}$$

ここで，A/W：空気水比

S：有機化合物の可溶性 [mg/L]

V：水蒸気圧 [mmHg]

M：分子量 [g/mol]

s：有機複合物の飽和状況で0は不飽和，1は飽和を示す．

表-3.4の値は，式(3.21)によっていくつかの代表的な揮発性有機物を除去するうえで必要な空気水比を計算するために用いられる．

b. 吸　着

微量有機物の処理システム内における有機物質への収着は，主に物理化学的な機構による除去であると考えられている[34]．溶液に収着される微量有機物の濃度は，化学製品の溶解性に関連した分配係数 K_p によって定義される．この値は，もしオクタノール水分配係数と有機炭素の含有%がわかれば，式(3.22)より計算で求められる．

$$\log K_{oc}=1.00\log K_{ow}-0.21 \tag{3.22}$$

ここで，$K_{oc}=K_{sorb}/O_c$ で有機炭素を基に表現した収着係数

K_{sorb}：収着物質移動係数 [cm/h]

O_c：存在する有機炭素の%

K_{ow}：オクタノール水分配係数

参考文献〔15〕において，土壌処理における収着に関して，他の相関関係や詳

しい議論が紹介されている．

Jenkins ら[16]は，表面流下法の斜面上での微量有機物の収着が，式(3.23)で定義される定数を有する一次反応式で記述されることを明らかにした．

$$k_{sorb}=\frac{B_3}{y}\frac{K_{ow}}{(B_4+K_{ow})M^{1/2}} \tag{3.23}$$

ここで，k_{sorb}：収着係数 [h^{-1}]

B_3：処理システム特有の係数で，表面流下法に対しては 0.7309

y：表面流の水深 (1.2 cm)

K_{ow}：オクタノール水分配係数

B_4：処理システム特有の係数で，表面流下法に対しては 170.8

M：有機化学物質の分子量 [g/mol]

多くの場合，微量有機物は揮発と収着との複合によって除去される．総合的な進行速度係数 k_{sv} は式(3.19)と(3.23)で定義される係数の和として与えられ，式(3.24)で記述される．

$$\frac{C_t}{C_0}=\exp(-k_{sv}t) \tag{3.24}$$

表-3.5 有機化学物質の物理特性

物　質	K_{ow}*1	H*2	水蒸気圧	M*3
クロロホルム	93.3	314	194	119
ベンゼン	135	435	95.2	78
トルエン	490	515	28.4	92
クロロベンゼン	692	267	12.0	113
ブロモフォルム	189	63	5.63	253
m-ジクロベンゼン	2.4×10^3	360	2.33	147
ペンタン	1.7×10^3	125 000	520	72
ヘキサン	7.1×10^3	170 000	154	86
ニトロベンゼン	70.8	1.9	0.23	123
m-ニトロベンゼン	282	5.3	0.23	137
ブタル酸エチル	162	0.056	7×10^{-4}	222
PCB1242	3.8×10^5	30	4×10^{-4}	26
ナフタリン	2.3×10^3	36	8.28×10^{-2}	128
フェナントレン	2.2×10^4	3.9	2.03×10^{-4}	178
2,4-ジニトロフェノール	34.7	0.001	—	184

注）*1 オクタノール水分配係数

*2 20℃，1気圧における Henry 則定数 [10^5 atm·m^3/mol]

*3 25℃

*4 分子量 [g/mol]

ここで，$k_{sv}=k_{vol}+k_{sorv}$ で揮発と収着の複合に対応した総合的速度係数

C_t：時刻 t での濃度 [mg/L または μg/L]

C_0：初期濃度 [mg/L または μg/L]

揮発と収着に関して上式において適用できるいくつかの揮発性有機物の物理的特性を，**表-3.5** に示す．

【例題-3.5】

表面流下法によるトルエンの除去量を求めよ．流下距離を 30 m，水量負荷を 0.4 m³/h/m (議論するために第 **7** 章を参照)，平均流下時間を 90 min，低水圧大水滴スプリンクラーによる汚水の供給，トルエンの物理特性 (**表-3.6**) は $K_w=490$，$H=515$，$M=92$，表面流の水深 1.5 cm，供給された汚水のトルエン濃度 70 g/L とする．

〈解〉

1．式 (3.20) を用いて散水中での揮発ロスを求める．

$$\ln\frac{C_t}{C_0}=4.535(k_{vol}'+11.02\times10^{-4})$$

$$C_t=70\times\exp[-4.535\times(0.220+0.001102)]=25.69\ \mu g/L$$

2．式 (3.19) を用いて流下中での揮発係数を決定する．

$$k_{vol}=\frac{B_1}{y}\frac{H}{(B_2+H)M^{1/2}}$$

$$=\frac{0.2563}{1.5}\frac{515}{(5.86\times10^{-4}+515)\times92^{1/2}}$$

$$=0.17087\times0.1042=0.0178$$

3．式 (3.23) を用いて流下中での収着係数を決定する．

$$k_{sorb}=\frac{B_3}{y}\frac{K_{ow}}{(B_4+K_{ow})M^{1/2}}$$

$$=\frac{0.7809}{1.5}\frac{490}{(170.8+490)\times92^{1/2}}$$

$$=0.4873\times0.0774=0.0377$$

4．k_{vol} と k_{sorb} の和である総合的な速度係数を求める．

$$k_t=0.0178+0.0377=0.0555$$

5．式 (3.24) を用いて表面流下法におけるトルエン濃度を求める．

表-3.6 土壌処理による有機化学物質の除去

物質	緩速浸透法 砂質土壌 [%]	緩速浸透法 シルト質土壌 [%]	表面流下法 [%]	急速浸透法 [%]
クロロホルム	98.57	99.23	96.50	>99.99
トルエン	>99.99	>99.99	99.00	99.99
ベンゼン	>99.99	>99.99	98.09	99.99
クロロベンゼン	99.97	99.98	98.99	>99.99
ブロモフォルム	99.93	99.96	97.43	>99.99
ジブロモクロロメタン	99.72	99.72	98.78	>99.99
m-ニトロとトルエン	>99.99	>99.99	94.03	—*
PCB1242	>99.99	>99.99	96.46	>99.99
ナフタリン	99.98	99.98	98.49	96.15
フェナンタレン	>99.99	>99.99	99.19	—
ペンタクロロフェノール	>99.99	>99.99	98.06	—
2, 4-ジニトロフェノール	—	—	93.44	—
ニトロベンゼン	>99.99	>99.99	88.73	—
m-ジクロロベンゼン	>99.99	>99.99	—	82.27
ペンタン	>99.99	>99.99	—	—
ヘキサン	99.96	99.96	—	—
フタル酸ジエチル	—	—	—	90.75

注） * 報告なし．

$$\frac{C_t}{C_0}=\exp(-k_t t)$$

$$C_t=25.68\times\exp[-0.0555\times90]=0.17\ \mu g/L$$

ここでは約99.8%の除去率となっている．

3.3.2 除去性能

土壌処理は，主汚染有機化学物質除去を決定する研究が広範に実施さてれてきた唯一の自然処理システムである．これらの研究はたぶん，土壌処理システムに伴う地下水汚染に大きな関心があったからであろう．これらの研究結果は一般的には肯定的であるが，クロロホルムのように溶解性の高いほうが，PCBなどの溶解性が低い有機化合物より早く土壌を通過する傾向にある．

除去されずに浸透あるいは流出によってシステムを通りぬけてしまう量は非常に少ない．**表-3.6**に三大土壌処理における除去効果を示す．緩速浸透法における除去の値は，表示されている土壌を1.5 m浸透後に測定されたもので，低圧大水滴スプリンクラーが用いられている．表面流下法における除去値は，法面の上のパイプから0.12 $m^3 \times m \times h$ の負荷を与え，法面30 mを流下後の測定値である．急速浸透法での除去値は，浸透池から約200 m地下水流下方向地点での井戸で得られた値である．

緩速浸透法によって，汚水濃度2～111 μg/Lの汚水の処理濃度は0～0.4 μg/Lとなることが，表-3.6に示されている．表面流下法においては，汚水濃度25～315 μg/Lに対して，放流水濃度が0.3～16 μg/Lとなっている．急速浸透法においては，汚水濃度3～89 μg/Lに対して浸透水では0.1～0.9 μg/Lとなっている．

表-3.6の結果は，緩速浸透法が他の2つの処理より，より確実で除去効果が高いことを示している．このことはたぶん，スプリンクラーの使用と，より細かな土粒子が有機物を収着する機会が多くなるためであろう．クロロホルムは，濃度は低いが，浸透後も確実に検知される唯一の複合物である．他の2つの処理方法はいくらか効率が落ちるが，いぜん高い除去率を示している．表面流下法でスプリンクラーを使えば，さらに除去率は高くなったであろう．このデータに基づけば，土壌を利用したこの3つの処理システムの微量有機物の除去効果は，活性汚泥や他の通常の機械処理システムより高い．

水圏を利用するシステムにおける微量有機物の定量的な関係式は，いまだに得られていない．安定池や表面流(FWS)湿地での揮発による除去は，少なくとも式(3.19)と(3.24)で評価できる．これらの処理における水深は表面流下法よりはるかに大きいが，滞留時間が表面流下法の分オーダーでなく数日オーダーとなることから，かなりの除去が期待できる．伏流(SF)湿地処理における有機物除去は，湿地内の材料によるが，表-3.6に示す急速浸透法と同等程度であろう．人工湿地での毒性汚染物質の除去に関するデータについては**表-6.2**を参考にされたい．

3.3.3　土中の移動時間

有機複合物の土中での移動速度は，間隙水の流速，土壌の有機物含有量，有機複合物のオクタノール水分離係数および土壌の物理特性の関数である．式(3.25)によって飽和流での有機複合物の土中移動速度が得られる．

$$V_c = \frac{KG}{n - 0.63 p O_c K_{ow}} \qquad (3.25)$$

ここで，V_c：有機複合物の移動速度 [m/d]

K：垂直あるいは水平方向の飽和透水係数 [m/d]

K_v：垂直方向飽和透水係数 [m/d]

K_h：水平方向飽和透水係数 [m/d]

G：地下水の動水勾配 [m/m] で，鉛直方向の流れに対しては 1，水平方向の流れに対しては $\Delta H/\Delta L$，定義については式 (3.4) を参照

n：土壌の間隙率 (小数，**図-2.4** 参照) [%]

p：土壌のかさ比重 [g/cm^3]

O_c：土壌における有機物含有量 (小数) [%]

K_{ow}：オクタノール水分離係数

3.4 病　原　体

病原体微生物は，汚水および汚泥内に存在し，その制御は汚水処理においてきわめて重要である．規制省庁の多くが，水域への排水に対して細菌に関する制限を定めている．他にも，水圏および地圏を利用するシステムに起因する地下水への影響，土壌処理サイトにおける作物の汚染または家畜の感染，および安定池の曝気装置または土壌処理サイトのスプリンクラーから放出されるエアロゾル化された微生物の周辺地域への散逸の危険性が想定される．ある調査[25]は，水圏，湿地および地圏を利用するシステムが，病原体の効果的な制御を可能にすることを示唆している．

3.4.1 水圏を利用するシステム

安定池システムにおける病原体の除去は，自然死滅，捕食，沈殿，吸着によるものである．蠕虫 (Helminths)，回虫 (*Ascaris*) およびその他の寄生虫のシストや卵は，安定池の静水域で底に沈む．3 つの反応槽で構成された約 20 日の滞留時間を保持する通性嫌気性安定池や，放流する前段に沈殿槽を設けた曝気式安定池は，蠕虫や原生動物を十分に除去することができる．この結果，安定池の放流水およびこの放流水の農業利用による寄生虫感染に対する危険性はほとんどない．汚泥が除去されて処分される場合には，若干の危険性がある．これらの汚泥は，適切に処置されるか，または処分場において公衆の接近および農業的な利用

に対して一時的な制限が設定される．

a. 細菌とウイルスの除去

複数の区画で構成された安定池における細菌とウイルスの除去は，**表-3.7**と**表-3.8**に示すように，曝気式および非曝気式の両者に対して非常に効果的である．表-3.8の全3地区において，放流水は消毒されていない．測定されたウイルスは，自然発生した腸内型であり，植えつけられたウイルスやバクテリオファージではない．表-3.8は，季節ごとの平均値を示している．詳細は参考文献〔2〕を参照されたい．放流水におけるウイルス濃度は一年を通じて低いが，全3地区において除去率が冬に若干低下した．

糞便性大腸菌群の除去が滞留時間と温度に依存していることを多数の研究が示

表-3.7 安定池における糞便性大腸菌群の除去

場所	反応槽の個数	滞留時間 [d]	糞便性大腸菌群 [個/100 mL] 流入水	放流水
通性嫌気性安定池				
Peterborough, NH	3	57	4.3×10^6	3.6×10^5
Eudora, KS	3	47	2.4×10^6	2.0×10^2
Kilmichael, MS	3	79	12.8×10^6	2.3×10^4
Corinne, UT	7	180	1.0×10^6	7.0×10^0
部分混合曝気式安定池				
Windber, PA	3	30	10^6	3.0×10^2
Edgerton, WI	3	30	10^6	3.0×10^1
Pawnee, IL	3	60	10^6	3.3×10^1
Gulfport, MS	2	26	10^6	1.0×10^5

表-3.8 通性嫌気性安定池におけるエンテロウイルスの除去

場所		エンテロウイルス (PFU/L)* 流入水	放流水
Shelby, MS (反応槽3，72日)	夏	791	0.8
	冬	52	0.7
	春	53	0.2
El Paso, TX (反応槽3，35日)	夏	348	0.6
	冬	87	1.0
	春	74	1.1
Beresford, SD (反応槽2，62日)	夏	94	0.5
	冬	44	2.2
	春	50	0.4

注） * Plaque-forming units per liter (1 L中のプラーク形成単位)

している．式(3.26)により，安定池における糞便性大腸菌群の除去量を見積ることができる．式中の滞留時間は，染料の流下調査によって得られる実際の滞留時間である．安定池における実際の滞留時間は，流れが短絡するために理論的な設計滞留時間の45%まで小さくなることがある．もし，染料を流すことが非現実的または不可能であるならば，式(3.26)について実際の滞留時間を設計滞留時間の50%に等しいと仮定してもよい．

$$\frac{C_f}{C_i}=\frac{1}{(1+tk_T)^n} \tag{3.26}$$

ここで，C_i：流入水の糞便性大腸菌群数 [個/100 mL]

C_f：放流水の糞便性大腸菌群数 [個/100 mL]

t：一連の反応槽における実際の滞留時間 [d]

k_T：温度依存率定数 [d^{-1}] で $k_T=2.6\times1.19(T_w-20)$，$T_w$ は安定池における平均水温 [℃] である

安定池の水温の決定方法については，第**4**章を参照されたい．一般に水温は，気温が最低2℃までなら，月平均気温にほぼ等しいと仮定して問題はない．

式(3.26)は，総ての反応槽が同一の大きさであることを前提にしている．反応槽の大きさがそれぞれ異なる場合の一般的な式については，第**4**章を参照されたい．同式は，ある一定水準の病原体除去に必要な反応槽の最適な個数が決定されるように解くこともできる．一般に，実際の滞留時間が約20日である3または4個の反応槽から構成される安定池は，糞便性大腸菌群を望まれる水準にまで除去することができる．ポリオウイルスとコクサッキーウイルスを用いた研究は，ウイルスの除去が式(3.26)で記述される1次反応式に従って進行することを示した．ホテイアオイ池またはこれと類似の水圏を利用するシステムにおける除去についても，式(3.26)で示されるような効果が得られるであろう．

3.4.2 湿地処理

湿地による病原体の除去は，上述した安定池によるものと基本的には同じである．表面流湿地における，細菌やウイルスの除去についても式(3.26)を使用することができる．ほとんどの人工湿地では，安定池と比較して滞留時間は減少するが，吸着とろ過の機会は増大する．伏流湿地(第**6**章参照)では，土壌処理と基本的に同様な過程で病原体が除去される．いくつかの湿地を選定して，病原体

表-3.9　人工湿地における病原体の除去[26]

場　所		システム作動状況 流入水	排出水*1
Santee, CA (イグサ湿地)*2			
冬期 (10～3月)	総大腸菌群数 [個/100 mL]	5×10^{7}	1×10^{5}
	バクテリオファージ [PFU/mL]*3	1 900	15
夏期 (4～9月)	総大腸菌群数 [個/100 mL]	6.5×10^{7}	3×10^{5}
	バクテリオファージ [PFU/mL]*3	2 300	26
Iselin, PA (ガマと牧草)*4			
冬期 (11～4月)	糞便性大腸菌群数 [個/100 mL]	1.7×10^{6}	6 200
夏期 (5～10月)	糞便性大腸菌群数 [個/100 mL]	1.0×10^{6}	723
Arcata, CA (イグサ湿地)*5			
冬期	糞便性大腸菌群数 [個/100 mL]	4 300	900
夏期	糞便性大腸菌群数 [個/100 mL]	1 800	80
Listowel, Ont (ガマと牧草)*5			
冬期 (11～4月)	糞便性大腸菌群数 [個/100 mL]	556 000	1 400
夏期 (5～10月)	糞便性大腸菌群数 [個/100 mL]	198 000	400

注）*1 非消毒
*2 砂利河床，地中流
*3 PFU：プラーク形成単位
*4 砂質河床，地中流
*5 表面流のある (FWS) 湿地

の除去について整理した結果を**表-3.9**に示す．

3.4.3　土 壌 処 理

米国における土壌処理では，事前に流入水の予備処理と池貯留，あるいはどちらかがなされているため，寄生虫に対する心配はほとんどない．文献によると，家畜の感染は，未処理汚水を直接摂取したか，潅漑用水に未処理汚水を用いたことによる[25]．土壌処理における細菌とウイルスの除去は，ろ過，熱乾燥，吸着，照射および捕食の組合せによるものである．

a.　地表面での状況

主要な関心は，地表植生の汚染または周辺地域への流出の可能性に向けられている．植物の表面に付着して生存を続ける細菌やウイルスは，その植物がそのまま摂取されると人間や動物に感染を引起す．このような危険性を除去するために，米国では農業利用されている土壌処理システムでは，生のまま食べられる野菜を栽培しないことを推奨している．汚水が散水される放牧地の家畜に対する危険性も高い．消毒されていない汚水を散水してから家畜の立入りが許されるまで1～3週間の期間をおくことを，一般的な基準は明示している．これに対応して，牧場は比較的小さく分割され，家畜はそれぞれを順に移動していくシステムが取入れられている．

周辺地域への流出の制御は，第7章に記載されているように，緩速浸透法および急速浸透法における土壌処理の設計条件であり，これによって病原体に対する危険性をなくすことができる．表面流下法では処理された排出水が設計の目的となる．そして，このシステムでは概して，糞便性大腸菌群の約90%の除去を達成することができる．表面流下法からの流出に対する消毒の必要性については，規制省庁により個々のサイトにおいて決定がなされるであろう．表面流下法の斜面には，どのような強度の雨が降るかはわからない．強い降雨からの流出は，設計処理量よりも大きくなる可能性があるが，付加的な希釈によって通常の流出水の水質に等しいかまたはそれ以上の水質となるであろう．

b.　地下水汚染

緩速浸透および急速浸透法では，土壌処理サイトから帯水層へ処理水が到達するので，病原体による地下水汚染が考慮されなければならない．緩速浸透法に用いられる粒の細かい農業土壌による細菌とウイルスの除去はきわめて効果的である．Hanover と New Hampshire で5年間にわたって行われた研究では[25]，土壌の地表面から1.5 m以内で糞便性大腸菌群がほぼ完全に除去されることを示した．カナダにおける類似の研究[4]は，糞便性大腸菌群が土壌表面から8 cmにおいて保持されることを示した．細菌の約90%は初期の48時間以内に死滅し，生存した細菌もその後の2週間以内に除去された．ウイルスの除去は，初めは吸着に依存するものの，このような土壌においても非常に効果的である．

急速浸透法では，粒の粗い土壌と高い水量負荷(HLR)が，細菌とウイルスの地下水汚染への危険性を増大させる．急速浸透法におけるウイルスの移動については，実験室および実稼働システムにおいて数多くの研究がなされてきた[25]．一般に，非常に粒の粗い土壌に非常に高い水量負荷で汚水が施用されると非常に高いウイルス濃度で移動が起るが，通常，これら3つの要因が総て出揃うことはまずない．急速浸透法における汚水処理の前段に塩素殺菌を行うことは，これによって形成される有機塩素化合物が，細菌やウイルスによる地下水汚染よりも大きな脅威になるので推奨されない．

表-3.10　汚泥中の病原体濃度

病原体	未処理汚泥［個/100 mL］	嫌気性消化汚泥［個/100 mL］
ウイルス	2 500～70 000	100～1 000
糞便性大腸菌群	10×10^6	$3\,000\sim6\times10^5$
サルモネラ菌	8 000	3～62
回虫（*Ascaris lumbricoides*）	200～1 000	0～1 000

3.4.4　汚泥処理システム

表-3.10に示すように，未処理または嫌気性消化された汚泥内の病原体濃度はきわめて高い．

汚泥が農業利用される場合，または，公衆への曝露が懸念される場合には，汚泥の病原体含有量が特に重要な意味をもつ．USEPAの汚泥利用に関するガイドラインは第8章で詳細に議論される．ミミズによる汚泥の安定化についても第8章で議論されるが，病原体細菌の減少が安定化の過程において起ることが認められている．凍結脱水システムは病原体を死滅させることはできないが，解凍時の効果的な脱水により残留する汚泥内の病原体濃度を減少させることができる．リードベッド法による乾燥過程は，熱乾燥と長時間に及ぶ滞留によって，病原体を十分に除去することができる．

病原体は，汚泥が土壌に施用されると，先に議論した汚水の土壌処理と同じメカニズムで，さらに減少する．第8章に記載されている基準がシステム設計に用いられると，汚泥内の病原体が地下水または水域への流出する危険性はほとんどなくなる．

3.4.5　エアロゾル

エアロゾル粒子は，大きくても直径20 μmにすぎないが，細菌やウイルスを運搬するには十分な大きさである．エアロゾルは，液体が空気中に噴霧される場合，液体の境界層において液体が掻きまわされた場合，または，汚泥が運搬されたり曝気されたりした場合に生じる．エアロゾルの粒子は相当な距離を移動することができ，その中に含まれる病原体は，熱乾燥または紫外線により不活性化されるまで生存する．エアロゾル粒子の風下への移動距離は，風速，大気の乱れ，温度，湿度およびエアロゾル粒子を捕捉する障壁の存在に依存する．スプリンクラーによって汚水が土壌処理されると，エアロゾルがノズルから噴射される水の

表-3.11　汚水およびエアロゾル(風下)の微生物濃度

微生物	汚水濃度 [個/100 mL]×10^6	スプリンクラー影響圏端におけるエアロゾル濃度 [個/m^2：サンプリングされた空気]
標準皿カウント	69.9	2 578
全大腸菌	7.5	5.6
糞便性大腸菌群	0.8	1.1
大腸菌ファージ(Coliphage)	0.22	0.4
糞便性連鎖球菌	0.007	11.3
緑膿菌(*Pseudomonas*)	1.1	71.7
肺炎桿菌	0.39	<1.0
ウェルシュ菌(*Clostridium pertringes*)	0.005	1.4

約0.3%の体積で生成される[29]．エアロゾルは，障壁がないならば，涼しく，高湿度で，乱れのない風が定常的に吹く場合に最も遠くまで運ばれる．これは一般に夜間において生じる．スプリンクラーのノズルに入り込む微生物の濃度は，汚水や汚泥の濃度と変らない．エアロゾル化の直後には，温度，太陽光線および湿度が微生物の濃度に著しい影響をもつ．このエアロゾル・ショック(aerosol shock)については**表-3.11**に示されている．

エアロゾル粒子が風下に移動すると，エアロゾル内の微生物は，熱乾燥，紫外線あるいは空気中の微量化合物により，通常よりも遅い(1次オーダー)速度で死滅し続ける．この死滅速度は細菌では大きいがウイルスにおいてはきわめて小さいため，風下への移動に伴うウイルスの不活性化はないものと仮定してよい．式(3.27)および(3.28)により，エアロゾル微生物の風下における濃度を推定することができる．

$$C_d = C_n D_d \exp(xa) + B \tag{3.27}$$

ここで，C_d：風下移動距離 d における濃度 [個/m^3]

C_n：放出源における濃度 [個/s]

D_d：大気拡散係数 [s/m^3]

x：減衰または死滅率 [s^{-1}] で，$x=-0.023$ [細菌(糞便性大腸菌群より)] もしくは $x=0.00$ [ウイルス(仮定)]

a：風下移動距離/風速 [s]

B：風上の空気におけるバックグラウンド濃度 [個/m^3]

ノズルから放出される初期濃度 C_n は，汚水濃度 W，汚水流出速度 F，エア

ロゾル化効率 E，および，生存因子 I の関数であり，式(3.28)のように表される．

$$C_n = WFEI \tag{3.28}$$

ここで，C_n：放出源の微生物濃度 [個/m^3]

W：汚水中の濃度 [個/100 mL]

F：流出速度 [L/s]

E：エアロゾル化効率で汚水 =0.003，汚泥スプレーガン =0.004，タンクトラックに装着されたスプリンクラーから放出する汚泥 =0.000007

I：生存係数で，全大腸菌 =0.34，糞便性大腸菌群 =0.27，大腸菌ファージ =0.71，糞便性連鎖球菌 =3.6，エンテロウイルス =80.0

式(3.27)における大気拡散係数 D_d は気象条件に依存する．想定される気象条件における代表値は**表-A**に示される．なお，より精度高く決定する方法は参考文献〔35〕に記載されている．

表-A

現地条件	D_d [s/m^3]
風速 <6 km/h，強い日光	176×10^{-6}
風速 <6 km/h，曇りの昼間	388×10^{-6}
風速 6～16 km/h，強い日光	141×10^{-6}
風速 6～16 km/h，曇りの昼間	318×10^{-6}
風速 >16 km/h，強い日光	282×10^{-6}
風速 >16 km/h，曇りの昼間	600×10^{-6}
風速 <11 km/h，夜間	600×10^{-6}

次の例では予測式の使い方を説明する．

【例題-3. 6】

スプリンクラー影響ゾーンの8 m 風下における糞便性大腸菌群濃度を求めよ．スプリンクラーには23 m の影響圏があり，30 L/s で散水している．散水中の糞便性大腸菌群は 1×10^5 である．スプリンクラーは曇天時に風速約8 km/hのもとで稼働しており，風上の空気中における糞便性大腸菌群のバックグラウンド濃度はゼロである．

〈解〉

1. 対象とする距離は，ノズル源から31 m 風下である．風速は，2.22 m/s である．よって係数 a を計算できる．

a＝風下移動距離/風速＝31/2.22＝13.96 s

2. 式(3.28)を用いてノズル領域から放出される濃度を計算する．

$C_n = WFEI = 1\times10^5(30\mathrm{L/s})\times0.003\times0.27$

＝2 430 (ノズルにおいて1秒間に放出される糞便性大腸菌群)

3. 式(3.27)を用いて風下の対象地点における濃度を計算する．

$D_d = 318\times10^{-6}$

$C_d = C_n D_d \exp(xa) + B$

$= 2\,340\times(318\times10^{-6})\exp(-0.023\times13.96)+0.0$

＝0.54 (スプリンクラー散水ゾーンの風下8 m における空気1 m^3 当りの糞便性大腸菌群)

この場合，危険性は無視しえるレベルである．

例題-3.6によって推定された濃度は，実際に稼働している土壌処理場で一般的に検出される非常に低い値である．**表-3.12**は，非消毒汚水を土壌処理して，集中的に種々の測定を行ったデータの概要である．

汚泥スプレーガンおよびトラックに装着されたスプリンクラーに対する式(3.27)で定義されるエアロゾル化効率(E)は，これらから放出される病原体のエアロゾル輸送の危険性が非常に小さいことを意味しており，このことは現地調査によっても確認されている．

表-3.12 非消毒汚水を用いた土壌処理サイト(カリフォルニア州，Pleasanton)におけるエアロゾル細菌およびウイルス

場　所	糞便性大腸菌群	糞便性連鎖球菌	大腸菌ファージ	緑膿菌	エンテロウイルス
汚水 [個/100 mL]	1×10^5	8.8×10^3	2.6×10^5	2.6×10^5	2.8
風上 [個/m^3]	0.02	0.23	0.01	0.03	ND*
風下 [個/m^3]					
10～30 m	0.99	1.45	0.34	81	0.01
31～80 m	0.46	0.60	0.39	46	ND*
81～200 m	0.23	0.42	0.21	25	ND*

注) * none detected：検出せず．

コンポスト化は，処理中に発生する高温により，ウイルスを含む大部分の微生物を不活性化するのにきわめて効果的である．詳細は第8章を参照されたい．しかし，その過程においては生成される熱は，好熱性菌類と放線菌類の成長を刺激し，それらのエアロゾル輸送に関する懸念が表明されている．この場合におけるエアロゾルは塵状粒子であり，コンポスト原料が曝気，混合，ふるい分け，あるいは，サイトを移動するときに放出される．

従業員400人が係わる4つのコンポスト化作業場における研究が実施された．そこでは，実際に作業を行った従業員の喉および鼻の培養菌において，アスペルギルス症を起すコウジカビ(*Aspergillus fumigatus*)の濃度が通常よりも高いことが認められたが，感染および疾病の発生率の増加との相関はなかった．菌類は，時折しか作業を行わない従業員，または，実際に作業を行わない管理者にはめったに検出されなかった．

この菌類の存在は，コンポスト化の過程そのものによるものであり，汚泥は関与していない．この研究結果は，コンポスト化作業に直接的かつ頻繁に係わる従業員には通常よりも大きい曝露の危険性を伴うが，時折しか作業を行わない従業員や風下のサイト周辺の人々への影響は無視できることを示唆している．従業員の防護マスクの使用，およびサイト周辺の境界遮蔽物となる植生の配置を行うなどして，関係する総ての人々を守るべきであることはいうまでもない．

3.5　金　　属

微量レベル濃度の金属が汚水および汚泥から検出される．工業および商業活動が主な放出源であるが，個人住宅からの生活排水も無視できない．最も注意を払うべき金属は，銅，ニッケル，鉛，亜鉛およびカドミウムであり，その理由は食物連鎖および水供給の中へそれらが入り込む危険性があるからである．

汚水中に存在する金属の多くは，処理過程で生じる汚泥内に蓄積する．その結果，金属が汚泥の土壌処理に対する支配的な設計パラメータになることがよくある．この詳細については第8章に記載されている．金属は，いくつかの業種を除けば，常に汚水の処理または再利用の重要な設計パラメータになるとはかぎらない．**表-3.13**は，未処理の生活排水の金属濃度と，潅漑および飲料水のための基準金属濃度を比較したものである．

表-3.13 汚水中の金属濃度と潅漑および飲料水に必要とされる金属濃度[33]

金属	未処理汚水 [mg/L]*1	飲料水 [mg/L]	潅漑 [mg/L] 連続的*2	短期間*2
カドミウム	<0.005	0.01	0.01	0.05
鉛	0.008	0.05	5.0	10.0
亜鉛	0.04	0.05	2.0	10.0
銅	0.18	1.0	0.2	5.0
ニッケル	0.04	—	0.2	2.0

注）*1 都市排水の中央値
*2 あらゆる土壌において無期限に使用される水を対象とする.
*3 デリケートな作物が栽培される場合に，きめの細かい土壌において20年間まで使用される水を対象とする.

3.5.1 水圏を利用するシステム

微量金属は，生活排水を処理する安定池の設計または性能に対して常に懸念されるものではない．その主要な除去ルートは，有機物への吸着と沈殿である．両者への機会はかなりかぎられているので，安定池における金属の除去は活性汚泥による場合と比べて効果的ではない．例えば，活性汚泥では，未処理汚水中に存在する金属の50%以上を比較的短い時間で汚泥内に取込むことができる．安定池からの汚泥は長い滞留時間と頻繁に行われない汚泥の除去のために比較的高濃度の金属を含有する．数カ所で調査された安定池の汚泥中の金属濃度の概要を**表-3.14**に示す.

表-3.14に示される濃度は，初期段階の安定化されていない汚泥において標準

表-3.14 安定池から採取した汚泥中の金属濃度[28]

金属		通性嫌気性安定池*1	部分混合曝気式安定池*2
銅	湿潤汚泥 [mg/L]	3.8	10.1
	乾燥汚泥 [mg/kg]	53.8	809.2
鉄	湿潤汚泥 [mg/L]	0.1	1.2
	乾燥汚泥 [mg/kg]	9.1	9.2
鉛	湿潤汚泥 [mg/L]	8.9	21.1
	乾燥汚泥 [mg/kg]	144	394
水銀	湿潤汚泥 [mg/L]	0.1	0.2
	乾燥汚泥 [mg/kg]	2.4	4.7
亜鉛	湿潤汚泥 [mg/L]	54.6	85.2
	乾燥汚泥 [mg/kg]	840	2 729

注）*1 ユタ州における2つの通性嫌気性安定池から採取された汚泥中の平均濃度
*2 アラスカ州における部分混合曝気式安定池から採取された汚泥中の平均濃度

表-3.15　ホテイアオイ池における金属除去[18]

金　属	流入濃度	除去量［%］*
ホウ素	0.14 mg/L	37
銅	27.6　g/L	20
鉄	457.8　g/L	34
マンガン	18.2　g/L	37
鉛	12.8　g/L	68
カドニウム	0.4　g/L	46
クロム	0.8　g/L	22
ヒ素	0.9　g/L	18

注）＊3つの並列水路の平均値，滞留時間約5日

的に認められる範囲内にあり，さらなる消化または第8章に記載されている土壌処理を妨げるものではない．第8章の**表-8.4**と**表-8.5**は安定池汚泥のその他の特性を列挙したものである．表-3.14のデータは，寒い地方における安定池のものである．工場排水が多量に流入する暖かい地方の安定池では，汚泥金属濃度はこれらの値よりも高くなるであろう．この場合，底に堆積した汚泥がさらなる消化を受けて有機物と汚泥質量を減少させるものの金属含有量は減少させないため，金属濃度は時間とともに増大する．

もし，金属除去が処理工程上の必要条件であり，現地の気候が亜熱帯に近いならば，第**5**章に記載されているように，浅い安定池におけるホテイアオイの利用を考慮してもよい．ルイジアナ州およびフロリダ州にある実物大システムにおける実験では，その除去に優れていることを証明しており，その主要な要因は植物そのものによる摂取であった．植物組織の濃度は水または底泥濃度の数百倍から数千倍にも及んでおり，これは植物による金属の生体間蓄積が生じていることを示している．フロリダ州中部にある試験的なホテイアオイ池おける金属除去を**表-3.15**に示す．

また，ルイジアナ州にある安定池は，ホテイアオイが写真現像排水からの金属抽出に特に効果的であることを示している．

3.5.2　湿地処理

第**6**章に記載されている人工湿地は金属除去に優れていることを示している．カルフォリニア州南部における約5.5日の滞留時間を有する試験湿地では，銅，亜鉛，および，カドミウムについてそれぞれ99，97，99%を除去した[13]．一方，植物による摂取は1%未満にすぎなかった．金属除去の主要なメカニズムは，沈殿および底泥有機物層との吸着相互作用である．

3.5.3 土壌処理

土壌処理による金属除去は，植物の摂取と吸着，イオン交換，沈殿，土壌中または土壌表面における化学的複合作用が関与している．第8章で説明されるように，亜鉛，銅およびニッケルは，食物連鎖上，植物細胞内の濃度が人間または動物に危険になる値よりもかなり低い値で植物自身に毒性を発現する．一方，カドミウムは，多くの植物において毒性が発現することなく蓄積するため，健康への危険性がある．そのためカドミウムは，農業土壌への汚泥処理に対する主要な制限因子になる．

土壌処理サイトにおける地表面近傍の土壌層は金属の除去に非常に有効であり，捕捉される金属の多くはこの層で見出される．マサチューセッツ州 Cape Cod において 33 年間作動している急速浸透法では，施用された金属の総てが砂質土壌の上から 50 cm 内で捕捉され，95%以上が 15 cm 内に含有されていることを示した[25]．

たとえ汚水の金属濃度が低くても，そのサイトでの持続的な営農に影響するおそれがあるため，金属の長期に渡る土壌蓄積に関しては懸念が表明されてきた．一般に，土壌に長期間捕捉された金属は，植物が容易には利用できない形態をとることを Hinsely らの研究[25]は示している．植物は，目下の成長期に施用された金属には反応するが，それより以前の土壌中に蓄積した金属には著しく影響されることはない．**表-3.16** 中のデータは，この関係を示している．オーストラリアのメルボルンでは，未処理汚水を 76 年間施用した後においても，牧草中のカド

表-3.16 土壌処理サイトにおける牧草金属含有量

	場　所(濃度 [mg/L])				
	Melbourne*1		Fresno*2	Manteca*2	Livermore*2
開　始	(1896)		(1907)	(1961)	(1964)
採　取	(1972)		(1973)	(1973)	(1973)
金　属	コントロール・サイト				
カドミウム	0.77	0.89	0.9	1.6	0.3
銅	6.5	12.0	16.0	13.0	10.0
ニッケル	2.7	4.9	5.0	45.0	2.0
船	2.5	2.5	13.0	15.0	10.0
亜鉛	50.0	63.0	93.0	161.0	103.0

注）*1 オーストラリア
　　*2 米国カリフォルニア州

ミウム濃度は，汚水を受けていないコントロール・サイトでの牧草中の濃度よりもわずかに高い程度であった．他はカリフォルニア州のより新しいサイトであるが，カドミウム含有量は，メルボルンで測定された値と同じオーダーの大きさであり，これらのサイトの植物が目下の成長期に施用された金属には反応するが，それ以前の土壌蓄積には反応しないことを示している．カリフォルニア州の3つのサイトにおける鉛がメルボルンと比較して著しく高いのは，隣接する高速道路からの自動車の排気ガスによるものと考えられる．

金属は，大きな水負荷が急速浸透法に与えられたとしても，地下水帯水層への脅威とはならない．カリフォルニア州 Hollister では，サイト直下の浅い地下水のカドミウム濃度が，サイトから離れた通常の地下水水質とほとんど異ならないことを示している．このサイトで33年間作動した土壌中の金属蓄積は，農業土壌で通常予想される範囲の下限より小さいかそれに近かった．仮に，そのサイトが遅い浸透速度方式で運転されたならば，同量の汚水と含有金属を施用するのに150年以上ということになる．

3.6　栄養塩類

栄養塩類については2つの関心事がある．それは，栄養塩類の制御が健康または環境に対して逆効果になることを避ける必要があるが，同じ栄養塩類が本書で議論される自然的な生物処理システムの性能に欠くことができないからである．両者の目的に対してとりわけ重要な栄養塩類は，窒素，リン，カリウムである．窒素は，多くの土壌処理および汚泥還元システムの設計に対してコントロール・パラメータとなるが，これらの点については，第7章と第8章で詳細に議論される．この節では，その他の処理コンセプトを用いた栄養塩類除去の可能性と種々のシステム構成要素に必要とされる栄養塩類について取扱う．

3.6.1　窒　　素

窒素は，幼児の健康を守るために飲料水について制限が設けられているとともに，魚類を守るため，また富栄養化を避けるために，表流水について制限が設けられることもある．第7章で記述されているように，土壌処理システムでは通常，その事業計画の境界から流出する浸出水または地下水に対して10 mg/L の硝酸塩濃度の飲料水基準に適合するように設計される．また，窒素除去が，表流水への放流に先だって必要になるいくつかのケースがある．さらにより多くの場合，アンモニア態窒素が多くの魚に対して毒性があるとともに，川に対して相当な酸素要求量を意味するので，アンモニア態窒素の酸化もしくは除去が必要となる．

窒素は，種々の酸化状態があるため，汚水においていろいろな形態で存在している．また，窒素は，そのときの物理的および生物化学的な条件に依存してある状態から他の状態に容易に変化する．生活排水における全窒素濃度は約 15 mg/L から 50 mg/L をこえる範囲にある．この約 60%がアンモニア態であり，残りが有機態である．

アンモニアは，分子アンモニア (NH_3) またはアンモニアイオン (NH_4^+) として存在する．両者の形態間の平衡は pH と温度に強く依存している．pH 7 では，本質的にはアンモニウムイオンのみが存在するが，一方，pH 12 では，溶存態アンモニアガスのみが存在する．この関係は，高次処理プラントの曝気によるストリッピング操作，ならびに，汚水処理安定池におけるかなりの割合の窒素除去に対する根拠となっている．

a. 安 定 池

安定池における窒素の除去は，植物または藻類による摂取，硝化および脱窒，吸着，汚泥沈着，および大気へのアンモニアガスの消失（揮発）による．汚水処理を行う通性嫌気性安定池では，支配的なメカニズムは揮発であるとされており，好条件下では，存在している全窒素の 80%までが消失される．その除去率は，pH，温度および滞留時間に依存する．中性に近い pH レベルで存在する気体アンモニアの量は比較的小さいが，この気体のいくらかが大気中に消失すると，平衡を保つようにアンモニウムイオンが付加的にアンモニア態に移行する．この変化および消失の単位速度は非常に小さいが，これらの安定池における長い滞留時間が埋め合せを行って，長期間においては非常に効果的な除去をもたらす．設計の際に使用できる安定池における窒素除去を記述する式は，第 **4** 章で示される．窒素はしばしば土壌処理を設計するうえでのコントロールパラメータとなるため，安定池放流水における窒素濃度の低減は，汚水処理に必要な土地面積の縮小を可能にするため事業コストの節約につながる．

b.　水圏を利用するシステム

ホテイアオイ池における窒素除去は非常に効果的であるが，それは主に硝化－脱窒によるものである．しかし，植物が定期的に刈取られなければ，植物摂取は半永久的な除去にならない．ホテイアオイのもう 1 つの機能は，抑制された透過光が藻類の成長を制限するように水面に日陰をつくることにあるため，完全な刈取りは通常できない．池の植物は 1 回の刈取りで 20～30％しか除去されないため，植物の窒素除去能力をフルに発揮することは決して実現しない．

硝化および脱窒は，たとえ機械的な曝気が行われたとしても，浮遊植物の密な根の領域内における好気性および嫌気性微小空間の存在と脱窒に必要な有機炭素源の存在により，浅いホテイアオイ池で可能である．ホテイアオイ池で観測された窒素除去は 10 弱～50 強 kg/ha･d の範囲内にあり，これは季節と刈取り頻度に依存する．これらの内のいくつかは注意深く作業が行われたパイロット施設または研究施設である．さらなる議論は第 **5** 章を参照されたい．

c.　湿 地 処 理

アンモニアの揮発，脱窒および植物摂取（もし，植物が刈取られるならば）が湿地で可能な窒素の除去方法である[12]．カナダにおける研究は[40]，定期的にガマを刈取ってもそのシステムで除去される窒素の約 10％にすぎない．この知見は他の場所でも確認されており，窒素除去の主要な過程は，脱窒を伴う硝化であることを示している．

d.　土 壌 処 理

窒素は一般に，緩速浸透法による汚水の土壌処理の設計パラメータに制限を加える．その判断基準と方法論は第 **7** 章に記載されている．第 8 章で説明されるように，窒素は汚泥処理システムの毎年の処理速度に制限を加える．両システムにおける除去過程は類似しており，植物摂取，アンモニア揮散および硝化—脱窒を含んでいる．アンモニウムイオンは土壌粒子に吸着されるが，これが一時的な制御を可能にする．すなわち，土壌微生物がそのときにこのアンモニウムを硝化し，元の吸着能力を回復する．一方，硝酸は土壌システム中に化学的に保持されないため，植物摂取および脱窒による硝酸除去は，土壌断面内の物質を運ぶ水の滞留時間中にのみ起る．施用される窒素がアンモニアまたはあまり酸化されていない形態であれば，全体の窒素除去能力は改善される．

硝化 — 脱窒は，急速浸透法における窒素除去の主要な過程であり，植物摂取は緩速浸透法および表面流下法における主要な除去過程方法である．また，揮発と脱窒は後者2つのシステムにおいても起り，施用された窒素の10～50%強を占めるが，第7章において説明されるように汚水特性および処理方法に依存する．農作物と森林の窒素摂取に基づく設計方法は第7章を参照されたい．

3.6.2 リ　　ン

リンは健康への影響がないものとされているが，表流水の富栄養化に最もよく関係する汚水成分である．いろいろな放出源による汚水中のリンは，ポリリン酸およびオルトリン酸として見出される．有機態リンとしては，産業排水中により一般的に見出される．自然処理システムにおける除去過程には，植物摂取等の生物学的過程，吸着および沈殿がある．

植物摂取は，刈取りと除去が定期的に行われるならば，緩速浸透法および表面流下法の土壌処理過程において重要である．この場合，刈取られた植物は，施用されたリンの20～30%を占める．湿地法において通常用いられる植物は，たとえ刈取りが実施されたとしても，リン除去の重要な要因になるものとはみなされていない．もし植物が刈取られないならば，分解してリンをシステム内の水に放出する．ホテイアオイ等の水生植物によるリン除去は植物の必要量を限定し，たとえ注意深い管理と定期的な刈取りが行われたとしても，汚水中に存在するリンの50～70%をこえることはない．

吸着と沈殿反応は，汚水が相当量の土壌と接触する機会があるならば，リン除去の主要な過程となる．これは，緩速浸透法と急速浸透法の場合，および，土壌中の浸透や側方流れが起る湿地の場合にあたる．表面流れが起るシステムでは，比較的不浸透性の土壌が使用されるため，汚水と土壌の接触の可能性はより限定される．

土壌の反応は，存在する粘土，鉄とアルミニウムの酸化物およびカルシウム化合物，そして土壌pHに関係する．細粒の土壌は，粘土の高い含有量のみならず，長い滞留時間のためにリン吸着に対して最大の受容力をもつ．粗粒で酸性また有機性土壌は，リン吸着に対して最小の受容力をもつ．泥炭土壌は，酸性かつ有機性であるが，鉄とアルミニウムの存在によりリン吸着に対してかなりの受容力をもつことがある．

実験室規模の吸着試験により，土壌が短い処理期間中に除去できるリンの量の推定が可能である．現地における実際のリン保持は，通常の5日の吸着試験で得られる値の，少なくとも2倍～5倍になる．与えられた土壌層の吸着能力はいずれ使い果されるが，それまでには，リンはほぼ完全に除去されるであろう．通常の緩速浸透法では，30 cm の深度をもつ土壌がリンで飽和するまでに10年はかかると推定されている．緩速浸透法における浸透水中のリン濃度は，通常，2 m 以内の移動距離でその土地固有の地下水の水質にほぼ等しくなる．急速浸透法に利用されるより粗粒の土壌は，1オーダー大きい移動距離を必要とする．

通常，リンは地下水の水質に重要な問題とはならない．しかし，地下水が近くの川や池に現れる場合は，富栄養化が懸念されるであろう．式(3.29)は，浸透または浸入する地下水流線のどの位置においてもリン濃度を推定することができる．この式は，当初は急速浸透法を対象につくられたものであり，総ての土壌処理システムにおいて非常に控え目な根拠を与える．

$$P_x = P_0 \exp(-k_p t) \tag{3.29}$$

ここで，P_x：流線上の距離 x での全リン濃度 [mg/L]

P_0：処理水の全リン濃度 [mg/L]

k_p：0.048 (pH 7) [d^{-1}]，ただし pH 7 は最小値を与える

t：滞留時間 [d] である．

$$t = xW/K_x G$$

ここで，x：流線上の距離 [m]

W：土壌飽和含水率で ＝0.4 (仮定)

K_x：x 方向における土壌透水係数 [m /d]，同様に，K_v は鉛直方向，K_h は水平方向の土壌透水係数

G：水頭勾配で鉛直流の場合 $G=1$，側方流の場合 $=\Delta H/\Delta L$ である．

この式は，2つのステップで解かれる．最初のステップは，土壌の地表面から地中流の障壁(もしそれが存在するならば)までの鉛直流の要素を計算し，次に隣接する表流水まで側方流を計算する．計算は飽和状態の仮定に基づいているため，結果として最も短い滞留時間となる．実際の鉛直流は多くの場合不飽和であるので，実際の滞留時間はこの方法で計算されたものよりもずっと長くなるであろう．もしこの式で受入れ可能な除去が推定された場合，このサイトは確実に機能し，予備的な作業としての詳細な実験は必要とされないということが保証されたことになる．詳細な実験は，大規模プロジェクトの最終的な設計のために行わ

れるべきである.

3.6.3 カリウムおよびその他の微量栄養塩類

カリウムは，汚水成分として健康および環境へ影響を及ぼすことはない．しかし，植物の成長には重要な栄養塩類であるが，通常，植生にとって窒素とリンとの最適な組合せとなる量は汚水には存在しない．もし，土壌処理および水圏を利用するシステムが窒素除去を目的とした植物に依存するならば，植物による窒素摂取が最適水準で維持されるように，カリウムを補足的に付加する必要がある．式(3.30)は，水圏を利用するシステムおよびカリウムの含有レベルが低い土壌での土壌処理に必要とされるカリウムの付加量を推定することができる．

$$K_s = 0.9U - K_{ww} \tag{3.30}$$

ここで，K_s：1年間に必要とされるカリウム付加量 [kg/ha]

U：植物による1年間の窒素摂取量の推定値 [kg/ha]

K_{ww}：処理水におけるカリウム量 [kg/ha]

大多数の植物は，マグネシウム，カルシウムおよびイオウを必要としており，土壌特性に依存するが，場所によってはそれらが不足している．その他，鉄，マンガン，亜鉛，ホウ素，銅，モリブデンおよびナトリウムも植物の成長に必要な微量栄養塩類である．一般に，汚水中におけるこれらの成分は十分な量が存在しており，それらの量が過剰な場合には植物毒性問題を引起すことがある．水量負荷の大きいホテイアオイ池では，活発な植物の成長を維持するために鉄を補足的に付加することが必要になることもある．

a. ホ ウ 素

ホウ素は，植物の成長に必須であるとともに低い濃度であっても植物によっては毒性を発現する．過去の経験は，土壌のホウ素に対する吸着が非常に限定されたものであることを示しており，土壌処理の除去能力はないものとみなしてもよい．工場排水は通常の生活排水よりも高いホウ素を含有するが，ホウ素の含有量が選択すべき作物のタイプに影響を与えることはあっても，土壌処理の可能性そのものを左右することはない．アルファルファ，綿，サトウダイコンおよびスイートクローバーのような耐性のある作物は2～4 mg/Lのホウ素を受容する．トウモロコシ，大麦，ミロ，エン麦および小麦のようなやや耐性のある作物は1～2 mg/Lを受容する．果実やナッツ等の耐性に乏しい作物の受容量は，1 mg/

L以下である．

b. イ オ ウ

汚水は，イオウを亜硫酸塩または硫酸塩の形態で含む．生活排水は設計上の問題になるような多量のイオウを通常は含まないが，石油精製やクラフト紙工場からの工場排水には関心を払うべきである．硫酸塩は，飲料水では250 mg/Lまでに抑えられており，潅漑用水は作物の種類にもよるが，200～600 mg/Lまでに抑えられている．イオウの土壌への吸着は弱く，主要な除去過程は植物摂取による．土壌処理に通常用いられる牧草は，1 000 kgの刈取りによって2～3 kgのイオウを除去することができる．汚水中における亜硫酸塩または硫酸塩の存在は，もし嫌気状態になったならば，深刻な臭気の問題を引起すことがある．これはいくつかのホテイアオイ池において発生したことがあり，その場合には，池を好気状態に維持するために補足的な曝気を行う必要がある．

c. ナトリウム

ナトリウムは，基本的な飲料水基準によって抑えられることもないし，また，通常の生活排水のナトリウム濃度では，環境へ重大な影響を及ぼすほどの水質として考える必要はない．高いナトリウム含有量への急激な変化は，水圏を利用するシステムにおける生物相に悪影響をもたらすが，多くのシステムでは緩慢な変化に順応することができる．ナトリウム，そしてカルシウムもまた土壌のアルカリ度および塩分に影響を与える．植物の成長およびその土壌から水分を吸収する能力は塩分に影響される．

粘土質土壌の構造は，汚水中にカルシウムとマグネシウムとの関連で過剰なナトリウムが存在すると破壊される．結果として生じる粘土粒子の膨張は，土壌特性である水理的受容力を変化させる．式(3.31)に示されるナトリウム吸着比(sodium adsorption ratio；SAR)は，これら3つの成分の関係を定義する．

$$\mathrm{SAR}=\frac{[\mathrm{Na}]}{([\mathrm{Ca}]+[\mathrm{Mg}])^{1/2}} \tag{3.31}$$

ここで，SAR：ナトリウム吸着比

[Na]＝(汚水中のmg/L)/(22.99)でナトリウム濃度[mEq/L]

[Ca]＝(汚水中のmg/L×2)/(40.08)でカルシウム濃度[mEq/L]

[Mg]＝(汚水中のmg/L×2)/(24.32)でマグネシウム濃度[mEq/L]

通常の生活排水におけるナトリウム吸着比は，5～8の値をめったに上まわることはなく，どのような気候であろうとも土壌において問題が生じることはない．粘土を15％まで含む土壌であれば，10またはそれ以下のナトリウム吸着比を許容することができ，わずかな粘土または膨張することのない粘土を含む土壌であれば，20までのナトリウム吸着比を受入れることができる．工場排水は，高いナトリウム吸着比をもつことがあり，粘土膨張を減じるために石膏やその他の安価なカルシウム供給源を用いた周期的な土壌処理が必要になることがある．

土壌塩分は，作物に必要とされる量よりも過剰な水を加えることによって，土壌特性から塩分を浸出させることができる．経験から得た方法は，乾燥地方における塩分増加を回避するために，作物の必要水量に10％を加えて施用することである．詳細については参考文献〔37〕を参照されたい．

参 考 文 献

1. Bauman, P.: Technical Development in Ground Water Recharge, in V. T. Chow (ed.), *Advances in Hydroscience,* vol. 2, Academic Press, New York, 1965, pp. 209–279.
2. Bausum, H. T.: *Enteric Virus Removal in Wastewater Treatment Lagoon Systems,* PB83-234914, National Technical Information Service, Springfield, VA, 1983.
3. Bedient, P. B., N. K. Springer, E. Baca, T. C. Bouvette, S. R. Hutchins, and M. B. Tomson: Ground-water Transport from Wastewater Infiltration, *ASCE EED Div. J.,* 109(2):485–501, Apr. 1983.
4. Bell, R. G., and J. B. Bole: Elimination of Fecal Coliform Bacteria from Soil Irrigated with Municipal Sewage Lagoon Effluent, *J. Environ. Qual.,* 7:193–196, 1978.
5. Bianchi, W. C., and C. Muckel, *Ground Water Recharge Hydrology,* ARS 41-161, U.S. Department of Agriculture, Agricultural Research Service, Beltsville, MD, Dec. 1970.
6. Bouwer, H.: *Groundwater Hydrology,* McGraw-Hill, New York, 1978.
7. Brock, R. P.: Dupuit-Forchheimer and Potential Theories for Recharge from Basins, *Water Resources Res.,* 12:909–911, 1976.
8. Clark, C. S., H. S. Bjornson, J. Schwartz-Fulton, J. W. Holland, and P. S. Gartside: Biological Health Risks Associated with the Composting of Wastewater Treatment Plant Sludge, *J. Water Pollution Control Fed.,* 56(12):1269–1276, 1984.
9. Clark, R. M., R. C. Eilers, and J. A. Goodrich: VOCs in Drinking Water: Cost of Removal, *ASCE EED Div. J.,* 110(6):1146–1162, 1984.
10. Danel, P.: The Measurement of Ground-Water Flow, in *Proceedings Ankara Symposium on Arid Zone Hydrology,* UNESCO, Paris, 1953, pp. 99–107.
11. Dilling, W. L.: Interphase Transfer Processes. II. Evaporation of Chloromethanes, Ethanes, Ethylenes, Propanes, and Propylenes from Dilute Aqueous Solutions, Comparisons with Theoretical Predictions, *Environ. Sci. Technol.,* 11:405–409, 1977.
12. Gersberg, R. M., B. V. Elkins, and C. R. Goldman: Nitrogen Removal in Artificial Wetlands, *Water Res.,* 17(9):1009–1014, 1983.

13. Gersberg, R. M., S. R. Lyon, B. V. Elkins, and C. R. Goldman: The Removal of Heavy Metals by Artificial Wetlands, in *Proceedings AWWA Water Reuse III,* American Water Works Association, Denver, CO, 1985, pp. 639–645.
14. Glover, R. E.: *Mathematical Derivations as Pertaining to Groundwater Recharge,* U.S. Department of Agriculture, Agricultural Research Service, Beltsville, MD, 1961.
15. Hutchins, S. R., M. B. Tomsom, P. B. Bedient, and C. H. Ward: Fate of Trace Organics during Land Application of Municipal Wastewater, *Crit. Rev. Environ. Control,* 15(4):355–416, 1985.
16. Jenkins, T. F., D. C. Leggett, L. V. Parker, and J. L. Oliphant: Toxic Organics Removal Kinetics in Overland Flow Land Treatment, *Water Res.,* 19(6):707–718, 1985.
17. Kahn, M. Y., and D. Kirkham, Shapes of Steady State Perched Groundwater Mounds, *Water Resources Res.,* 12:429–436, 1976.
18. Kamber, D. M.: *Benefits and Implementation Potential of Wastewater Aquaculture,* EPA Contract Report 68-01-6232, U.S. Environmental Protection Agency, Office of Water Regulations and Standards, Washington, DC, 1982.
19. Love, O.T., R. Miltner, R. G. Eilers, and C. A. Fronk-Leist: *Treatment of Volatile Organic Chemicals in Drinking Water,* EPA 600/8-83-019, U.S. Environmental Protection Agency, Municipal Engineering Research Laboratory, Cincinnati, OH, 1983.
20. Luthin, J. N.: *Drainage Engineering,* Kreiger, Huntington, NY, 1973.
21. Overcash, M. R., and D. Pal: *Design of Land Treatment Systems for Industrial Wastes—Theory and Practice,* Ann Arbor Science, Ann Arbor, MI, 1979.
22. Parker, L. V., and T. F. Jenkins: Removal of Trace-Level Organics by Slow-Rate Land Treatment, *Water Res.,* 20 (11), pp. 1417–1426, 1986.
23. Pettygrove, G. S., and T. Asano (eds.): *Irrigation with Reclaimed Municipal Wastewater—A Guidance Manual,* prepared for California State Water Resources Control Board, reprinted by Lewis Publishers, Chelsea, MI, 1985.
24. Pound, C. E., and R. W. Crites: *Long Term Effects of Land Application of Domestic Wastewater—Hollister California,* EPA 600/2-78-084, U.S. Environmental Protection Agency, Office of Research and Development, Washington, DC, 1979.
25. Reed, S. C.: *Health Aspects of Land Treatment,* GPO 1979-657-093/7086, U.S. Environmental Protection Agency, Center for Environmental Research Information, Cincinnati, OH, 1979.
26. Reed. S., R. Bastian, S. Black, and R. Khettry: Wetlands for Wastewater Treatment in Cold Climates, in *Proceedings AWWA Water Reuse III,* American Water Works Association, Denver, CO, 1985, pp. 962–972.
27. Roberts, P. V., P. L. McCarty, M. Reinhard, and J. Schriner: Organic Contaminant Behavior during Groundwater Recharge, *J. Water Pollution Control Fed.,* 52(1):161–172, 1980.
28. Schneiter, R. W., and E. J. Middlebrooks: *Cold Region Wastewater Lagoon Sludge: Accumulation, Characterization, and Digestion,* Contract Report DACA89-79-C-0011, U.S. Cold Regions Research and Engineering Laboratory, Hanover, NH, 1981.
29. Sorber, C. A., H. T. Bausum, S. A. Schaub, and M. J. Small: A Study of Bacterial Aerosols at a Wastewater Irrigation Site, *J. Water Pollution Control Fed.,* 48(10):2367–2379, 1976.
30. Sorber, C. A., B. E. Moore, D. E. Johnson, H. J. Hardy, and R. E. Thomas: Microbiological Aerosols from the Application of Liquid Sludge to Land, *J. Water Pollution Control Fed.,* 56(7):830–836, 1984.
31. Sorber, C. A., and B. P. Sagik: Indicators and Pathogens in Wastewater Aerosols and Factors Affecting Survivability, in *Wastewater Aerosols and Disease,* EPA

600/9-80-078, U.S. Environmental Protection Agency, Health Effects Research Laboratory, Cincinnati, OH, 1980, pp. 23–35.
32. U.S. Department of the Interior, Bureau of Reclamation: *Drainage Manual,* U.S. Government Printing Office, Washington, DC, 1978.
33. U.S. Environmental Protection Agency: *Process Design Manual—Land Treatment of Municipal Wastewater,* EPA 625/1-81-013, Center for Environmental Research Information, Cincinnati, OH, Oct. 1981.
34. U.S. Environmental Protection Agency: *Fate of Priority Pollutants in Publicly Owned Treatment Works,* EPA 440/1-82-303, EPA, Washington, DC, 1982.
35. U.S. Environmental Protection Agency: *Estimating Microorganism Densities in Aerosols from Spray Irrigation of Wastewater,* EPA 600/9-82-003, Center for Environmental Research Information, Cincinnati, OH, 1982.
36. U.S. Environmental Protection Agency: *Design Manual Municipal Wastewater Stabilization Ponds,* EPA 625/1-83-015, Center for Environmental Research Information, Cincinnati, OH, 1983.
37. U.S. Environmental Protection Agency: *Process Design Manual Land Treatment of Municipal Wastewater Supplement on Rapid Infiltration and Overland Flow,* EPA 625/1-81-013a, Center for Environmental Research Information, Cincinnati, OH, Oct. 1984.
38. U.S. Environmental Protection Agency: *Protection of Public Water Supplies from Ground-Water Contamination,* EPA 625/4-85-016, Center for Environmental Research Information, Cincinnati, OH, Sept. 1985.
39. Van Schifgaarde, J.: *Drainage for Agriculture,* American Society of Agronomy Series on Agronomy, No. 17, 1974.
40. Wile, I., G. Miller, and S. Black: Design and Use of Artificial Wetlands, in *Ecological Considerations in Wetlands Treatment of Municipal Wastewaters,* Van Nostrand Reinhold, New York, 1985, pp. 26–37.

第4章　汚水安定池

汚水安定池は，過去3 000年以上にわたって汚水の処理に用いられてきた．米国において最初に建設された汚水安定池システムは，1901年のテキサス州San Antonioと記録されている．現在，米国では7 000以上の汚水安定池システムが，熱帯から極地に及ぶ広い気候条件のもとで，都市排水や工場排水の処理に用いられている[49]．数多くの汚水安定池システムが世界中で用いられている[55]が，これらの汚水安定池システムは，単独または他の排水処理プロセスと組合せて使用されている．

支配的な生物反応の種類や，処理水放流の期間や頻度，前処理の程度，池の区画の配置によって汚水安定池システムが分類される．最も基礎的な分類方法は安定池で生じている支配的な生物反応によるものであり，次の4種類に分類される．

・通性嫌気性（好気-嫌気）安定池

・曝気式安定池

・好気性安定池

・嫌気性安定池

これら4種類の安定池における処理は池内部の多様な生物種の相互作用によっており，安定池は自然処理システムとして認識されている．一般的な設計上の特徴や処理効率は第**1**章の**表-1.1**に示しておいた．

上記4種類の安定池のうち，通性嫌気性安定池が最もよく用いられている．この池については酸化池，ラグーン，光合成安定池という言葉も用いられている．通性嫌気性安定池の深さは通常1.2～2.5 mあり，上層が好気層，下層が嫌気層となっている．また，最下層は汚泥の堆積層となっている．滞留時間は通常5～30日程度である．嫌気性発酵が下層部で起き，上層部では好気的安定化が生じる．通性嫌気性操作で重要な点は，光合成藻類による酸素の生成と表面の再曝気である．酸素は上層において好気性細菌が有機物を安定化する際に利用される．このように，藻類は酸素生成に必須であるが，藻類が最終の処理水中に存在すると処理効率の低下を招く．この問題が通性嫌気性安定池における最も深刻な処理性低下問題である．

無放流型安定池や放流制御型安定池も通性嫌気性安定池である．無放流型安定池は蒸発散量が降雨量をこえるような気候の場所で適用可能である．放流制御型安定池は長い滞留時間を有し，放流水質と受水域の条件が適合したときに年間1ないし2回処理水を放流する．放流制御型安定池の1つとして，米国南部にハイドログラフを用いた放流制御型ラグーンと呼ばれているものがある．安定池の放流が受水域の高流量期間に一致するように，受水域のハイドログラフが放流制御に用いられている．

曝気式安定池では，酸素が機械式曝気または散気式曝気により供給される．曝気式安定池の深さは2～6 m，滞留時間は3～10日である．曝気式安定池の主な利点は，必要面積が少ない点にある．曝気式安定池は，完全混合反応槽または部分混合反応槽として設計される．前者においては，常時，池内の成分が浮遊状態にあるように十分なエネルギーを投入する必要がある．完全混合反応槽の基本設計は，汚泥の返送を行わない活性汚泥法と同様である．ただし，この方法は本書の範囲を越えているので，参考文献〔2, 26, 29, 50〕を参照されたい．

好気性安定池（高速好気性安定池とも呼ばれる）では溶存酸素（DO）を深さ方向全域にわたり保持している．この池の水深は30～45 cmであり，光が全水深に到達する．多くの場合，混合が行われ，総ての藻類に太陽光があたるようにして藻類の分解と嫌気化を防いでいる．酸素は光合成と表面再曝気により供給され，好気性菌が排水を安定化する．滞留時間は短く，3～5日とするのが通常である．この好気性安定池の設置は温暖で日射量の多い気候の場所にかぎられ，米国ではあまり用いられていない．

嫌気性安定池は好気状態が存在しないほどの高い有機物負荷を受入れる．これらの水深は通常2.5～5 m，20～50日の滞留時間となっている．池内の主な生物反応は酸生成とメタン発酵である．嫌気性安定池は負荷の高い工場排水・農業排水の処理に用いられる．また，工場排水が都市排水系へ大きな負荷を与える場合の前処理として用いられる．この安定池は都市排水処理には広く用いられていない．

4.1 一次処理

汚水処理の安定池システムに必要な機械装置，計測・制御装置は流量測定装置，サンプリングシステムとポンプのみである．予備処理装置の設計指針や設計例は文献や装置メーカーのカタログを参照することができる[2,26,41,46,47,52,53]．流量測定には比較的簡単な構造のものを用いることができる．例えば，パルマー・ボウラスフリューム，三角ぜき，パーシャルフリュームが記録計とともに用いられる．流量計と24時間コンポジットサンプラーは，共通マンホールやパイプまたは他の施設とともに設置されることが多い．ポンプ施設が必要な場合，ポンプますが処理水のリサイクルまたは臭気制御のための化学物質を添加するためにも用いられる．安定池システムでは，予備処理施設は必要最低限にすべきである．

4.2 通性嫌気性安定池

通性嫌気性安定池の設計は生物化学的酸素要求量(BOD)除去を基礎に行われる．しかし，懸濁物質(SS)の大部分は安定池の一番目の区画で除去される．汚泥の発酵に伴う有機物の水系への戻りは安定池では重要であり，処理効率に影響する．春季と秋季には安定池の熱的循環が生じ，その結果底部の堆積物の再浮遊が生じる．汚泥の蓄積速度は水温に影響され，寒冷地では汚泥堆積のための容積も必要となる．SSは安定池の処理効率に大きな影響を及ぼすが，ほとんどの設計式ではこのSSの影響を総括的な速度定数を用いて簡略化して表現している．放流水中のSSは浮遊生物体により構成されており，元の排水中に存在していたSSは含まれていない．

安定池の設計法としていくつかの経験モデルや合理的モデルが開発されている．これらのモデルには理想押出し流れモデルや完全混合モデルが含まれている．また，FritzとMiddleton[8]，Gloyna[11]，Larson[16]，Marais[23]，McGarryとPescod[25]，Ostaldら[32]，Thirumurthi[42]がモデルを提案している．これらのモデルのうちいくつかのモデルは満足できる結果を与えるが，モデルが複雑すぎたり，モデル中のパラメータ値を決めることが難しい等の理由により利用が限られてしまうものもある．

4.2.1 面積負荷法

大部分の州では，通性嫌気性安定池の設計指針として，有機物負荷と水理学的滞留時間(HRT)を定めていることをCanterとEnglande[5]が報告している．これらの指針は，十分な処理効率が得られることを前提としている．しかし，州の設計指針通りの安定池において排水基準を満たせない場合が再三生じていることから，これらの設計指針の妥当性が問題にされている．米国環境保護庁(USEPA)[29,50]によって整理された，各州の設計指針および4つの実際の通性嫌気性安定池の有機物負荷とHRT値を**表-4.1**に示す．また，この表にはBOD_5の連邦排水基準を超えた月のリストも加えてある．4つの安定池への有機物負荷はほとんど等しいにも係わらず，ユタ州Corinneに設置されたシステムは安定して連邦排水基準を満たしている．この理由として，Corinneのシステムは7つの区画をもち，他のシステム(3区画)より多い区画から構成されていることによると考えられる．3区画のシステムでは短絡流が発生しやすく，実際，Corinneのシステムよりは滞留時間が短くなっている．滞留時間は，安定池区画の流入設備と放流設備の配置にも影響を受ける．

長年の経験から，通性嫌気性安定池の設計には種々の気候条件に応じて，次の負荷が推奨されている．冬期の平均気温が15℃以上の場合には，BOD_5負荷の範囲で45～90 kg/ha·dが推奨される．冬期の平均気温が0～15℃の場合には，有機物負荷は22～45 kg/ha·dの範囲になければならない．平均気温が0℃以下の地域では，有機物負荷は11～22 kg/ha·dの範囲にする必要がある．

表-4.1 USEPAの安定池研究[29,50]による設計および効率データ

場所	有機物負荷[kg-BOD/ha·d] 州設計指針	設計値	実績(1974～1975)	水理学的滞留時間(HRT) 州設計指針	設計値	実績	放流水BODが30 mg/Lを超過した月
Peterborough, NH	39.3	19.6	16.2	なし	57	107	10月，2月，3月，4月
Kilmichael, MS	56.2	43.0	17.5	なし	79	214	11月，7月
Eudora, KS	38.1	38.1	18.8	なし	47	231	3月，4月，8月
Corinne, UT	45.0	36.2	29.7*1	180	180	70	なし
			14.6*2			88*3	

注) *1 第一番目の区画
*2 全システム
*3 色素を用いた測定による推算値

安定池の第1区画のBOD負荷は通常40 kg/ha･dまたはそれ以下に制限され，平均気温が0℃以下の場合のシステムのHRTは120～180日とされる．平均気温が15℃以上の地域では，1番目の区画への負荷は100 kg/ha･dとすることができる．

4.2.2　Gloyna 式

Gloyna[11]は通性嫌気性安定池設計のために次のような経験式を提案している．

$$V=3.5\times10^{-5}QL_a\theta^{(35-T)}ff' \tag{4.1}$$

ここで，V：安定池体積 [m³]

Q：流入量 [L/d]

L_a：流入水の究極BODまたはCOD [mg/L]

θ：温度補正係数で $\theta=1.085$

T：水温 [℃]

f：藻類毒性係数

f'：硫化物酸素要求量

未ろ過の流入水とろ過した放流水を基礎とすると，BOD_5の除去効率は80～90%と推算されている．温度の季節変動が激しく流入流量の日間変動がある場合の安定池水深は1.5 mとすることが推奨されている．式(4.1)を用いた表面積の設計では，水深は常に1 mとする．藻類毒性係数は，都市排水や多くの工場排水の場合に1.0とする．硫化物酸素要求量f'については，硫酸塩当量イオン濃度が500 mg/L以下の場合に1.0とする．設計水温は，最も寒い月の平均温度を用いる．安定池の設計では，日射量は制限因子とは考えない．しかし，米国南西部でみられるように，日射量に関する設計地点における値と平均値との比を安定池体積に乗じることによって，日射量の影響を式(4.1)で考慮することが可能である．

表-4.1に示した施設のデータを用いてGloynaの方法を評価することができる．これらのデータを整理することにより，式(4.2)の相関式を得た．データにはバラツキが存在しているが，統計的には有意であるという結果である．

$$V=0.035Q(\mathrm{BOD})(1.099)^{\mathrm{LIGHT}(35-T)/250} \tag{4.2}$$

ここで，BOD：流入水のBOD_5 [mg/L]

LIGHT：日射量 [langleys]

V：安定池体積 [m^3]

Q：流入量 [m^3/d]

T：水温 [℃]

4.2.3　完全混合モデル

Marias と Shaw[24] の式は，完全混合モデルと一次反応動力学を基礎としている．基礎的関係は式(4.3)のようである．

$$\frac{C_n}{C_o}=\left[\frac{1}{1+k_c t_n}\right]^n \tag{4.3}$$

ここで，C_n：放流水 BOD_5 濃度 [mg/L]

C_0：流入水 BOD_5 濃度 [mg/L]

k_c：完全混合一次反応速度係数 [d^{-1}]

t_n：個々の区画の滞留時間 [d]

n：直列に並んだ等容量の安定池区画数

第1区画において嫌気化と悪臭の発生を防ぐための上限 BOD_5 値 $(C_e)_{max}$ は 55 mg/L とされている．安定池の許容深さ d [m] と $(C_e)_{max}$ の間には，次のような関係のあることが見出されている．

$$(C_e)_{max}=700/(1.9d+8) \tag{4.4}$$

ここで，$(C_e)_{max}$：放流水の最大 BOD 値で 55 mg/L

d：安定池の深さ [m]

反応速度に及ぼす水温の影響は式(4.5)を用いて推算することができる．

$$k_{cT}=k_{c35}(1.085)^{T-35} \tag{4.5}$$

ここで，k_{cT}：水温 T のときの速度係数 [d^{-1}]

k_{c35}：35℃時の速度係数で 1.2 d^{-1}

T：運転時の水温 [℃]

4.2.4　押出し流れモデル

押出し流れモデルの基礎方程式は

$$\frac{C_e}{C_0}=\exp(-k_p t) \tag{4.6}$$

ここで，C_e：放流水 BOD_5 濃度 [mg/L]

C_0：流入水 BOD_5 濃度 [mg/L]

k_p：押出し流れ一次反応速度係数 [d^{-1}]

t：水理学的滞留時間 (HRT)[d]

表-4.2 に示すように，反応速度係数 k_p は BOD 負荷によって変化する．

表-4.2 有機物負荷による押出し流れ反応速度係数の変化[31]

有機物負荷 [kg/ha·d]	k_p [d^{-1}]*1
22	0.045
45	0.071
67	0.083
90	0.096
112	0.129

注） *1 20℃時の反応速度係数

反応速度係数に与える水温の影響は式 (4.6 a) により決定することができる．

$$k_{pT}=k_{p20}(1.09)^{T-20} \tag{4.6 a}$$

ここで，k_{pT}：水温 T のときの反応速度係数 [d^{-1}]

k_{p20}：20℃時の反応速度係数 [d^{-1}]

T：運転時の水温 [℃]

4.2.5 Wehner-Wilhelm の式

Thirumurthi[42] は，通性嫌気性安定池の流れパターンが完全混合と押出し流れの中間であることを見出し，化学反応装置設計に用いられる Wehner-Wilhelm[54] の化学反応槽設計の方程式を用いることを提案した．

$$\frac{C_e}{C_0}=\frac{4a\exp(1/2D)}{(1+a)^2\exp(a/2D)-(1-a)^2\exp(-a/2D)} \tag{4.7}$$

ここで，C_e：放流水 BOD_5 濃度 [mg/L]

C_0：流入水 BOD_5 濃度 [mg/L]

$a=(1+4ktD)^{0.5}$

k：一次反応速度係数 [d^{-1}]

t：水理学的滞留時間 (HRT) [d]

D：無次元分散数で

$$D=\frac{H}{vL}=\frac{Ht}{L^2}$$

ただし，H：軸方向分散係数 [面積/時間]

v：流速 [長さ/時間]

L：代表粒子の軌跡の長さ

Thirumurthi[42] は式 (4.7) の利用を容易にするために，**図-4.1** の線図を用意し

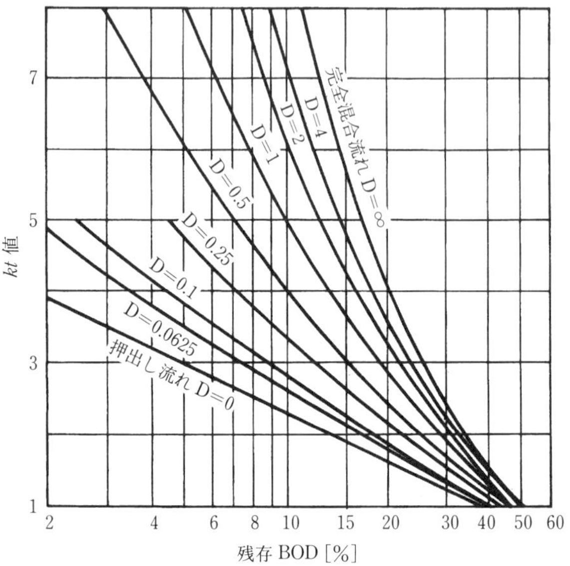

図-4.1 Wehner-Wilhelm 式線図

た．図は，無次元項 kt と BOD 除去率の関係を，分散数をパラメータとしてプロットしてある．理想的押出し流れの槽で $D=1$，完全混合槽で $D=\infty$ である．実際の安定化池で測定した分散数の値は 0.1～2.0 の範囲であった．ただし，ほとんどの数値は 1.0 以下であった．D の値の選定は，同じ処理水を得るために必要な滞留時間に大きく影響する．k の設計時の値も同様の影響をもっている．図-4.1 を用いないで式(4.7)を利用する場合には，**例題-4.1** に示したように試行錯誤法により式を解く必要がある．

式(4.7)で用いる D 値の選択方法を向上させるため，Polprasert と Bhattarai[34] はパイロット規模と実規模システムからのデータを用いて式(4.8)を提案した．

$$D=\frac{0.184[t\nu(W+2d)]^{0.489}W^{1.511}}{(Ld)^{1.489}} \tag{4.8}$$

ここで，D：無次元分散数

t：水理学的滞留時間(HRT) [d]

ν：動粘性係数 [m²/d]

d：池の水深 [m]

W：池の幅［m］

L：池の長さ［m］

式(4.8)の導出には，トレーサー実験により決定された滞留時間が用いられている．このため，式(4.7)中のD値を求めることは容易ではない．実際の滞留時間を近似する良い方法として，HRTの半分程度と仮定する方法がある．

Agunwambaら[1]も同様なD値算出式を提案した．しかし，PolprasertとBhattarai[34]の方法の改良となっているかは疑わしい．

式(4.7)中の反応速度係数の温度による変化は，式(4.9)により計算される．

$$k_T = k_{20}(1.09)^{T-20} \tag{4.9}$$

ここで，k_T：水温Tのときの反応速度係数［d^{-1}］

k_{20}：20℃時の反応速度係数（$=0.15d^{-1}$）

T：運転時の水温［℃］

【例題-4.1】

式(4.7)を試行錯誤法によって解くことにより，通性嫌気性安定池の設計滞留時間を定めよ．ただし，$C_e=30$mg/L，$C_0=200$mg/L，$k_{20}=0.15d^{-1}$，$D=0.1$，$d=1.5$m，$Q=3\,785m^3/d$，水温0.5℃とする．

〈解〉

1．式(4.9)を利用してk_Tを計算する．

$$k_T = k_{20}(1.09)^{T-20} = 0.15(1.09)^{0.5-20} = 0.028$$

2．$t=50$dと仮定して，第1回の試行を行う．まず，aを求める．

$$a = (1+2k_T Dt)^{0.5} = (1+4\times 0.028\times 0.1\times 50)^{0.5} = 1.25$$

3．式(4.7)の右辺と左辺の値を計算し，両辺が等しいか調べる．

$$\frac{C_e}{C_0}$$

$$= \frac{200}{300} = \frac{4\times 1.25\cdot\exp(1/2\times 0.1)}{(1+1.25)^2\exp[1.25/(2\times 0.1)] - (1-1.25)^2\exp[-1.25/(2\times 0.1)]}$$

$$= 0.15 = \frac{742.07}{5.0625\times 518.01 - 0.0625\times 0.00193} = 0.283$$

左辺の値0.15と右辺の値0.28が一致していないので，計算を繰返す．

4．最後の繰返しとして$t=80$dと仮定する．

$$0.15=\frac{817.46}{5.65\times 977.50-0.142\times 0.00102}=0.148$$

両辺の値がほぼ一致しているので，80 d を設計滞留時間とする．

5. 式(4.8)を用いて，無次元分散数 D が仮定値の 0.1 程度となるように長さと幅の比 L：W を決定する．

動粘性係数 $\nu=0.1521\mathrm{m^2/d}$

体積$=80\mathrm{d}\times 3\,785\mathrm{m^3/d}=302\,800\mathrm{m^3}$

2 系列に分けることとし，

系の半分の体積$=151\,400\mathrm{m^3}$

1 つの系列を等体積の 4 池に分割する．

1 つの池の体積$=37\,850\mathrm{m^3}$

1 つの池の表面積$=37\,850/1.5=25\,233\mathrm{m^2}$

1 つの池の水理学的滞留時間(HRT)は 80/4=20d である．いま，池の長さと幅の比を L：$W=4$：1 と仮定すると

表面積$=4W\times W=25\,233\mathrm{m^2}$

$W=79.4\mathrm{m}$

$L=317.7\mathrm{m}$

式(4.8)は，HRT 値に，色素を使った実測値を用いて作成されているので，式(4.8)に HRT をそのまま用いるのは適切ではないと判断される．実際の滞留時間として理論計算値の 1/2 程度を用いるのが良い近似である．

$$D_{10}=\frac{0.184[10\times 0.1521(79.4+2\times 1.5)]0.489(79.4)1.511}{(317.7\times 1.5)1.489}$$

$$=\frac{1450.1}{9720.8}=0.149$$

$$D_{20}=0.209$$

理論上の HRT を用いることの影響を示すために，理論上の滞留時間を用いて分散数を計算し，両者を式(4.7)に代入して放流水 BOD_5 濃度を計算した．式(4.7)は理論的な滞留時間を用いて導かれているので，式(4.7)には理論上の HRT を代入した．また，式は池の個々の区画ではなく池全体を対象としているので，池の全滞留時間を計算に用いた．

$$\frac{C_e}{C_0}=\frac{4a\exp(1/2D)}{(1+a)^2\exp(a/2D)-(1-a)^2\exp(-a/2D)}$$

$$a=(1+4ktD)^{0.5}$$

ここで $D=0.1$，$t=80$ とおくと，

$$a=[1+4(0.028\times0.1\times80)]^{1/2}=1.377$$

$$\frac{C_e}{C_0}=\frac{4\times1.377\cdot\exp[1/(2\times0.1)]}{(1+1.377)^2\exp[1.377/(2\times0.1)]}=\frac{817.5}{5523.0}=0.148$$

$$C_e=200\times0.148=29.6\ \mathrm{mg/L}$$

式(4.7)の分母の2項目はこの計算，そして多くの場合に重要ではないので除いて計算した．

表-4.3　通性嫌気性安定池設計法比較の仮定条件

Q＝設計流量＝1 893 m^3/d
C_0＝流入 BOD＝200 mg/L
C_e＝設計放流水BOD＝30 mg/L
T＝年間の最も厳しい時期の水温＝10℃
T_a＝冬期の平均気温＝5℃
太陽光強度は適切
懸濁物質濃度(SS)＝250 mg/L
硫酸塩濃度≦500 mg/L

$D=0.149$ のとき $C_e=32.5$ mg/L，$D=0.209$ のとき $C_e=35.4$ mg/L となる．以上の計算から，分散数D値の小さな変化が放流水質に大きな影響を及ぼすことがわかる．

4.2.5　通性嫌気性安定池設計モデルの比較

通性嫌気性安定池の設計には多くのアプローチの方法があるため，どの方法が最も良いか決めることは不可能である．**表-4.1** に示した実測データを用いた設計法の評価においても，通性嫌気性安定池の処理効率予測の観点からどのモデルが最も優れているか示すことはできていない[27,50]．上述の設計モデルを **表-4.3** に示す設計条件のもとで，通性嫌気性安定池の設計に適用した結果を **表-4.4** に示す．

設計法はそれぞれ限界を有しているので，これらを直接比較することは難しい．しかし，水理学的滞留時間(HRT)や必要全容積の計算結果は Marais と Shaw の方法を除いてよく一致している．なお，この計算は Wehner-Wilhelm の方法による分散数=1.0 とした場合である．総てのこれらの方法における制約は，反応速度係数や式中の他のパラメータ値の選定である．この制約にも係わらず，理論上の HRT を得るような池の水理システムが設計・建設されれば，これら総ての設計法により妥当な結果を得ることができる．毒性影響以外では短絡流が処理効率達成の最も大きな障害である．安定池設計における水理学的設計の重要性は，強調しすぎることは無い．

表-4.4 通性嫌気性安定池設計法による結果の整理

方　法	滞留時間 [d]	体　積 [m³]	表面積 [ha]	一区画水深 [m]	直列区画数	有機物負荷 [kg-BOD/ha·d]
面積負荷				1.7 (1.4)*2	4	
第一区画	53*1	82 900*1	6.3			60
全　体	71	135 300	11.5			33
Gloyna				1.5 (1.0)*2	—	
第一区画	—	82 900*1	—			—
全　体	65	123 000	12.3			31
Marais and Shaw				2.4	2*4	
第一区画	17*3	32 000*3	1.3			290
全　体	34	64 000	2.6			145
押出し流れ				1.7 (1.4)*2	1*4	
第一区画	53*1	82 900*1	6.3			60
全　体	53	123 000	6.3			60
Wehner and Wilhelm				1.7 (1.4)*2	4	
第一区画	53*1	82 900*1	6.3			—
全　体	36〜58	68 000〜109 800	4.8〜7.8			80〜50

注） *1 州の基準により設定されている．面積負荷 60 kg-BOD/ha·d，有効水深 1.4 m として計算される値に等しい．

*2 有効水深．

*3 面積負荷について州の基準がある．しかし，この方法にはこの値を算出する計算法が含まれているので計算値が示されている．

*4 流れ特性を向上させるため阻流板の設置が推奨される．

表面負荷を用いた設計は必要データ数が少なく，米国各地の地理条件ごとの運転実績データを用いることができる．この方法は最も保守的な設計法である．しかし，水理学的な設計を無視することはできない．

Gloyna の方法は BOD 除去率で 80〜90%の場合にのみ適用可能である．また，本法では十分な太陽エネルギーの供給があり，光合成が飽和レベル以上であることを仮定している．これらの範囲をこえる除去については，検討対象外である．しかし，他の太陽光条件についても先に述べた方法で調整可能である．Gloyna の方法に関する詳細な検討結果は，参考文献〔21〕を参照されたい．

Marais と Shaw の方法は通性嫌気性安定池では少ない完全混合状態を基礎としている．この方法の一番の制約は，池の第1区画が嫌気性にならないことを必要条件としている点である．参考文献〔21〕と〔22〕でこの方法の詳細な検討がなされている．

押出し流れと一次反応動力学を用いたモデルは，多くの通性嫌気性安定池の処理効率をうまく記述することが明らかにされている[27,29,31,42]．USEPAの研究では，押出し流れモデルはUSEPAが評価した4つの安定池の処理特性を最もよく記述することが明らかとなった[29,50]．ほとんどの通性嫌気性安定池は3またはそれ以上の区画が直列に並んでいるので，論理的に流れ領域が押出し流れモデルで近似できることが予想される．

Wehner-Wilhelm式の利用にあたっては，反応速度と分散数に関する知識が必要であり，設計過程をより複雑なものとする．もしも提案する池構成の水理特性が既知であったり，式(4.8)で決定可能な場合，Wehner-Wilhelm式は満足できる結果を与える．しかし，これらのパラメータ値を定めることは難しいので，他のより簡単な式による計算結果と本式による結果には大差がない．

以上をまとめると，適切なパラメータ値が選定され，かつ流れ状態が制御されていれば，ここで検討したモデルは妥当な結果を与える．

4.3 部分混合曝気式安定池

部分混合曝気式安定池では適切な量の酸素供給のみを行い，完全混合システムや活性汚泥システムで行っているような池内の総ての固形物を浮遊させることを目的とはしていない．明らかにある程度の混合が生じて固形物の一部は浮遊状態にあるが，堆積有機物の嫌気的な分解が生じている．このようなシステムを通性嫌気性曝気式安定池と呼ぶことがある．

池は部分的にしか混合されていないが，従来よりBOD除去の推算には完全混合モデルと一次反応動力学が用いられてきた．最近の研究[29]によれば，表面曝気や散気式曝気が用いられている池では押出し流れモデルと一次反応動力学を用いたモデルのほうが，処理効率の計算に適しているとの報告もある．

しかし，この研究で評価された安定池の大部分は負荷が軽く，有機物負荷が減少するほど反応速度も低下することから，モデルによる反応速度の計算結果は控え目なものになっている．より適切な設計反応速度値が存在していないので，部分混合安定池の設計は完全混合系の動力学によらざるをえないのが現状である．

4.3.1　部分混合設計モデル

等体積の区画がn槽直列に配置された安定池の一次反応動力学を用いた部分混合設計モデルは次の式(4.10)で与えられる．

$$\frac{C_n}{C_0}=\frac{1}{(1+kt/n)^n} \tag{4.10}$$

ここで，C_n：第n区画の放流水BOD濃度 [mg/L]

C_0：流入水BOD濃度 [mg/L]

k：一次反応速度係数 [d^{-1}] で，20℃で総ての区画で一定と仮定した場合 $k=0.276$ [d^{-1}]

t：安定池全体の水理学的滞留時間(HRT) [d]

n：安定池を直列に区分した区画数

もしも，一定容積の区画を用いていない場合には，次の一般式を用いる必要がある．

$$\frac{C_n}{C_0}=\frac{1}{1+k_1t_1}\frac{1}{1+k_2t_2}\cdots\frac{1}{1+k_nt_n} \tag{4.11}$$

ここで，k_1，k_2，…，k_n：区画1からnの反応速度係数(詳細な情報が無い場合には総て同一の値を用いる)

$t_1, t_2, \cdots, t_n$：それぞれの区画のHRT

等容積の区画を直列に配置するほうが容積の異なるものを配置するより効率的であることが示されているが[22]，設置場所の地勢や他の要因により容積の異なる区画をもつ安定池をつくる場合もある．

a.　反応速度係数値の選択

反応速度係数kの値を定めることが，総ての安定池の設計において最も重要な決定である．「Ten States Standards」[41]によれば，20℃で$k=0.276\ d^{-1}$，1℃で$k=0.138\ d^{-1}$とういう値が推奨されている．この値から温度係数値を求めると1.036となる．BoulierとAtchinson[4]は，20℃で$k=0.2\sim0.3\ d^{-1}$，0.5℃で$k=0.1\sim0.15\ d^{-1}$を提案している．温度係数値1.036を用いることは20℃以上では過大，20℃以下では過小のk値を与えることとなる．Reid[37]は，中央アラスカの多孔管による曝気付きの部分混合安定池に関する研究をもとに，$k=0.28\mathrm{d}^{-1}$(20℃)，$k=0.14\mathrm{d}^{-1}$(0.5℃)を提案している．これらのk値はTen States Standardsの推奨値と同じである．

b.　区画数の影響

部分混合設計モデルを用いる場合には，所定の処理レベルを達成するために必要な安定池の全容積に，安定池の区分数が大きく影響する．この影響の評価は式(4.10)を t について解いた次の式により行うことができる．

$$t=\frac{n}{k}\left[\left(\frac{C_0}{C_n}\right)^{1/n}-1\right] \tag{4.12}$$

上式各項の定義は式(4.10)を参照のこと．

【例題-4.2】

部分混合曝気式安定池の区画数が1~5までの場合について，同じBOD除去レベルを得るために必要な滞留時間を比較せよ．ただし，流入水BOD濃度 $C_0=200$mg/L，放流水BOD濃度 $C_n=30$mg/L，反応速度係数 $k=0.28\text{d}^{-1}$，水温 $T_w=20$ ℃とする．

〈解〉

1.　1つの区画しかもたないシステムについて式(4.12)を解く．

$$t=\frac{n}{k}\left[\left(\frac{C_0}{C_n}\right)^{1/n}-1\right]=\frac{1}{0.28}\left[\left(\frac{200}{30}\right)^{1/1}-1\right]=20.2\text{d}$$

2.　同様にして，

$n=2$　　$t=11.3$d　　　　$n=4$　　$t=8.7$d

$n=3$　　$t=9.5$d　　　　$n=5$　　$t=8.2$d

3.　分割数を連続的に増加させていくと，滞留時間は押出し流れ系の滞留時間に漸近していく．上の計算結果より，分割数を3または4以上へと増加させても滞留時間削減効果が無視できる程度となってしまうことがわかる．

c.　温 度 効 果

反応速度に及ぼす温度効果は式(4.13)で記述される．

$$k_T=k_{20}\theta^{T_w-20} \tag{4.13}$$

ここで，k_T：水温 T_w における反応速度係数［d^{-1}］

k_{20}：水温20℃における反応速度係数［d^{-1}］

θ＝温度係数で1.036

T_w：水温［℃］

池内水温は Mancini と Barnhart[18] による式(4.14)で推算することができる.

$$T_w = \frac{AfT_a + QT_i}{Af + Q} \tag{4.14}$$

ここで，T_w：水温［℃］

T_a：周囲の気温［℃］

T_i：流入水の水温［℃］

A：池の表面積［m^2］

f：池表面形状係数で $f=0.05$

Q：汚水流量［m^3/d］

まず，式(4.12)を基に水温の影響を考慮して表面積を計算し，次に求められた表面積値から水温を式(4.14)で計算する．この計算を数回繰返すと，反応速度係数値を求めるために用いた水温と式(4.14)による水温の計算値が一致し，システムの滞留時間が計算される．

4.3.2　池の形状

完全混合状態をつくるための理想的な池の構造は，円形または正方形である．しかし，部分混合安定池が完全混合モデルを基礎に設計されるとはいえ，池の構造として長さと幅の比は3：1から4：1とすることが推奨されている．これは，部分混合システムの水理的流れパターンを，より押出し流れ系に近づけることを意味している．池の1つの区画の寸法は式(4.15)により計算される．

$$V = [LW + (L-2sd)(W-2sd) + 4(L-sd)(W-sd)](d/6) \tag{4.15}$$

ここで，V：池全体または1つの区画の容積［m^3］

L：池全体または1つの区画の長さ［m］

W：池全体または1つの区画の幅［m］

s：勾配係数(例えば3：1のとき $s=3$)

d：池の水深［m］

4.3.3　混合と曝気

酸素要求量が部分混合安定池の所要動力を定める[17]．完全混合システムでは，酸素要求量のみから定まる動力の10倍程度の動力が必要となる．安定池システムについて，酸素要求量推算のための合理的な式が提案されている[2,3,10,11,26]．部分混合システムの設計では，流入水 BOD をもとに生物学的酸素要求量を計算する．次に必要な酸素移動速度を求め，最終的に装置メーカーの仕様書を用いて表面曝気装置，らせん流曝気装置，エアガン式曝気装置または多孔管の適切な配置により酸素の分散が図れる層を決定する．

式 (4.16) により酸素移動速度を推算することができる．

$$N=\frac{N_a}{\alpha[(C_{sw}-C_L)/C_s]1.025^{T_w-20}} \tag{4.16}$$

ここで，N：標準状態の水道水に対する等価酸素移動速度 [kg/h]

N_a：汚水を処理するために必要な酸素要求量 [kg/h] (通常は区画に流入する有機物負荷の 1.5 倍とする)

α：(汚水中酸素移動速度)/(水道水中酸素移動速度)＝0.9

C_L：汚水中で保持すべき最低溶存酸素濃度 (2 mg/L と仮定)

C_s：20℃，1 気圧における水道水中飽和溶存酸素濃度 (＝9.17mg/L)

T_w：汚水温度 [℃]

$C_{sw}=\beta\times C_{ss}\times P$ で汚水中飽和溶存酸素濃度 [mg/L]

β：(汚水飽和溶存酸素濃度)/(水道水中飽和溶存酸素濃度)＝0.9

C_{ss}：温度 T_w における水道水中飽和溶存酸素濃度 (**付表–A. 4** 参照)

P：池設置場所における気圧計の読みと海面レベルの気圧の比 (100 m の高さで 1.0 と仮定)

式 (4.14) を用いて，設計条件としなければならない夏期の水温を計算することができる．部分混合設計モデルの適用例を**例題–4. 3** に示す．

【例題–4. 3】

4 区画から成る部分混合曝気式安定池を設計せよ．ただし，流量 Q＝1 893m³/d，流入水 BOD 濃度 C_0＝200mg/L，第 4 番目の区画からの放流水 BOD 濃度 C_n＝30mg/L，20℃における反応速度係数 k_{20}＝0.276d⁻¹，冬期気温 −5℃，夏期気温 30℃，標高 100 m，総ての区画において最低 2 mg/L の溶存酸素濃度を維持，水深は 3 m．

〈解〉

1.　冬期の水温を 10℃と仮定して 1 つの区画の容積を計算する．

$$k=0.276\times1.036^{10-20}=0.194\mathrm{d}^{-1}$$

$$t=\frac{4}{0.194}\left[\left(\frac{200}{30}\right)^{1/4}-1\right]=12.5\mathrm{d}$$

$$t_1=t_2=t_3=t_4=\frac{12.5}{4}=3.1\mathrm{d}$$

$$V_1=3.1\mathrm{d}\times 1\,893\mathrm{m^3/d}=5\,868\mathrm{m^3}$$

2. 1つの区画について長さと幅の比を 4：1 とし，式(4.15)を用いて区画の寸法を計算する．

$$V(6/d)=4W\times W+(4W-2\times 3\times 3)(W-2\times 3\times 3)$$
$$+4(4W-3\times 3)(W-3\times 3)$$

$$2V=4W^2+4W^2-90W+324+16W^2-180W+324$$
$$=24W^2-270W+648$$

または

$$W^2-11.25W=0.0833V-27=461.8$$

この二次方程式を次のように解くと，

$$W^2-11.25W+31.64=461.8+31.64$$

$$(W-5.625)^2=493.44$$

$$W-5.625=22.21$$

$$W=27.84\mathrm{m}$$

$$L=27.84\times 4=111.4\mathrm{m}$$

よって，表面積 A は

$$A=111.4\times 27.84=3\,101\mathrm{m^2}.$$

3. 表面積の計算値 3 101 $\mathrm{m^2}$ を用いて，式(4.14)より池の水温をチェック(流入水温を 15℃と仮定する)．

$$T_w=\frac{AfT_a+QT_i}{Af+Q}=\frac{(3\,101\times 0.5\times -5)+(1\,893\times 15)}{(3\,101\times 0.5)+1\,893}=6.0℃$$

計算では 10℃と仮定していたので，再度繰返しが必要．

4. 2回目の繰返し．5℃と仮定．

$$k=0.276\times 1.036^{5-20}=0.162\mathrm{d^{-1}}$$

式(4.12)を用いて計算すると全滞留時間 15.0 d，1区画当り 3.75 d．

$$V_1=3.75\times 1\,893=7\,099\mathrm{m^3}$$

$$W^2-11.25W=0.08333V-27$$

$$(W-5.6251)=23.76$$

$W=29.4\text{m}$

$L=29.4\times4=117.5\text{m}$

$A=29.4\times117.5=3\,456\text{m}^2$

$$T_w=\frac{(3\,456\times0.5\times-5)+(1\,893\times15)}{(3\,456\times0.5)+1\,893}=5.5℃$$

この値は仮定値5℃に十分近いので，この計算で得られた滞留時間，区画の寸法を用いることにする．この数値に水面から天端までの余裕高0.6 mを加える．このことにより，池の土手の上端部で幅33 m，長さ121.1 mになる．4区画の安定池の利点は**例題-4.2**で示した．この場合においても，4区画の代りに2区画とすると滞留時間を50%増加しなければならない．そして，表面積と容積を3倍だけ増加させることとなる．このことは，寒冷地においては凍結のポテンシャルを増加させ，総ての地域で建設コストを増加させることになり好ましいことではない．

5.　式(4.16)を用いて有機物負荷から各区画の酸素要求量を求める．最大酸素要求量は夏期に生じる．

式(4.14)を用いて水温を推算する．

$$T_w=\frac{(3\,456\times0.5\times30)+(1\,893\times15)}{(3\,456\times0.5)+1\,893}=22℃$$

22℃における水道水の飽和溶存酸素濃度(C_{ss})は8.83 mg/L(**付表-A.4**参照)である．

流入汚水の有機物負荷は

$$C_0Q=(200\text{g/m}^3)(1\,893\text{m}^3/\text{d})(\text{d}/24\text{h})(\text{kg}/1\,000\text{g})=16\text{kg/h}$$

第1区画からの放流水BODは式(4.10)と(4.13)より計算される．

$k_{22}=0.276(1.036)^{22-20}$

$$\frac{C_1}{C_0}=\frac{1}{[(k_ct/1)+1]^1}=\frac{1}{(0.296\times3.75)+1}=0.474$$

$C_1=200\times0.474=95\text{mg/L}$

ゆえに，第2区画の有機物負荷は

$$95\text{mg/L}\times1\,893\text{m}^3/\text{d}\times1\,000\text{L/m}^3\frac{1\text{d}}{24\text{h}}\frac{1\text{kg}}{1\,000\text{g}}\frac{1\text{g}}{1\,000\text{mg}}=7.5\text{kg/h}$$

同様に，

第2区画処理水BOD＝45mg/L

第3区画への有機物負荷＝3.5kg/h

第3区画処理水 BOD＝21mg/L

第4区画への有機物負荷＝1.7kg/h

酸素要求量は有機物負荷の1.5倍と見積ると，

$N_{a1}=1.5\times16\text{kg/h}=24\text{ kg/h}$

同様にして，$N_{a2}=11.3\text{kg/h}$，$N_{a3}=5.3\text{kg/h}$，$N_{a4}=2.6\text{kg/h}$ となる．

式(4.16)を用いて等価酸素移動速度を求めると，

$$N=\frac{N_a}{\alpha[(C_{sw}-C_L)/C_s]\times1.025^{Tw-20}}$$

$$C_{sw}=\beta C_{ss}P=0.9\times8.83\text{mg/L}\times1.0=7.95\text{mg/L}$$

$$N_1=\frac{24}{0.9[(7.95-2.0)/9.17]\times1.025^{22-20}}=39.1\text{kg-}O_2\text{/h}$$

同様に，

$N_2=18.4\text{kg-}O_2\text{/h}$

$N_3=8.6\text{kg-}O_2\text{/h}$

$N_4=4.2\text{kg-}O_2\text{/h}$

6. 表面曝気装置と散気式曝気装置の評価を行う．1.9 kg-O_2/kW·h という原単位が表面曝気装置の所要動力算定に推奨されている．装置メーカーは，散気式曝気装置について 2.79 kg-O_2/kW·h の原単位を推奨している．なお，選定した装置のガス移動速度を確認しておく必要がある．

表面曝気に必要な全エネルギーは

区画1について：

$$\frac{39.1\text{kg-}O_2\text{/h}}{1.9\text{kg-}O_2\text{/kW}\cdot\text{h}}=20.6\text{kW}$$

同様に，

区画2：9.7 kW

区画3：4.5 kW

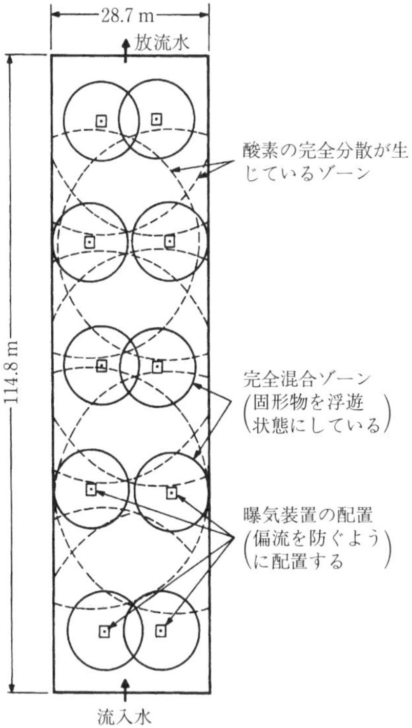

図-4.2 部分混合システムの第一区画における表面曝気装置の配置

区画 4：2.2 kW

散気式曝気装置については

区画 1 について：

$$\frac{39.1\text{kg-O}_2/\text{h}}{2.7\text{kg-O}_2/\text{kW}\cdot\text{h}}=14.5\text{kW}$$

同様に，

区画 2：6.8 kW

区画 3：3.2 kW

区画 4：1.6 kW

これらの表面曝気装置または散気式曝気装置の所要動力は，連動装置や送風機の効率を考慮して修正する必要がある．連動装置や送風機の効率を 90% と仮定すると，区画 1 の表面曝気装置の所要動力は 20.9 kW/0.9＝23.2 kW となる．池全体の動力を求めると表面曝気式で 42 kW，散気式で 29 kW となる．これらの数値は概算値であり，曝気装置の予備的な選定に用いられる．表面曝気装置を用いた場合の実所要動力は，必要動力計算とともに装置メーカーの仕様書に記載の酸素分散層を用いて決定される．2 種類の曝気装置の配置を**図-4.2** と **4.3** に示す．

寒冷地では表面曝気装置は凍結の問題がある．また，微細気泡を発生する

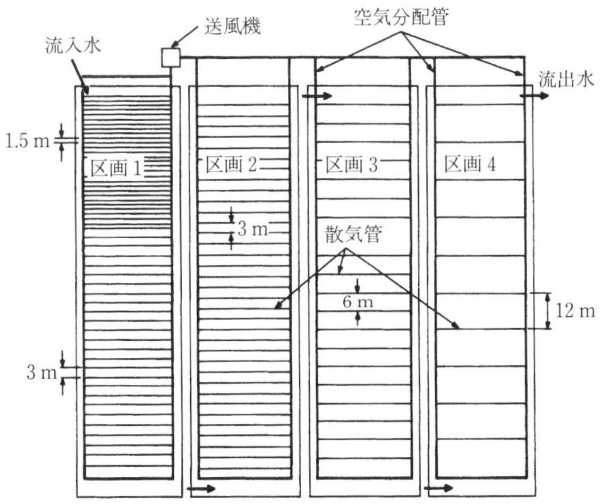

図-4.3　部分混合曝気式安定池の散気装置の配置

多孔管では念入りな保守作業を行う必要がある．多くの町で細孔の閉塞を経験しており，特に硬水域では顕著である．この場合には所要のガス移動速度が得られるよう，HClガスによる洗浄作業が必要となる．

このような部分混合曝気式安定池システムの末端ユニットは，滞留時間2日程度の沈降区画である．

4.4 放流制御型安定池

米国北部やカナダで用いられている放流制御型処理池の設計については，現在でも，合理的または経験的な方法が存在していない．しかしながら，もしより大きな貯留容量の余地を残すならば，通性嫌気性安定池の設計モデルが放流制御型処理池の設計に適用可能と考えられる．通性嫌気性安定池用の押出し流れモデルは，放流制御型処理が120日以下の放流制御型処理池に適用可能である．ミシガンにおける49ヶ所の放流制御型処理池の調査により，滞留時間は120日程度かそれ以上であること，ならびに一回の放流期間は5～30日程度であることが示されている．この形式の安定池は次の基準に従うことで，米国の北部～中央部において順調に運転されている．

- 総括有機物負荷：22～28 kg-BOD/ha･d.
- 水深：第1区画で2 m以下．以降の区画では2.5 m以下．
- 水理学的滞留時間(HRT)：0.6 m以上の水深で最低6ヶ月(降雨を含む)．ただし，表面凍結期間以下ではないこと．
- 区画数：最低3区画．これらの区画は並列運転，直列運転が可能なように配管で繋がれていること．

放流制御型処理池の設計においては，池からの放流期間に受水域水質基準を満たすことができることを示す解析を含める必要がある．また，受水域が放流流量を受入れ可能であることも示す必要がある．また，設計では適切な放流計画も立てる必要がある．

この方式では，最適な放流計画(月日と時間)をたてることが成功の鍵を握っている．運転管理マニュアルには，池からの放流量と水質(放流水と受水域水質)をいかに相関させるかに関する記述が含まれていなければならない．放流期間前および期間中には，池内や受水域の水質が綿密に調べられなければならない．

通常安定池からの放流時には，次のような手順がとられる．

- 放流する区画を前段からの流入ラインのバルブを閉鎖して隔離する．通常はこの区画は直列に連らなった区画の最終区画である．
- 放流許可に関連する水質項目を調査する．
- 放流の全期間について放流計画を策定する．
- 受水域の状態をモニターし，規制当局に放流許可を得る．
- 許可を受けたら放流を開始し，天候が放流に適し，溶存酸素濃度と濁度が基準をクリアーしているかぎり放流を続ける．直列につながった最後の2つの区画を，順に遮断しながら排水するのが典型的方法である．そして，空にされた区画の1つに未処理汚水を導く1週間またはそれ以上の期間，放流を中断する．この目的は放流に先立ち第1区画を遮断することにある．第1区画の水位が60 cm程度まで低下したとき，放流無しで通常の内部流れパターンが回復する．
- 放流期間には，放流パイプの近くで最低一日に3回採水し，ただちに溶存酸素濃度を測定する．SSや他の水質項目についての測定も必要となる．

上述の運転要領に関する経験は，処理効率に関する季節的，気候的制約のもとで北部の州に適用される．通性嫌気性安定池では，連続的に水面が凍結・結氷していると処理効率が低下する．この時期に放流が許可されると，簡易処理水と大差ない水質となる．SSに関する厳しい規制により，藻類の異常増殖時には放流が制限される．BOD除去に関しては，上述の要領はいかなる場所においても効果的である．受水域の状態や必要性に応じて，年間2回以上の放流サイクルでシステムが稼動することもある．

ハイドログラフを用いた放流制御型安定池はこの考えを少し変化させたものであり，米国南部での利用のために開発されたものである．そして，現在では国中の大部分の地域で効果的に使用されている．この場合には，放流期間は放流河川の水位測定点において制御され，高水位時に放流が許可される．低水位時には放流水は安定池に貯留される．プロセスの設計においては標準の通性嫌気性または曝気式安定池を前におき，後段に貯留と放流を行う放流制御型処理区画を設ける．放流制御型処理区画の滞留時間の設計では，この区画での処理効果を期待せず，貯留機能のみを考える．放流先の状況に依存するが，貯留容量は30～120日が必要となる．放流制御型処理区画の設計高水位の一般値は2.4 m，低水位は0.6 mである．他の物理的要素は標準の安定池システムと同様である．放流制御型安定池の主な利点は，放流先の低水位時に対応した厳しい排水水質基準と連続的な運転管理を前提としたシステムに比較して，より緩やかな排水水質基準を用いることができる可能性があることである

4.5 無放流型安定池

蒸発量と降雨量の差が年間75cm以上の世界の各地では，土地を低コストで利用できる場合，無放流型安定池が最も経済的である．安定池は年間の放流量と池への降水量を蒸発させるのに必要な表面積とする必要がある．いかなる越流も許されない場合の設計は，記録上の最大降雨年かつ最小蒸発量年について行わなければならない．臨時の放流が許されたり，緊急時の放流先が存在する場合には緩やかな設計基準が適用される．

システムの諸元を定めるためには月単位の蒸発量と降雨量を知る必要がある．無放流型安定池は普通広い面積を必要とし，このシステムを設置した後は他の用途に利用できない．このシステムを建設する土地はもともと平坦で一様な水深と広い表面積を用意できる必要がある．この安定池の設計法は参考文献〔50〕に示されている．

4.6 組合せ安定池

安定池システムを，前段に曝気式安定池，後段に通性嫌気性安定池や三次安定池という組合せシステムとするのが良い場合がある．このタイプの組合せシステムの設計は，個々の安定池の設計と本質的に同じである．例えば，曝気式安定池は第**4**章**4.3**節に示した方法で設計され，このユニットからの放流水の予測水質が通性嫌気性安定池の流入水質となる．そして，第**4**章**4.2**節の方法で通性嫌気性安定池が設計される．組合せ安定池の設計法の詳細は参考文献〔4，11，38〕に示されている．Oswald[43]は高度化安定池を開発した．これは4種類の池を直列につないだもので，消化ピットを備えた通性嫌気性安定池，高速安定池，

固液分離池，熟成池の順に構成されている．このシステムはカリフォルニア州やいくつかの国に建設されている．このシステム中で最も知られているものはカリフォルニア州 St. Helena の施設である．

4.7 嫌気性安定池

嫌気性安定池の設計法についてはまだ最適な方法がない．このため，嫌気性安定池は表面負荷，体積負荷，水理学的滞留時間 (HRT) を基礎として設計されている．表面負荷を基礎とした設計が頻繁に行われるが，正確とはいえない．適切な設計は体積負荷，水温および HRT を基礎として行われるべきである．

温度が 22℃をこえるような気候では，次の設計基準で BOD_5 の除去率 50%以上を達成できる[55].

・体積負荷は 300 g-BOD_5/m^3·d 以下

・HRT は約 5 d

・水深は 2.5 m～5 m の範囲

寒冷地では BOD_5 除去率 50%を達成するために，滞留時間 50 日以上，体積負荷 40 g-BOD_5/m^3·d 以下が必要である．温度，滞留時間と BOD 除去の関係を**表-4.5，4.6** に示す．

表-4.5 BOD_5 除去と滞留時間の関係 (温度 20℃以上の場合)[55]

滞留時間 [d]	BOD_5 除去率 [%]
1	50
2.5	60
5	70

表-4.6 BOD_5 除去と温度・滞留時間の関係[56]

温度 [℃]	滞留時間 [d]	BOD_5 除去率 [%]
10	5	0～10
10～15	4～5	30～40
15～20	2～3	40～50
20～25	1～2	40～60
25～30	1～2	60～80

4.8 病原体の除去

細菌，寄生虫，ウィルスの除去は，適切な滞留時間の多段区画安定池によって達成される．最低 3 区画の安定池が推奨される．大部分の安定池で採用される BOD 除去のための通常の滞留時間によって，消毒処理を行うことなく規制値を満たすことができる．しかし，最低20日の滞留時間が必要である．安定池システムにおける病原性微生物の除去率推算法は，第**3**章**3.4**節に示されている．

4.9　懸濁物質の除去

たまたま100 mg/Lをこえる高濃度のSSが処理水に残存する場合があることが，安定池システムの弱点の1つである．残存する固形物は主に藻類や他の破片・残さであり，汚水中の固形物ではない．これらの高濃度は1年のうち2～4ヶ月の期間にかぎられる．以下に示す方法により，処理効率を向上させることが可能である．詳細については参考文献〔29，44，45，46，50〕を参照されたい．

4.9.1　間欠砂ろ過床

間欠砂ろ過床により，比較的安い経費で処理水の仕上げ処理を行うことができる．これは浄水処理における緩速ろ過システムや，1900年代前半の未処理汚水の緩速ろ過と同様である．安定池処理水の間欠砂ろ過床では，処理水を定期的または間欠的に砂ろ床に導入する．排水がろ床を通過する際に，SSや有機物質は物理的なろ過作用と生物分解の組合せにより除去される．粒状物質はろ床の上部5～8 cmの区間で除去される．そしてこの濁質の蓄積により表層部の閉塞が生じ，効果的な処理水の浸透が妨げられる．このような事態が生じたら，ろ床の運転を停止し，閉塞した砂層を除去し，運転を再開する．除去した砂は洗浄後，再利用したり廃棄したりする．

処理水質は用いる砂粒径で決まる．BODとSSについて30 mg/Lの処理水質が必要な場合には，中粒砂を用いた1段ろ床で処理可能である．より良い処理水質が必要な場合には2段ろ床が用いられる．このとき，2段目のろ床には細粒砂が用いられる．

典型的な流量負荷は，1段ろ床では0.37～0.56 m^3/m^2である．ろ床への流入水中のSS濃度が常時50 mg/Lをこえる場合には，ろ過継続時間を延長させるために流量負荷を0.19～0.37 m^3/m^2へと減少させる必要がある．寒冷地では冬期のろ床洗浄操作を避けるため，流量負荷を上述値の最低レベルにすることが推奨される．

1段ろ過のろ床所要面積は，予想処理水量を流量負荷で除すことにより得られる．洗浄操作に数日要するので，連続運転を行う場合には予備のろ床を用意する必要がある．または，一時的な貯留を安定池内に行うことも考えられる．最大限の融通性をシステムに備えるためには，3つのろ床からなる構成が推奨される．手動の洗浄操作による小規模システムでは，個々のろ床面積は 90 m^2 以下とすべきである．機械式洗浄操作を行うようなより大きなシステムでは，個々のろ床面積を 5000 m^2 以下とすることができる．

ろ材には選別された砂が用いられる．これらの砂の性質は有効径(e.s.)と均等係数(u)で記述される．有効径は 10%径，すなわちこの粒径より小さい砂粒子が全量のうち重量で 10%以下であることを意味する．均等係数は 60%径と 10%径の比である．

1段ろ床に用いる砂は有効径で 0.20～0.30 mm の範囲，均等係数 7 以下，0.1 mm 以下の粒子が 1%以下であることが必要である．均等係数は処理効率には大きな影響を及ぼさず，1.5～7.0 まで許容される．通常の場合，洗浄済みのコンクリート用切込み砂が有効径，均等係数，最小径の点で間欠砂ろ過床に適している．

砂ろ過床の設計厚は，最低 45 cm に最低 1 年間の洗浄サイクルに必要な層厚を加えて算定する．一回の洗浄操作で 2.5～5 cm の砂が除去される．30 日のろ床の運転で 30 cm 程度の砂が必要となる．典型的な例では初期ろ床厚は 90 cm 程度にとられる．30～40 cm の粒径をそろえた砂礫層が砂層と下部集水きょを分けている．下部層の粒径は，有効径で下部集水パイプ孔径の 4 倍程度大きくなるようにそろえられる．砂礫の連続する層は砂の侵入を防ぐように，徐々に粒径が小さくなる．他の方法としては，下部集水パイプのまわりを砂礫層とし，砂礫層と砂層を浸透性化学繊維膜で仕切るものもある．これらのシステムの設計法や効果に関する詳細は参考文献〔29，39，50〕を参照のこと．

4.9.2 マイクロストレーナ

安定池放流水から藻類をマイクロストレーナで除去する実験では，初期にはあまり良い結果が得られなかった．これは主に，藻類が実験に用いたマイクロストレーナの網の目よりも小さかったことによる．網の目径 1 μm をもつポリエステル織布が開発され，この織布を用いたマイクロストレーナは BOD と SS 濃度を 30 mg/L 以下にする能力がある．

マイクロスクリーンのメーカーは，網の目1μmのスクリーンを用いて除去した藻類を安定池に戻すことをすすめている．短期間の実験では，返送した藻類による問題が発生しないことが示されている．しかし，スクリーンで除去された物質の蓄積とそれによるスクリーンへの過負荷の問題が生じる可能性がある．新しく建設されるマイクロスクリーンを有するシステムでは，安定池内での固形物循環の影響を監視する必要がある．安定池放流水にマイクロストレーナを適用した実施設は，サウスカロライナ州Camdenに1981年12月に完成した日処理量7 200 m^3 規模の施設である[14]．表面負荷は90～120 $m^3/m^2 \cdot d$，最大損失水頭は60 cmである．他のプロセス変数としてはドラムの回転数，逆洗速度と圧力がある．これらは流入水の性状と処理水質に依存する．

スクリーンの寿命は1年半程度と報告されている．この数値はメーカーの予測値5年と比較すると，極端に短いものとなっている．Cademonの施設ではスクリーンの目詰りと短寿命を経験している．マイクロスクリーンを安定池放流水の仕上げとして計画する場合には，事前の十分な検討が必要である．

4.9.3 砕石ろ層

砕石ろ層は安定池放流水を砕石層の空隙中に流し，この過程で藻類を砕石表面に沈降除去するものである．そして層内に蓄積した藻類は生物学的に分解される．砕石ろ層による藻類除去に関してカンサス州Eudora，ミズリー州Carifornia，オレゴン州Venetaにおいて精力的に検討された[40,50]．多くの砕石ろ層が米国内，世界中で用いられているがその除去効率はまちまちである[28]．

砕石ろ層の主な利点は，建設費が安いことと運転管理が簡単なところである．臭気問題が生じる可能性があり，ろ層の設計寿命の設定や洗浄方法が確立されていない．しかし，いくつかのシステムが10～15年間にわたり良い成績で運転されている．

4.9.4 他の固液分離技術

通常の粒状層ろ過，溶解空気浮上法，自動フロック形成法，隔離反応方式，凝集・フロック形成については参考文献〔29，50〕を参照されたい．これらの方法はあまり使われていないが，これらの装置の利用の可能性は，設計時の検討に値する．

4.10 窒素の除去

安定池システムについては，BOD と SS 除去能力にかぎれば，十分に記述され信頼性の高い設計が可能である．しかし，窒素除去能力についてはほとんどの設計において考慮されていない．受水域においてアンモニア態窒素は低濃度でも幼魚に悪い影響を与えるので，多くの場合窒素除去が重要となる．加えて，第7章に示すように窒素除去は，土壌処理システムの設計における支配因子となる．前段の安定池システムにおけるいかなる窒素除去も，後段の土壌処理システムの所要面積を減少させ，かつ，コストの節約となる．

河川，湖沼，溜池や安定池における窒素除去は，長年にわたり観察されていた．窒素除去に関するデータは総合的解析には十分ではなく，窒素除去機構に関しても合意がまだできていない．

様々な研究者は藻類による除去，汚泥の分解，底部土壌の吸着，硝化/脱窒，アンモニアの空中への揮散等の窒素除去機構を提案している．最近の研究によれば[33,35,50]，これらの各機構の組合せにより窒素が除去され，それぞれの環境条件に適した除去機構が優先していると考えられている．

USEPA は排水の安定池システムに関する総合的研究を 1970 年代後半に実施し，安定池システムにおいて相当量の窒素除去が行われていることを実証した．**表-4.7** はこれらの研究の主な成果を整理したものであり，窒素除去には pH，滞留時間，温度が関係していること示している．安定池における藻類と炭酸塩の相互作用の結果として生じる pH の変動や排水のアルカリ度が重要である．理想的な状態では，最高 95%の窒素除去が安定池システムで達成される．

表-4.7 USEPA 安定池研究のデータ[35]

場　所	滞留時間 [d]	水温 [℃]	pH (中央値)	アルカリ度 [mg/L]	流入窒素 [mg/L]	除去率 [%]
Peterborough, NH (3 区画)	107	11	7.1	85	17.8	43
Kilmichael, MS (3 区画)	214	18.4	8.2	116	35.9	80
Eudora, KS (3 区画)	231	14.7	8.4	284	50.8	82
Corinne, UT (最初の 3 区画)	42	10	9.4	555	14.0	46

4.10.1 設計モデル

表-4.7 の安定池について最低1年間にわたり，池内の各区画で十分な頻度でデータがとられた．この多量なデータにより，総ての主要なパラメータについて定量的な解析を行うことができ，2つの設計モデルが提案された．これら2つの設計モデルは，モデル化の際に用いなかった同一のデータによって有効性が確認されている．これら2つのモデルを**表-4.8** と**表-4.9** に示した．参考文献〔35〕に設計モデル1の作成過程が詳細に記されている．設計モデル2については参考文献〔33, 50〕を参照されたい．

表-4.8 設計モデル1[35]

$N_e = N_0 \exp\{-k_t[t+60.6(\mathrm{pH}-6.6)]\}$ (4.17)
ここに，N_e：放流水 TN 濃度 [mg/L]
N_0：流入水 TN 濃度 [mg/L]
k_t：温度依存速度係数 [d^{-1}]，$=k_{20}(\theta)^{T-20}$
$\theta=1.039$
T：水温（式 (4.14) を用いて計算）
$k_{20}=0.0064$
典型的な pH の値は文献〔37, 50〕を参照するか，次式で計算する：
$\mathrm{pH}=7.3\exp[0.0005(\mathrm{ALK})]$
ここに，ALK：流入水のアルカリ度 [mg/L]（文献〔37, 50〕にデータ有り）

表-4.9 設計モデル2[33,50]

$N_e = N_0[1/\{1+t(0.000576\,T-0.00028)\exp[(1.080-0.042\,T)(\mathrm{pH}-6.6)]\}]$ (4.18)
式中の記号は表-4.8 を参照のこと．

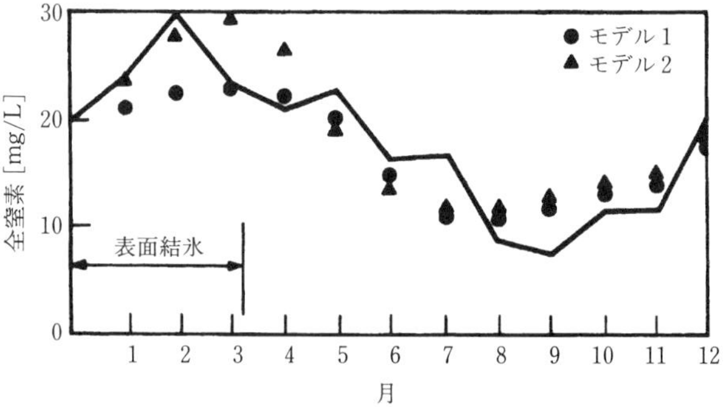

図-4.4 処理水中全室素濃度の実測値と計算結果の比較
（ニューハンプシャー州 Peterborough）

両者とも一次反応モデルであり，これらはpH，温度そしてシステムの滞留時間に依存する．両者とも全窒素(TN)除去を予測するが，安定池における主要なアンモニア態窒素除去の反応がアンモニアの揮散であるとしてモデル化されている．**図-4.4**にこれら2つのモデルの適用例を示す．図ではニューハンプシャー州Peterboroughで測定された処理水の月平均値と計算結果を比較している．

これらのモデルは，TN濃度について記述されている．一方，参考文献〔33, 50〕に示されているモデルはアンモニア態窒素についてのモデルである．TN濃度を基礎としたモデルによる計算や予測の方が，これまでのアンモニア態窒素を基礎としたものよりも安全側である．

高度排水処理におけるアンモニアストリッピングによる高速アンモニア除去においては，pHを化学的に高く(pH 10以上)設定している．排水の安定池では，藻類と炭酸塩の相互作用により短期間に同程度の高pHになることがある．他の期間ではpHが中性付近であるため窒素除去率は低い．しかし，滞留時間が長いことで補完している．

a. 応　　用

これらのモデルは，アンモニアの酸化や窒素除去が必要な新設または既設の安定池に有用である．新設システムは，必要BOD除去を満たす滞留時間で設計される．この滞留時間内に生じる窒素除去が，これらのモデルにより計算される．残存する窒素が総てアンモニア態であると仮定し，これらのさらなる除去または酸化を計画することはきわめて慎重な姿勢である．もし拡張用地が可能な場合，設計の最終段階は，窒素除去に必要な滞留時間とするためのコストと他の成分の除去に必要なコストの比較となる．

4.11 リンの除去

リン除去の必要性については第3章3.6節で議論した．一般的に安定池を処理に用いることができるような排水については，リン除去が厳密に要求されない．しかし，米国北部やカナダではリン除去を求められているシステムが多く存在している．

4.11.1 回分式化学処理

五大湖への排水基準のリン1 mg/Lを達成するために，カナダの放流制御型安定池において池内化学処理法が開発された．この処理では，モーターボートによって凝集剤の散布・混合を行う方法がアルミニウム塩，塩化第二鉄，石灰について検討された．代表的なアルミニウム添加濃度150 mg/Lにおいて，リン濃度1 mg/L以下，BODとSS濃度について20 mg/L以下を達成している．凝集剤添加に伴う汚泥発生量の増加はそれほど顕著ではなく，数年間の連続運転が可能であった．この方法のコストはそれほど高くなく，標準的なリン除去法[12]と比較すると相当低い値となっている．

4.11.2 連続放流系の薬品処理

カナダのオンタリオにおいてリン，BOD，SSの池内凝集沈殿処理に関する研究が2年間にわたって実施された[13]．この研究の主目的は塩化第二鉄，アルミニウム塩，石灰によるリン除去を検討することにあった．塩化第二鉄は20 mg/Lの添加，アルミニウム塩では225 mg/Lの連続添加により，2年間にわたり安定池処理水中リン濃度を1 mg/L以下に保つことが可能であった．濃度400 mg/Lの消石灰の添加によってはリン濃度を1 mg/L以下とすることが難しく（1～3 mg/L程度の濃度を達成），BOD除去も認められず，SS濃度がわずかに増加するという結果であった．塩化鉄の添加は処理水BODを17から11 mg/Lへ，SS濃度を28から21 mg/Lへと低下させた．アルミニウム塩ではBODの除去効果はみられず，SS濃度がわずかに減少（43から28～34 mg/Lへ）した．このように，直接凝集剤を添加する方法は，リン除去のみに有効であると判断される．

メリーランド州Waldorfの6区画の安定池が運転方法を変更して，3区画より成る並列する2系統のシステムとして運転された[6]．1つの系統は対照系であり，もう一方にはリン除去のためにアルミニウム塩が添加された．両系とも第1区画は曝気されていた．アルミニウム塩添加を第3区画に行う場合と第1区画に行う場合を比較した結果，第3区画に添加する場合の方が全リン（TP），BOD，SSのいずれの除去においても効果的であるという結果が得られた．アルミニウム塩を第3区画に添加した場合のTPの除去率は約81％であり，一方，第1区画に添加した場合は約60％であった．なお，対照系のリン除去率は平均37％であった．アルミニウム塩を第3区画に添加した場合の処理水のTP濃度は平均

2.5 mg/L，対照系では平均8.3 mg/Lであった．しかし，凝集剤添加によるBOD，SS除去率の増加は確認されておらず，凝集剤添加系の処理水の方がBODやSS濃度が高い場合も観測された．

4.12　施設設計と施工

設計等に用いる係数値の評価や生物学的または動力学的モデルを適用しても，現実の池の配置や建設の最適化について十分な検討を行わなければ，計算で得られた除去率を実際に達成することは難しい．安定池に関する物理的な設計は生物学的または動力学的設計と同程度に重要である．安定池の効率に影響を与える生物学的因子は，主として設計効率を達成するために必要な水理学的滞留時間(HRT)を推算することにより考慮される．物理的な要素，例えば池の幅と長さの比は実際に達成される除去効率で決まる．

長さと幅の比は，用いる設計モデルによって決定される．完全混合型の池では長さと幅の比は1：1とすべきであり，一方押出し流れ型では比は3：1またはそれ以上がとられる．

地下水汚染のおそれがある場合には，池のライニングやシーリングのような漏出抑制策が必要となる．いかなる水のロスも防ぎたい乾燥地域における安定池処理水の再利用では，ライニングの使用が指示されている．池の配置や建設上の基準は，波の運動や風雨に曝されること，ネズミ等から土手の侵食を防ぐことを目的として決定されなければならない．水輸送構造物の配置や大きさは池内の流れパターンに影響し，水位や放流水量の制御可能性を決定してしまう．

4.12.1　土手の構築

土手の安定性は，風で引起される波，降雨，風雨による風化などによる侵食により影響される．また，土手はネズミ等による穴によっても破壊される．良い設計はこれらの問題を予測し，コスト的にも効率よい保守管理手法を通して，これらの問題を管理できるようなシステムとすることである．

侵食からの保護は総ての斜面において必要である．しかし，風向がある特定の方向に限定されるような場合には，風による波の力を一番強く受ける領域を特に保護することが必要である．この斜面の保護は最低水位の少なくとも0.3 m下から最高水位の最低0.3m上までをカバーできるようにする必要がある．波の運動に対する保護としてはアスファルト，コンクリート，織布，背の低い芝，捨石などが用いられている．ただし，捨石の利用は雑草が生え，ネズミ等の制御が難しくなる．織布のライニングを用いる場合には，日光の紫外線によるプラスチック材料の劣化を防ぐため，捨石のカバーを施す場合もある．土手でネズミ類をコントロールするためには，水位を定期的に変化させて土手につくられた巣穴に水を浸水させることが有効である．適切な土壌と建設時の締め固めによって，土手を不浸透性にすることができる．土手をくりぬいている総てのパイプには，漏水抑制カラーを取付ける必要がある．これらのカラーは，パイプから最低0.6m以上カバーする必要がある．

4.12.2 池の遮水

池のシーリングは漏水を防ぐために必要である．漏水が生じると地下水を汚染したり，安定池水位が変動するため処理効率に影響を及ぼしたりする．シーリングの方法は次の3種類に分類される．

- 合成素材またはゴムライニング
- 締固め土または土セメントライニング
- 自然または化学的処理したライニング

それぞれの分類の中にも，適用にあたっての特徴が幅ひろく存在している．それぞれの場所で適切なライニングを選択することは，安定池の設計や漏水制御の中で重要なファクターとなる．

漏水速度の範囲は，合成材料の膜を用いた場合の0.003cm/dから，土セメントライナーを用いた場合の約10cm/dとなる[50]．これに関する詳細な情報は，ライナーの製造者や他の出版物〔15，30〕を参照されたい．

4.12.3 池の水理特性

過去には，ほとんどの安定池が1本のパイプで，システムの第1区画の中央に向かうように汚水を流入させていた．水理特性と処理効率に関する研究[7,9,19,20]から，中央に汚水を流入させることは効率的な方法とはいえないことが明らかにされてきた．0.5ha以下の小規模の安定池においても，多点流入が必要とされる．それぞれの汚水流入点はできるだけ離して設置し，汚水は長いディフューザーによって流入させるべきである．流入口と流出口の系列の間を汚水が一様に流下するように，流入口と流出口は設置されなければならない．

流入口が流出口から可能なかぎり離して設置され，かつ阻流壁が設けられている場合や流況が短絡流のような流れを防ぐように設計されている場合には，1個の流入口を用いることも可能である．流出構造は，異なる水深から引抜くことができるように，多点引抜き構造とする必要がある．そして，引抜きは最低水面下0.3 m から行い，処理水に藻類や他の表面浮遊物が混入しないようにする．

曝気式安定池や通性嫌気性安定池の処理データの解析から，押出し流れ型の池の設計では4区画を直列配置した安定池が，BODや病原性大腸菌群の除去に最も良い結果を与えることが明らかとなっている．システムの水理特性を最適化するように阻流壁や土手をうまく利用すれば，より少ない区画でも良い処理特性が得られる．

より良い処理は，より注意深く池内の流れを制御することにより得られる．阻流壁を設置するか否かの判断では，処理効率の観点に加えてコストや審美眼的な要素も重要である．一般的には，阻流を行えば行うほど，池内流れの制御と処理効率は向上する．断面内で可能なかぎり流れが一定に近づくように，阻流壁の流れ方向への設置位置と壁の長さが決定される．

風により池内に循環流が発生する．風により引起される短絡流を最小にするためには，池の流入-流出軸を風の優勢な方向に対して直角になるように設置する．このような配置が難しい場合には，風による短絡流を阻流壁によってある程度防ぐことができる．水深一定の安定池では表面流は風向と一致する．そして，低部の返流は風上の方向となる．

流入汚水の温度と池内水温の差による成層が生じる安定池では，冬期と夏期で異なった挙動を示す．夏期には流入水温が池内より低温であるため，流入水は池底部へ潜りそして流出端へと流れる．一方，冬期では流入水温の方が高いため，流入水は表面に浮かびそして流出端へと流れる．このような結果として，処理に有効に働く池の体積が密度流による流入水の成層部分のみに減じてしまう．その結果，滞留時間がきわめて短くなり処理も不満足なレベルとなる．

4.13 土壌処理のための貯留池

第7章で記述しているように，土壌処理システムでは，処理水の季節間貯留を行うための池が必要な場合がある．土壌処理システムでは運転を行わない期間のための貯留が必要であり，流量の平準化や緊急時対策としても貯留が望まれる．気候条件，苗の移植や刈取り，または保守点検等によって土壌処理システムを運転できない期間が存在する．この貯留池の設計容量は，第7章で示す設計時の水収支計算結果より決定することができる(水収支計算方法は**例題-7.3**を参照のこと)．

貯留池は，他の標準的な処理ユニットや安定池システムの最終区画のあとに設置される．貯留池は通常の安定池区画よりも深く，3〜6 m程度の水深とすることができる．貯留池の設計では，本章や第3章で示した方法により，貯留池内で生じる付加的な処理効果について検討しておく必要がある．特に，式(4.17)または(4.18)を用いた窒素除去の計算は重要である．多くの場合，窒素成分は土壌処理に必要な面積に直接結びつく，重要な設計因子となる．貯留池における窒素除去は最終処理の必要面積，そしてコストを減じる．同様に池内の病原性微生物の除去は，消毒操作を不要にする場合がある．

貯留池の運転は，後続の土壌処理システムの形式に依存する．土壌処理が急速浸透法の場合には，貯留池は緊急時への対応のために通常用意され，土壌処理システムが使用開始されれば可能なかぎり速やかにシステムに導水される．表面流下法は藻類除去に有効に働かない(詳細は第7章参照のこと)ので，藻類が発生する時期には貯留池をバイパスさせ，藻類濃度が低下したのち貯留池内の水を土壌処理システムに導入する．緩速浸透法では藻類の影響が少ないので，貯留池と土壌処理システムを連続的に配置することができる．このことは，貯留池で窒素や病原性微生物の除去を期待する場合に必要である．このような場合には，処理後の排水は年間を通して貯留池に連続的に流入させ，土壌処理システムの運転終了時に貯留池の水位が所定の値になるような貯留池からの導水計画を建てる必要がある．

参考文献

1. Agunwamba, J. C., N. Egbuniwe, and J. O. Ademiluyi: Prediction of the Dispersion Number in Waste Stabilization, *Water Res.,* 26:85, 1992.
2. Al-Layla, M. A., S. Ahmad, and E. J. Middlebrooks: *Handbook of Wastewater Collection and Treatment: Principles and Practices,* Garland STPM Press, New York, 1980.
3. Benefield, L. D., and C. W. Randall: *Biological Process Design for Wastewater Treatment,* Prentice-Hall, Englewood Cliffs, NJ, 1980.
4. Boulier, G. A., and T. J. Atchinson: *Practical Design and Application of the Aerated-Facultative Lagoon Process,* Hinde Engineering Company, Highland Park, IL, 1975.
5. Canter, L. W., and A. J. Englande: States' Design Criteria for Waste Stabilization Ponds, *J. Water Pollution Control Fed.,* 42(10):1840–1847, 1970.
6. Engel, W. T., and T. T. Schwing: *Field Study of Nutrient Control in a Multicell Lagoon,* EPA 600/2-80-155, U.S. Environmental Protection Agency, Municipal Engineering Research Laboratory, Cincinnati, OH, 1980.
7. Finney, B. A., and E. J. Middlebrooks: Facultative Waste Stabilization Pond Design, *J. Water Pollution Control Fed.,* 52(1):134–147, 1980.
8. Fritz, J. J., A. C. Middleton, and D. D. Meredith: Dynamic Process Modeling of Wastewater Stabilization Ponds, *J. Water Pollution Control Fed.,* 51(11):2724–2743, 1979.
9. George, R. I.: Two-Dimensional Wind-Generated Flow Patterns, Diffusion and Mixing in a Shallow Stratified Pond, Ph.D. dissertation, Utah State University, Logan, 1973.
10. Gloyna, E. F.: *Waste Stabilization Ponds,* Monograph Series No. 60, World Health Organization, Geneva, 1971.
11. Gloyna, E. F.: Facultative Waste Stabilization Pond Design, in *Ponds as a Wastewater Treatment Alternative,* Water Resources Symposium No. 9, University of Texas, Austin, 1976.
12. Graham, H. J., and R. B. Hunsinger: Phosphorus Removal in Seasonal Retention by Batch Chemical Precipitation, Project No. 71-1-13, Wastewater Technology Centre, Environment Canada, Burlington, Ont., undated.
13. Graham, H. J., and R. B. Hunsinger: Phosphorus Reduction from Continuous Overflow Lagoons by Addition of Coagulants to Influent Sewage, Research Report No. 65, Ontario Ministry of the Environment, Toronto, Ont., 1977.
14. Harrelson, M. E., and J. B. Cravens: Use of Microscreens to Polish Lagoon Effluent, *J. Water Pollution Control Fed.,* 54(1):36–42, 1982.
15. Kays, W. B.: *Construction of Linings for Reservoirs, Tanks, and Pollution Control Facilities,* 2d ed., Wiley-Interscience, New York, 1986.
16. Larson, T. B.: A Dimensionless Design Equation for Sewage Lagoons, Dissertation, University of New Mexico, Albuquerque, 1974.
17. Malina, J. F., R. Kayser, W. W. Eckenfelder, Jr., E. F. Gloyna, and W. R. Drynan: Design Guides for Biological Wastewater Treatment Processes, Report CRWR-76, Center for Research in Water Resources, University of Texas, Austin, 1972.
18. Mancini, J. L., and E. L. Barnhart: Industrial Waste Treatment in Aerated Lagoons, in *Ponds as a Wastewater Treatment Alternative,* Water Resources Symposium No. 9, University of Texas, Austin, 1976.
19. Mangelson, K. A.: Hydraulics of Waste Stabilization Ponds and Its Influence on Treatment Efficiency, Ph.D. dissertation, Utah State University, Logan, 1971.
20. Mangelson, K. A., and G. Z. Watters: Treatment Efficiency of Waste Stabilization Ponds, *J. Sanit. Eng. Div. ASCE,* 98(SA2):407–425, 1972.

21. Mara, D. D.: Discussion, *Water Res.,* 9:595, 1975.
22. Mara, D. D.: *Sewage Treatment in Hot Climates,* John Wiley, New York, 1976.
23. Marais, G. V. R.: Dynamic Behavior of Oxidation Ponds, in *Proceedings of Second International Symposium for Waste Treatment Lagoons,* Kansas City, MO, June 23–25, 1970.
24. Marais, C. V. R., and V. A. Shaw: A Rational Theory for the Design of Sewage Stabilization Ponds in Central and South Africa, *Trans. S. Afr. Inst. Civil Eng.,* 3:205, 1961.
25. McGarry, M. C., and M. B. Pescod: Stabilization Pond Design Criteria for Tropical Asia, *Proceedings of Second International Symposium for Waste Treatment Lagoons,* Kansas City, MO, June 23–25, 1970.
26. Metcalf and Eddy: *Wastewater Engineering Treatment Disposal Reuse,* 3d. ed., McGraw-Hill, New York, 1991.
27. Middlebrooks, E. J.: Design Equations for BOD Removal in Facultative Ponds, *Water Sci. Technol.,* 19:12, 1987.
28. Middlebrooks, E. J.: Review of Rock Filters for the Upgrade of Lagoon Effluents, *J. Water Pollution Control Fed.,* 60(9):1657–1662, 1988.
29. Middlebrooks, E. J., C. H. Middlebrooks, J. H. Reynolds, G. Z. Watters, S. C. Reed, and D. B. George: *Wastewater Stabilization Lagoon Design, Performance, and Upgrading,* Macmillan, New York, 1982.
30. Middlebrooks, E. J., C. D. Perman, and I. S. Dunn.: *Wastewater Stabilization Pond Linings,* Special Report 78-28, Cold Regions Research and Engineering Laboratory, Hanover, NH, 1978.
31. Neel, J. K., J. H. McDermott, and C. A. Monday: Experimental Lagooning of Raw Sewage, *J. Water Pollution Control Fed.,* 33(6):603–641, 1961.
32. Oswald, W. J., A. Meron, and M. D. Zabat: Designing Waste Ponds to Meet Water Quality Criteria, *Proceedings of Second International Symposium for Waste Treatment Lagoons,* Kansas City, MO, June 23–25, 1970.
33. Pano, A., and E. J. Middlebrooks: Ammonia Nitrogen Removal in Facultative Wastewater Stabilization Ponds, *J. Water Pollution Control Fed.,* 54(4):344–351, 1982.
34. Polprasert, C., and K. K. Bhattarai: Dispersion Model for Waste Stabilization Ponds, *J. Environ. Eng. Div. ASCE,* 111(EE1):45–59, 1985.
35. Reed, S. C.: *Nitrogen Removal in Wastewater Ponds,* CRREL Report 84-13,Cold Regions Research and Engineering Laboratory, Hanover, NH, June 1984.
36. Reed, S. C.: *Wastewater Stabilization Ponds: An Update on Pathogen Removal,* U.S. Environmental Protection Agency, Office of Municipal Pollution Control, Washington, DC, Aug. 1985.
37. Reid, L. D., Jr.: Design and Operation for Aerated Lagoons in the Arctic and Subarctic, Report 120, U.S. Public Health Service, Arctic Health Research Center, College, AK, 1970.
38. Rich, L. G.: Design Approach to Dual-Power Aerated Lagoons, *J. Environ. Eng. Div. ASCE,* 108(EE3):532, 1982.
39. Russell, J. S., E. J. Middlebrooks, and J. H. Reynolds: *Wastewater Stabilization Lagoon—Intermittent Sand Filter Systems,* EPA 600/2-80-032, U.S. Environmental Protection Agency, Municipal Engineering Research Laboratory, Cincinnati, OH, 1980.
40. Swanson, G. R., and K. J. Williamson: Upgrading Lagoon Effluents with Rock Filters, *J. Environ. Eng. Div. ASCE,* 106(EE6):1111–1119, 1980.
41. *Ten States Recommended Standards for Sewage Works,* A Report of the Committee of Great Lakes–Upper Mississippi River Board of State Sanitary Engineers, Health Education Services, Inc., Albany, NY, 1978.
42. Thirumurthi, D.: Design Criteria for Waste Stabilization Ponds, *J. Water Pollution*

Control Fed., 46(9):2094–2106, 1974.
43. U.S. Department of Energy: *Alternative Wastewater Treatment: Advanced Integrated Pond Systems,* DOE/CH10093-246, DE93018228, Oct. 1993.
44. U.S. Environmental Protection Agency: *Upgrading Lagoons,* Technology Transfer Document, U.S. Environmental Protection Agency, Washington, DC, Aug. 1973.
45. U.S. Environmental Protection Agency: *Process Design Manual for Upgrading Existing Wastewater Treatment Plants,* Technology Transfer, U.S. Environmental Protection Agency, Washington, DC, Oct. 1974.
46. U.S. Environmental Protection Agency: *Design Criteria for Mechanical, Electrical and Fluid System and Component Reliability,* EPA 430/99-74-001, Office of Water Program Operations, Washington, DC, 1974.
47. U.S. Environmental Protection Agency: *Process Design Manual for Suspended Solids Removal,* EPA 625/1-75-003a, Center for Environmental Research Information, Cincinnati, OH, 1975.
48. U.S. Environmental Protection Agency: *Process Design Manual for Land Treatment of Municipal Wastewater,* EPA 625/1-81-013, Center for Environmental Research Information, Cincinnati, OH, 1981.
49. U.S. Environmental Protection Agency: *The 1980 Needs Survey,* EPA 430/9-81-008, Office of Water Program Operations, Washington, DC, 1981.
50. U.S. Environmental Protection Agency: *Design Manual: Municipal Wastewater Stabilization Ponds,* EPA 625/1-83-015, Center for Environmental Research Information, Cincinnati, OH, 1983.
51. Wallace, A. T.: Land Application of Lagoon Effluents, in *Performance and Upgrading of Wastewater Stabilization Ponds,* EPA 600/9-79-011, U.S. Environmental Protection Agency, Municipal Engineering Research Laboratory, Cincinnati, OH, 1978.
52. Water Pollution Control Federation and American Society of Civil Engineers: *Wastewater Treatment Plant Design,* MOP/8, Water Pollution Control Federation, Washington, DC, 1977.
53. Water Pollution Control Federation: *Preliminary Treatment for Wastewater Facilities,* MOP/OM-2, Water Pollution Control Federation, Washington, DC, 1980.
54. Wehner, J. F., and R. H. Wilhelm: Boundary Conditions of Flow Reactor, *Chem. Eng. Sci.,* 6:89–93, 1956.
55. World Health Organization: *Wastewater Stabilization Ponds, Principles of Planning & Practice,* WHO Technical Publication 10, Regional Office for the Eastern Mediterranean, Alexandria, 1987.

第5章　水圏を利用するシステム

水圏を利用する処理は，汚水処理システムの1つとして，水生植物あるいは水生動物の活用と定義される．世界中の多くの場所で，汚水は水生生物の養殖操作の中で魚や他のバイオマスの養殖に使用されている．これらの場合，ある程度の汚水の再生が行われているが，これは本来の趣旨ではない．本章の主旨は，あくまで，汚水処理として養殖操作が機能するシステムに目を向けている．

水圏を利用するシステムは，単一養殖操作では主要な1植物または動物を使用し，多種養殖操作では多様な動植物を使用することになる．海水と真水の両方のコンセプトが検討されてきた．主要な生物学的構成要素としては，浮遊植物，魚や水生動物，プランクトン，沈水植物があげられる．抽水植物も使われるが，これらは湿地処理に有効で，第**6**章で取上げる．

表-5.1　汚水処理のための浮遊性水生植物[26]

一般名，学術名*	分布形態	温度［℃］適温	温度［℃］生存温度	最大塩分許容量	最適 pH
ホテイアオイ *Eichhornia crassipes*	米国南部	20～30	10	800	5～7
アカウキクサ類		>10	5	2 500	3.5～7
Azolla caroliniana	米国各地				
Azolla fulculoides	米国各地				
ウキクサ属		20～30	5	3 500	5～7
Spirodela polyrhiza	米国各地				
Lemna trisculca	米国北部				
Lemna obscura	米国東南部				
Lemna minor	米国各地				
Lemna gibba	グレートプレイン・米国西部				
Wolfia spp.	米国各地				

訳者注）*植物種等の学術名・英語名については「新版 日本原色雑草図鑑」，(株)全国農村教育協会を参照し，和名に翻訳した(和名表記の無いものは原文どおり)．

水圏を利用するシステムにおける処理応答は，動植物およびシステムの物理環境を変えるこれらの生物相による直接的な物質の摂取に起因するか，またはホテイアオイの場合のように，非常に有効な処理能力を発揮する微生物の有機体が付着する対象としての植物の根の働きに起因するものである．これらの動植物にとって，それらの効果的な活用が継続されるための特殊な環境条件が必要であり，多くの場合，最適な効果を保証するためには，定期的な刈取りが必要である．これらのシステムの性能は，第**1**章の**表-1.1**あるいは本章で，一覧表としてまとめられている．

5.1　浮遊植物

水生植物は，陸上の植物と同様の基本栄養源を必要としており，同じ環境要素によって影響を受ける．汚水処理でその効果が最もよく知られている浮遊植物としては，ホテイアオイ，ウキクサ属，ペニーウォート，水シダがあげられる．**表-5.1**は米国におけるこれらの植物の分布と限界環境要件のいくつかを示すものである．パイロットあるいは実規模システムで汚水への適用が検査された植物の種類は，ホテイアオイ，ペニーウォート，ウキクサ属のみである．

5.1.1　ホテイアオイ

ホテイアオイ(学名：*Eichhornia crassipes*)は多年生の水に強い脈官植物で，丸く真っ直ぐな光沢のある緑の葉と藤色(ラベンダー色)の穂状の花序が特徴である．代表的なホテイアオイの形態を**図-5.1**に示す．

この植物の葉柄は空隙の多い海綿状になっているため，浮力が大きい．その大きさは生息地により異なる．根の長さは水中の栄養塩類の状況と植物の刈取り頻度により変化する．一般的な刈取り頻度で栄養塩類の豊富な汚水の場合，根の長さは根茎の中心から下へ10 cmほどである[26]．もし刈取りを行わないと根は池底の土壌にまで侵入しかねない．この植物は湿った土壌でも成長する．汚水の中で成長すると，花の頭から根の先までの長さは50～120 cmの大きさになる．

ホテイアオイの花は種をつけるが，繁殖は主として図-5.1に示すように，水中の根茎が新芽を分離することにより行われる．この結果，この植物が水面を覆い尽くすほどに繁殖することになる．この植物は水面を覆い尽くすまで水平方向

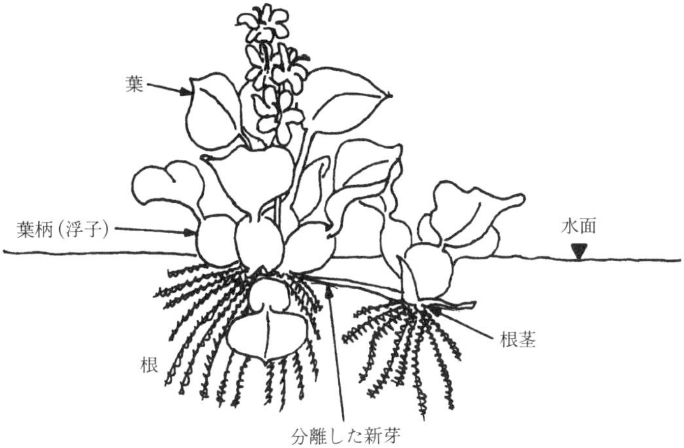

図-5.1 ホテイアオイの形態

に繁殖し，その後は鉛直方向に成長する．ホテイアオイは世界で最も繁殖性の強い光合成植物の1つである．10株が8ヶ月の成長期間に600 000株以上にまで成長し，自然淡水の水面の0.4 haを覆い尽くすといわれている[20]．汚水の池の場合は，その速度はさらに早いと思われる．WolvertonとMcDonaldは汚水の池におけるホテイアオイの繁殖能力を年間当り140 t/ha(乾燥質量)と推定している[34]．この急速な繁殖力は米国南部における水路の深刻な問題を提起している原因となっているが，この特質が一方で汚水処理システムの有利な条件にもなっている．そのじゃまな雑草としての歴史から，根の付いたホテイアオイ(*Eichhornia azurea*)の各州間の輸送は連邦法により禁じられている．一方，浮いているホテイアオイ(*Eichhornia crassipes*)は禁止されていない．

根，葉柄，花の茎，分離した新芽は総て基部となる根茎から派生している．凍結条件下では，葉と花は枯れ根茎の先端部がむき出しになる．この時点で，先端がやられていなければ再生が可能であるが，根茎の先端が凍れば植物全体が死に絶えることになる．フロリダと中央および南アラバマでのシステムの観測によれば，気温 −3.9℃が1，2日続く程度の凍結事象が5，6回あっても，その間に温かい日があれば，ホテイアオイは生き延びることができる[11]．この低温に対する弱点は，ホテイアオイの生息範囲および保護策を講じていない汚水処理施設での活用を限定する主な要因となっている．**図-2.1**はホテイアオイを用い，かつ保

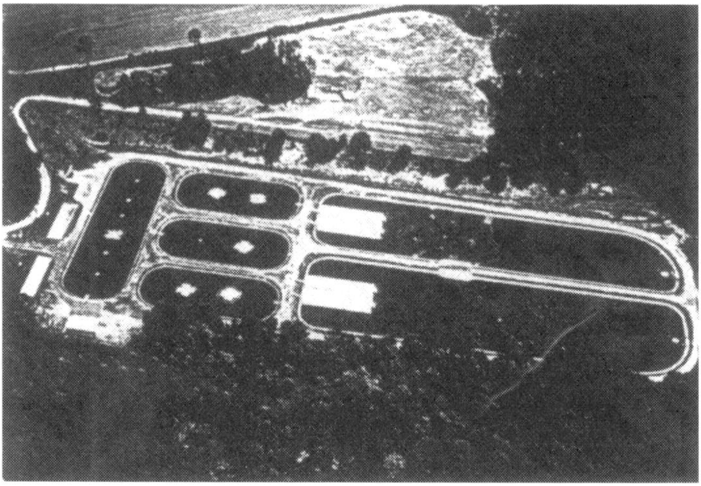

図-5.2　敷地内に温室のあるホテイアオイの池，アラバマ州 Headlands (D. Haselow 提供)

表-5.2　下水の中で増殖するホテイアオイの組成

成　分	含有量［%乾燥質量］平均	範囲
粗タンパク	18.1	9.7～23.4
脂肪	1.9	1.6～2.2
繊維	18.6	17.1～19.5
灰分	16.6	11.1～20.4
炭化水素	44.8	36.9～51.6
窒素 (N)（ケルダール定量）	2.9	1.6～3.7
リン (P)	0.6	0.3～0.9

護策を講じていない汚水処理システムに適した地域を示している．同図に示すよりも北の地域では，期間の短い夏にかぎって可能かもしれないが，残りの期間は植物を養殖したり，保護したり，保存したりする温室が必要になる．温室は**図-5.2**に示すように，春に貯蔵効果があるように潟湖に建設される．図-2.1に示す地域よりも北で，一年を通じて稼動するために必要な保護施設はコスト的にみて効果的でないかもしれない[17]．

汚水システムで使用した後の，回収したホテイアオイの組成(乾燥質量)は，**表-5.2**で与えられる[23]．これらの植物の主たる組成は水で，全質量の約95％を占めている．この非常に高い含水率は，刈取った植物の様々な廃棄方法や利用方法における，経済性を考えるうえで重要な要因である．

a. 性　　能

ホテイアオイシステムは生物化学的酸素要求量(BOD)，懸濁物質(SS)，金属および窒素を高いレベルで，また微量有機物をかなりのレベルで除去することができる．処理のコンセプトは実規模施設の評価と同時に，広範な実験やパイロット試験での研究を通じて開発が進められてきた．ホテイアオイは既存のシステムの改善に使われたり，あるいは設計負荷および管理方法に依存するが二次処理，高度二次処理あるいは三次処理のために用いることも可能である．

池の水面に浮かぶホテイアオイは，池の水面が何も覆われていない場合に比べて，全体として水に関する異なった環境条件をつくり出す．密な葉に水面が覆われることにより，藻類の成長が防止される．これは言い換えればpHを中性に保つことである．水面を植物が覆うことで，風による水面の乱れと撹拌が低減され，表面の曝気を減らすので，水温の変動が穏やかになる．結果として，水面近くの水は酸素量が少ない傾向になり，水深の浅い池でさえ水底のあたりは通常，嫌気性を帯びている．

ホテイアオイは酸素が葉から根に送られるので，嫌気性の水の中で生き残れるし，成長することもできる．根の付着物上の生物の成長は，散水ろ床と回転式生物接触槽(RBC)汚泥に似ているが，この場合酸素源(根から送られる)は外縁よりもむしろ根の中心に近い所にある．バクテリア，真菌類，捕食動物，および有機物細片等が植物の根の上や間に付着していることが数多く報告されている．い

表-5.3 ホテイアオイ処理システムの性能

場所	BOD [mg/L]		SS [mg/L]		全窒素 [mg/L]		全リン [mg/L]		対照
	流入	流出	流入	流出	流入	流出	流入	流出	
国立宇宙技術研究所，MS*1	110	7	97	10	12	3.4	3.7	1.6	33, 35
Lucedale, MS*2	161	23	125	6	—	—	—	—	33
Orange Grove, MS*3	50	14	49	15	—	—	—	—	33
Williamson Cr., TX*4	46	6	91	8	7.7	3.3	7	5.7	6
Coral Springs, FL*5	13	3	—	3	22.4	1.0	11	3.6	28

注）*1 単一池，水深122 cm，2 ha，滞留時間54 d，水量負荷240 m^3/ha·d，有機物負荷26 kg-BOD/ha·d

*2 単一池，水深173 cm，3.6 ha，滞留時間67 d，水量負荷260 m^3/ha·d，有機物負荷44 kg-BOD/ha·d

*3 2連曝気池，水深183 cm，0.3 ha，滞留時間7 d，水量負荷3570 m^3/ha·d，有機物負荷179 kg-BOD/ha·d

*4 4連池，水深85 cm，0.06 ha，滞留時間4.5 d，水量負荷109 m^3/ha·d，有機物負荷89 kg-BOD/ha·d

*5 5連池，水深38 cm，0.05 ha，滞留時間11 d，水量負荷378 m^3/ha·d，有機物負荷113 kg-BOD/ha·d

くつかのシステムから得られた効果に関するデータを**表-5.3**に示す．フロリダのCoral Springsのシステムがすばらしい効果をあげたのは，複数の池の利用と浅い水深(38 cm)により汚水と植物の根の部分との接触が増える条件がそろったためと信じられている．

b.　BODの除去

ホテイアオイの池でのBODの除去は，従来の安定池に関して第**4**章で示されたものと同じ要素から成立っている．さらに，植物の根による付着増殖によりたいへん効果のある処理が可能になっている．BOD除去の効率は，システムにおける植物の被覆密度と水深に直接係っている．通性嫌気性安定池の処理水をホテイアオイに適用する場合，水深1～2 mの条件下では，1日に植物の湿潤重量1 kg当りBOD負荷量約6.7×10^{-4} kgが除去量としてWolverton[33]により推奨されている．水面の100 %がホテイアオイで覆い尽くされたと仮定すると，これは225 kg/ha･dのBOD負荷が除去されると解釈される．80 %の被覆率では140 kg/ha･dのBOD負荷が除去量として，WolvertonとMcDonaldによって推奨されている[34]．

c.　SSの除去

SSの除去は，SSが植物の根の部分で捕捉された後，ホテイアオイのマット状の覆い下の静水中で重力による自然沈降が生じることにより行われる．水面が何も覆われていない従来の池よりもホテイアオイに覆われた池の方が，水中の乱れがより小さくなるため，SSの沈殿がより効果的に行われる．もう1つのSS制御に対する大きな効果として，ホテイアオイが水面を覆うことにより太陽光が水中へ透過することを防ぐため，藻類の成長が抑制されることがあげられる．

d.　窒素の除去

植物の摂取，アンモニア揮散および硝化-脱窒の総てがホテイアオイシステムにおける窒素の除去に効果をもたらす．刈取りに伴う植物摂取は重要な窒素除去の手法であるが，植物摂取のレベルをはるかにこえた窒素除去速度が，多くの事例で観測されている．代表的な植物成長速度，約220 kg/ha･d(乾燥質量)は，窒素約10 kg/ha･dに相当する．多くの事例で実際に観測された窒素除去量は，窒素負荷範囲が9～42 kg/ha･dのとき，約19 kg/ha･dと報告されている[32]．この付加的な除去が発生する主たる要因は硝化-脱窒と信じられている．硝化細菌は酸素の供給源であるホテイアオイの根に付着して繁殖する．一方では，根周辺の微空間と水底付近は，嫌気状態と脱窒のために必要な有機炭素源を提供している．硝化-脱窒がより効果的に行われるためには，汚水がなるべく多くホテイアオイの根の部分と接触することができるよう，比較的浅い水深であることが望ましい．浅い水深（水深 53 cm）でのホテイアオイおよび他の水生植物を用いたパイロット試験結果によれば，全体の窒素除去は一次反応速度に依存すると報告されている[21]．観測された窒素除去量は式（5.1）に示されるように，植物の密集度と気温の関数で表される．また，速度定数 k を**表-5.4** に示す[22]．

表-5.4 式（5.1）の速度定数

温度と植物密度	k [d^{-1}]
夏季：平均温度 27±1 ℃	
植物密度，kg/ha（乾燥質量）	
3 920	0.218
10 230	0.491
20 240	0.590
冬季：平均温度 14±4 ℃	
植物密度，kg/ha（乾燥質量）	
4 190	0.033
6 690	0.023
20 210	0.184

$$\frac{N_e}{N_0}=\exp(-kt) \tag{5.1}$$

ここで，N_e：全窒素流出量 [mg/L]

N_0：汚水に含まれる全窒素量 [mg/L]

k：気温と植物密集度に依存する速度定数 [d^{-1}]（表-5.4 参照）

t：システムの滞留時間 [d]

式（5.1）は，**表-4.8** に示したタイプの安定池の窒素除去に関する評価式と同じ形をしている．表-4.8 または**表-4.9** はホテイアオイ池における揮散による窒素除去を評価するのに用いることができる．式（5.1）は揮散成分を含んだ全窒素（TN）除去量を計算する式なので，この揮散部分の評価は式（5.1）に加算する必要はない．

表-5.3 に示すホテイアオイシステムにおけるデータ分析結果は，他のデータ同様，池水面の窒素除去と水量負荷の間に相関があることを示している．その関係は式（5.2）で表され，最適な成長を維持する規則的な刈取りによる適度な密集度（池水面の 80 % 以上がホテイアオイで覆われる）の場合に有効である．

$$L_N=\frac{760}{(1-N_e/N_0)^{1.72}} \tag{5.2}$$

ここで，L_N：水量負荷（窒素除去によって制限される）[m^3/ha·d]

N_e：窒素濃度（要求される放流水質）[mg/L]

N_0：窒素濃度（ホテイアオイへの流入水質）[mg/L]

e. リンの除去

リン除去の唯一の有効な方法は植物による摂取で，代表的な生活排水でのリン除去は30～50％をこえることはない．もし頻繁に刈取りをして注意深い植生管理プログラムを実行しなければ，この除去率さえも実現しない．代表的な汚水に含まれるリンに対する窒素の比率は，ホテイアオイが必要とする比率（N：P＝6：1）とは大きく異なるので，植物のリン摂取は窒素肥料の補給を必要としている．結果として，ホテイアオイシステムの最終池では窒素の不足が起っているかもしれない．そしてこれらの植物は窒素の補給なしでは，有効なリンの除去に活用することはできない．

注意深い制御と栄養塩類の補給がされない代表的なシステムでは，リンの除去はおそらく25％を超えない．もし高レベルのリン除去を必要とする場合，分離処理過程の中で硫酸アルミニウム，塩化第二鉄あるいは他の薬品を用いて化学的沈殿を引起す手法が推奨される．多くの実例から導かれた式（5.3）はホテイアオイの池でのリン除去ポテンシャルを評価するのに用いられる．本式は式（5.2）と同様，池水表面の少なくとも80％が植物で覆われ，刈取りが定期的に行われる場合に適用可能である．

$$L_P = 9\,353\left(\frac{P_e - 0.778P_0}{P_0 - P_e}\right) \tag{5.3}$$

ここで，L_P：水量負荷（リン除去によって制限される）[m^3/ha･d]

P_e：リン濃度（要求される放流水質）[mg/L]

P_0：リン濃度（ホテイアオイへの流入水質）[mg/L]

表-5.5　ホテイアオイによる微量元素の除去[15]

パラメータ	除去率 [%] ホテイアオイが存在する場合		ホテイアオイが存在しない場合	
	バッチ	連続流	バッチ	連続流
ヒ素	12	41	4	23
ホウ素	12	36	1	—
カドミウム	69	85	23	39
水銀	70	92	60	93
セレニウム	8	60	0	21

f. 金属の除去

ホテイアオイのシステムにより，高レベルの金属の除去が可能である．植物摂取も寄与するが，その主な機構としては基質および植物表面での化学的沈殿および吸収であると信じられている．植物は成長するに従い根を剥離するので，吸収された金属は細片屑もしくは汚泥の一部となる．テキサスでの研究でDinges[4]は，池底の堆積物の金属濃度はホテイアオイの細胞組織内の金属濃度を，少なくとも1オーダー上回っていることを発見した．この堆積物は，枯れて剥離した植物体が2年間堆積した状態のものを用いている．**表-5.5**は微量無機物除去に関して，28日バッチ試験と15日連続流れ試験の結果を比較したものである．

g. 微量有機物質の除去

いくつかの有機汚染物質の除去について，カリフォルニア州San Diegoの実験規模のホテイアオイシステムで測定されている．この場合のホテイアオイは完全な水リサイクルおよび再利用を可能とするプロセスの中で，限外ろ過，逆浸透膜，炭素吸着，殺菌の前処理段階として利用される．**表-5.6**に示されるように

表-5.6 ホテイアオイ池における微量有機物質の除去[4]

パラメータ	濃度[μg/L] 未処理汚水	濃度[μg/L] ホテイアオイ処理水*1
ベンゼン	2.0	ND*2
トルエン	6.3	ND
エチルベンゼン	3.3	ND
クロロベンゼン	1.1	ND
クロロホルム	4.7	0.3
ククロジブロモメタン	5.7	ND
1,1,1-トリクロロエタン	4.4	ND
テトラクロロエチレン	4.7	0.4
フェノール	6.2	1.2
フタル酸ブチルベンジル	2.1	0.4
フタン酸ジエチル	0.8	0.2
イソホロン	0.3	0.1
ナフタレン	0.7	0.1
ベンゼン	2.0	ND*2
1,4-ジクロロベンゼン	1.1	ND

注）*1 パイロットスケールシステム，滞留時間4.5 d，流量75 m^3/d，それぞれ2つの池が並列した3つのシステム，植物密度10～25 kg/m^2（含水重量）．
*2 ND＝検出されず．

微量有機物質の除去は，これらのホテイアオイの池ではすばらしい結果が得られている．微量有機物質の除去は植物自身がかなりの量を摂取するけれども，主としてバクテリアの働きによる化合物の揮散と分解によるものと信じられている．

h. 設　　計

ホテイアオイシステムは未処理汚水の処理(一次処理水)，既存の二次処理システムの改善あるいはさらに進んだ二次または三次処理に対して設計される．他の安定池システムと同様に限界設計パラメータはシステムの有機物負荷である．

もしプロジェクトの目標が二次処理ならば，システム設計は第**4**章で示された通性嫌気性安定池とまったく同じである．**表-5.7**はホテイアオイが使われるときに推奨される工学的基準の概要である．この場合のホテイアオイの主要な機能は，浮遊植物によってもたらされる池水表面の被覆である．これは藻類の成長を防ぎ，BODとSSの除去に貢献する．ホテイアオイシステムの効果は，池水表面がオープンになっている同等の広さの通性嫌気性安定池よりもはるかに大きい．新しい設計に加えて，ホテイアオイは放流水の水質を納得のいくレベルまで改善するために，既存の通性嫌気性安定池の最終処理池に導入されうる．

安定池システムにおける複合池は，第4章で示したとおり適切な水理制御のため不可欠である．また刈取りと維持管理の実施期間中の放流水質を保証するうえでもホテイアオイシステムにとって重要となっている．表-5.7に与えられる通

表-5.7　ホテイアオイによる二次処理のための推奨基準[10]

ファクター	基　準
放流水条件	BOD＜30 mg/L，SS＜30 mg/L
流入汚水	未処理
有機物負荷：全システム	50 kg-BOD/ha･d
システムの一次池	100 kg-BOD/ha･d
水深	＜1.5 m
単一池の最大面積	0.4 ha
合計滞留時間	＞40 d
水量負荷	＋200 m^3/ha･d
水温	＞10 ℃
池の形状	長方形，$L:W>3:1$
流入散気装置	推奨
蚊の抑制	必要
刈取りスケジュール	季節ごとまたは毎年
複合池	不可欠，それぞれ2つの池よりなる3つのシステムを推奨

表-5.8 ホテイアオイによるより進んだ二次処理のための推奨基準

ファクター	基準
放流水条件	BOD＜10 mg/L，SS＜10 mg/L，ある程度の窒素の除去
流入汚水	一次処理と同じ
有機物負荷：全システム	100 kg-BOD/ha·d
一次池の表面	300 kg-BOD/ha·d
滞留時間	＞6d
曝気条件	O_2の要件を満たす部分・混合曝気池としての設計（第**4**章を参照）；各システムの最初の2つの池に沈水散気曝気装置を設ける．
水温	＞20 ℃
水深	＜1.5 m
水量負荷	＜800 m³/ha·d
池の形状	長方形，$L：W＞3：1$
流入散気装置	不可欠
放流水回収マニホールド	不可欠
単一池の面積	＜0.4 ha
蚊の抑制	必要
刈取りスケジュール	月に1回以上
複合池	不可欠，それぞれ3つの池よりなる2つの並列接続システム

常の設計方法では，対象とする全体処理区域を互いに連結する2つの並列する池群に分割する．各池群は少なくとも3つの池から構成されている．こうすると全体の処理動作を中断することなしに，維持管理のための一時的な流れの変更が可能である．

いくつかの州では，どちらも計画流量を処理できるホテイアオイシステムを二重に設計することを義務付けている．そのため最終的なプロジェクトの設計に進む前に，適切な基準審査に基づく検討が必要である．

ホテイアオイ池を用いた新しい二次処理に対して提案されている推奨される基準を**表-5.8**に示す．この場合には少なくとも事前に一次処理が行われていると仮定されている．一次処理としては適当な好気性または嫌気性の安定池，従来型の一次処理または小集落用のイムホフタンクが適用される．処理効率をあげ，負荷の増加に対応し，滞留時間を縮めるこれらのホテイアオイシステムに補足的な曝気を追加することは，コスト効率の向上に寄与する．もし曝気が行われないならば，有機物負荷は表-5.7で与えられる値を超えてはならない．この場合には，水深を浅くすることにより処理効率を上げることが可能である．主として栄養塩類の除去を目的とする三次ホテイアオイシステムは，表-5.7に示されるシステ

表-5.9　ホテイアオイによる三次処理のための推奨基準

ファクター	基　　準
放流水条件	BOD＜10 mg/L，SS＜10 mg/L，TN および TP＜5 mg/L
流入汚水	二次放流
有機物負荷：全システムの表面	50 kg-BOD/ha·d
一次池の表面	150 kg-BOD/ha·d
水深	＜0.9 m
単一池の最大面積	＜0.4 ha
滞留時間	6 d 以下，水深による
水量負荷	＜800 m^3/ha·d
池の形状	長方形，$L:W>3:1$
水温	＞10 ℃
蚊の抑制	必要
流入散気装置	不可欠
放流水回収マニホールド	不可欠
刈取りスケジュール	熟成した植物は数週間ごと
複合池	不可欠，基本的に表-5.8 と同じ

ムや他の二次処理過程に付加されるシステムである．代表的な基準は**表-5.9**に示される．これらの表の使い方については，以下の例題を参照されたい．

【例題-5.1】

未処理の生活排水を流入水として二次処理を行うホテイアオイシステムを設計せよ．ただし，設計条件を以下とする．

設計流入量＝760 m^3/d

流入水質：BOD_5＝240 mg/L，SS＝250 mg/L，TN＝25 mg/L，
TP＝15 mg/L，冬の限界温度＞20 ℃

放流水質の目標値：BOD_5≦30 mg/L，SS＜30 mg/L

〈解〉

1.　BOD 負荷の決定

$$240\ \mathrm{mg/L}\times 760\ \mathrm{m^3/d}\times 10^3\ \mathrm{L/m^3}\times 1\ \mathrm{kg}/10^6\ \mathrm{mg}=182.4\ \mathrm{kg/d}$$

2.　**表-5.7**に基づく池表面積の決定．全体域に対する有機物負荷：50 kg-BOD/ha·d，第1処理池に対する有機物負荷：100 kg-BOD/ha·d から

必要な総面積＝(182.4 kg/d)/(50 kg/ha·d)＝3.65 ha

第1処理池の表面積＝(182.4 kg/d)/(100 kg/ha·d)＝1.82 ha

3.　2つの一次処理池を使用し，各池の面積を 0.91 ha，$L:W=3:1$ とすれ

ば，水面の大きさは以下のように算定される．

$$A = LW = L(L/3) = L^2/3 = 0.91\ \mathrm{ha} \times 10\,000\ \mathrm{m^2/ha}$$

よって，長さ $L = 165$ m，幅 $W = 165/3 = 55$ m

4．残りの必要な面積を，2 個の池を有する 2 組の池群に分ける．全体として 3 個の池を有する 2 組の平行したシステムができあがる．

最終池群の面積 = 3.65 ha − 1.82 ha = 1.83 ha

各池の面積 = 1.83 ha/4 = 0.46 ha

$$L^2 = 3 \times 0.46\ \mathrm{ha} \times 10\,000\ \mathrm{m^2/ha}$$

よって，各池の大きさは，長さ $L = 117$ m，幅 $W = 117/3 = 39$ m

5．汚泥堆積深さ 0.5 m，処理に必要な有効水深を 1 m と仮定すると，池の必要水深 = 1.5 m となる．池の周囲の法面勾配を 3：1 とすれば，式 (4.15) を用いて処理容量が以下のように算定される．

$$V = [LW + (L-2sd)(W-2sd) + 4(L-sd)(W-sd)](d/6)$$

1 次処理池：

$$V = [165 \times 55 + (165 - 2 \times 3 \times 1)(55 - 2 \times 3 \times 1) + 4(165 - 3 \times 1)(55 - 3 \times 1)] \times 1/6$$
$$= 8\,428\ \mathrm{m^3}$$

最終処理池：

$$V = [117 \times 39 + (117 - 2 \times 3 \times 1)(39 - 2 \times 3 \times 1) + 4(117 - 3 \times 1)(39 - 3 \times 1)] \times 1/6$$
$$= 4\,107\ \mathrm{m^3}$$

6．有効処理区間での水理学的滞留時間 (HRT) の決定

1 次処理池：$t = \dfrac{8\,428\ \mathrm{m^3}}{(760\ \mathrm{m^3/d})/2} = 22.2$ 日

最終処理池：$t = \dfrac{2 \times 4\,107\ \mathrm{m^3}}{(760\ \mathrm{m^3/d})/2} = 21.6$ 日

総滞留時間 = 22.2 + 21.6 = 43.8 日 (>40 日なので適)

7．水量負荷の照査

$(760\ \mathrm{m^3/d})/(3.65\ \mathrm{ha}) = 208\ \mathrm{m^3/ha \cdot d}$ (適)

8．窒素除去の評価：最終池での成長を維持するのに十分な窒素の存在を保証するとともに刈取り頻度を決定するために，式 (5.2) により窒素除去量を評

価する．式(5.2)を再整理すると，

$$\left(1-\frac{N_e}{N_0}\right)^{1.72}=\frac{760}{L_N}$$

$$N_e=N_0[1-(760/L_N)^{1/1.72}]=25[1-(760/208)^{1/1.72}]$$

この式では処理水の窒素濃度が負となることが予測されるが，これはありえない．基本式は760 m^3/ha·dの水量負荷における完全な除去を予測するものであるが，この計算例の負荷はわずかに208 m^3/ha·dなので，最終処理水の窒素量は5 mg/L以下にできるであろう．窒素はこのシステムでは最適な成長レベルではないので，年1回の刈取りを行えばよい．各一次処理池への流入設備は未処理水を，分配するように配慮すべきである．

【例題-5.2】

かぎられた敷地内に高度二次処理のためのホテイアオイシステムを設計せよ．ただし，設計条件は以下のとおり．

設計流入量＝760 m^3/d

流入水質：BOD_5＝240 mg/L，SS＝250 mg/L，TN＝25 mg/L，
TP＝15 mg/L，冬の限界温度＞20 ℃

放流水質の目標値：BOD_5≦10 mg/L，SS＜10 mg/L，TN＜10 mg/L

毎月定期的に刈取り，80 ％の池水表面の被覆率を確保するものと仮定する．

〈解〉

1．設置場所の広さには限界があり，池部での予備処理のためのスペースは十分ではない．したがって，必要面積を最小にするために，ホテイアオイ池に補足的な散気式曝気を用いる．一次処理としてイムホフタンクを使用し，イムホフタンクは，分離汚泥の処理を必要としないこの比較的小流量に対して，有利である．

2．イムホフタンクの設計

代表的な基準：堆積滞留時間＝2 h

水面積負荷＝24 m^3/m^2·d

越流堰の負荷＝600 m^3/m·d

スカム表面積＝全表面の20 ％

汚泥消化容量＝0.1 m^3/供給対象人口1人当り，あるいは全

タンク容量の33％

$$最小堆積面積=\frac{760\ \mathrm{m^3/d}}{24\ \mathrm{m^3/m^2\cdot d}}=31.7\ \mathrm{m^2}$$

最小全表面積＝堆積面積＋スカム表面積

$=1.20\times 31.7\ \mathrm{m^2}=38\ \mathrm{m^2}$

代表的なタンクは長さ8m，幅5mである．この場合中央堆積空間は，幅4mの開水路でその両側に幅0.5mのスカム蓄積場所とガス通気口がある．細長い溝を切った傾斜のある底版（傾斜勾配5：4）は必要とされる滞留時間，2時間を確保するためには約3mの深さが必要とされる．ホッパー状の底版で構成されるタンクの総水深は，水面より上の余裕高さと汚泥堆積容量を考慮して6〜7mになるかもしれない．

イムホフタンクは適切に維持管理されれば，約47％のBOD除去および60％のSS除去が可能である[2]．窒素とリンの損失がないと仮定すれば，この例の一次処理水の水質は以下のように与えられる．

$\mathrm{BOD_5}=(240\ \mathrm{mg/L})\times 0.53=127\ \mathrm{mg/L}$

$\mathrm{SS}=(250\ \mathrm{mg/L})\times 0.40=100\ \mathrm{mg/L}$

$\mathrm{TN}=25\ \mathrm{mg/L}$

$\mathrm{TP}=15\ \mathrm{mg/L}$

3. ホテイアオイ池のBOD負荷は以下のように算定される．

$127\ \mathrm{mg/L}\times 760\ \mathrm{m^3/d}\times 10^3\mathrm{L/m^3}\times 1\ \mathrm{kg}/10^6\mathrm{mg}=96.5\ \mathrm{kg/d}$

4. 池表面積の決定：**表-5.8**から許容有機体負荷は，全体域では100 kg/ha･d，第1処理池では300 kg/ha･dである．

必要合計表面積$=(96.5\ \mathrm{kg/d})/(100\ \mathrm{kg/ha\cdot d})=0.97\ \mathrm{ha}$

一次処理池表面積$=(96.5\ \mathrm{kg/d})/(300\ \mathrm{kg/ha\cdot d})=0.32\ \mathrm{ha}$

5. 並列に並ぶ2つの一次処理池（各面積：0.16 ha）を使用する．

$L:W=3:1$の矩形を用いると$L=69$ m，$W=23$ m.

6. 残りの領域を各々2つの池から成る2組の池群に区分し，全部で各々3つの池で構成される並列に並ぶ2組の池群を形成する．

各々の池は$=(0.97\ \mathrm{ha}-0.32\ \mathrm{ha})/4=0.16\ \mathrm{ha}$

$L:W=3:1$とすれば$L=69$ m，$W=23$ m

7. 汚泥の堆積深さ0.5m，側面の法勾配3：1の池が有効な処理能力を発揮するための水深を 0.6 m と仮定する．この条件のもとに処理容量を算定する(**例題–5. 1** の式を参照)．

総ての池は同じ容量 $V=855\ \mathrm{m^3}$

1 つの池の滞留時間$=(855\ \mathrm{m^3})/[(760\ \mathrm{m^3/d})/2]=2.25$ 日

したがって，

全滞留時間$=2.25\times3=6.75$ 日 (>6 日なので適)

8．　水量負荷の照査

水量負荷$=(760\ \mathrm{m^3/d})/0.97\ \mathrm{ha}=783\ \mathrm{m^3/ha\cdot d}$ (<800 なので適)

9．　窒素除去量の決定 (基本式は**例題–5. 1** を参照)

$$N_e=N_0[1-(760/L)^{1/1.72}]$$
$$=25\,[1-(0.97)^{1/1.72}]=0.5\ \mathrm{mg/L}\ (<10\ \mathrm{mg/L}\ なので適)$$

10．　最初の 2 つのホテイアオイ池での部分混合散気式曝気システムの設計を行う．必要酸素量は有機物負荷の 2 倍と仮定すると，空気は酸素約 0.28 kg/m³ を含み，浅い池での曝気効率は約 8 % である (通常，一般的な処理池の深さでは 16 % 以上)．

$$必要空気量=\frac{2\times(\mathrm{BOD,\ mg/L})(Q,\ \mathrm{L/d})(10^{-6}\ \mathrm{mg/kg})}{(\mathrm{E})(0.28\ \mathrm{kg/m^3})(86\,400\ \mathrm{s/d})}$$
$$=\frac{2\times127\ \mathrm{mg/L}\times760\,000\ \mathrm{L/d}\times10^{-6}\ \mathrm{mg/kg}}{0.08\times0.28\ \mathrm{kg/m^3}\times86\,400\ \mathrm{s/d}}$$
$$=0.1\ \mathrm{m^3/s}$$

メーカーの文献を使って，特定の曝気装置の選択を行うべきである．この場合，曝気能力の約 2/3 は一次処理池に振り分けられ，残りの 1/3 は二次処理池各々に等しく分配される．代表的な潜水チューブ型曝気装置は，チューブ 1 m 当り約 $2.5\times10^{-3}\ \mathrm{m^3/min}$ の空気を供給できる．曝気装置のチューブ長さと位置を以下のように決定する．

$$全長=\frac{0.1\ \mathrm{m^3/s}\times60\ \mathrm{s/min}}{2.5\times10^{-3}\ \mathrm{m^3/min}}=2\,400\ \mathrm{m}$$

$$一次処理池用長さ=\frac{2\,400\ \mathrm{m}\times(2/3)}{2}=800\ \mathrm{m}$$

$$列数=\frac{チューブ長さ}{池の幅}=\frac{800\ \mathrm{m}}{23\ \mathrm{m}}=35\ (名一次処理池ごと)$$

したがって，一次処理池ではこれらの曝気ラインの間隔は 2 m となる．

$$二次処理池用長さ=\frac{2\,400\ \mathrm{m}\times(1/3)}{2}=400\ \mathrm{m}$$

$$列数=\frac{チューブ長さ}{池の幅}=\frac{400\ \mathrm{m}}{23\ \mathrm{m}}=17\,(各二次処理池ごと)$$

したがって，二次処理池ではこれらの曝気ラインの間隔は4mとなる．

11. 流入散水システムあるいはスプリンクラー装置は，一次処理池への流入水の均一な分布を保証するのに不可欠である．蚊の繁殖を抑制するために，カダヤシ類あるいはその他の生物試薬または化学試薬の使用が必要である．1回の刈取りで除かれる池水表面の被覆率を20％以内にとどめて，約3～4週間ごとに植物の刈取りを行うべきである．

12. 本例において設計されたシステムは，必要土地面積が3分の1未満で，**例題-5.1**において開発されたシステムよりも優れた効果を提供する．その主な理由は，各セットの最初の2つの池での曝気一次処理のためのイムホフタンクが使用されていることである．土地がかぎられている場所や土地が非常に高価な場所では，二次レベルの処理が必要であっても，この処理方法はコスト効率がよい．

i. 構造的要素

中小サイズのシステムでのホテイアオイの刈取りを促進するには，**表-5.7～5.9**に提示されている個々の小さな池が好ましい．このような長く狭い構造は水量を制御し，刈取りを容易にする．池の幅は刈取り装置の能力に依存する．植物を除去するために毎年システムの排水が行われる場合は，それぞれの池にアクセスランプ(連絡傾斜路)が必要である．池の洗浄にはフロントエンドローダまたは同様の装置を使用できるため，池の幅はそれほど重要ではない．もっと刈取り頻度の高い高速システムには，浮上式装置に接近するための手段が必要であるか，または装置に接近するための道路が堤防に設けられていなければならない．標準的なドラグラインバケットは9mの長さに及ぶとすると，池の幅を15～18mとして，両側から刈取りを行うよう設計する．

複数の流入点の使用は，二次システムに好ましく，高速および高性能システムには不可欠である．これは，適切に汚水を配分し，処理容量全体を効果的に使うとともに，池全体の好気条件を維持するものである．スプリンクラーは流入水の分布にも使用でき，寒い時期にある種の降霜防護にもなる．単一の流入口を有す

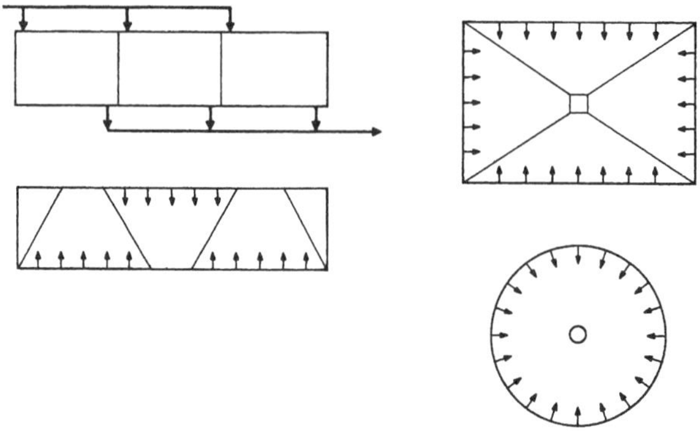

図-5.3　ホテイアオイ池における水流分布の案

る細長い長方形のホテイアオイ池を使用してきた経験により，たいていの固形物およびBODの除去は水量調節装置付近で生じることが証明された．これはこの地域に好ましくない嫌気条件を形成し，臭いの問題，蚊の繁殖の抑制効率の低下，および処理容量全体の使用効率の低下がもたらされる可能性がある．池が正方形または長方形の場合，各セットの最初のホテイアオイ被覆池の表面積の最初の1/3〜2/3の部分に対して汚水を均一に施用するように，流入調節装置を設計すべきである．池面積のより効率的な活用を保証するためにTchobanoglous[29]が提案した他の流入・流出構造が**図-5.3**に示されている．

死水域およびそれによる放流口付近での処理効率の低下を避けるために，代表的な長方形ホテイアオイ池の全幅に及ぶ放流マニホールドを設けることも推奨されている．処理池間での水の移送と最終放流のために，これらのマニホールドが提案されている．**図-5.4**に示されている代替案は，放流口に近づくにつれて水路の幅を狭くしたものである．これは，放流口に向かう水流速度を速めることにより，死水域を防ぐ働きをする．これらのマニホールドまたは1つの放流口は，水が放流される前にホテイアオイの根と接触できるように，どの池でも水面に設けることが必要である．

比較的幅の広い池では，放流口付近の幅を変えても効果がない．このような場合のアプローチは，図-5.4に示されているように，水が植物に確実に接触できるように放流ゾーンの池底を上方に傾斜させることである．ホテイアオイが放流水に流されることを防ぐために，マニホールドまたは放流口の手前にスクリーニングまたはバッフルを設ける必要がある．

細長形の水路はコンクリートなどの側壁を設け，底を内張りすることによって建設することが可能である．比較的幅の広い池の構造は，第 **4** 章に記載されている池の構造と基本的に同じである．外部堤防は，車両が通れるように上面の幅を約 3 m とし，設計水位から約 0.5 m の余裕高を確保するよう建設する．

州や地方自治体の条例によって，池底の許容透水度が規制されることになる．透水性の土壌が支配的な地域では，内張りまたは何らかの不透過性遮断物が必要になる可能性が高い(詳細については第 **4** 章 **4. 12** を参照のこと)．水の放流を促すために，池底を滑らかにするとともに，放流口に向けてわずかに傾斜(0.5 % の傾斜度)させる必要がある．やはり水の放流を促すために，放流口エリアに排水溜を設けることも提案されている．

ホテイアオイ池における最適な水深は，植物に担わせる役割と流出水の水質に応じて決まる．ホテイアオイの主目的が表面を被覆して藻類の繁殖を防ぐことにある場合は，水深はさほど重要にはならない．栄養塩類を除去することを植物に期待する場合は，水深を比較的浅くすることが望ましい．厳密に管理される高速度処理システムにおける最適水深は，第 1 池における 0.3 m から最終池における 0.45 m の範囲におさめられる．最終池の水深をより大きくするのは，水中の栄養塩類の量が少なくなるほどホテイアオイの根が長くなるためである．ついで，

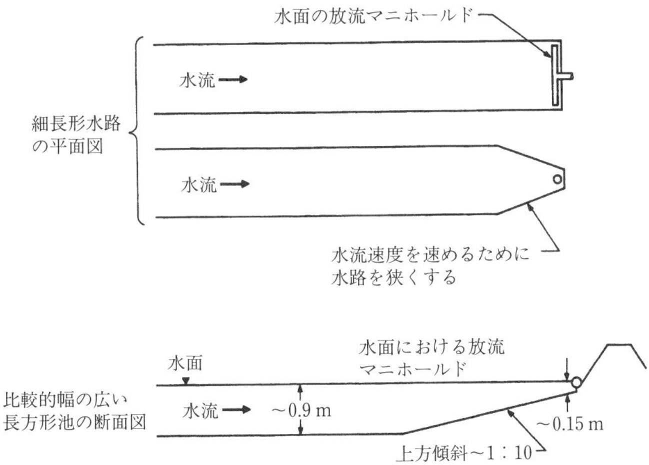

図-5. 4 ホテイアオイ池の放流口の特徴

図-5.4に示されているように，最終的な排水に先立って水が十分に植物と接触できるように，最終池の排水ゾーンの水深を0.15 mまで縮める．このような浅い水深(0.3～0.5 m)を取入れた設計では，**表-5.8, 5.9**に示されている最大滞留時間をさらに縮小できる．大規模なプロジェクトについては，これらのパラメータを最適化するために，パイロット試験が推奨される．

j.　運転と維持管理

運転上の主な課題は，蚊の繁殖および臭気の抑制，植物管理，汚泥除去，植物の刈取り，ならびに刈取られた植物や除去された汚泥の処分または活用である．その他の要件としては，安定池の運転と維持に共通の日常的活動で，ホテイアオイシステムと第**4**章に記載の処理池に共通の活動があげられる．

k.　蒸発散効果

蒸発散率(ET)は，ホテイアオイのほうが他の植物よりもはるかに大きいことを見出した研究者[22]もいるが，蒸発散率は，開水面の蒸発率と同じである可能性のほうが高い[33]．蒸発散は太陽エネルギーの入量，大気温度，湿度および風速に支配される．

l.　蚊の繁殖の抑制

蚊の幼生はホテイアオイ池の水面に生息しているため，薬品スプレーを用いて蚊の繁殖を抑制することは実用的ではない．カリフォルニアでは，蚊の問題によって，いくつかのパイロットシステムが閉鎖された．効果的な抑制方法は，カダヤシ類または蚊の幼虫を餌とする水面捕餌性の同類魚をそれぞれの池に放出することである．

このような魚は嫌気性の状態に耐えられず，酸素濃度の小さい水域を避ける．池の流入口付近でこのような無酸素状態が生じるのを避けることが，流水散気装置を設置する理由の1つである．これらの小形熱帯魚は，低温に耐えることができない．ホテイアオイ池の季節的運転を計画する場合は，温暖な季節が始まるときに植物と魚の両方を再放出する必要がある．カダヤシ類についての標準的な初期放出率は，表面積1 ha当り7 000～12 500匹である．蚊の繁殖を抑制するのに利用するその他の生物*としては，金魚(*Carassius auratus*)，アマガエル(*Hyla*

訳者注)　*蛙の学術名・英語名については「日本カエル図鑑」，(株)文一総合出版，魚類等の学術名・英語名については「新日本動物図鑑(中)」，(株)北隆館を参照し，和名に翻訳した(和名表記の無いものは原文どおり)．

属)およびテナガエビ科の一種(*Palemonetes kadiakensis*)などがあげられる．藻類の繁殖を抑制する必要がある場合は，ブルーテラピア(*Tilapia aureaus*)，sailfin mollies(*Poccilia latipinna*)およびコイ(*Cyprinus* 属)を利用すればよい．テキサス州 Austin に建設されたシステムのホテイアオイ池では，カダヤシ類のために小さな水域をフェンスで仕切り，開水面を保ち自然に十分な酸素が供給されるようにしている[8]．池にホテイアオイを放つ数週間前に魚を放つべきである．

m. 臭気の抑制

浮上マットを形成する植物群は藻類を抑圧し，風による水面の再曝気を妨害するため，唯一の酸素供給源は，ホテイアオイの光合成である．曝気されない池で高～中レベルの BOD 負荷のまま一般的な好気性状態を保つためには，このような自然の酸素補給源だけでは不十分である．汚水に 30 mg/L 以上の硫酸塩類が含まれていれば，嫌気性状態によって硫化水素の不快臭が生じることになる．これは，ホテイアオイシステムで少なくとも最初の池において，流入水を幅広く分散させるもう 1 つの理由である．このような一次池で，夜間や光合成が不活発な時期には，臭気を抑制するための補足的な曝気手段がさらに必要になる．

n. 植物の管理

植物管理のレベルは，プロジェクトの水質目標，ならびに刈取る植物の選択あるいは頻繁な汚泥除去に応じて決まる．植物の頻繁な刈取りは，大量のリンを除去するために必要であるが，窒素を除去するためには必要ではない．植物の刈取りが実施されていない池における窒素除去率は，植物の刈取りが頻繁に実施されている池の場合の 2～3 倍であることがフロリダの調査によって証明された．

水面の植物密度が約 25 kg/m^2(含水質量)を上まわったら，根の脱ぎ落ちが始まる．数ヶ月後には，池底に蓄積された植物の残骸の量が，沈殿した汚水固形物の量を上まわる．テキサス州は，定期的な植物の刈取りを実施する代りに，毎年各池の排水と洗浄を実施する方法を推奨している[6]．総ての植物と池底の汚泥を除去してから，新たな植物を放つ．フロリダその他の地域のシステムでは，植物の刈取り頻度が高く，池の清掃頻度が比較的低い方法が取入れられている．

頻繁な刈取りは，植物の増殖速度を最適なレベルに保ち，リンを十分に除去するために必要であると考えられる．このような場合，植物密度を 10～25 kg/m^2(含水質量)に維持する．植物密度を監視する 1 つの技術として，側長が約 1 m の底網式浮上バスケットを使用する手段がある．このバスケットを池の中から定期的に引上げ，被覆植物の含水質量密度を測定する．Wolverton[33,34]の調査に基づいたシステム設計では，被覆率が80〜100％の緩やかに充塡された植物を最適に処理するために，植物の含水質量密度を12〜22 kg/m^{2}に保つことが推奨された．フロリダでは，初期の植物放出率を1.8 kg/m^{2}に設定した．

最終池では，栄養塩類および微量栄養塩類の不足も観察された．フロリダでは，鉄分の不足によって植物の黄白化現象（葉の黄色化）が発生した．そして，この問題は，水中の鉄濃度を約0.3 mg/Lに保つことができる量の硫酸鉄を加えることによって解決された．

昆虫が進入すると，植物に大きな被害がもたらされる．蛾類の*Sameodes albiguttalis*の幼生は植物の枝を襲い，ゾウムシ科の*Neochetina eichhorniea*および*N. bruchi*は植物の葉を襲う．ゾウムシは植物密度が高い条件で活発化し，蛾は暑く乾燥した気候条件のもとで活発化する．ゾウムシのライフサイクルは約60日間で，春と秋にピークを迎える．初期の段階ではスポット的な刈取りが効果的で，大量の昆虫が進入した場合には殺虫剤のSevinが使用されてきた[16]．

ホテイアオイは低温に絶えることができず，非常に温度の低い日が続くと，処理過程にあるこの重要な成分が破壊されてしまう．テキサス州Austinにある1.6 haのホテイアオイシステムは，年間を通して運転できるように全体が温室で覆われている．ホテイアオイと併用する他の種類の植物についての調査も実施されている．1つの可能性としては，ホテイアオイよりも低温に強く，根域にもっと大量の酸素を運ぶペニーウォート（*Hydrocotyle umbellata*）があげられる．フロリダにあるホテイアオイ・ペニーウォート併用システムは，いずれかの植物を用いた単種栽培システムよりも優れた効果を発揮し，信頼性も高い[5]．

o. 汚泥除去

汚水沈殿物や植物の残骸からなる池底の汚泥は，最終的には総てのホテイアオイシステムから取除かれなければならない．非常に浅く流量の多い一次池では，頻繁に刈取りが実施されていても，毎年洗浄を行う必要がある．二次池および三次池については2〜3年ごとに清掃を行う．もっぱら二次処理のために設計され，定期的に刈取りが実施される比較的高水深のホテイアオイシステムは5年サイクルで洗浄を行う．刈取りが実施されないシステム，あるいは季節ごとに運転されるシステムは，毎年洗浄を行う必要がある．洗浄方法は池の構造と建築材料によって異なる．高密度な土壌，コンクリート，アスファルトまたは保護メンブレンライナーからつくられた大型池には，排水後の池から汚泥を除去するフロントエンドローダーを用いることもある．小型池には，浮上バケットに支えられた吸引ポンプまたは浚渫機が使用される．汚泥には汚水沈殿物が含まれるため，それを除去する際は地方条例に従わなければならない．

p. 刈取り手順

刈取り頻度は，除去する栄養塩類の量に応じて，数週間から1ヶ月以上の幅がある．昆虫の抑制，凍結被害の防止およびその他の事由により全面的な刈取りを実施する必要がある場合は，約7 kg/m^2(含水質量)の密度で植物を再放出すると，最適な植物の繁殖を促し，池を迅速に被覆することができる[16]．

ホテイアオイの刈取りには，クラムシェルバケットまたは除草バケットを装備した水生植物刈取り装置，フロントエンドローダー，ドラグラインまたはバックホウ，そしてコンベヤ，コンベヤ・チョッパーシステム，チョッパーポンプ，レーキ，およびボートなどの様々な方法が試みられてきた．ホテイアオイ池のあらゆる部分に容易に届き，成熟した植物を選択的に刈取ることが可能な装置を選択すべきである．Wolverton および McDonald[35] は，コンベヤ・チョッパーとプッシャボート付コンベヤと改造クラムシェルバケットを装備したドラグラインとを比較した．コンベヤ･プッシャボートとドラグラインは生産率がほぼ同じで，密度が約22 kg/m^2(含水質量)の植物を418 m^2/hの速度で刈取る．可動性に優れるとともに信頼性が高いとの理由から，ドラグラインが推奨されていた．改造トラックまたはトラクター搭載のバックホウ装置も役立てられてきた．正規のバケットの代りに，バスケット状のタインが連結アームの末端に取付けられている．これらの装置は，水路型設計構造を有する小中規模のシステムに適している．運転の経済性に対する制限要因は，処理または利用場所への輸送コストである．標準的な12 m^{3}のダンプカーは，約5〜7tのホテイアオイを運ぶことができる．

汚水の処理およびバイオガスの生産を目的として設計されたさらに大規模なシステムには，処理池内刈取り技術，ならびに比較的小規模な池の運転に利用されるトラックよりも効率的な輸送システムが求められる．フロリダで最近開発された技術には，植物を岸のチョッパーおよび順行空洞ポンプに移し，次いで粉砕された植物を固形のスラリー(約4 %)としてバイオガス消化装置に運ぶことができるウィンチ駆動式浮上装置または浮上プッシャ船が活用されている．この装置は，1時間当り9tを約2.00ドル/tの費用で刈取ることが可能である．

フロリダ州のCoral Springsにあるホテイアオイシステム[28]では，水面にホテイアオイを緩やかに敷き詰めることによって，放流水質が最大限に高められている．4週間ごとの刈取りスケジュールが適用され，一度に刈取る植物の量を15～20％にとどめている．除草バケットを備えたトラック搭載ドラグラインを使用し，刈取った植物をダンプカーで輸送する．この装置を使用した場合の生産率は，700 m^2であることが報告されている．刈取り量は体積単位で報告され，池の表面積100 m^2当り2.7 m^3である．植物の表面密度が22 kg/m^2とすると，刈取った植物の単位含水質量は815 kg/m^3である．

q.　ホテイアオイの処分および利用

ホテイアオイの含水率は約95％であるため，小規模のシステムにおいて刈取られたものについては，処分および利用する前に中間的な乾燥工程を介するのが普通である．乾燥を促すために，予備的な粉砕，細切およびプレス工程が試みられてきた．被覆されたソーラー乾燥ラックも利用されてきたが，最も汎用的なアプローチは，池に隣接する小さな開放地面に刈取った植物全体を広げて乾燥し，目的とする含水率を得る方法である．フロリダで利用されているソーラー乾燥ラックは，5日間の乾燥サイクルで20％の含水率を達成するのに対して[27]，開放地面による方法では，同じ気象条件で同じ含水率を達成するのに2～3週間を要する．

乾燥された植物は，地域の規制当局によって許可されていれば，埋立地などで処分することができる．汚水の金属濃度が非常に高い場合は，乾燥した植物の金属含有量を調べて，処分および利用のために定められた許容量を上回っていないことを確認したほうがよい(これらの許容限界値の詳細については第8章を参照のこと)．

刈取った植物を効率的に再利用する最も単純なアプローチとしては，半乾燥状態のホテイアオイを堆肥化し，土壌調節剤および肥料として使用する方法がある．植物および汚泥の嫌気性消化によってメタンを生産する方法や，植物を処理して動物用飼料にする方法は，技術的に実行可能であることが実証されたが，コスト効率はあまりよくない．フロリダでは最近，垂直流非混合嫌気性反応槽にホテイアオイと汚泥を2：1の割合で混入処理する技術が実演され，コスト効率の良いプロセスで高品質のメタンの生産されることが証明された[18]．その主要因は，従来の嫌気性消化槽で使用されている混合エネルギーを必要としない斬新的な反応槽の設計にある．しかしこれらは，汚水流量が3 800 m^3/d 未満では比較的複雑なプロセスの日常的な運転が維持されるに十分な植物生産を提供するものではない．堆肥化が，比較的小規模なシステムに最適である．

5.1.2 ウキクサ

Lemna sp. *Spirodela* sp. および *Wolffia* sp. などのウキクサ属総てが，汚染物除去効果が調べられたり，または水処理システムに利用されてきた．これらはどれも緑色の小さな淡水植物で，幅が数 mm の葉状体と，通常は長さが 1 cm 未満の短い根を有している．この植物の形が**図–5.5** に示されている．

これらのウキクサ属は，顕花植物のなかでは最も小さく最も単純な植物で，最も増殖速度が速いものの 1 つである．葉状体の小さな細胞が分かれて新しい細胞を生成する．各々の葉状体はライフサイクル期間に少なくとも 10～20 の葉状体を生成する[13]．汚水中 (27 ℃) で成長する *Lemna* sp. は，4 日ごとに 2 倍の葉状体を生成し，それによってその水域を被覆する．ウキクサ属は他の導管植物に比べて，増殖速度が 2 倍であると信じられている．この植物は基本的に代謝活性細胞で，非常に小さな繊維構造を有する．

ウキクサ属は，ホテイアオイと同様に，含水率が約 95 % である．植物組織の組成が**表–5.10** に示されている．表–5.10 と**表–5.2** を比較すると，ウキクサ属はホテイアオイに比べて 2 倍以上のタンパク質，脂肪，窒素およびリンを含んでいることがわかる．いくつかの栄養学的調査によって，ウキクサ属は様々な鳥類や動物の食物源としての価値を有することが確認された[13]．

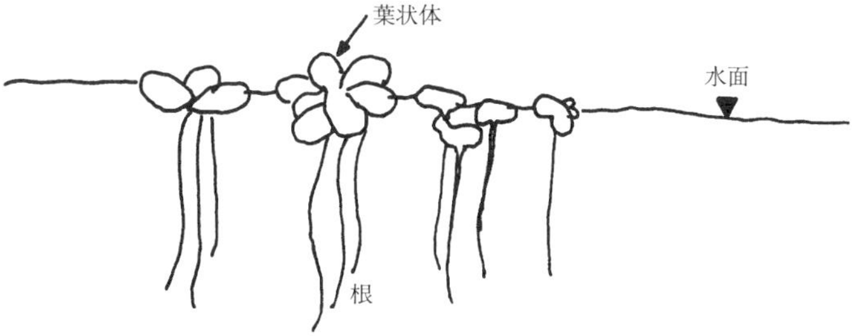

図–5.5 ウキクサ属の形状

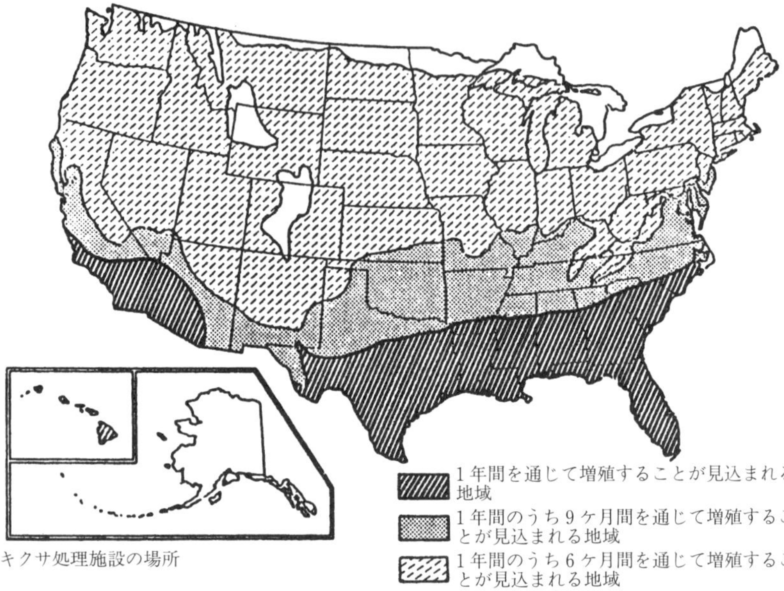

図-5.6　ウキクサ類の増殖分布パターン

表-5.10　下水の中で増殖するウキクサ属の組成[14]

成　分	乾燥質量[%] 範囲	乾燥質量[%] 平均値
粗タンパク	32.7〜44.7	38.7
脂肪	3.0〜6.7	4.9
繊維	7.3〜13.5	9.4
灰分	12.0〜20.3	15.0
炭化水素	—	35.0
ケルダール態窒素(N)	4.59〜7.15	5.91
リン(P)	0.80〜1.8	1.37

ウキクサ属は，ホテイアオイよりも低温に強く，世界中に生息している．ウキクサ属の成長に必要な最低温度の実用限界値は7℃であることが指摘された[17]．**図-5.6**に示されているとおり，1年間にわたるウキクサ属処理システムの適用範囲は，**図-2.1**に示されているホテイアオイの場合よりもわずかに広いが，1年間に6ヶ月間運転される季節的なウキクサ処理システムであれば，米国のたいていの地域で可能なはずである．1992年には，ウキクサシステムとして特別に設計された水処理施設が15存在していた．ほとんどがBODおよびSSの除去を目的として設計されたものである．

ノースダコタのDevils湖には，大規模な刈取りを頻繁に実施することによってリンを除去する季節的な運転システムとして設計されたシステムが設けられている．補足的な曝気手段とアンモニアの硝化を目的とした増殖媒体を取入れたシステムもいくつか存在する．

a. 性　　能

ウキクサ属を用いたシステムは，高レベルなBODおよびSS除去能力を有する．植物内のバイオ蓄積およびその後の刈取りによって大量の栄養塩類を除去するには，広大な土地面積，高頻度の刈取り作業，および刈取った植物の大量処分が必要である．場合によっては，ウキクサ池に，硫酸アルミニウムを付加してリンを除去する手段と，曝気機構を設けてアンモニアを窒素化する手段が併用される．ウキクサはサイズが小さいため，ホテイアオイに比べると処理における直接的な役割は小さい．根部が伸びていないということは，吸着した微生物を増殖させるための気質が非常に小さいことを意味する．

増殖植物は水面を完全に被覆する単一の層を形成する．そして，ある種の植物が他の植物の上で繁殖する．サイズが小さいために植物は風の影響を受けやすい．最初は，それによって池の一部が露出するが，長期的には，池全体を被覆する厚いマットとしての効果を発揮する．このマットも風の影響を受けるため，通常は浮上防材またはセルを使用して植物を所定の水域に固定する．このようなマットの形成が，ウキクサ属が汚水処理において果たしうる最大の役割である．このような被覆膜は藻類の増殖を防ぎ，pHを安定化し，沈降を促進するが，小さな植物の光合成によって生成する酸素の量は比較的少ないため，嫌気性の状態がもたらされる確率が高い．この植物は嫌気性の状態でも繁殖するが，好気性の環境に存在する場合に比べると，水中における生物学的活動速度が低下する．

水面における植物の密度は温度，栄養塩類の利用性および刈取り頻度に依存する．汚水池における標準的な植物密度は，含水重量で1.2～3.6 kg/m^2である．最適な増殖速度は0.49 $kg/m^2 \cdot d$である．密度を一定に保つために4日ごとに刈取りを実施するものと仮定すると，刈取られる植物の乾燥質量は年間22 t/haになる．窒素含有量を5％と仮定すると，その刈取りによって年間880 kg/haの窒素が除去されることになる．リンの含有量を1％と仮定すると，刈取りによって年間約220 kg/haのリンが除去されることになる．

b. BODの除去

ウキクサシステムにおいてBODの除去に寄与する主要因は，第**4**章に述べた通性嫌気性安定池の場合と同じである．ウキクサ類は処理に応じた環境を生み出すが，BODの除去に対する直接的な貢献度は非常に小さい．WolvertonおよびMcDonald[35]は，ミシシッピ州Biloxi付近のウキクサ属被覆池（曝気した池から流入する）の性能に関して次のように報告している．滞留時間が22日間のこの池における有機物負荷は約24 kg/ha·dで，通常の通性嫌気性池の最低値に近いレベルであった．この池の最終放流水は15 mg/LのBODを含み，嫌気性であった．植物の収容と刈取りのための浮上装置を販売するLemna Corporationは，池のサイズを12.8 m^2/m^3·dに設定して最終的なBODの量を20 mg/Lとすること［水理学的滞留時間（HRT）は約20日間］，または池のサイズを21 m^2/m^3·dに設定して最終的なBODの量を5 mg/Lとすること（HRTは32日間）を提言している．どちらの場合にも水深を1.5 mにすることが推奨されている．

c.　懸濁物質（SS）の除去

ウキクサ池におけるSSの除去は，上述したBODの除去と同じ要因に支配される．ウキクサ被覆池は藻類が少なく表面のマットの下に静止状態が保たれるため，従来の安定池に比べるとSSの除去効果が高いはずである．前節で述べたCedar Groveシステムの最終SS濃度の平均値は14 mg/Lであった．

d.　窒素の除去

植物による吸収とその後の刈取りによる除去が，補足的な曝気や代替的な処理なしでのウキクサ池における窒素除去の主要手段である．先に引用したとおり，毎年22 t/haの植物を刈取ることによって年間880 kg/haの窒素が除去されることになる．これは，システムに運ばれてくる汚水内窒素の約25％に相当する．植物の活動が弱まる寒い気象条件のもとでは，刈取りによる除去量がそれより小さくなる．

第**4**章に記載されているような安定池は，揮散によってアンモニア態窒素の除去効果が著しく高められるが，それは藻類の存在とそれに関連する炭酸塩とpHの関係に支配される．池をウキクサで被覆すると，藻類の繁殖が抑制される．前のアンモニア除去経路がもはや存在しなくなるため，何らかの形の補足的な処理を施して，放流水のアンモニア態窒素量を引下げる必要がある．

植物による吸収を介した窒素除去を持続するために，高頻度な刈取りが必要である．ウキクサ属には基本的に根部がないため，ウキクサシステムではホテイアオイについて述べた硝化-脱窒反応は起らない．Lemna Corporationは，最終池に曝気式浸水担体・粗発泡曝気式硝化リアクターを使用して汚水のアンモニアを硝化した．これは，基本的に，必要な好気性環境を提供するためのプラスチック担体および曝気槽付浸水付着増殖型リアクターである．これらのシステムの性能データは限界があり，一貫していない．このコンセプトは，硝化に必要とされる具体的な表面積を付着増殖式から計算し，必要な酸素量を硝化式から計算することが可能であるという点において有効であると思われる．装置を継続的に浸水させ，媒体の表面で増殖する微生物への酸素の輸送速度が十分に定義づけられていないため，十分な性能を確保するためにはどちらのケースにおいても，非常に安全側の安全係数を適用することが強く求められる．

上述の装置またはその他のコンセプトを用いて硝化を達成することができると仮定すれば，実際に窒素を除去するためには脱窒ステップが必要になる．浮遊性ウキクサ属のマットの下の水域環境は一般的に嫌気性であるが，硝化部分の近くに，脱窒を支える十分な炭素が存在する可能性はきわめて小さい．このことは，池の前部に再循環させて必要な炭素を確保するか，または補足的な炭素源もしくは別の脱窒リアクターを利用する必要性を示唆するものである．理論的には，刈取ったウキクサを炭素源として利用することが可能であるが，これによって，さらなる窒素が再導入されることにもなる．

e. リンの除去

先述のように1年間に22 t/haの植物を刈取ることによって，約220 kg/haのリンが取除かれる．これは，標準的なウキクサ池に流入する汚水内リンの約16％を除去することになる．汚水のリン濃度が低く，除去要件が最低限ですむ場合は，ノースダコタ州のDevils湖において実施されているようなシステムの刈取りが適している．しかし，大量のリンを除去することがプロジェクトの要件である場合は，別の処理ステップでリン酸アルミニウムや塩化鉄やその他の化学物質を用いた化学沈殿法を利用するほうがコスト効率が良いといえる．

f. 金属の除去

ウキクサシステムでは，植物による金属の吸収は，先述のホテイアオイの場合ほど大きな役割を果たさない．主な除去メカニズムは，化学沈殿と最終的には底泥への取込みである．ジョージア州Ellavilleにある市営のウキクサシステムで測定されたウキクサ属の金属濃度を以下に示す．

亜鉛：180 mg/kg　　　銅：＜26 mg/kg

鉛：＜86 mg/kg　　クロム：＜52 mg/kg
カドミウム：＜17 mg/kg　　ニッケル：＜86 mg/kg
銀：＜17 mg/kg

これらの濃度は，汚泥の土地施用を制限する「上限濃度」を十分に下まわるものである(第8章参照).

g. 設　　計

米国では，汚水処理についてはホテイアオイシステムよりもウキクサシステムのほうが広く利用されている．これは従来の取組みを覆すもので，1980年代後半以来生じている．その主な理由としては，ホテイアオイシステムが経験上満足できるものでなく，気候上の制約があること，そしてウキクサシステムの提供者たちが活発なマーケティング活動を展開してきたことがあげられる．実規模のウキクサシステムを利用してきた今日までの経験により，BODおよびSSの除去に関するその能力は実証されているが，アンモニアの除去に関しては能力を発揮しているとはいえない．この経験が示唆するところによると，通常の水深の安定池でのウキクサ属の主な機能は，アンモニア等の汚染物質の除去に直接貢献するのではなく(刈取られた残骸を除く)，池の表面を被覆することにある．

ウキクサ池は，第**4**章に記載されている通性嫌気性安定池に対する通常の設計手順に準じて，設計することが可能である．ウキクサ被覆システムからの放流水は，BODおよびSSに関しては期待される性能を上まわるが，水面が開放された従来の安定池に比べると，アンモニア態窒素の除去機能が劣る．これらの池では一般的に，流れが短絡することを防止し押出し流れ状態を確保するために，浮上式のバッフルが使用されている．このバッフルは，ウキクサ属が存在する場合と同じくらい性能向上に寄与している．このようなシステムの放流水は嫌気性になる可能性が高いため，ある処理後の曝気装置が必要になる．Cedar湖では，0.9 m落下させ流れを乱すことによって最終放流水を曝気している[34].

ウキクサ属は汚染物質を除去するうえで直接的な役割を果さないため，ホテイアオイシステムの場合のように，初期の汚水分散のための散気装置を流入口に設置することはさほど重要ではない．蚊の幼生は十分に発達したウキクサのマットに浸透することができず，それによる問題は発生しないため，蚊を抑制するために好気性水域を維持することも重要な要素ではない．池全体を十分に活用して処理を行うためには，放流マニホールドを使用することが望ましい．放流水による浮遊植物のロスを避けるために，池の放流口にスクリーンまたはその他のバッフル機構を設けることが不可欠である．池の構造は押出し流れ状態を確保するものでなければならず，浮上バッフルを使用することが効果的なアプローチである．

低温気象条件にある安定池は，通常の藻類増殖期を通じて，性能を著しく高めるウキクサの季節的使用に合せて設計することが可能である．氷が完全に溶けた直後に，池にウキクサを仕込み，ウキクサが迅速に増殖することによって，夏期の間中，高質の放流水を確保する．寒冷期が始まる前に，これらのシステムにおける浮遊植物のマットの大半を刈取り，植物の分解によって放流水のBODが増加するのを防ぐ．春ごとに池にウキクサを仕込む必要はない．ウキクサ属は，寒冷期の始まりとともに冬のつぼみを形成する．冬のつぼみは比重が大きいため池底に沈降し，そこで冬を越す．春になると浮上し，ウキクサ属を繁殖させる．

h. 運転と維持管理

運転上の主な課題は，基本的には第**4**章に記載されている通性嫌気性安定池の場合と同じである．植物の維持および刈取り，臭気および蚊の抑制，ならびに汚泥の除去と処分および利用には，ある種の特殊な配慮が必要である．

i. 蚊と臭気の抑制

ウキクサ池の表面に厚いマットが形成されるかぎり，蚊の問題が発生することはない．蚊の幼生は，被覆された表面下の嫌気性水域で生活することはできず，また酸素を得るために厚いマットを浸透することもできない．増殖期には植物の迅速な再増殖が可能であるが，臭気を抑制するために，一度に刈取る植物の量を池全体の植物の20％にとどめる必要がある．

池の水は常に嫌気性である可能性が強いため，放流水の臭気の抑制が1つの課題になる．このような状況では処理後の曝気が必要になる．低温気象条件での季節的にウキクサを利用するシステムにおいても臭気が問題になる．これらの池は，春と秋には，温度に起因する密度差による水面部分と水底部の水体の入替えが生じる．この入替え期に，池底の物質が再び浮上することによって不快臭が生じる．この問題はウキクサ池に特有のものでなく，寒冷気象条件にあるあらゆる種類の非曝気式池に共通の問題である．標準的な解決策として，住宅から少なくとも0.4 kmの距離をおいて池を設けている．十分なバッフル機構が提供されていなければ，季節的な温度差により密度流と短絡的な流れが生じる．

j. 植物の管理

ウキクサ属の主な役割は水面を被覆することにあるため，通常は頻繁に刈取りを行う必要はない．刈取り頻度は植物密度，および栄養塩類の除去に関するシステムの目的に応じて決まる．植物から構成される表面マットの効果を保つことは必要であるが，ある程度の活性的な増殖をうながすとともに，植物の残骸や腐敗した植物を除去するために，一定のベースで部分的な刈取りを行うことが望ましい．広範囲な水域を対象に刈取りを実施することは好ましくない．残った植物が風に流されやすくなり，水平方向に圧縮され，表面被覆にさらなるロスが生じるためである．一度に刈取る量としては，池面積の 20 % またはそれ以内にとどめるのが合理的である．刈取りには一般的にブームやプッシャボートなど，ホテイアオイについて既述したように，植物を処理池の堤防に運び，それを除去するある種の浮上装置が必要になる．小規模な池では，個々の植物のサイズが小さいため，最終的な除去作業は手作業になる．Lemna Corporation が建設した機動的なシステムでは，特許取得済の浮上プラスチックグリッドの正方形の区画にウキクサ属を仕込み，これもまた特許取得済の浮上刈取り装置を区画の上面を走行させて植物を刈取る．

BOD, SS およびアンモニアの制限値を有するジョージア州 Ellaville のシステムでは，水面における植物密度は約 1.2 kg/m^2 である．刈取りによって植物の一部を除去することによって，平均密度が 0.7 kg/m^2 に低下する．4 日ごとに平均 0.5 kg/m^2 の植物を刈取ると，1 年間の刈取り量が 22 t/ha に達する．

k. 汚泥の除去

定期的に刈取りを実施すると仮定すれば，これらのウキクサ池の池底の汚泥は通常の通性嫌気性安定池の汚泥と類似しており，同じような清掃手順と頻度が適用される．第 4 章ならびに参考文献〔19, 30〕には，安定池の汚泥除去に関する指針が示されている．

l. 刈取った植物の利用と処分

刈取った植物は，輸送条件が厳しくなく，管理機関によって認可されるかぎり，含水状態のまま家禽または動物の飼料に使用することが可能である．用地外での大がかりな輸送が必要な場合は，用地内で空気乾燥を行うことが望ましい．乾燥時間と手順は，前節で述べたホテイアオイの場合と同じである．刈取った植物を堆肥化することも可能である．土地への適用，埋立処理および堆肥化は，米国の稼動中のウキクサシステムで最も汎用的に利用されている処理方法である．

5.2 沈 水 植 物

ミシガン州では，実験室および温室で，ならびに実規模の野外調査において，沈水植物を利用した汚水処理の試験が実施された[18]．**表-5.11**は，汚水処理に使用することを目的に調査または検討された沈水植物に関する情報を提供するものである．

これらの植物に適した温度は10～25℃で，35℃以上の温度は避けなければならない．植物の光合成活動を支える光の透過を阻害するほど，濁度を高くしてはならない．また，好気的な環境が求められる．

5.2.1 性　　能

前述の環境的要件は，沈水植物が，先に処理および浄化した汚水からの最終的な栄養塩類の除去に最も適することを示しているが，曝気容器に収容された一次放流水を使用した小規模な温室試験が実施されたところ[9]，*Elodea nuttalli* を用いたユニットは，BOD，リンおよび窒素を著しく除去することを実証したものの，性能については，植物を収容していないユニットをわずかに上まわる程度で

表-5.11　汚水処理に有望な沈水植物

一般名，学術名	分布状況	特　徴
ヒルムシロ属，*Potamogeton* sp.；*P. amplifolius* が最もよく知られている．	世界各地	浮遊性の葉と沈水性の葉を有し，沈殿物の中で成長する根茎から繁殖する．
フサモ属の一種 *Myriophyllum heterophyllum*	世界各地	多数に枝わかれした茎が3cmまで伸びる．植物性繁殖．
カナダモ属，*Elodea* やオオカナダモ *E. canadensis* が最もよく知られている．	北米の低温地域	茎が不規則に枝わかれしている．植物性繁殖．
マツモ，*Ceratophyllum demersum*	米国各地	根がなく，茎が枝わかれしている．羽状葉．植物性繁殖．
フサジュンサイ，*Cabomba caroliniana*	米国の熱帯および温帯地域	基底から多数枝わかれしている．輪状葉．植物性繁殖．

あった．試験が行われたその他の種類の植物(*Myriophyllum heterophyllum, Ceratophyllum demersum*)は，糸状藻類に急速に汚染され，それによって生産性と性能が低下した．ミシガン州で実施されたパイロット試験においてElodeaも含まれていた[18]．リンと窒素が大量に除去されたが(窒素は15 mg/Lから0.01 mg/L，リンは4 mg/Lから0.03 mg/Lへと減少した)，これは植物による吸収以外の要因に起因するものであった．

5.2.2　設計に対する配慮事項

沈水植物を主要な処理要素とする安定池についての，プロセス設計基準に関するデータは十分に整っていない．それらは，湿地処理またはその他の安定池処理からの放流水に対する最終処理に適しているのではないかと思われる．実規模のユニットとしては，光を十分に透過させ，植物と汚水の接触が保たれるように底を浅くする必要がある．残念なことに，この環境は藻類の繁殖にとっても最適な環境であるため，藻類を分離するもう1つのプロセス段階が必要とされる．

5.3　水生動物

汚水処理に利用するための水生動物としては，単種養殖および多種養殖の両方を含めて，ミジンコ，ブラインシュリンプ，多種多様な魚類，二枚貝，牡蛎およびロブスターなどが検討されてきた[3,7,18,25]．食肉性の魚類とロブスターを除けば，他の動物の主な機能は，SSまたは藻類を除去することである．動物を定期的に収穫すると仮定すれば，栄養塩類の除去が促進される．

5.3.1　ミジンコとブラインシュリンプ

ミジンコは甲殻綱に属する小動物である(長さ1〜3 mm)．ろ過しながら栄養分を吸収しており，汚水処理における直接的な役割はSSを除去することである．テキサス州Giddingsにある，保持時間が10日間のミジンコ養殖池では，2ヶ月の試験期間にBODの平均除去率は約77%であった(BODの平均流入量は54 mg/L)[7]．汚水で養殖されているミジンコはpHにたいへん過敏である．というのは，pHが高いと，動物にとって有害な非イオン化アンモニア(NH_3)が存在するからである．したがって機能的システムとするためには，藻類を抑制するためのシェーディングが必要で，そうしないとpHを上昇させてしまうことになる．場合によっては，緩やかな曝気装置を設けたり，補足的に酸を加えることが必要になる．これら総ての管理要件を考慮すれば，汚水処理にミジンコ養殖池を利用することは，コスト効率が良いとはいえない．

ブラインシュリンプは塩水でなければ生存することができず，そのために，この生物の適用範囲が制限されている．ブラインシュリンプは藻類生息池の放流水を浄化する機能を有することが期待されており，ブラインシュリンプを使用して，2段階のステップを踏む室内実験およびパイロット試験が実施された．冬の間は曝気と加熱が施されたパイロットスケールのシュリンプタンクにおける，BODとSSの平均除去率が89％であった[7]．ブラインシュリンプの養殖に必要な環境条件と管理条件を考慮すると，コスト効率の良い実規模システムを実現することは困難である．

5.3.2 魚　類

魚類を利用する方法としては，汚水処理池に魚類を放出する方法，魚類生息池に汚水を流入させる方法，そして汚水の栄養塩類を藻類および無脊椎生物に系統的に変換してから魚類生息池に放出する方法が試みられてきた．**表-5.12**には，汚水処理システムに利用された魚類がリストされている．

魚類の活動は温度に著しく左右され，表-5.12にリストされている魚類の中でナマズとヒメハヤを除けば，どれも比較的温暖水域を必要とする．酸素量も非常に重要な要素である．溶存酸素濃度は2 mg/Lが限度であり，5 mg/Lを下まわると生長速度が遅くなる．

年齢の若い大型魚にとっては，非イオン化アンモニア(NH_3)も有害である．このアンモニア源には汚水と魚類排泄物の両方が含まれる．これらの要素を併せると，大型魚の利用としては処理システムの最終池に放出する方式，または高度に酸化された汚水を魚類生息池に導入する方式に制約されることになる．問題となるその他のパラメータは塩分，金属および毒性物質である．魚類が耐えうるpHの範囲は約6.5～9で，たいていの汚水システムではpHが制限因子になることはない．

a. 性　能

魚類を含む汚水処理池の処理性能を評価する，2つの大規模な調査が実施され

表-5.12　汚水処理に利用された魚類

一般名，学術名*	池の生息水域	餌の習性
ハクレン， *Hypophthalmichthys molitrix*	上層	植物プランクトン
コクレン， *Aristichthys nobilis*	下層	植物プランクトン，動物プランクトン，浮遊懸濁物質
アオウオ， *Mylopharyngodon piceus*	池底	巻き貝，甲殻類，ムラサキガイ
ソウギョ， *Ctenopharyngodon idella*	全域	雑食
コイ， *Cyprinis carpio*	池底	植物プランクトン，動物プランクトン，幼虫
テラピア， *Tilapia* 属，*Sarotherodon* 属	全域	植物，プランクトン，岩屑，無脊椎動物
ナマズ，*Icatalurus* 属	池底	甲殻類，藻類，魚，幼虫
Fathead minnows, *Pinephales promelas*	池底	植物プランクトン，動物プランクトン，無脊椎動物
Golden shiner, *Notemigonas crysoleucas*	水面	幼虫，動物プランクトン，藻類
カダヤシ，*Gambusia affinis*	池底	甲殻類，岩屑，幼虫
Buffalofish, *Ictiobus* 属		

訳者注）＊魚類等の学術名・英語名については「原色 日本淡水魚類図鑑」，(株)保育社を参照し，和名に翻訳した（和名表記の無いものは原文どおり）．

た．Quali Creek 汚水池システムでは，三次池と四次池に channel catfish を放出し，三次池に fathead　minnow とテラピアを放出し，五次池と六次池には golden shiner minnows を放出した[3]．滞留時間が 140 日のこのシステムの最初の 2 つの池を曝気した．システム全体に対する有機物負荷は約 47kg/ha･d で，魚類を含む一次池（3 番目の池）に対する有機物負荷は 34 kg/ha･d であった．魚類を含む最後の 4 番目の池の滞留時間はほぼ 90 日間であった．これらの池では，BOD が 24 mg/L から 6 mg/L に減少し，SS が 71 mg/L から 12 mg/L に減少した．魚類の最初の放出量は 29 kg/ha であったが，実質的に魚糧が増加し，正味の生産量は 44 kg/ha･月であった．しかし，魚が実質的に汚水処理に貢献したことを裏づける直接的な証拠は得られていない．

アーカンソー州の Benton サービスセンターで実施された調査にも 6 池システムが使用されたが，このシステムは曝気されなかった[12]．第 1 の調査段階として，3 つの池が連続したシステムを並行的に運転し，比較を行った．一方にはハクレンとソウギョとコクレンを放出し，他方は魚類が存在しない対照システムとした．2つのシステムは同様の性能を示したが，魚類を含むシステムのほうがわずかに優れた性能を示した．魚類を含むシステムの放流水のBODの量は7～45 mg/Lの範囲にあり，その半分以上が15 mg/L未満であった．対照システムの放流水のBODの量は12～52 mg/Lの範囲にあり，その半分以上が23 mg/L未満であった．放流水のSSの量については，どちらのシステムも同様の値を示した．

第2の調査段階では，6つの池が連続したシステムを使用し，水流の短絡を防ぐためにそれぞれの池に新しいバッフルを設けた．最後の4つの池にsilver carpとbighead carpを放出し，最終池にgrass carpとbuffalo fishとchannel catfishを追加した．魚を放出した池には補足的な餌や栄養塩類を加えなかった．初期放出量は426 kg/haで，8ヶ月間の調査期間における正味の生産量は417 kg/ha･月であった．6池システム全体のBOD除去率は96％で，最初の2つの従来の安定池のBOD除去率は89％であった．総合的な性能は，魚類を含まないシステムよりも優れていたが，性能の向上が魚類に起因するものであるか，あるいはバッフルを設置したことによって水流のパターンが改善されたことに起因するものなのかは不明である．魚類は藻類を捕食することによって，最終放流水におけるSSの減少(17 mg/L)に貢献したようである．これら2つの例，ならびにナマズ，fathead minnow，テラピア，ニジマスおよびカワカマス[14]を使用した様々な場所での成功例は，魚類養殖池に汚水を導入することの有用性を確証づけるものである．残念なことに，魚類の養殖が費用・便益的に汚水処理に貢献することを裏づける証拠はほとんどない．このような捕獲魚のマーケットが存在するのであれば，汚水安定池システムの中で負荷の少ない最終池を魚類の養殖に使用することができる．現在のところ，州および地方条例は，微生物学的調査によって汚染が検出されなくても，人間が直接消費する食品としてこのような魚を販売することを禁じている．このような捕獲魚の主なマーケットとしては，餌用の魚，ペットフードまたは肥料が考えられる．

5.3.3 海洋養殖

様々な海洋動物および海洋植物を利用して汚水を処理する，いくつかのシステムが提案および試験された．その主目的は，一般的に窒素の除去であり，第1のステップとしては，汚水の窒素を藻類生息池のバイオマスに変換し，ついで商用価値を有する海洋微生物を使用して藻類を消費する．このような種類のパイロットシステムが Woods Hole 海洋研究所に設けられた．二次処理水を海水で希釈した後，浅い藻類生息池に導入した．それから，アメリカオイスター，ホンビノスガイおよびロブスターが積重ねられた積層トレイに収容されている曝気式水路を介して最終的に曝気式海草養殖池に送り込んだ[34]．藻類の季節的変動を制御することが不可能であったため，貝類の増殖率が低下し，死亡率が高まる結果となった．このコンセプトの全体的なコスト効率については疑問が残る．その効果は，一次池における望ましい種類の藻類だけを増殖する能力に左右されることになり，野外の実規模システムにおいては実用性または可能性に乏しい．

参考文献

1. Amasek, Inc.: *Assessment of Operations, Water Hyacinth Nutrient Removal Treatment Process Pilot Plant,* FEID 59-6000348, Florida Department of Environmental Regulation, Kissimmee, FL, 1986.
2. Babbitt, H. E., and E. R. Baumann: *Sewerage and Sewage Treatment,* John Wiley, New York, 1952.
3. Coleman, M. S.: Aquaculture as a Means to Achieve Effluent Standards, in *Proceedings Wastewater Use in the Production of Food and Fiber,* EPA 660/2-74-041, U.S. Environmental Protection Agency, Washington, DC, 1974, pp. 199–214.
4. Conn, W. M., and A. C. Langworthy: Practical Operation of a Small Scale Aquaculture, in *Proceedings Water Reuse III,* American Water Works Association, Denver, CO, 1985, pp. 703–712.
5. DeBusk, T. A.: *Community Waste Research at the Walt Disney World Resort Complex,* Reedy Creek Utilities Co., Lake Buena Vista, FL, 1986.
6. Dinges, R.: Development of Hyacinth Wastewater Treatment Systems in Texas, in *Proceedings Aquaculture Systems for Wastewater Treatment,* EPA 430/9-80-006, MCD 67, U.S. Environmental Protection Agency, Office of Municipal Pollution Control, Washington, DC, 1979, pp. 193–231.
7. Dinges, R.: *Natural Systems for Water Pollution Control,* Van Nostrand Reinhold, New York, 1982.
8. Doersam, J.: Use of Water Hyacinths for the Polishing of Secondary Effluent at the City of Austin Hyacinth Greenhouse Facility, *Proceedings of Conference on Aquatic Plants for Water Treatment and Resource Recovery,* Orlando, FL, July 1986, University of Florida, Orlando, July 1987.
9. Eighmy, T. T., and P. L. Bishop: *Preliminary Evaluation of Submerged Aquatic Macrophytes in a Pilot-Scale Aquatic Treatment System,* Department of Civil Engineering, University of New Hampshire, Durham, NH, 1985.
10. Gee & Johnson Engineers: *Water Hyacinth Wastewater Treatment Design Manual for NASA/NSTL,* West Palm Beach, FL, 1980.
11. Haselow, D.: Personal communication, 1993.
12. Henderson, S.: Utilization of Silver and Bighead Carp for Water Quality

Improvement, *Proceedings Aquaculture Systems for Wastewater Treatment,* EPA 430/9-80-006, U.S. Environmental Protection Agency, Washington, DC, 1979, pp. 309–350.

13. Hillman, W. S., and D. C. Culley: The Use of Duckweed, *Am. Sci.,* 66:442–451, 1978.
14. Hyde, H. C., R. S. Ross, and L. Sturmer: *Technology Assessment of Aquaculture Systems for Municipal Wastewater Treatment,* EPA 600/2-84-145, U.S. Environmental Protection Agency, Municipal Engineering Research Laboratory, Cincinnati, OH, 1984.
15. Kamber, D. M.: *Benefits and Implementation Potential of Wastewater Aquaculture,* Contract Report 68-01-6232, U.S. EPA, Office of Regulations and Standards, Jan. 1982.
16. Lee, C. L., and T. McKim: *Water Hyacinth Wastewater Treatment System,* Reedy Creek Utilities Co., Buena Vista, FL, 1981.
17. Leslie, M.: *Water Hyacinth Wastewater Treatment Systems: Opportunities and Constraints in Cooler Climates,* EPA 600/2-83-075, U.S. Environmental Protection Agency, Washington, DC, 1983.
18. McNabb, C. D.: The Potential of Submerged Vascular Plants for Reclamation of Wastewater in Temperate Zone Ponds, in *Biological Control of Water Pollution,* University of Pennsylvania Press, Philadelphia, 1976, pp. 123–132.
19. Middlebrooks, E. J., C. H. Middlebrooks, J. H. Reynolds, G. Z. Watters, S. C. Reed, and D. B. George: *Wastewater Stabilization Lagoon Design, Performance, and Upgrading,* Macmillan, New York, 1982.
20. Penfound, W. T., and T. T. Earle: The Biology of the Water Hyacinth, *Ecol. Monogr.,* 18(4):447–472, 1948.
21. Reddy, K. R.: Nutrient Transformations in Aquatic Macrophyte Filters Used for Water Purification, *Proceedings Water Reuse III,* American Water Works Association, Denver, CO, 1985, pp. 660–678.
22. Reddy, K. R., and W. F. DeBusk: Nutrient Removal Potential of Selected Aquatic Macrophytes, *J. Environ. Qual.,* 14(4):459–462, 1985.
23. Reddy, K. R., and D. L. Sutton: Water Hyacinths for Water Quality Improvement and Biomass Production, *J. Environ. Qual.,* 13(1):1–8, 1984.
24. Reed, S. C., R. Bastian, and W. Jewell: Engineers Assess Aquaculture Systems for Wastewater Treatment, *Civil Eng.,* July 1981, pp. 64–67.
25. Ryther, J. H.: Treated Sewage Effluent as a Nutrient Source for Marine Polyculture, *Proceedings Aquaculture Systems for Wastewater Treatment,* EPA 430/9-80-006, U.S. Environmental Protection Agency, Washington, DC, 1979, pp. 351–376.
26. Stephenson, M., G. Turner, P. Pope, J. Colt, A. Knight, and G. Tchobanoglous: The Use and Potential of Aquatic Species for Wastewater Treatment, in *Appendix A: The Environmental Requirements of Aquatic Plants,* Publication No. 65, California State Water Resources Control Board, Sacramento, 1980.
27. Stewart, E. A.: Utilization of Water Hyacinths for Control of Nutrients in Domestic Wastewater—Lakeland, Florida, in *Proceedings Aquaculture Systems for Wastewater Treatment,* EPA 430/9-80-006, MCD 67, U.S. Environmental Protection Agency, Office of Municipal Pollution Control, Washington, DC, 1979, pp. 273–293.
28. Swett, D.: A Water Hyacinth Advanced Wastewater Treatment System, in *Proceedings Aquaculture Systems for Wastewater Treatment,* EPA 430/9-80-006, MCD 67, U.S. Environmental Protection Agency, Office of Municipal Pollution Control, Washington, DC, 1979, pp. 233–255.
29. Tchobanoglous, G.: Personal communication.
30. U.S. Environmental Protection Agency: *Design Manual Municipal Wastewater Stabilization Ponds,* EPA 625/1-83-015, Center for Environmental Research

Information, Cincinnati, OH, 1983.
31. Water Pollution Control Association: *Natural Systems for Wastewater Treatment,* Manual of Practice FD-16, Water Pollution Control Association, Alexandria, VA, 1990.
32. Weber, A. S., and G. Tchobanoglous: Nitrification in Water Hyacinth Treatment Systems, *J. Environ. Eng. Div. ASCE,* 11(5):699–713, 1985.
33. Wolverton, B. C.: Engineering Design Data for Small Vascular Aquatic Plant Wastewater Treatment Systems, in *Proceedings Aquaculture Systems for Wastewater Treatment,* EPA 430/9-80-006, MCD 67, U.S. Environmental Protection Agency, Office of Municipal Pollution Control, Washington, DC, 1979, pp. 179–192.
34. Wolverton, B. C., and R. C. McDonald: Nutritional Composition of Water Hyacinths Grown on Domestic Sewage, *Econ. Bot.,* 32(4):363–370, 1978.
35. Wolverton, B. C., and R. C. McDonald: Upgrading Facultative Wastewater Lagoons with Vascular Aquatic Plants, *J. Water Pollution Control Fed.,* 51(2):305–313, 1979.

第6章　湿　地　処　理

6.1　はじめに

本書では，湿地(wetlands)を，一年のうちのかなりの期間水面が地面近くにあり，土壌が飽和状態にあって，そこにふさわしい植生を伴った土地と定義する．樹木は沼沢地(swamps)における優占植生であり，湿原(bogs)はコケと泥炭により，沼地(marshes)は草と大型抽水植物により特徴づけられる．これらの3つの型の湿地総てが汚水処理のために利用されてきているが，現在運転中のシステムのほとんどは，沼地である．これらの湿地は，第**5**章で論じたとおり，アオウキクサ(Lemna)が最も一般的で，浮水性および沈水性の植物も存在する．湿地の主なタイプの性能は，第**1**章の**表-1.2**に要約したとおりである．米国では，汚水と湿地との少なくとも5つの型の組合せが見られる[45]．

- 処理排水の自然湿地への放流
- 汚水のさらなる水質改善のための自然湿地の利用
- 湿地の拡大，再生または創出のための排水または低次処理水の利用
- 汚水処理工程としての人工湿地の使用
- 農地流出水，合流式下水道越流水(CSO)，廃棄物埋立地浸出水，鉱山排水の処理のための人工湿地の使用

6.1.1　自然湿地

汚水処理システムの機能要素として，多くの自然湿地を利用する際，米国ではなんらかの制約がある．湿地は，「米国の水」という法のもとにあるとみなされており，何を放流するにも許可が必要である．放流に必要な水質条件は，担当の連邦，州，地方機関によって規定され，少なくとも二次処理水の排水基準に等しいのが通例である．

ほとんどの州は湿地と隣接する水域を区別せず，両者に同じ規制を課してい

る．このような規制下では，湿地への放流に先立って最低限必要な処理を施さなければならないため，汚水処理工程の主要な構成要素として自然湿地を活用することは，経済的に難がある．

直接的な汚水処理に自然湿地を利用すれば，環境に関する社会的関心を呼起す可能性が高い．米国における残された湿地の保全は重大な問題となっており，汚水放流によりもたらされることの多い富栄養化によって，これらの残存湿地の動植物の生息・生育空間としての価値は変化するであろう．この目的のために自然湿地を利用すると，湿地の存在に影響する重大な技術上の問題を引起すことにもなる．たいていの自然湿地の水理的機構は，長期間かけて発展してきている．大半の地区は湿っているかもしれないが，みお筋の形成のために，湿地内の水が流れる部分は，全面積に対し相対的に少なくなっている．極端な場合には，全面積のわずか10%が湿地に放流された汚水と接するだけのこともあり，その場合には，処理を行ううえで全面積のわずか10%だけが有効とみなさなければならないことになる．整地や他の土木作業によってこの問題を解決し，本来の自然湿地の価値を保全することは可能ではない．

6.1.2 湿地の回復と機能向上

湿地の影響緩和，機能向上，回復や創出のために処理水を利用することは，好ましく，環境的にも矛盾しないものである．乾燥気味の西部の多くの州では，多くの湿地が過去に乾陸化された．処理水を利用して，これらの湿地のいくつかを，利用可能な淡水資源に容認し難い影響を与えること無しに回復させることができる．同様に，影響緩和や代替湿地の創出に処理水を利用することは，長期間にわたる生長を持続させるために十分な水と栄養分を確実に供給できるようにする実行可能な一つの方法である．1つの例として，安定池放流水を周辺陸域から供給する方法が，ミシシッピーカナダヅルの沼地生息空間を拡大するために利用されている[38]．同様の工夫の例が，参考文献〔14，24，44〕に記載されている．

6.1.3 人 工 湿 地

費用対効果の良い処理可能性を最も提供してくれそうなのは，人工湿地の利用である．湿地が存在していなかった場所に湿地を建設すれば，自然湿地に付きものの規則や環境面でのトラブルを避けることができ，しかも汚水処理にとって最高の湿地となるよう設計することが可能となる．例えば，人工湿地は，底面の勾配がいつも保たれ水の流れが制御されているので，同一面積の自然湿地よりもより良く機能する．植生や他のシステム構成要素も必要に応じて管理できるので，処理の信頼性も向上する．このような理由で，人工湿地を，本章の重点項目としている．ここで得られた植物の応答，処理に係わる反応，およびその他の多くの情報は，自然湿地にも適用可能である．

人工湿地に関するここでの議論は，管轄権の及ぶ湿地を管理する法や規則のもとでのこの人工湿地の将来の法的地位とも関係する．米国における自然湿地を保護するため，許可や適切な影響緩和無しに管轄権の及ぶ自然湿地を破壊したり改変したりすることを禁止する法や規則が整備されてきている．前節で論じた回復や創出された湿地は，このカテゴリーに含まれるということが社会的に合意されている．したがって人工湿地はもっぱら汚水処理のために建設されるので，これらは管轄権の及ぶグループに含められるべきでないと考えられており，これが米国環境保護庁 (USEPA) の姿勢である．これらの人工湿地は，動植物の生息生育空間として何らかの価値を有している可能性があるが，本来は，汚水処理を意図したものである．ちょうど他の汚水処理装置と同様に，機能を改良する必要があるときは運転方法を修正することがありうるし，必要性がもはや無くなったときはシステムを放棄することもありうる．

現在世界的にみて，約 1 000 の管理された湿地システムが，様々な目的のために稼動している．少なくとも，その半分が米国にある．最近，北米における湿地のデータベースが，USEPA によって作成された[34]．米国や世界の多くで用いられている人工湿地には，2 つの型がある．第一のものは，表面流 (FWS) 湿地と呼ばれる．この型では，水面は大気に接しており，水底には抽水性の植生および根が生えるための土層があり，必要な場合は地下水を守るためのライニングが設けられ，適切な流入・流出構造物もある．この型の湿地の水深は，その目的によって，数 cm から 0.8 m，あるいはそれ以上にわたる．もっともよく使われる水深は 0.3 m である．これらの FWS 湿地の計画流量は，4 m^3/d 以下から 75 000 m^3/d 以上の範囲に及ぶ．エジプトの Manzala 湖地域では，計画流量 1×10^6 m^3/d のシステムが計画されている[53]．

二番目の型は，伏流 (SF) 湿地と呼ばれる．この場合，掘削された池は担体，通常，砂礫で満たされており，水位は砂礫層の上面よりも低く維持されている．

同じ種の植生が，両方の型の湿地で用いられる．SF 湿地の場合，植生は砂礫層の上部に植えられる．必要に応じて，地下水の水質を保全するためにライナーも用いられる．担体の厚さは，通常 0.3～0.6 m である．実存するこの型のシステムには，一家族用ものから市域を対象とする大規模なものまである．米国で最も大規模な稼動中のシステムは，ルイジアナ州の Crowley におけるもので，その計画流量は 13 000 m^3/d である．

SF 湿地には，いくつかの有利な点がある．いずれの型の湿地においても，生物学的反応は，付着生物によるものと考えられている．砂礫を用いる SF 湿地は FWS 湿地よりも表面積が広いので，砂礫床では反応速度が高くなり，必要面積が小さくてすむ．SF 湿地では，水面が砂礫層の表面より下にあり露出していないので，FWS 湿地で問題となる蚊の発生が無い．水面が露出していないので誰でも近づくことができるため，SF 湿地は，学校，公園，公共・商業建築等のためのオンサイト処理/処分* システムとしてよく使用される．この型の湿地では，水面が砂礫層の表面より下にあるので，寒冷地における耐寒性がより大きくなる．SF 湿地の技術評価は，USEPA から 1993 年に出版されている[42]．

たとえ FWS 湿地より必要面積が狭まくてすんでも，砂礫を調達し，所定の場所に設置するための費用が比較的高いのでこの SF 湿地の優位さがなくなることがある．SF 湿地が，計画流量が 4 000 m^3/d をこえるコミュニティー用や産業用の FWS 湿地と費用面でとても太刀打ちできそうにない．流量が少ないときの採算性は，その地方における土地，ライニング形式，SF 湿地に使用される担体の費用次第である．上述した SF 湿地の優位さは，小規模，時として中規模のシステムにおいてでさえ，費用に勝ることが少なくない．

人工湿地は，都市排水，様々な産業排水，農地からの表面流出水，雨水流出水，廃棄物処分場からの浸出水，合流式下水道の雨天時流出水，鉱山排水の処理に用いられ，さらに家庭排水の処理のために浄化槽につながる小さなオンサイト湿地システムとしても使用されている．米国には約 500 のオンサイト湿地システムがあり，基本的にその総てが SF 湿地である．FWS 湿地は，酸性の鉱山排水と炭坑地域の石炭灰排水を処理するための安価な手法として，広く使用されている．

訳者注）　*処理/処分：処理または処分を意味する．

6.1.4 設計コンセプト

人工湿地の設計手順には，どれが最も良い方法であるか専門家の間にまだ完全な合意が無いため，いくつかの方法が存在している．設計基準を導き出すのに，運転中のシステムで得られたデータを重回帰分析することを提唱している人もいる．また，浄化率は単位時間，単位湿地面積当りの負荷水量や負荷物質に依存するという考えのもとでの面積負荷による方法を利用することを薦める人もいる．さらに，これらの湿地で生じる生物的反応が，付着生物型汚水処理法における生物的反応と類似していると考えるグループもある．

これらの3つの手法はいずれも，適切に利用された場合，すぐれた結果をもたらす．本章では，3つの型の例を引用しつつ説明するが，ここで述べた主たる手法は3番目のものを基礎にしている．この方法は，他の汚水処理システムでも使用されているよく知られた生物的設計モデルを使用しているので，湿地の処理性能を正確に表現できると思われる．このように考えると，処理応答が水理学的滞留時間(HRT)とシステム内の温度に依存する一次押出し流れモデルを利用できることになる．同じ考え方を適用している他の汚水処理方式同様，湿地は理想的な押出し流れ反応槽ではなくて，その応答は完全混合というよりも押出し流れに近い流れと考えられている．湿地における実際の流れの様相は，これらの両極の中間のどこかにあるが，汎用性があり容易に使える設計モデルを決定するには，まだデータが不足している．

面積負荷法は，本書の第7章で記述している土壌処理システムの設計に用いている手法と類似のものである．これらの場合，汚水は通常，スプリンクラーかそれに類似した装置によって範囲内の土地に均一に散布されるので，面積負荷は有効な基準となる．結果として，単位面積当りの水量負荷は，おおむね一定となる．しかしながら，たいていの湿地システムの場合，流入水は総て水路の上流端から注がれるのが普通なので，単位面積当りの水量負荷は均一ではなく，今考えている例には該当しない．面積負荷法の別の限界は，湿地の水深やHRTを考慮に入れていないことである．(水や他の成分の)面積負荷も，水深がたった数cmであろうと1mに近くても，ある特定なシステムでは一定にすることができる．しかし，たとえ面積負荷が一定であろうとも，そのような湿地におけるHRTと浄化能力は，水深に応じてかなり変化する．

面積負荷法は，処理過程における温度の影響を直接的に取り入れていない．面積負荷法を好ましいとする人々は，温度は湿地法における生物化学的酸素要求量(BOD)と窒素の除去に影響しないとしている．しかし温度が生物的な反応速度に影響を与えることはよく知られているので，湿地だけが特例とすることには根拠が無い．かなり長いHRTを有する湿地法では，流入水と最終的な放流水のBODだけでみると，能力には有意な季節差が無い．これらの事例では，滞留時間の長さが冬期の反応速度の低下を補っており，それで流入・放流間の能力が温度と無関係なようにみえると考えられている．

6.2 湿地構成要素

湿地における処理過程に影響を与えうる主要なシステム構成要素には，植物，デトリタス，土，バクテリア，原生動物や高度な動物が含まれる．これらの機能やシステムの浄化能は，水深，温度，pHや溶存酸素濃度の影響を同様に受ける．

6.2.1 植　　物

種々様々な水生植物が，汚水処理用に設計された湿地法で用いられている．大きな木(イトスギ，トネリコ，ヤナギ等)は，フロリダやその他の場所で汚水処理に利用されている自然の湿原，小川やドーム状の凹地に元々存在していたことが多い．これらの植物を人工湿地において使用しようとしたことは無く，また処理要素としてこれらの機能を明確にしようとしたこともない．抽水大型水生植物は，汚水処理用の沼地型の人工湿地で，最もよく見受けられる種である．最もよく使用されているのは*，ガマ(*Typha* 属)，ヨシ(*Phragmites communis*)，イグサ(*Juncus* 属)，ホタルイ(*Scirpus* 属)やスゲ(*Carex* 属)である．ホタルイやガマ，および両者を組合せたものは，米国のほとんどの人工湿地で優占種となっている．ヨシを用いた人工湿地は米国ではわずかだが，ヨーロッパでは主流をなしている．汚水処理に加え，特に生物の生息・生育空間を生み出すために設計されたシステムは，通常，多種の植物からなっており，鳥類や他の水生生物のための餌や営巣の創出に重点がおかれている．米国でよく見られる代表的な植物種につ

訳者注) *植物種等の学術名・英語名については「新版 日本原色雑草図鑑」，(株)全国農村教育協会を参照し，和名に翻訳した(和名表記の無いものは原文どおり)．

いての情報や人工湿地において利用する際の得失の議論は次節で行う．これらの植物の特徴のより詳しい説明は，参考文献〔25, 35, 52〕を参照されたい．

6.2.2 抽水植物

a. ガ　　マ

代表的な種：*Typha angustifoli*, narrow-leaf cattail；*T. latifolia*, broad-leaf cattail（ガマ）.

分布：世界中．最適 pH：4～10．許容塩分濃度：ヒメガマ 15～30 ppt*，ガマ <1．成長：速い，根茎によって横方向に拡大し，0.6 m の植付け間隔で 1 年以内に密生．砂利への根の侵入は比較的浅く約 0.3 m.

年間生長量：（乾燥質量）約 30 万 t/ha．組織：（乾燥質量ベース）炭素約 45%，窒素約 14%，リン約 2%，固形分約 30%.

生物の生息・生育空間としての価値：水鳥，muskrat（ニオイネズミ），nutria（ヌートリア）やビーバーにとっての食料源，鳥にとっての巣覆い.

水没期間：恒久的に 0.3 m 以上の湛水が可能で，干ばつにも耐えうる．米国の表面流（FWS）湿地と伏流（SF）湿地において，一般的に使用されている．処理床の設計深を調節しないときには，SF 湿地システムにとって比較的浅い根の侵入といえども望ましくない.

b. ホ タ ル イ

代表的な種：*Scirpus acutus*, hard-stem bulrush, common tule；*S. cypernius*, wool grass, *S. fluviatilis*, river bulrush（ウキヤガラ）；*S. robustus*, alkali bulrush；*S. validus*, soft-stem bulrush；*S. lacustris*.

分布：世界中．最適 pH：4～9．許容塩分濃度：hard-stem bulrush, wool grass bulrush, river bulrush, soft-stem bulruch が 0～5 ppt*，alkali bulrush, Olney bulrush が 25 ppt.

成長：alkali bulrush, wool grass, river bulrush が中程度で，0.3 m の植付け間隔で 1 年で密生．他の総ての種は中程度～速く，0.3～0.6 m の植付け間隔で 1 年で密生．砂利への根の侵入は深く，約 0.6 m.

年間生長量：（乾燥質量）約 20t/ha．組織：（乾燥質量ベース）炭素約 45%，窒

訳者注） *ppt：パーミル（‰）と同義.

素約14%，リン約2%，固形分約30%.

生物の生息・生育空間としての価値：水鳥，muskrat (ニオイネズミ)，nutria (ヌートリア) やビーバーにとっての食料源；鳥にとっての巣覆い.

水没期間：hardstem bulrush が1 m，他のほとんどが0.15～0.3 m までの恒久的な湛水が可能で，干ばつに耐えうる種もある．米国のFWS湿地とSF湿地において，よく使用されている．処理床の設計深を適正にしないならば，SF湿地システムにとって根の侵入が比較的浅いのは望ましくない.

c. ヨ　　シ

代表的な種：*Phragmites austalis*，common reed，wild reed.

分布：世界中．最適pH：2～8．許容塩分濃度：45 ppt 未満．成長：たいへん速く，根茎による．横方向への拡大は，約1 m/年．0.6 m の植付け間隔で，1年で密生．砂利への根の侵入は深く，約0.4 m.

年間生長量：(乾燥質量) 約40 t/ha．組織：(乾燥質量ベース) 炭素約45%，窒素約20%，リン約2%，固形分約40%.

生物の生息・生育空間としての価値：たいていの鳥類や哺乳類にとって，食料源としては価値が低く，巣覆いとしていくらかの価値あり.

水没期間：約1 m までの恒久的な湛水が可能で，干ばつにも良く耐える．米国の自然湿地に侵入する有害種とみなしている人もいる．米国における人工汚水処理湿地での利用では，大成功を納めている．ヨーロッパではこの目的のために用いられる代表種となっている．食料としての価値がないため，他の植物がはえている人工湿地で生じている muskrat (ニオイネズミ) と nutria (ヌートリア) による食害はない.

d. イ　グ　サ

代表的な種：*Juncus articulatus*，jointed rush；*J. balticus*，Baltic rush；*J. effusus*, soft rush.

分布：世界中．最適pH：5～7.5．許容塩分濃度：0～25 ppt 以下で，種による．成長：たいへん遅く，根茎による．横方向への拡大は，1 m/年以下．0.15 m の植付け間隔で，1年で密生.

年間生長量：(乾燥質量) 約50 t/ha．組織：(乾燥質量ベース) 窒素約15%，リン約2%，固形分約50%.

生物の生息・生育空間としての価値：多くの鳥類にとっての食料，根は muskrat (ニオイネズミ) の食料.

水没期間：いくつかの種は 0.3 m 以下までの恒久的な湛水に耐えるが，乾燥期の方をより好む．他の種の方が汚水湿地により適する．イグサ属は生息空間としての価値を高めるための周辺植生として適す．

e. スゲ

代表的な種：*Carex aquatilis*, water sedge ; *C. lacustris*, lake sedge ; *C. stricata*, tussock sedge.

分布：世界中．最適 pH：5～7.5．許容塩分濃度：0.5 ppt 以下．成長：中程度から遅く，根茎による．横方向への拡大は，0.15 m/年以下．0.15 m の植付け間隔で，1 年で密生.

年間生長量：(乾燥質量) 約 5 t/ha 以下．組織：(乾燥質量ベース) 窒素約 1%，リン約 0.1%，固形分約 50%．生物の生息・生育空間としての価値：非常に多くの鳥類とヘラジカの食料源.

水没期間：恒久的な湛水に耐える種もあれば，乾燥期が必要な種もある．他の植物の方が汚水湿地のための主要種として適する．スゲ属は生息空間としての価値を高めるための周辺植生として適している.

6.2.3 沈水植物

沈水植物種は，表面流 (FWS) 湿地の水深の深いところで使用されており，淡水湖，池やゴルフコースのウォーターハザードの水質を改善するために用いられている構成要素で特許となっている．この目的のために用いられてきた種には，*Ceratophyllum demersum* (coontail, hornwart；マツモ)，*Elodea* (waterweed)，*Potamogeton pectinatus* (sago pond weed)，*Potamongeton perfoliatus* (redhead grass), *Ruppia martima* (widgeongrass)，*Vallisneria americana* (wild celery；野生セロリ)，そして *Myriophyllum* sp. (watermilfoil) が含まれる．この種の分布は，世界的である．最適 pH：6～10．許容塩分濃度：ほとんどの種が 5 以下～15 ppt．成長：速く，根茎による．横方向への拡大は，0.3 m/年以上．0.6 m の植付け間隔で 1 年で密生.

年間生長量：(乾燥質量) coontail (マツモ) 10 t/ha，*Potamogeton* (ヒルムシロ科の一種) 約 3 t/ha，watermilfoil (フサモ属の一種) 9 t/ha．組織：窒素約 2～5%，リン 0.1～1% (乾燥質量ベース)，固形分 5～10%．許容塩分濃度：0.5

以下.

生物の生息・生育空間としての価値：カモ類その他の水鳥，muskrat（ニオイネズミ）やビーバーにとっての食料であり，特に sago pond weed（ヒルムシロ科の一種）は，カモ類にとって価値がある.

水没期間：継続的な湛水が可能．これらの植物は湛水層を通過する太陽光の透過度に依存しているので，許容可能水深は水の透明度と濁度に左右される．これらの種のあるものは，FWS 人工湿地の生息・生育空間としての価値を高めるために用いられている．Coontail，*Elodea* などは，淡水の池や湖の栄養塩類コントロールのために用いられており，定期的な刈取りによって植物と栄養塩類が除去されている．沈水植物に関する議論については，第 **5** 章を参照されたい.

6.2.4 浮葉植物

第 **5** 章で述べたように，数種類の浮葉植物が，汚水処理システムで使用されている．これらの浮葉植物は，人工湿地の代表的な設計構成要素となっている．表面流（FWS）湿地においてひとりでに生えそうな種は，*Lemna* sp.（duckweed；アオウキクサの一種）である．湿地水面に *Lemna* sp. が存在すると，益と害が同時に生じる．益は藻類の生長が抑制されることであり，害は *Lemna* sp. に覆われて，大気中の酸素の水中への輸送が減少することである.

Lemna sp. の生長速度はたいへん速く，年間生長量は（乾燥質量）20 t/ha かそれ以上である．組織構成：窒素約 6%，リン約 2%（乾燥質量ベース），固形分 5%.

Lemna sp. は半陰にも耐えるので，FWS 湿地における発生を避けることはできない．FWS 湿地における開水面域は，再曝気が可能になるように，どのような *Lemna* sp. のマットでも風が定期的に壊して動かせるよう，十分広くなるようにしておかなければならない．また計算に入れていない *Lemna* sp. の分解は，システムに予期せざる季節的な窒素負荷をもたらすことになる.

6.2.5 蒸発散量

蒸発散による損失水量は，乾燥気候地での湿地設計において，常に考慮しなければならない要因である．どのようなところでも暖かい夏期の数ヶ月の間は少なくとも考慮しないといけない．米国の西部の州では，専有法により水利用が管理されており，下流の水利用者の権利を守るために損失水量を補填する必要があることがある．夏期の蒸発散による水量損失は，湿地の水量を減少させるので，物質の除去の視点ではたいへん効率的であるが，残存している汚濁物質の濃度を増加させることになる．設計に際しては，蒸発散速度は，その地域の蒸発皿蒸発速度の80%に等しいとしてよい．これは，事実上，湖の蒸発速度に等しい．過去に，蒸発速度に及ぼす植物の効果について論争がなされた．抽水植物や浮葉植物の遮光効果は水の直接的な蒸発を減少させるが，植物はなお蒸散を行っているというのが今日の共通認識となっている．それ故，植物が存在しようとしなかろうと，正味の蒸発速度はおおむね同じである．本書の初版では，ある種の抽水植物はかなり高い蒸発散速度を示すと述べた．これらのデータはかなり小さな培養タンクと容器の試験から得られたものであり，実物大の湿地法を代表するものではなかった．

6.2.6 酸素移動

継続して湛水すると，伏流(SF)湿地の土や砂利は嫌気的になり，植物の生育にあまり適していない環境となる．ところが，前述した抽水植物は，総て，葉や水面より上方の茎を通して大気から酸素や他の必要な気体を吸収する能力を発達させているし，これらには大規模な気体導管があり，そうでなければ嫌気的環境となるはずの根を好気的に保つように気体を根に導いている．この種の植物は，植物密度と根のあるところの酸素濃度にもよるが，湿地表面積1 m^2 当り5〜45 g/dの酸素を輸送することができると見積られている[5,35]．

この酸素の大半は植物の根で利用される．この酸素は外部の微生物活動を支えることだけに使われる．しかし，この酸素の一部は根と根茎の表面に輸送され，そこで好気的な微小微生物生育環境をつくり出す．もし他の条件が適当であれば，これらの好気的微生物生育環境は，硝化のような好気的な反応に適したものになる．植物は，根での需要が増すにつれて，より多くの酸素を送ろうとするように思えるが，輸送能力には限度がある．人工湿地の流入口には処理汚泥が厚くたまり，これが輸送能力以上の酸素を消費し，植物を死に至らせる．この酸素源は，汚水が担体の中を流れて根や根茎に直接接触するSF人工湿地において，最も欠かせないものである．表面流(FWS)湿地においては，汚水は土層とその中の根の上方を流れ，この潜在的な酸素源と直接接することがない．そのため

FWS湿地の主たる酸素源は，大気による再曝気であると考えられている．SF湿地の場合の便益を最大にするには，担体の深さ方向全体に根がはるようにして，全断面にわたって酸素との接触可能な点があるようにすることが重要である．本章の後節で述べるように，SF湿地におけるアンモニアの除去は，根の侵入深さや利用可能な酸素と直接的な関係がある[42]．

6.2.7 植物の多様性

自然湿地には，通常多種多様な植物が見られる．汚水処理のための人工湿地にその多様性を再現する試みは，ほとんど成功していない．たいていの汚水に含有される比較的高栄養の物質は，ガマやヨシなどの生育にとって好ましいものであり，時間が経つに連れて，これらが競争力の弱い他の種を排除していく傾向がある．米国とヨーロッパにある多くの人工湿地には，単一種か多くても2，3種の植物しか植えられていないが，総てが生存し続け良好な汚水処理機能を発揮している．

伏流(SF)湿地法は，水がSF湿地の担体の表面を流れ，鳥や動物が直接接することができないので，表面流(FWS)湿地と比較すると動植物の生息・生育空間の価値としての潜在能力はかなり劣る．SF湿地内に開水面が存在すると，この方式の多くの利点を無にするので，設計計画には取り入れないのが普通である．動植物の生息・生育空間価値および景観を向上させたいときには，SF湿地床の周囲の植栽を選択する．最適な汚水処理がSF湿地の基本目的なので，米国とヨーロッパの両方でヨシの多くの利点を利用した成功例に基づいた，単一植物種で用いた計画は他でも応用できる．

FWS湿地法は，水面が露出していて鳥や動物が近づけるので，動植物の生息・生育空間の価値をより高めることができる．深い水深で開水面をもつ水域を設け，植栽を選んで魅力的な食物源［例えば，sago pond weed(ヒルムシロ科の一種)やそれに類似した植物］を提供することによって，いっそう向上させることが可能となる．よりいっそう向上させるために，これらの水深の深い水域に営巣用の島を建設することも可能である．このような水深の深い水域が，適切に建設されていれば，システムの水理学的滞留時間(HRT)を増加させ，流水の再分配に役立つので，処理上の利点もまた増える．FWS湿地，特に処理用に設計された区画には，単一種の植物を植えてもよい．この植物としてガマやホタルイがしばしば用いられるが，muskrat（ニオイネズミ）やnutria（ヌートリア）による食害の危険がある．この点からみるとヨシがかなり有利である．

米国南部の州の数多くのFWS湿地やSF湿地には，当初，魅力的な花をつける種（Canna lilyやアヤメなど）が景観に配慮して植えられた．これらの植物は，秋になりわずかの霜に出会うと水上に出ている部分が枯れ，すぐに分解してしまう柔らかい組織でできている．また，この速やかな分解は，湿地から流出するBODと窒素の量を増加させることになる．いくつかの例をみると，システムの管理者は茎や葉が枯れたり霜がおりたりする前に，これらの植物を毎年刈取って取り除いている．たいていの場合，これらの植物をより抵抗力があって毎年刈取る必要のないヨシ，イグサやガマに置き換えれば，問題を完全に避けることができる．このような花をつける柔らかい組織の植物を植えることは，境界部を除いては，これから建設するシステムでは薦められない．

6.2.8 植物の機能

第7章で述べる土壌処理システムで使われている陸生植物は，これらのシステムにおける栄養分除去の主要経路となっている．これらの場合，システムの設計負荷は植物の吸収能力とほぼ釣合い，処理面積はそれに応じた広さに定められる．そして，この植物の刈取りにより，その地の栄養分が取除かれることになる．湿地で用いられる抽水植物も，栄養分や汚水中の他の成分を吸収する．しかしながら，湿地に近づきがたいのと高労働コストのため，これらの湿地では定期的な刈取りは行われない．研究によれば，人工湿地から植物体を刈取ることは，湿地における生物学的活動と比較すれば，重要度のより低い物質循環経路をつくったことでしかないことが示されている．2つの事例[21,28]では，季節の終りの1回の刈取りは，システムから除去される窒素の10%以下にしかなっていないことが示されている．より高頻度に刈取れば，除去割合は確かに増えそうであるが，費用が増しシステム管理も複雑になる．土壌処理法と比較すると，人工湿地ではシステムでの水理学的滞留時間（HRT）がかなり長いこともあって，生物学的作用が卓越したメカニズムとなっている．たいていの土壌処理法では地表面に水が注がれたとき，水が表面から根の活性ゾーンを通り抜ける滞留時間は，分か時間の単位である．たいていの人工湿地の滞留時間は，これとは対照的に，普通少なくとも何日という時間となっている．

いくつかの事例により，これらの抽水植物が有機化合物を吸収し変化させることが知られている．この変化のため，これらの環境汚染物質の除去するための刈取りは不要である．もし植物の吸収が栄養塩類，金属やその他の保存物質の恒久的な除去の手段として考えられているならば，植物の刈取りと除去が必要である．家庭排水，都市排水やほとんどの工業排水の処理用の人工湿地の場合，植物の吸収と刈取りは，通常，設計において考慮すべき事柄とはなっていない．

システムが微生物学的な反応装置として設計され，植物の吸収力が無視されていても，湿地法における植物の存在はなお本質的なものである．伏流(SF)湿地法では，それらの根系が主要な酸素源であり，葉，茎，根，地下茎やデトリタスの存在が，水の流れを調節し，流水と生物学的群集との間にかなりの接触の機会を与えることになる．これらの水面下の植物の部分は，基質を提供し，処理の多くを受けもつ付着微生物を育てることになる．表面流(FWS)湿地における水面上の茎と葉は，陰をつくり太陽光の透過を制限し藻類の生長を制御する．露出した植物の部分は毎秋枯れるが，この物質の存在が，冬期の風による温度放散効果と移流による熱損失を減じることになる．SF湿地床上の薄いリター層は，システムの温度放散をいっそう減らすことになる．

6.2.9 土

自然湿地では，抽水植物の生長に必要な栄養塩類は土壌から得られる．ガマ，ヨシやホタルイは，様々な土壌はもちろん，伏流(SF)湿地法のコンセプト部分で述べたように，かなり細かい砂礫のところでも生長する．SF湿地の担体中の空隙は流水路として働き，このような場合の処理作用は，根，地下茎や担体の表面に付着した微生物による．ほとんどのSF湿地では汚濁負荷がかなり少ないため，ここで見られる微生物の生長では，散水ろ床のろ材上で通常見られるような厚い微生物層はつくれないので，目詰りが問題になることない[41,43]．表面流(FWS)湿地における主要な流水路は土層表面上にあり，最も活発な微生物活動は，デトリタス層の表面と水面下の植物の部分で起る．

いく分か粘土質を含む土は，リンの除去にたいへん効果的である．第**3**，**7**章で述べたように，土壌浄化システムの土床は，数十年間ほぼ完全なリン除去の主要な要素として働く．FWS湿地では，唯一の接触機会は土壌層の表面である．システム運転の最初の年に，リンの除去効率はこの土壌の作用と植物の生育によりかなり高まる．これらの作用は，1年程度で平衡状態となる傾向があり，リンの除去能はかなり落ちる．ヨーロッパでは，土のリン除去能を期待して，SF湿地に土を用いることが試みられた．この試みは，土の透水性が低く，流水の大部分が土中の空隙よりもむしろ処理床表面を流れてしまい，期待したほどの接触機会が得られないのでほとんど成功していない[7]．たいていのSF湿地で使われてる砂礫のリン除去能力はとるにたらないものである．

いく分か粘土分を含む土や粘土鉱物を含む粒状の担体は，いずれもイオン交換能ももっている．このイオン交換能は，汚水中にイオンとして存在しているアンモニア(NH_4^+)の除去に，一時的であっても寄与する．この除去能力は，接触面が常に水中にあり嫌気的であることから，いずれのSF湿地やFWS湿地でも急速に低下する．

本章で後述するSF湿地床での鉛直流れでは，好気状態が定期的に回復し，吸着されたアンモニアが生物学的硝化を通じて除去解放されるので，このイオン交換のサイトが次のアンモニアの吸着のために働くことになる．

6.2.10 微 生 物

バクテリア・原生動物からより高度な動物に至るまで，種々の有益な微生物が湿地法に存在する．存在する種は，第**4**，**5**章で記述した水域や池のシステムにおいて見られるものとに似ている．第**5**章で論じたホテイアオイシステムでの，処理は根のゾーンに付着した微生物の生長に依存している．湿地の抽水植物の場合は，微生物の生長は植物の水面下の部分やリターの部分で生じ，伏流(SF)湿地では担体の表面で直接生じる．

湿地法と第**7**章で記述する表面流下法は，これら2つのシステムやホテイアオイシステムと類似しており，付着微生物型システムとして，よく知られた散水ろ床や回転式生物接触法と同じ特性を有する．これらのシステムは総て，生物の生長のための基質を必要とする．またその除去効率はシステム内での滞留時間と接触機会によっており，酸素の利用可能性と温度によっても規定される．

6.3 期待される処理性能

湿地法は，高濃度のBOD，SS，窒素を効率的に処理し，かなりの濃度の金属，微量有機物，病原体も同様に処理できる．リンの除去効率は，土壌との接触機会が制約されるため最も低い．基本的な処理機構は，第**4**，**5**章で述べたものに類似したものであり，沈降，化学凝集，吸着，BODと窒素の微生物による除去，植生によるわずかの吸収からなりたつ．たとえ刈取りが行われなくても，難分解性有機物として腐敗植生がわずかに残り，その結果，湿地中にピートが蓄積される．この難分解性部分に含まれる栄養塩類や他の物質は，永久に取除かれたとみなせる．

6.3.1 BODの除去

総ての湿地法では沈降性有機物の除去はとても速い．このことは，表面流(FWS)湿地法では静止に近い条件によって，また伏流(SF)湿地法ではろ過と堆積によって達成されることを示している．類似の結果が，第**7**章で述べる表面流下法において観察されている．そこでは処理斜面の最初の数m以内で，流入したBODの50%に近い量が除去されている．この沈積したBODは，その地点の酸素レベルにより好気または嫌気分解を受ける[60]．コロイド性および溶解性の残りのBODは汚水がシステム内の付着微生物に接触するに従い除去されていく．この生物学的作用は，FWS湿地の水面近くとSF湿地の好気的微生物生育環境では好気性のものであるが，システムの残りの部分では嫌気性分解が卓越している．

図-6.1は，北米における一次処理から3次処理の範囲にある水質の汚水を受入れているFWS湿地とSF湿地の流入対放流BODを示したものである．図に

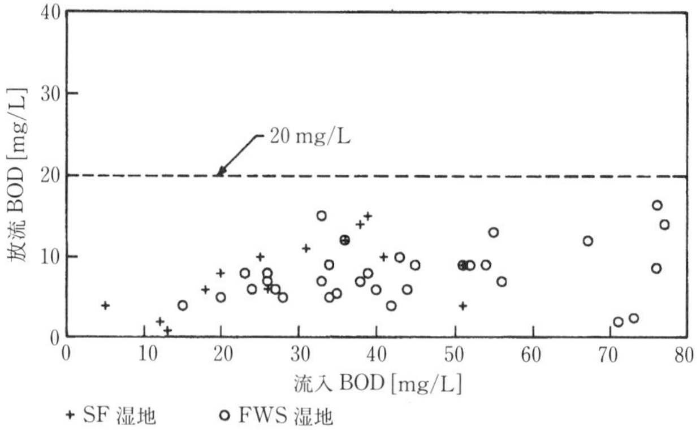

図-6.1 人工湿地の流入対放流BOD

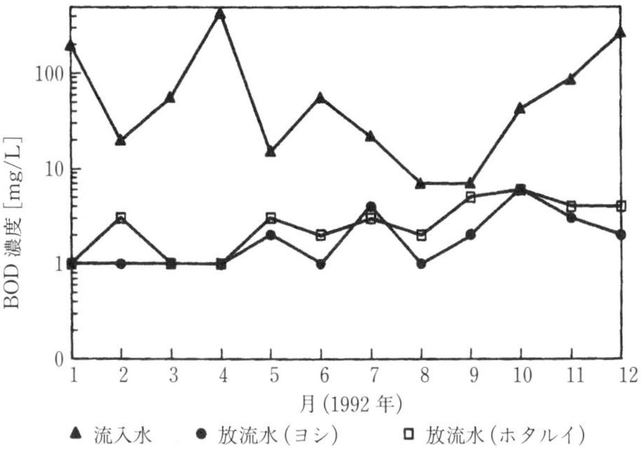

図-6.2　人工湿地での BOD の除去

描かれているシステムの所在地は，カナダから米国のメキシコ湾岸諸州にわたる．図-6.1 の排水水質は総て，一般的な許容基準である 20 mg/L 以下であり，この処理レベルは流入濃度に関係なく達成されている．ヨーロッパにおける類似のシステムにおけるデータも，流入 BOD 濃度が 150 mg/L までは基本的に同じ関係を示している[7]．

湿地法における BOD 除去の安定性と信頼性は，**図-6.2** に示されている．この結果は，ケンタッキー州における SF 湿地の効率についての丸 1 年以上のデータを表したものである．このサイトには 2 つの平行した湿地床があり，規模と配列は全く同じである．1 つにはヨシが，他の 1 つにはホタルイが植えられている．水流の制御上の問題のために，ヨシ床の水理学的滞留時間 (HRT) は 3.3 日，ホタルイ側は 4.2 日となった．グラフの縦軸は，総てのデータが都合よくみれるように対数目盛りになっている．示されている期間内の，湿地への流入 BOD は，低い方は 8 mg/L から，高い方は 500 mg/L 程度までに及んでいる．このような広い濃度幅にも係わらず，両方の床からの流出 BOD は一貫して 6 mg/L 以下にとどまっている．このシステムでは，ヨシ床側の HRT が約 1 日短いけれども，全般的にホタルイ床よりもヨシ床の方が効率は良い．これは，従来観測されていたものたよりも強力なヨシの根からの酸素供給による可能性が高い[46]．

かなり暖かい温度のもとでは，最初の 2，3 日以内の BOD 除去はとても速く，1 次近似として押出し流れとみなしうる．それ以降の除去率は低くなっており，植物リターや湿地に存在する自然の有機物の分解による BOD の生産がこの残存に影響していると考えられる．これらの湿地は，システム内で自然源から BOD を生産するという点で，他のものとは異なる．このことから，与えられた HRT を無視して，BOD がゼロのシステムを設計することは不可能である．一般的な例では，放流 BOD は 2～7 mg/L の範囲であり，残存 BOD は自然の有機物から総て構成されていると考えられている．この結果は，図-6.1 に示されており，流入 BOD がわずか 10 mg/L でも放流水質はなお 2～5 mg/L となっている．

6.3.2 懸濁物質 (SS) の除去

SS の除去は，**図-6.3** の流入-放流値が示すように，いずれの型の人工湿地でも効果的である．この例では，流入する SS 濃度の上限は 160 mg/L であるが，放流水の水質は，唯一の例外を除けば，一貫して 20 mg/L の基準レベル以下にある．例外としては，表面流をかなり流した伏流 (SF) 湿地であり，短絡流が生じた結果が約 23 mg/L の放流水質となっている．図-6.1 に使用された同じシステムのデータが，この図にも示されている．

図-6.3 の流入水の SS の高濃度値は，高濃度の藻類を放出している通性嫌気性安定池から湿地へ流入しているものである．これらの藻類は表面流 (FWS) 湿地と SF 湿地のいずれでも除去されるが，除去後の分解が，湿地を流れる水にアンモニアを供給することになる．

これらの湿地では，固体の除去が，非常に速くなされる．カリフォルニア州

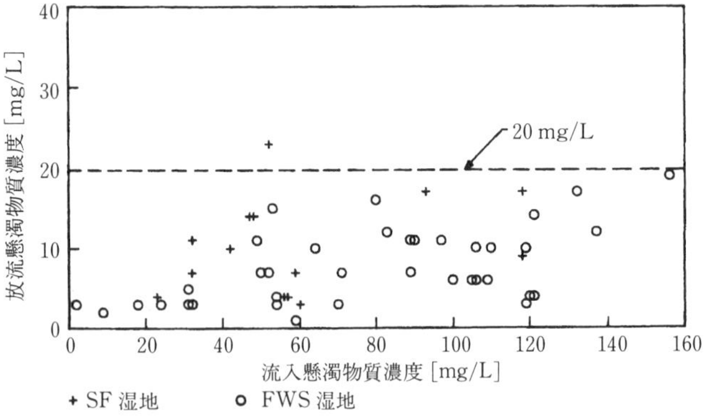

図-6.3　FWS および SF 人工湿地の流入 SS と放流 SS の比較

のArcataのFWS湿地では，実質的に総ての固体の除去が処理床の最初の12～20%までになされている[21]．オンタリオ州のListowelの試験用FWS湿地では，水路のいくつかが曝気槽からの未沈排水を受入れており，そのSSはしばしば406 mg/Lに達している[28]．この湿地でのSSの除去は効果的であったが，流入口近くに汚泥が堆積しガマを枯死させていた．類似の結果がケンタッキー州のPembrookのFWS湿地でも観測されている．ガマが植えられているカリフォルニア州SanteeのSF湿地床は，一次処理水の排水をかなり長く(6ヶ月以上)受入れた結果，流入口近くで枯死が生じたが，この同じシステムのホタルイとヨシの床は同じ条件でも影響を受けなかった．これら総ての事例における枯死は，明らかに植生の酸素輸送能力を超えた堆積物による酸素消費のせいである．ガマは，ヨシやホタルイと比べて根の張りが比較的浅く，それ故生産できる酸素の総量が少なくなっている．

砂礫を担体とするSF湿地では，水が流れる空隙の目詰りが課題である．土壌中に配水用多岐管を敷設し，時々高濃度の固体を放出しているシステムでは，流入口近くで部分的な目詰りが生じている．ルイジアナ州の運転システムの調査[41,43]では，礫間の空隙には普通1%以下の固体しか含んでおらず，しかもこれらの固体分の少なくとも80%が無機物であった．このことは，これらの固体分が，建設時に砂礫材とともに現場に運込まれた土や岩屑であったことを示している．最も悪い例では，固体分は6%であったが，その80%は無機物であった．テネシー州における試験研究では，砂礫材のSF湿地でのホタルイの根の体積を計測している．植物は1年以上よく育ち，根は床の底まで貫通していた．総てのケースで，根の体積は利用可能な空隙の5%以下しか占めておらず，他の固体分は1%以下であった．通常の汚水中の固体分の堆積や植物の根による完全な目詰りは，これらのSF湿地の設計耐用年数内に重大な問題を起すとは考えられていない．しかしながら，部分的な目詰りは透水層の透水係数を低下させることになることから，第6章の**6.4**で述べるように，適切な安全係数が用いられなければならない．

SF湿地における空隙がかなり目詰りすると，水流が表面流となりSF湿地の目的が果たせなくなる．メキシコ湾岸諸州のかなりの数のこれらのシステムに見られる表面流は，第6章の**6.3**に記述するように，不適切な水理学的設計によるもので，汚水中の固体の蓄積や植物の根によるものではない[41,43]．流入口の近くにかなりの目詰りが観察された唯一の SF 湿地は，活性汚泥による予備処理が施され，その活性汚泥設備における汚泥管理が不適切であったものである．もしこれからつくるシステムでこのような状況が予測されるならば，湿地への流入口装置を担体の上に置くとよい．そうすることで，堆積汚泥のほとんどを容易に床から除去できる．土中に流入口を設けた場合に，床から堆積汚泥を取除くには，砂礫材の除去と置換が必要であろう．

6.3.3 窒素の除去

窒素の除去は，表面流 (FWS) および伏流 (SF) 人工湿地のいずれにおいてもたいへん効果的であり，主たる除去機構もともに似通っている．植物による窒素の吸収は生じるが，両システムともこれにより取除かれる窒素は，総窒素 (TN) のわずかの部分でしかない．これらの湿地における窒素除去は，79%まで達しうる[34]．Listowel と Arcata における FWS 湿地での刈取りは，システムによる窒素除去の 10%にすぎなかった[19,29]．カリフォルニア州の Santee のシステムでは，植物の吸収による除去は 12～16%の範囲であった[22]．

湿地システムに流入する窒素には，有機態窒素，アンモニア [アンモニアと有機態窒素の両者を総称してケルダール態窒素 (TKN) と呼ぶ]，亜硝酸塩や，硝酸塩のような様々な形態がある．汚水中のアンモニアは，アンモニウムイオン (NH_4^+) と溶解性アンモニアガスの 2 つの形態で存在する．2 つの形態間の平衡は，第 **3** 章で述べたように pH と温度に依存する．本章では，特に説明をしないかぎり，「アンモニア」という用語は，いずれかの形態またはその組合せを意味する．このような様々の形態の窒素の生物学的変換は，変換度が温度の影響を受けやすい．それ故，湿地の設計では，システムに流入する窒素の形態，システムの予想される温度や，酸素のレベルを考慮に入れなければならない．植物，根のシステム，リター層，土壌，底層材料が平衡に達するのに少なくとも 2，3 回の植物の栽培期を必要とするので，窒素除去能が，湿地システムの中で完全に出現するのに数年かかることがある．

浄化槽，1 次処理システムや通性嫌気性安定池の放流水は通常硝酸塩を含まないが，かなりの濃度の有機態窒素とアンモニアを含む．暖かい夏期の間，通性嫌気性安定池からの放流水中のアンモニアは，第 **4** 章で述べたように揮発性が高いために，低濃度となっていることもある．しかし，放流と一緒に放出される藻類による高濃度の有機態窒素をしばしば含む．ほとんどの曝気2次処理システムの処理水の，含有有機態窒素濃度は低いが，かなりの濃度のアンモニアか硝酸塩，またはその両方を含んでいる．高濃度用，長期間曝気用，あるいは硝化用に設計されたシステムでは，通常，硝酸塩の形態の窒素がほとんどである．

a. 有機態窒素

湿地に流入する有機態窒素は，通常，汚水中の有機態固形物や藻類のような粒子体となっている．SSの初期の除去は，通常，非常に速やかになされる．この有機態窒素のほとんどは，その後，分解か無機化され，水中にアンモニアを放出する．植物のデトリタスと他の湿地内で自然に生じる有機物もまた，有機態窒素の源となり，季節的に分解が起るとアンモニアを放出する．それ故，無難な設計法は，流入するケルダール態窒素の有機態窒素分のほとんどが，システム内でアンモニアに変換されると仮定することである．

b. アンモニア態窒素

脱窒後に続く生物学的硝化は，現在米国で建設され運転されているSFやFWS人工湿地の，アンモニア除去の中心反応経路となっている．硝化は，好気条件のもとで，適温で十分なアルカリ度があり，しかも硝化細菌が従属栄養生物と利用可能な酸素を巡って競合できるほどに，BODがほとんど除去されてしまった後に生じる．硝化細菌もまた，基質の表面に付着することが多いと考えられている．経験上，これらの湿地における硝化の制約条件は，酸素が利用できるか否かによっていることがわかっている．理論的な関係では，1gのアンモニア態窒素 (NH_4^+-N) を酸化するのに4.6gの酸素が必要である[57]．

図–6.4は，代表的なFWS湿地およびSF湿地における流入アンモニア濃度と放流アンモニア濃度を比較したものである．示したデータは，**図–6.1**および**図–6.3**で用いたのと同じシステムからのものである．図中の破線は，流入アンモニア濃度が放流アンモニア濃度と等しいか，除去が無いことを示す．図–6.4で破線の上方に位置しているデータ点は，システム内でアンモニアの正味の生産があったことを示している．この増加したアンモニアの源は，酸素が十分でなく，システムの水理学的滞留時間 (HRT) 内では硝化に必要な好気条件が十分でないときの，湿地内の有機態窒素の無機化にあると考えられている．

酸素の利用可能性は，FWS湿地の場合は大気との再曝気効率に，SF湿地の場合には根の侵入範囲と根への酸素の輸送効率による．後者の関係は，後掲の

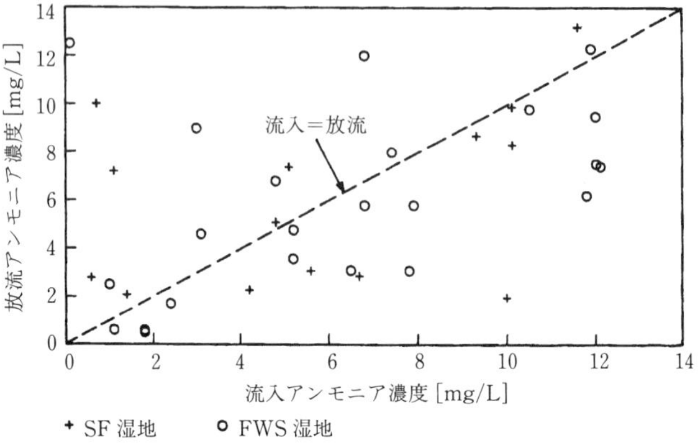

図-6.4　FWS および SF 湿地における流入アンモニア濃度と放流アンモニア濃度の比較

表-6.5 のデータで説明されている．表-6.5 では，カリフォルニア州 Santee の SF 湿地における根の侵入深さと，アンモニア除去能力とが比較検討されている．担体の底部まで根が侵入しているホタルイ水路では，流入した窒素の 94% が除去されたが，担体の半分の深さまでしか根が侵入していないガマでは，窒素の 28% しか除去されなかった．また，植生の無い実験対照区では，11% の除去であった[22]．

これらの結果は，SF 湿地では植生が必要なことと，かなりの硝化を期待するならば根の侵入能力と床の深さを見合ったものにすることが重要であることを，明らかに示している．水に浸された担体中の根のある位置より下方の水流は嫌気的であるので，この領域での硝化は不可能である．酸素の輸送効率は，完全に発達した根のあるところでさえなおかなり小さいので，このような水平流れ床においては，望ましい硝化水準を達成するのに暖かい天気のときにでも 6〜8 日の HRT が多分必要となるであろう．

SF 湿地における HRT と根の侵入深さ，および汚水中の藻類の存在量の関係は，**表-6.1** のデータにより示されている[42]．

表-6.1 に記載されている湿地法は，総て前処理のための通性嫌気性安定池をもっており，そのため流入水に藻類が存在している．湿地での HRT が相対的に短く，システムのいたるところでアンモニアの除去ではなく，生産がみられている．アンモニアの除去が劣る他のシステムでも，HRT が相対的に短く，根の発

表-6.1 SF湿地でのアンモニアの除去

場　所	アンモニア除去[%]	藻類の存在	HRT [d]	槽の深さ [m]	根の深さ [%]*
Denham Springs, LA	−1 328	Yes	1	0.61	50
Haughton, LA	−554	Yes	4.5	0.76	50
Carville, LA	−22	Yes	1.4	0.76	50
Benton, KY	−45	Yes	5	0.61	40
Mandeville, LA	−50	No	0.7	0.61	50
Hardin, KY (ホタルイ)	18	No	4.4	0.61	50
Hardin, KY (ヨシ)	20	No	3.3	0.61	40
Degussa「Corp.」, AL	45	No	1	0.61	50
Monterey, VA	6	No	0.9	0.91	30
Bear Creek, AL	80	No	3.9	0.30	100
Santee, CA (「Shirpus」)	94	No	7	0.61	100

注) 根の深さは槽の総深さの%で表示されている.

達が部分的でしかない．優れたアンモニア除去を示しているわずか2つのシステムは，汚水中に藻類が存在せず，他より長いHRTをもっており，根のシステムが完全に発達している．暖かく好気的な環境下では，硝化は通常きわめて速い．Bear CreekとSanteeサイトで硝化が実質的に生じるのに4~7日かかったということは，これらのシステムにおける酸素の利用可能性が設計上の制約因子となっていることを示している．よく似た結果は，硝化に必要なHRTより長いHRTをもつFWS湿地においても得られている．これらのシステムによる効果的なアンモニア除去には，長いHRTか硝化のための酸素を補給できる源を必要としている．

アンモニアの除去は，**図-6.5**に示されているように，温度にも依存する．図中のデータはアイオワの，HRTが約14日のFWS湿地からの放流水のものである．曝気付安定池にて前処理がなされており，システムは通年運転されていて，流入水のアンモニア濃度は約16 mg/Lである．図には，4年間の記録が示されている．暖かい時期は，放流水のアンモニアは一貫して1 mg/Lかそれ以下である．寒い冬の時期は，水温に応じて放流水の濃度が高くなっている(1991年1月の湿地流出水の温度は0℃であった).

アルカリ度もまた，生物学的な硝化反応に必要である．一般に認められている理論的な比率は，アンモニア態窒素1gの酸化に対してアルカリ度消費7.1g(炭酸カルシウムとして)である[57]．しかし，他でも消費されるので，アンモニア1g

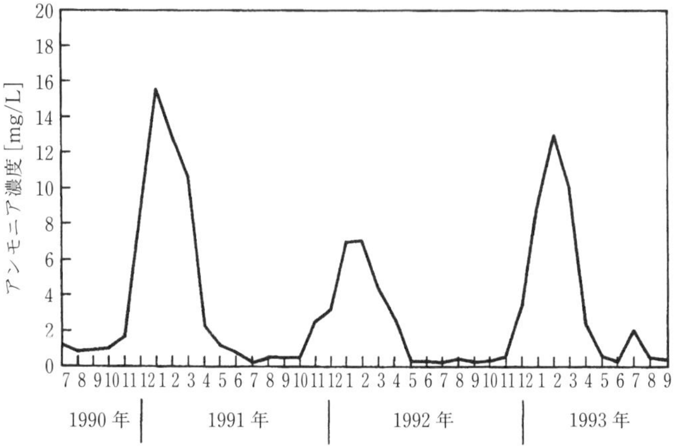

図-6.5 寒冷下における FWS 湿地でのアンモニアの除去

につきアルカリ度10gとして設計するのが無難である．たいていの米国の州のほとんどの都市排水には十分なアルカリ度があるが，非常に低いアンモニア濃度を達成しようとするときやアルカリ度の低い工業排水の処理には，追加が必要となることもある．理論的なアルカリ度消費の約半分は，生産された硝酸が生物学的な脱窒によって還元されたときに取り戻すことができる[57]．

c. 硝酸態窒素

湿地での生物学的脱窒による硝酸イオン(NO_3)の除去には，無酸素状態，十分な炭素源，温度が許容範囲にあることが条件として必要である．たいていの人工湿地では，無酸素条件の存在は確実であり，水温は地域の気候と季節に依存するので，利用可能な十分な炭素源の存在が反応過程の律速因子になる傾向がある．通常の脱窒処理過程では，脱窒のためにメタノールや他の分解しやすい炭素源が用いられている．これらの添加剤は湿地で使用するには経済的でないので，脱窒過程は汚水か湿地内に自然に存在する有機物に頼らざるをえない．しかしながら，前に述べたように，生物学的な硝化にはほとんどのBODを事前に除去(20 mg/Lかそれ以下)することが必要なので，脱窒が起るときまでには，元々汚水中に存在していた利用可能な有機炭素はほとんど残っていないであろう．経験則に基づけば，1gの硝酸態窒素(NO_3-N)を完全に脱窒するには，5~9gのBODが必要である．それゆえ15 mg/Lの硝酸塩を含む汚水は，完全な脱窒のためには 135 mg/L に達する BOD を必要とする.

湿地における他の主要な炭素源は，植物のリターと底層に存在する自然の有機物である．ガマやヨシおよび類似の抽水植物の組織は，乾燥質量ベースで約45%の炭素を含む．乾燥質量で 30 t/ha の年間生産があって，組織内の炭素の少なくとも 40%が脱窒に利用できると仮定すると，そのときは 5.4 t/ha が利用可能となる．5：1 の炭素対硝酸態窒素 (NO_3-N) 比のもとでは，この炭素源は，温度条件が適していれば 1 年当り 1.1 t の硝酸態窒素 (NO_3-N) を脱窒できる．この値は，これらの人工湿地法で通常用いられる水量負荷，および窒素負荷のもとでは，脱窒を維持するのに適切な値以上のものである．FWS 湿地は植物リターが既に水中にあり，植物リターが担体の上にとどまる SF 湿地と比較すれば，より速く分解しやすい成分が含まれており，この点で有利である.

図-6.6 は，ある FWS と SF 人工湿地における流入・放流硝酸イオンを比較したものである．破線は，流入と放流が等しいか，除去量がゼロ状態を意味している．いくつかの湿地システムでアンモニアの内部生産が見られることを示している**図-6.4** と比較すると，この場合の総てのデータは少なくとも何らかの除去があることを示している．両方の型の人工湿地に見られるいわゆる無酸素状態は，両方の図に示されている脱窒効率を支配する主たる因子である.

図-6.6 に示されているデータによると，6 mg/L 以上の流入濃度では FWS 湿地における除去が，より効率的になっている．このことは，根のシステムの発達が十分でなく，相当量の炭素を供給できない SF 湿地と比較すると，この型の湿

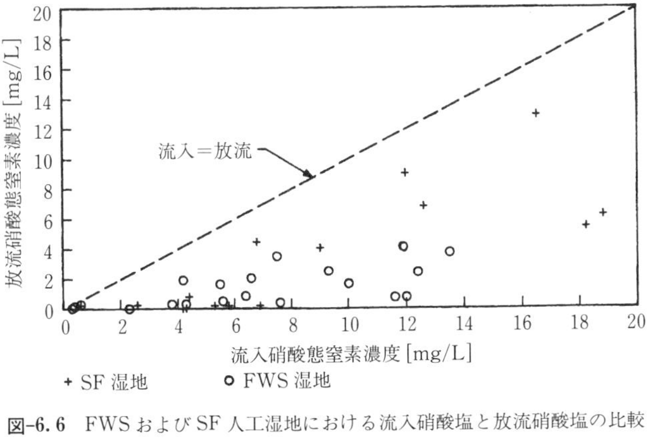

図-6.6 FWS および SF 人工湿地における流入硝酸塩と放流硝酸塩の比較

地に必須の炭素源の供給可能性が増大したためである.

6.3.4 リン除去

自然システムにおけるリン除去は，吸着，錯体化や沈殿の結果として生じるもので，第**7**章で述べる土壌処理システムにおいては効率がきわめてよい．湿地におけるリン除去は，汚水と土壌の接触機会が多くないために，それほど効率的とはいえない．湿地法では，運転開始後の最初の1，2年の間，土粒子との接触面における吸着と初期の活発な生長と植物被覆の拡大のためにリン除去はとても効率がよい．しかしながら，このようなシステムが平衡状態に達したとき，リン除去は減少すると思われる．植物による吸収は引続き行われるが，その後の分解によりそのリンのいくぶんかが水中に戻ることになる．

図-6.7は，代表的な表面流(FWS)および伏流(SF)人工湿地におけるリンの流入を放流と比較したものである．図中の破線は，流入が放流と等しい場合を表している．4つの点が線上か線の直上にあるが，大多数は30～50%というかなりの除去率を指示している．この除去能力は，システムの設計耐用年数の期間にわたって長らく持続すると考えられている．

図-6.7に示されている流入が5 mg/Lで放流が0.5 mg/L以下のあるSF湿地の例は，特別のものである．このシステムで使用されている細かい砂礫は表面が酸化鉄で覆われているように思われ，この皮膜が高いリン除去の理由であると考

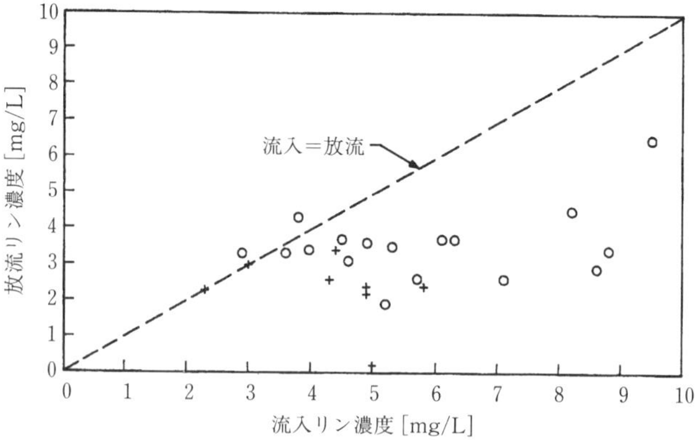

図-6.7 FWSおよびSF人工湿地における流入リン濃度と放流リンの比較

えられている．ヨーロッパの多くのSFシステムでは，リン除去の改善を期待して担体として土を使用している．ところがその試みは成功しておらず，土床の透水係数が低いために表面流がかなり生じ，その結果汚水は水面下にある土粒子の表面とわずかしか接触できない．空隙の大きい粘土凝集体と，酸化鉄または酸化アルミニウムの添加剤を使用した実験的・開発的な研究がいくつかなされている．このような処置のうちのいくつかのものは有望であるといえるが，長期にわたる可能性は明らかでない．

6.3.5 金属除去

湿地における金属除去機構は，前述したリンの除去と類似しており，植物による吸収，吸着，錯体化および沈殿を含んでいる．有機および無機の堆積物は湿地内で連続して(低い率といえども)増加するので，新しい利用可能な吸着サイトも増加する．**図-6.8**は2つの伏流(SF)湿地の金属除去能力を示している．ほぼ完全な除去が観察されており，これは第**7**章と第**3**章**3.5**節で述べている土壌処理システムに匹敵している．表面流(FWS)湿地およびSF湿地の両方とも，それらの金属除去能は類似しており，この能力はシステムの設計耐用年数の期間中持続する．

金属は湿地内に堆積するが，汚水で通常見受けられる濃度では，そのサイトの動植物の生息・生育環境や，別の用途に対する長期的な脅威にはならない．もし

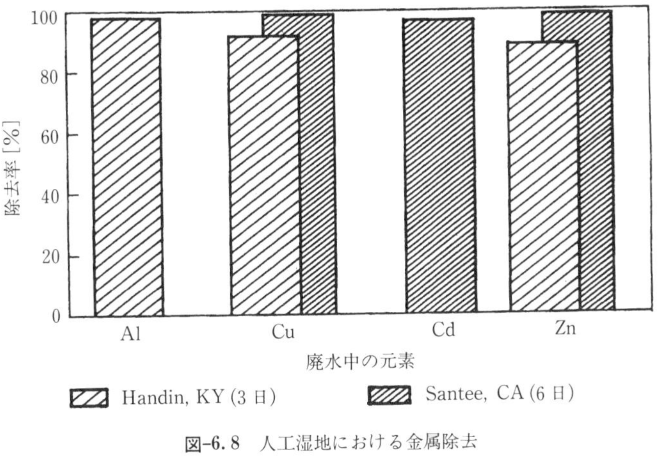

図-6.8 人工湿地における金属除去

湿地が高金属含有工業排水処理のためであれば，第8章で述べる金属の累積負荷を設計において考慮すべきである．この型の湿地は機能を発揮し，金属や他の汚染物質を効率的に除去し続けるが，懸念されるのはシステムが閉鎖された後の動植物の生息・生育空間としての価値や跡地利用に関しての影響である．

高濃度に集積したセレンが水鳥に有毒であることが判明した有名なKesterson沼地の例は，人工湿地としてもし適切に設計され管理されていたならば，問題とはなりえなかったはずである．Kestersonでは，流入した水の大半が蒸発し，セレンや他の物質が集積した．乾燥地でのシステムを設計する際には，類似の状態が生じる可能性を評価しておかなければならず，もし回避や矯正が実行可能でなかったり費用効果が悪ければ，人工湿地方式を断念しなければならない．最も合理的な手法は，流入した水を完全に蒸発させないことではなく，継続して放流または浸透するようなシステムを設計し，好ましくない成分が有毒な水準まで集積しないようにすることである．

6.3.6 有機汚染物質

第3章**3.3**節で述べたように，重要な汚染を招く有機化合物の除去は，揮発や吸着および生物分解によってなされる．まず，システム内に存在する有機物に吸着される．**表-3.6**は，土壌処理システムにおける有機化合物の除去率を示したもので，ごくわずかの90%以上という例を除いて，他は95%を上まわっている．人工湿地における除去効率は，水理学的滞留時間(HRT)が土壌処理方式の分単位や時間単位と比較すると日単位となっているうえ，吸着のためのかなりの量の有機物がほぼいつも存在するので，かなり高くなっている．このことは，湿地処理において揮発，吸着や生物分解の機会が増えていることを示している．**表-6.2**は，試験用の人工湿地に

表-6.2 人工湿地での重要な汚染を招く有機物質の除去

化 合 物	初期濃度 [mg/L]	24時間除去 [%]
ベンゼン	721	81
ビフェニール	821	96
クロロベンゼン	531	81
ジメチルフタラート	1 033	81
エチルベンゼン	430	88
ナフタリン	707	90
p-ニトロトルエン	986	99
トルエン	591	88
p-キシレン	398	82
ブロモホルム	641	93
クロロホルム	838	69
1,2-ジクロロエタン	822	49
テトラクロロエチレン	457	75
1,1,1-トリクロロエタン	756	68

おいて観測された24時間の除去率を表示したものである．湿地設計によく用いられる数日というHRTのもとでは，除去率はさらに高く，表-3.6に匹敵するものである．

6.3.7　病原体除去

湿地での病原体の除去は第3章で記述した酸化池システムと同じ因子に支配されているので，これらの湿地における病原体除去を見積るのに式(3.26)を用いてよい．実際の除去は，計算には含まれていない湿地の植物やリター層を通してのろ過によって，より効率が高くなっているはずである．**表-3.9**は，表面流(FWS)湿地と伏流(SF)湿地の両方のシステムの実績データを示している．SF湿地の主要な除去機構は，物理的な捕捉とろ過である．表-3.9に示しているように，ペンシルバニア州Iselinで用いられている細い繊維は，カリフォルニア州Santeeで用いられている砂礫より明らかに勝っている．バクテリアとウイルスの除去率は，FWSとSF湿地のいずれも高く同程度である．カリフォルニア州Arcataの試験FWS湿地は，3.3日の水理学的滞留時間(HRT)で，糞便性大腸菌群の95%，ウイルスの92%を除去し，カリフォルニア州Santeeの試験研究地では，SF湿地が6日のHRTで，大腸菌群の98%以上とウイルスの99%以上の除去を達成した[20,23]．**図-6.9**は，ケンタッキー州Hardinの砂礫床のSF人工湿地における，1年間以上にわたる糞便性大腸菌群の除去を表している．

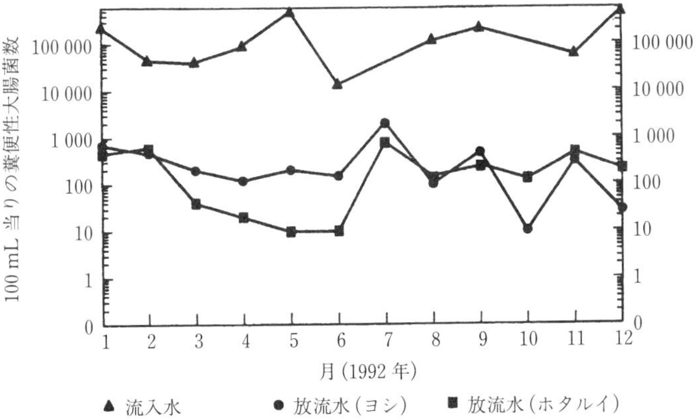

図-6.9　SF湿地での糞便性大腸菌群除去

比較のために，**図-6.2**に同じシステムが示されている．ヨシ(*Phragmites*)床のHRTは3.3日であり，平行しているホタルイ(*Scirpus*)床槽のHRTは4.2日であった．一般にホタルイ床の方が良いが，これは多分，植物種によるものではなくて，HRTが長いためであろう．実際の枯死が式(3.26)で定義されたように温度に依存するとしても，この図では除去実績に季節的な変動はみられない．これは粒子の初期除去が物理的作用によるためである．

図-6.9に示した結果は，3〜7日のHRTで1〜2 logの除去と，FWS湿地とSF湿地の他での実績とも矛盾していない．14日以上のHRTでは，3〜4 logの除去率*となろう．

6.4 概略的な設計手順

総ての人工湿地法は付着生物反応装置であるとみなせる．この装置のBODと窒素の除去効率は，一次の押出し流れの反応式を用いて計算できる．ここでは，BOD，SS，アンモニア態窒素，硝酸態窒素，全窒素(TN)，および全リン(TP)の除去のための表面流(FWS)湿地と伏流(SF)湿地の設計モデルを紹介する．最良の設計方式についての普遍的な合意は存在していないので，いくつか他所からの代替モデルも比較のために紹介する．押出し流れ反応装置の基本的な関係は，式(6.1)で与えられる．

$$C_e/C_o = \exp(-K_T t) \tag{6.1}$$

ここで，C_e：放流水汚染物質濃度 [mg/L]

C_o：流入水汚染物質濃度 [mg/L]

K_T：温度依存一次反応速度定数 [d^{-1}]

t：水理学的滞留時間(HRT) [d]

湿地でのHRTは，式(6.2)を用いて計算できる．

$$t = LWyn/Q \tag{6.2}$$

ここで，L：湿地床長さ [m]

W：湿地床幅 [m]

y：湿地床水深 [m]

訳者注） *n logの除去率とは，$1/10^n$が残存することをいう．

n：空隙率，もしくは湿地を水が流下するのに利用できる空間比率．FWS 湿地では植生とリターが空間の一部を占めており，SF 湿地では担体，根や他の固形物が同様に空間を占めている．空隙率は，小数で表された比率．

Q：湿地を通過する平均流量 [m³/d]

$$Q=(Q_{in}+Q_{out})/2 \tag{6.3}$$

汚水が湿地を流下する際の浸透や降水による水の損失または増加を補正するために，式 (6.3) を用いて平均流量を決定する必要がある．通常の設計では，浸透が無いと仮定し，対象地域での記録から関係する各月の蒸発散損失と降雨による増加分についての妥当な推計値を定める．この方式では損失または増加水量を計算できるようにするために，まず湿地面積に関する仮定が必要となる．予備設計での計算では，Q_{in} が Q_{out} に等しいと仮定してさしつかえない．

式 (6.1) と (6.2) を組合せることによって，湿地の表面積を決定できる．

$$As=LW=\frac{Q\ln(C_o/C_e)}{K_T y n} \tag{6.4}$$

ここで，A_s：湿地表面積 [m²]

式 (6.1) と (6.4) に用いられる K_T の値は，除去が必要な汚染物質の性質と温度に依存する．これらについては，本章の後段で述べる．

処理に関わる生物学的反応は温度に依存するので，適正な設計のためには，湿地の水温を予測することが必要になる．寒冷地における FWS 湿地の効率と基本的な実現可能性は，氷結にも影響される．極端な場合，かなり浅い湿地は底まで凍って，効果的処理ができなくなるかもしれない．それ故，この章では，湿地の水温と凍ったときの氷厚を見積る計算手順も説明する．

湿地の水理学的設計は，汚染物質の除去を決定するモデルと同様に重要なものである．それは，このモデルが湿地断面を一様に流れ，短絡を最小にするという条件のもとで押出し流れを仮定していることによる．FWS 湿地や SF 湿地の初期の設計の多くは，水理学的な要件に十分な考慮を払っていなかったため，短絡流を含む予期しなかった流況や期待される性能に至らしめないようにする悪影響が，しばしば生じた．これらの問題は，本章の水理学的設計手順を用いることで避けることができる．

設計を価値あるものにするには，除去反応速度と同様，水理学的，熱的なことも考慮する必要がある．手順は通常，相互に関係しあうので，運動方程式を解くためには水深と温度を仮定するということを順次繰返すことになる．この手順に従うと，関係する汚染物質の除去に必要な湿地面積を予測できる．除去に最も広い面積を必要とする汚染物質が設計制限因子 (LDP) であり，それが湿地のサイズを決定する．いったん，湿地面積がわかれば，湿地内の理論的な水温を決定するのに，温度方程式を用いることができる．もし当初の仮定水温とこの計算温度が一致しなければ，2 つの温度の値が収束するまで，さらに計算を繰返す．最後の段階では，最終的な縦横比 (長さ：幅) と湿地内での流速を，適切な水理学的計算により決定することになる．もしこれらの最終値が，温度計算のために仮定した初期値と有意な違いがあれば，もう一度，反復計算が必要となる．

6.5 水理学的設計手順

人工湿地法の水理学的設計は，良い処理結果を得るために決定的な要素となる．現在用いられている総ての設計モデルでは，均一流れ条件，および汚水成分と処理微生物が限りなく接触できると仮定している．伏流 (SF) 湿地では，システムの設計寿命の間，地下流が正常な状態に維持されるのを保証することも必要である．水理学的設計と建設方法に細心の注意を払ってのみこれらの前提と目標を達成することができる．

湿地システムを下る流れは，摩擦抵抗に打ち勝って流れなければならない．この摩擦は，表面流 (FWS) 湿地では植生とリター層によって，また SF 湿地では担体，根や堆積物によって生じる．この抵抗に打ち勝つためのエネルギーは，流入口と放流口の間の水頭差である．この差は，傾斜底をもった湿地を建設することによって得られる．しかしながら，流体抵抗は時が経つにつれて増加しうるし，傾斜底はシステムの寿命が来るまで固定されているので，必要な水頭差を単に傾斜底のみに頼るのは，経済的でもなければ賢明でもない．好ましい手法は，必要に応じて完全排水できるように十分な傾斜をもった底を建設し，あわせて湿地末端の水位を調節できる放流口を設けることである．これらの調節可能な放流口の詳細については，本章の後段で述べる．

湿地の縦横比 (L：W) は，システム内の水流の様相と流体抵抗に強く影響する．初期の FWS 湿地の設計においては，湿地内の押出し流れ条件を確かなものにし，短絡を避けるためにとても高い縦横比が必要と考えていた．そして，少なくとも10：1の縦横比が好ましいとされていた．この手法の主要な問題点は，流路の長さが増すにつれて，流体抵抗も増すことである．カリフォルニア州で建設された約20：1の縦横比をもつFWS湿地では，植物リターの堆積によって流体抵抗が増加したために，5年後に湿地の流入端での溢水が生じた．1：1以下から3：1あるいは4：1までの縦横比が，許容しうるものである．注意深い建設，複数床の使用による湿地底の維持管理，流水を再分配するための中間の開水面域の設置によって，短絡流を最小限に抑えることができる．これらの手法については，本章の後段できわめて詳細に論じる．

6.5.1　表面流 (FWS) 湿地

FWS湿地での流れは，開水路での流れを表わすマニングの式によって求めることができる．式(6.5)で示される湿地内の流速は，水深，水面勾配，植生密度に依存する．開水路流れへのマニングの式の適用に際しては，摩擦抵抗が水路の底面と側面でのみ生じると仮定する．これらのFWS人工湿地では，抽水植物とリターが空間全体に存在しているため，流体抵抗が水深全体に分布する．マニングの式は乱流を仮定しており，湿地のためには完全には正しくないが，近似的に用いることができる．

$$v=(1/n)y^{2/3}s^{1/2} \tag{6.5}$$

ここで，v：流速 [m/s]

n：マニングの係数 [$\mathrm{s/m^{1/3}}$]

y：湿地の水深 [m]

s：動水勾配または水面勾配 [m/m]

湿地法では，抽水植物によってもたらされる抵抗のために，マニングの係数 n は水深の関数となる．同様に抵抗は，植生密度とリターに依存しており，それらは場所と季節によって変化する．この関係は，式(6.6)で示される．

$$n=a/y^{1/2} \tag{6.6}$$

ここで，a：抵抗係数 [$\mathrm{s \cdot m^{1/6}}$]

$=0.4\mathrm{s \cdot m^{1/6}}$ (疎で低い植生，$y>0.4$m)

$=1.6\mathrm{s \cdot m^{1/6}}$ (汚水湿地で $y\approx0.3$m の適度に密な植生)

$=6.4\mathrm{s \cdot m^{1/6}}$ (とても密な植生とリター層，$y\leqq0.3$m の汚水湿地)

代表的な抽水植物がある状況では，設計のために a の値が1～4の間にあると仮定して差支えない．式(6.6)を式(6.5)に代入すると，次式となる．

$$v=(y^{1/2}/a)y^{2/3}/s^{1/2}$$

または

$$v=(1/a)y^{7/6}/s^{1/2} \tag{6.7}$$

湿地部の最大長を決定するための方程式を得るために

$$v=Q/Wy,\ w=A_s/L,\ s=my/L$$

とおいて，上式に代入する．

ここで，Q：流量 [m^3/d]

W：湿地床の幅 [m]

A_s：湿地の表面積 [m^2]

L：湿地床の長さ [m]

m：水頭差として働く深さの増分 [%]

式(6.7)へのこれらの項を代入し再整理すると，次式となる．

$$L=[A_s y^{8/3} m^{1/2}\times 86\,400/aQ]^{2/3}$$

または，

$$L=[A_s y^{2.667} m^{0.5}\times 86\,400/aQ]^{0.6667} \tag{6.8}$$

湿地の表面積 A_s は，この章の後段で説明される汚染物質除去のためだけの設計モデルでまず決定される．また式(6.8)によって，選択された動水勾配に見あう床の最大許容長さを直接計算する．その際，できれば，将来の調整のための余裕しろとして，できるかぎり小さい動水勾配を用いることが望ましい．通常，3：1以下の縦横比が最も経済的な選択であるが，立地場所の地形的な制約内に湿地をおさめるために，長さと動水勾配の組合せを変えることも可能である．設計に用いられる式(6.8)の m の値は，通常，利用可能な水頭の10～30%とする．m=100%のときは，最大水頭は湿地の全水深 y に等しい．これは湿地が放流端で水がなくなる，つまり水深が0になり，湿地の流体抵抗がさらに増加した場合の余裕しろが無くなるので，安全な設計ではない．

式(6.8)の Q の値は，蒸発散，浸透，降水による水の損失または増加を考慮に入れた，湿地全体の平均流量 [$(Q_{in}+Q_{out})/2$] である．予備設計にて $Q_{in}=Q_{out}$ と仮定することに問題はない．最終のシステム設計では，蒸発散，浸透，降水による水の損失と増加を考慮しなければならない．

6.5.2 伏流 (SF) 湿地

式 (6.9) によって示されているダルシーの法則は，多孔質の担体中の流れを表わすことができ，土や砂礫を担体とするSF 湿地の設計に，一般に用いられる．きわめて粗い岩を用いた床では，より強い乱流が発生するので，この場合はエルガン (Ergun) の式の方がより適切である．ダルシーの法則は，実際のシステムの物理的な制約条件のために，厳密にはSF 湿地に適用できない．つまり，ダルシーの法則は薄層流を仮定しているが，設計で動水勾配を大きくするときには，非常に粗い砂礫の間隙中では乱流が発生することがある．また，ダルシーの法則では，システム内の流れが定常で均一であると仮定するが，実際には，流れは降水，蒸発や浸透のために変化したり，不均一な間隙や施工不良のせいで部分的な短絡流が起こるかもしれない．もし小から中サイズの砂礫が担体として使用され，システムが短絡流を最小にするように適正に建設され，しかも動水勾配が最小になるように設計され，さらに水の損失と増加が考慮されていれば，ダルシーの法則の適用により，SF 湿地の水理学的状況を説明することができる．

$$v = k_s s$$

であるので，

$$v = Q/Wy$$

それで，

$$Q = k_s A_c s \tag{6.9}$$

ここで，$Q = [(Q_{in} + Q_{out})/2]$ で，湿地の平均流量 [m^3/d]

k_s：湿地の流れ方向に垂直な方向の単位面積当りの透水係数 [$m^3/m^2 \cdot d$]

A_c：流れに垂直な総断面積 [m]

s：流れシステム内の動水勾配または水面勾配 [m/m]

v：空塔速度 (担体の全断面積当りの見掛け上の流速) [m/d]

なので，代入し，項を再整理することによって，設計上の動水勾配に適合するSF 湿地の許容最小幅を決定できるように，方程式を展開する．

$$s = my/L \qquad L = A_s/W \qquad A_c = Wy$$

ここで，W：湿地床の幅 [m]

A_s：湿地の表面積 [m^2]

L：湿地床の長さ [m]

m：水頭差として働く水深の増分 [%]

y：湿地の水深 [m]

$$W=\frac{1}{y}\left[\frac{QA_s}{mk_s}\right]^{0.5} \tag{6.10}$$

湿地の表面積 A_s は，この章の後段で説明される汚染物質除去用のみの限定設計モデルを用いて，まず決定される．次いで式(6.10)により，選定されている動水勾配に適合する完全最小許容床幅を直接計算する．もし計画地に地形的制約があるならば，幅と動水勾配の他の組合せも可能である．式(6.10)の m は，利用可能な水頭の5〜20%の間にある．m が100%のときは，最大水頭は湿地の全水深 y に等しい．これは湿地が放流端で水深が0になり，湿地の流体抵抗がさらに増加した場合に備えての余裕しろがなくなるので，安全な設計ではない．目詰りの可能性，粘性効果や設計時にはわからない，不測の事態に対応できる大きな安全係数をとれるようにするために，有効透水係数 k_s の1/3以下の値を選定し，m が20%を超えないようにすることが望ましい

式(6.9)と(6.10)は，担体内の空隙を通る流れが薄層のときに正しくなる．これはレイノルズ数が10未満の場合に相当する．式(6.11)に示されるように，レイノルズ数は，流速，空隙の大きさ，水の動粘性係数の関数である．ほとんどの場合 N_R は1未満であり，それ故，薄層流となっておりダルシーの法則が適用可能となる．もし乱流であるならば，有効透水係数は，ダルシーの法則で予測されたよりもかなり小さくなる．

$$K_R=vD/\tau \tag{6.11}$$

ここで，N_R：レイノルズ数，無次元

v：ダルシーの速度(式(6.9)から) [m/s]

D：担体内の空隙の直径，担体の平均サイズと同じとされる [m]

τ：水の動粘性係数 [m²/s] (**付表-A.3** を参照)

式(6.9)と(6.10)における透水係数 k_s は，水の粘性の変化とともに直接的に変化する．この粘性は水温の関数となる．

$$\frac{k_{sT}}{k_{s20}}=\frac{\mu_{20}}{\mu_T} \tag{6.12}$$

ここで，k_s：温度 T および20℃における透水係数

μ：温度が T および20℃における水の分子粘性係数(**付表-A.3** 参照)

寒冷地では，冬期のSF湿地の稼動に際し粘性効果が重要となる．例えば，

表-6.3　SF 湿地のための代表的な担体の特徴

担体の大きさ	有効径 $D_{10[mm]}$	空隙率 n [%]	透水係数 k_s [m³/m²·d]
粗い砂	2	28～32	100～1 000
砂　礫	8	30～35	500～5 000
細かい礫	16	35～38	1 000～10 000
中程度の礫	32	36～40	10 000～50 000
粗い岩	128	38～45	50 000～250 000

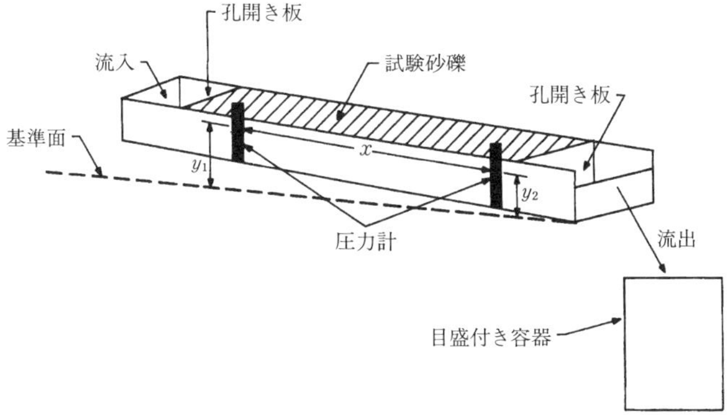

図-6.10　透水係数を求めるための装置

5℃という水温では，透水係数は 20℃の 66%になる．この効果は，前に推奨した安全係数（設計 k_s が計測された“有効な”k_s の 1/3 以下）では考慮されている．

式(6.9)および式(6.10)の透水係数 k_s は，SF 湿地で用いられる担体の空隙の数と大きさによって変化する．**表-6.3** は，SF 湿地に使用しうる粒状物質の推定値のオーダーを示している．

最終的な設計の前に現地または実験室で担体の透水係数を計測することが必要である．透水係数測定装置は実験室向きの標準的な装置であるが，このシステムでしばしば用いられる粗い砂礫や岩には，あまり適していない．**図-6.10** は，McCulley，Frick，および Gilman[47] によって開発され，砂礫サイズの“有効”透水係数をうまく計測するのに使用されている計測槽を示したものである．

槽の総延長は約 5 m であり，孔開き板は，端からそれぞれ約 0.5 m に設けられている．孔開き板間の空間は，試験される担体で満たされている．水位計は，槽内の水位を観測するのに用いられ，約 3 m 離れて設置されている．ジャッキと楔により，槽の上流端を基準面から少しもち上げられるようになっている．槽に流込む水流は，砂礫層が没し表面に自由水面が現われないように調節される．流出量 Q は，目盛付き容器で計測され，その時間はストップウォッチで計られる．横断方向の流水断面積 A_s は，槽の下流端の孔開き板を過ぎる際の水深を書きとめ，その値に槽の幅を乗じることによって求められる．おのおのの試験時の動水勾配 s は，$(y_1-y_2)/x$ (大きさは図-6.10 に示されている) である．また，式(6.9) の透水係数以外のパラメータは総て計測されるので，透水係数を計算することが可能となる．薄層流の仮定が有効であることを確かめるために，レイノルズ数も計算する必要がある．

SF 湿地で用いられる担体の空隙率 n もまた，最終のシステム設計に前もって計測しておかなければならない．これは，標準的な ASTM* 法を用いることによって実験室内で計測できる．容量が既知の大きな容器を用いて，現地で見積ることが可能である．容器を試験担体で満たし，建設作業時の圧力を，締固めか容器の落下により再現する．そして，容器の指定された印のところまで水で満たし，その量を計る．加えられた水量は，空隙量 V_v を示す．総体積 V_t が既知なので，空隙率 n を計算することができる．

$$n=(V_v/V_t)\times 100 \tag{6.13}$$

土や砂礫の空隙率は，多くの参考文献に示されており，本書では**図-2.4** にも示されている．これらの値は，表-6.3 で与えられたものや上述の現地試験によって計測されたものよりも，より小さい傾向にある．これらの出版されている値(そして図-2.4)は，自然に固まった原位置の土や堆積砂利についてのものであり，SF 人工湿地の設計のためには適当なものではない．粗い砂礫や岩が担体として用いられるときは，透水係数を推定するのに，エルガンの式[31] に基づく関係式を使ってよい．

$$k_s=n^{3.7} \tag{6.14}$$

上式と表-6.3 の値は，概略のオーダーの推定のためにのみ用いてよい．SF 湿地の最終設計は，空隙率と透水係数の実測値に基づかなければならない．

存在している多くの SF 湿地では，システム内の押出し流れを保持するため，高縦横比 ($L:W=10:1$ かそれ以上) で設計されていた．このような高縦横比は

訳者注) *American Society for Testing and Materials ; 米国材料試験協会.

不要である．というのは，利用可能な動水勾配では意図した地下水流を実現するには不十分なので，自由表面流をどうしてもつくりだしてしまうからである．表面流は，いずれのSF湿地でも大雨の時にわずかながら生じるが，この時汚染物質濃度は比例的に減少し，処理効率には通常，影響しない．このシステムは，平均的な設計流量と想定される最大流量や大雨の影響を考慮して，当初から設計されるべきである．

設計動水勾配を可能最大水頭の20%未満に抑さえるべきであるという前述の推奨値に従うと，システムの実行可能な縦横比をかなり低い値(深さが0.6 mの床では3：1以下，深さが0.3 mの床では0.75：1以下)に抑さえることができる．砂礫の代りに土を用いているヨーロッパのSFシステムは，十分な動水勾配を確保するために8%までの傾斜をもたせて建設されているが，安全係数が不適切なために，いつも表面流が生じている．

いくつかのSF設計法[50]では，目詰りを避けるために，SF湿地床の幅をシステムの流入部の断面積基準の有機物負荷(kg-BOD/m^2・d)によって決定することを推奨している．このことは，本書の主著者が未出版の観測値に基づいて示したものであり，未だ実証されていない．SF湿地の設計に際しては利用可能最大動水勾配の20%以下にすべきである，とした上述の設計手引きには合理的な根拠があり，望ましいものである．この設計手引きでは広い流入部を必要とするとしており，汚水中の固形物による目詰りを最小にできるようにしている．

6.6 温度の様相

このシステムにおける物理的，生物的作用は，いずれも湿地における温度の影響を受ける．極端な場合ではあるが，低温が続き結果として氷結すると，湿地は物理的な機能不全に落ちいる．BOD除去，硝化や脱窒に関わる生物的反応は，温度に依存することが知られている[3,20]．しかしながら，多くの場合，寒冷地における既存の湿地法でのBOD除去効率は，温度依存性を明確には示さない．これは，このシステムの水理学的滞留時間(HRT)が長いので，冬期の低反応率を補って余りあるためと考えられている．カナダや米国におけるいくつかのシステムは，冬期間に窒素除去能力が減少することを，実際に示している．このことは，生物的反応への温度の複合的な影響と，いったん水面が氷で覆われてしまった場合の酸素不足のためであると，考えられている．

本章の後段で，温度に依存するBODおよび窒素除去モデルのための速度係数について説明する．それ故，設計用の生物的モデルを適切かつ効果的に使用するために，湿地の水温を推定するための信頼できる手法を準備する必要がある．本節では，SF湿地とFWS湿地での水温を決定するためと，FWS湿地で形成されうる氷の厚みを予測するための計算方法を説明する．

6.6.1 伏流(SF)湿地

SF湿地床の実際の温度分布の様相は，たいへん複雑なものである．敷かれた土壌、システムに流入する汚水や大気を通して，熱の吸収や放散がある．基本的な熱輸送機構には，地面からや地面への伝導，汚水からや汚水への伝導，大気からや大気への伝導と対流，大気からや大気への放射がある．地面から流れ込むエネルギーは重要であるが，従来の設計では無視されたのが通例である．太陽の放射から得られるエネルギーも無視されるのが通例である．これらのことは，温度条件が最も決定的な冬期の北部では無理からぬところである．年間ベースで太陽放射が重要である米国南西部では，この要素を計算中に取入れた方がよい．開水面における風による対流損失は重要であるが，密な植生，リター層，およびかなり乾燥した砂礫層が存在するのが通例のSF湿地ではそうならない．これらが湿地内にある水への風の効果を打消し，その結果，対流損失はかなり小さく，熱モデルにおいて無視しうることとなる．それ故，以下に述べる単純化したモデルは，単に大気への伝導損失のみを考慮したものであり普通に使えるものである．この手順は，基本的な熱移動関係[13]に基づき，専門家の助けを得てつくりあげたものである[11,37]．SF湿地のいずれの地点の温度も，推定熱損失とシステム中で利用できるエネルギーを比較することで，予測可能となる．

熱損失は大気への熱伝導により生じ，利用可能な唯一のエネルギー源はSF湿地を流れ通る水であると仮定する．水は冷やされる際にエネルギーを放出する．このエネルギーは比熱といわれる．水の比熱は，温度が高くなったり低くなったりする際の，蓄えられたり放出されたりするエネルギーの総量である．比熱は，圧力とわずかであるが温度に依存する．本書で論じているシステムの水面では大気圧が卓越しており，温度の影響も少ないため，実用目的のために比熱は一定であると仮定する．本書における計算においては，比熱 C_p は4 215 J/kg·℃とする．この値は，水の凝固点の0℃まで適用できる．0℃の水は，利用可能な潜熱が失われるまで凍らない．また潜熱は，一定で334 944 J/kgに等しいと仮定できる．潜熱は，実際上，システムを氷結から守る最後の安全係数である．しかし，温度が0℃まで下ったときは結氷が切迫しており，システムは物理的機能不全の境界にある．安全を見込んだ設計を確実なものにするため，最大の氷厚を求めるときにかぎって，潜熱をこれらの計算における要素として含める．

湿地を流下する水の利用可能なエネルギーは，式(6.15)によって定義される．

$$q_G = c_p \delta A_s y n \tag{6.15}$$

ここで，q_G：水から得られるエネルギー[J/℃]

c_p：水の比熱，4 215 J/kg･℃

δ：水の密度，1 000 kg/m³

A_s：湿地の表面積[m³]

y：湿地の水深[m]

n：湿地の空隙率[すなわち，水が流れるのに使用できる空間，担体によって占められた残り(代表的な値は**表-6.3**参照)]

もし湿地を流下する水の日温度変化を計算したい場合には，式(6.15)において，A_s/tの項をA_sに代入するとよい．

$$q_G = c_p \delta (A_s/t) y n \tag{6.16}$$

ここで，q_G：流れから得られる1日分のエネルギー[J/℃･d]

t：システムのHRT[d]

(他の項は前に定義済み)

SF湿地全体からの熱損失は，式(6.17)で求められる．

$$q_L = (T_0 - T_{\mathrm{air}}) U \sigma A_s t \tag{6.17}$$

ここで，q_L：大気への熱伝導によるエネルギー損失[J]

T_0：湿地への流入水の水温[℃]

T_{air}：対象期間中の平均気温[℃]

U：湿地床の表面での熱伝達係数[W/m²･℃]

σ：時間変換係数，86 400 s/d

A_s：湿地の表面積[m²]

t：湿地内のHRT[d]

もし日々の熱損失と温度を計算したいならば，式(6.17)は次のようになる．

$$q_L = (T_0 - T_{air}) U\sigma (A_s/t)(1\mathrm{d}) \tag{6.18}$$

ここで，q_L：1日のエネルギー損失 [J/d]

T_0：対象湿地区画への流入水の水温 [℃]

(他の項は前に定義済み)

式(6.17)および(6.18)における T_{air} の値は，その地域の気象記録から，または湿地計画地に最も近い気象観測所から得られる．過去20もしくは30年間の記録の中で冬期の温度が最も低い年を，計算目的の“計画年”として選定する．これらの熱計算のためには，湿地内の設計水理学的滞留時間(HRT)に等しい期間の平均気温を用いることが望ましい．もし“設計年”の月平均気温が利用可能なものの総てである場合には，この結果は，通常，1次近似値として使うことができる．もし，熱計算の結果がぎりぎり許容可能な条件を上まわっていた場合は，最終のシステム設計のために，より精密に推定することが必要となる．

熱伝達係数または式(6.17)の U 値は，湿地縦断面の熱伝達容量である．それは，式(6.19)に示されるように，厚みに応じて分割された主要構成要素のおのおのの熱伝導率を組合せたものである．

$$U = \frac{1}{\dfrac{y_1}{k_1} + \dfrac{y_2}{k_2} + \dfrac{y_3}{k_3} + \dfrac{y_n}{k_n}} \tag{6.19}$$

ここで，U：熱伝達係数 [W/m²・℃]

$k_{(1-n)}$：1から n 層の熱伝導率 [W/m・℃]

$y_{(1-n)}$：1から n 層の厚さ [m]

表-6.4 は，SF湿地に通常存在する材料の熱伝導率を示している．

表-6.4 SF湿地構成要素の熱伝導率

材 料	k [W/m・℃]
空気(対流無し)	0.024
雪(新しい，緩い)	0.08
雪(長期間)	0.23
氷(0℃)	2.21
水(0℃)	0.58
湿地リター層	0.05
乾燥(湿度25%)砂礫	1.5
湿潤砂礫	2.0
乾燥土	0.8

湿地のリター層を除く構成要素全部の熱伝導率はわかっており，数多くの既存の文献資料がある．SF湿地のリター層の熱伝導率は小さ目と考えられるが，よくはわかっておらず，より明確になるまでは，注意して使用する必要がある．

【例題-6.1】

次の特徴をもつSF湿地床の熱伝導率を決

定せよ．15 cm のリター層，7.5 cm の乾燥砂礫，60 cm の湿潤砂礫．30 cm の雪で覆われている場合と雪で覆われていない場合の値を比較せよ．

〈解〉

30 cm の雪は，

$$U=\frac{1}{(0.3/0.23)+(0.15/0.05)+(0.075/1.5)+(0.6/2.0)}$$

$$=1/4.65=0.214\,\mathrm{W/m^2\cdot ^\circ C}$$

雪で覆われていないと，

$$U=1/19.26=0.295\,\mathrm{W/m^2\cdot ^\circ C}$$

雪で覆われているときは，熱損失を約40%減じる．寒冷気候では雪で覆われることがしばしばあるが，設計上は雪は存在しないと仮定する．

式(6.15)および(6.16)で示される熱の損失と吸収によって生じる温度 T_c の変化は，2つの式を組合せることによって得られる．

$$T_c=\frac{q_L}{q_G}=\frac{(T_0-T_{\mathrm{air}})U\sigma A_s t}{c_p\sigma A_s y n} \tag{6.20}$$

ここで，T_c：湿地の温度変化［℃］

（他の項は前に定義済み）

湿地からの放流水温 T_e は，

$$T_e=T_0-T_c \tag{6.21}$$

または

$$T_e=T_0-(T_0-T_{\mathrm{air}})\frac{U\sigma t}{c_p\sigma y n} \tag{6.22}$$

計算を，日単位で行うときには，T_0 は対象としている湿地床への流入水温，T_e はその床からの放流水温，T_{air} はその期間中の日平均気温である．

SF 湿地内の平均水温 T_w は，次式のようになる．

$$T_w=(T_0+T_e)/2 \tag{6.23}$$

この平均温度を，BOD あるいは窒素の除去モデルにおいて湿地の規模およびHRT を決定したときの推定温度値と比較し，この2つの温度に乖離があるときは，推定値に計算値が収束するまで，反復計算を行うことになる．

この手順に，太陽放射および地盤との伝導によるエネルギーの取得と損失を含めれば，さらに精緻化できる．秋と冬には土の温度が湿地の水温よりも高いと思われるので，冬期間の地盤からの伝導は正味のエネルギー取得を示すと思われる．地盤からの流入エネルギーは，式(6.17)によって計算できる．妥当な U 値は 0.32 W/m²·℃，地盤温度は 10℃であろう．対象場所での太陽からの吸収は，該当の記録から正味の日射量を求めて推定できる．このとき式(6.24)は，太陽からの流入熱を推定するのに用いることができる．

$$q_{solar}=\phi A_s ts \tag{6.24}$$

ここで，q_{solar}：太陽放射からのエネルギー流入量 [J]

ϕ：現地の太陽放射 [J/m²·d]

A_s：湿地の表面積 [m²]

t：湿地の HRT [d]

s：SF 湿地内の水に到達する太陽放射エネルギーの割合，通常 0.05 以下

式(6.24)の結果を利用する際には，注意が必要である．放射はまず植生とリター層に，次いで反射が可能な雪の層に届くので，この放射の太陽エネルギーは，ほとんど実際には SF 湿地内の水には届かない．そのため，式(6.24)には補正が必要である．以前に述べたように，これらの源から湿地へのいかなる流入熱も無視する方がよい．もし，これらの熱流入を計算に入れるならば，これらは式(6.15)，(6.16)，およびシステム内の温度変化を決定するための式(6.20)の分母にも加えるべきである．

6.6.2 表面流 (FWS) 湿地

FWS 湿地では水面が大気に曝されているので，気温が氷点下となることがある北部では，一時的にせよ凍結することがある．氷層は断熱層として働き，下方の水の冷却を遅らせるので，氷の存在は利点となりうる．池，湖，および大部分の河川では，氷層は自由に浮かび，厚みが増しても氷層の下方の流水容積をあまり減らすことはない．FWS 湿地で，植生の茎や葉によって氷がその位置に固定されるような場合には，氷層が厚くなるにつれて流水可能容積が減ることになる．極端な場合には，流れが阻害されるほど氷層が厚くなり，生じた応力で氷にひびが入り，水は氷層の上を流れ始める．その結果，この表面流は凍結してしまい，暖かくなるまで，湿地の機能は停止することになる．この時点で，湿地の生物的処理機能も停止する．人工湿地を使用可能にするには，このような状況の発

生を予防するか回避しなければならない．ごく低い気温（<−20℃）がかなり長い期間続くところでは，解決方法として，湿地構成要素として季節的な変動を吸収するための厳寒月の間汚水を貯水できる池を設置することが考えられる．サウスダコタ州と北西カナダのシステムの多くは，この方法を採用している[9,15]．一方，カナダのオンタリオ州や，やはり冬の厳寒期があるアイオワ州のいくつかの自治体でも，FWS 湿地は冬期間ずっと問題なく稼動している．北方気候地帯のどの事業においても，湿地が冬期間，物理的に安定し，生物的反応が進行しうる水温を維持できるようになっているかを確認するために，本節で説明した温度解析を実施することが欠かせない．

本節で説明する計算手順は，ニューハンプシャー州の Hanover にある米国寒冷地調査技術研究所（the U. S. Cold Regions Research and Engineering Laboratory）の Darryl Calkins の協力をえて参考文献〔1〕から導びいたものである．この手順は，3つの部分からなる．

1. 氷がはり始める条件（水温 3℃）となるまで，湿地内の水温を計算する．密な植生の湿地部分と広い開水面ゾーンとに分けて計算する必要がある．
2. 氷に覆われた場合の水温を計算する．
3. 対象期間に生成する氷の厚さを推定する．

手順 1. と 2. で決定された温度は，立地予定場所における FWS 湿地の基本的な立地可能性を決定するためと，BOD や窒素除去型の湿地の大きさを決める際の仮定温度を確認するために用いることになる．BOD や窒素の除去モデルは，湿地の広さ，水理学的滞留時間（HRT），流速（熱の計算にも利用）を決定するのに必要であるため，モデル化は設計の第一ステップとなる．手順 3. で推定された氷の総厚は，立地予定場所における湿地の立地可能性の指標となるし，冬期に必要な運転のための水深を決定するために用いることができる．

ケース 1：結氷前の FWS 湿地

式（6.25）は，湿地設置予定地点の水温を計算するのに用いられる．結氷は，水面での密度差と対流損失のために，水層の温度が 3℃に近付いたときに始まることが，経験上知られている[1,11]．それ故，式（6.25）の計算では，温度が 3℃に達するか，湿地床の末端まで計算が進むまでのどちらか早い方まで繰返す．もし湿地の末端に届くよりも前に 3℃に達したならば，式（6.27）で氷で覆われた下層の温度を計算することになる．もし湿地が，深い水深の開水面域と互いにいりくんだ植生ゾーンからできているならば，水温は式(6.25)に妥当な熱移動係数 U_s を与えて，順次計算していくことになる．

$$T_w = T_{air} + (T_0 - T_{air})\exp\left[\frac{-U_s(x-x_0)}{\delta y v c_p}\right] \tag{6.25}$$

ここで，T_w：距離 x (m) の水温［℃］

T_{air}：対象期間の平均気温［℃］

T_0：距離 x_0 (m) の水温［℃］，x_0 は対象湿地床の流入点

U_s：湿地表面の熱移動係数［W/m²・℃］

＝1.5W/m²・℃ (密な湿性植物植生)

＝10～25W/m²・℃ (開水面，雪で覆われていないときの風の条件下での大き目の値)

δ：水の密度＝1 000 kg/m³

y：水深［m］

v：湿地内の流速［m/s］

c_p：比熱＝4 215 J/kg・℃

もし最初の反復計算で，湿地の最終段からの放流水が3℃より低ければ，式(6.25)を再度用いて，温度が3℃になる距離 x までを解くことになる．

$$x - x_0 = -\frac{\delta y v c_p}{U_s}\left[\ln\frac{3^\circ - T_{air}}{T_0 - T_{air}}\right] \tag{6.26}$$

【例題-6.2】

3段階からなるFWS湿地の水温を計算する．

第1段目：長さ180 m，深さ0.3 m，密な植生，流速0.00103 m/s

第2段目：深い開水面ゾーン，長さ50 m，水深1.2 m，流速0.00026 m/s

第3段目：第1段目に同じ，T_w＝－2℃，流入水温＝10℃

〈解〉

第1段目の末端の温度を計算するために，式(6.25)を用いる．

$$T_w = (-2^\circ) + [10^\circ - (-2^\circ)]\exp\left[\frac{-1.5\times 180}{1\,000\times 0.3\times 0.00103\times 4\,215}\right]$$

$$= (-2^\circ) + (12^\circ)(0.813) = 7.75℃$$

第2段目の末端の水温を計算する．

$$T_w=(-2^\circ)+[7.75^\circ-(-2^\circ)]\exp\left[\frac{-15\times 50}{1\,000\times 1.2\times 0.00026\times 4\,215}\right]$$

$$=(-2^\circ)+(9.75^\circ)(0.565)=3.5℃$$

湿地の末端の水温を計算する．

$$T_w=(-2^\circ)+[3.5^\circ-(-2^\circ)]\exp\left[\frac{-1.5\times 180}{1\,000\times 0.3\times 0.00103\times 4\,215}\right]$$

$$=(-2^\circ)+(5.5^\circ)(0.813)=2.5℃$$

放流水温が3℃以下なので，この湿地の第3床目で結氷が始まる．式(6.26)を用いると第3段目の床の約76 mの位置で生じることがわかる．次いで，式(6.27)により最終段の放流水温，1.5℃が得られる．

ケース2：FWS湿地，氷の層の下側の流れ

いったん氷で覆われると，下側にある水から氷への熱移動は，気温や氷上の雪の層の有無に影響されず一定となる．これは，水との境界面となる氷の下層面が，水全体が凍ってしまうまで0℃であり続けるからである．氷の形成速度は気温と雪の影響を受けるが，下層の水の冷却速度は影響を受けない．氷層の下の湿地水温は，式(6.25)と形が同一で，氷層の存在を反映するように2つの項の取り方を変えさせた式(6.27)を用いて推定できる．

$$T_w=T_m+(T_0-T_m)\exp-\left[\frac{U_i(x-x_0)}{\delta y v c_p}\right] \tag{6.27}$$

ここで，T_w：距離 x の水温［℃］

T_m：氷の融点，0℃

T_0：距離 x_0 の水温［℃］，結氷が始まる3℃を仮定する

U_i：氷と水の境界面での熱移動係数［W/m²・℃］

（他の項は前に定義したとおり）

式(6.27)の U_i 値は，氷層下の水深と流速に依存する．

$$U_i=\phi(v^{0.8}/y^{0.2}) \tag{6.28}$$

ここで，U_i：氷と水の境界面での熱移動係数［W/m²・℃］

ϕ：対象期間の平均気温［℃］=1 622［J/m$^{2.6}$・$s^{0.2}$・℃］

v：流速［m/s］(氷の無いときと同じと仮定する)

y：水深［m］

ケース3：FWS湿地，厚い氷層の形成

氷層の水温が3℃に達したとき，FWS湿地の表面に氷がはり始め，温度が0℃かそれ以下であるかぎり続く．極端に低い気温が長い期間継続する北方の気候では，はなはだしい結氷が生じると，FWS湿地の物理的な機能が停止するため，一年間休みのない処理が求められるときには利用できない．1日の間に形成される氷の厚みと深さは，式(6.29)を用いて推定できる．

$$y=\frac{t\sigma}{\delta Q}=\frac{(T_m-T_{\mathrm{air}})}{\dfrac{y_s}{k_s}+\dfrac{y_i}{k_i}+\dfrac{1}{U_s}}-[U_i(T_w-T_m)] \tag{6.29}$$

ここで，y：1日当りの氷の形成厚［m/d］

t：対象期間［d］

σ：時間変換係数，86 400 s/d

δ：氷の密度＝917 kg/m³

Ω：潜熱＝334 944J/kg

T_m：氷の融点＝0℃

T_{air}：対象期間の平均気温［℃］

y：雪の層の厚さ［m］

k_s：雪の熱伝導率(**表-6.3**より)

y_i：日単位の氷の生成厚さ［m］

U_s：表面の熱移動係数

＝1.5 W/m²·℃ (密な湿性植物植生)

＝10〜25 W/m²·℃ (開水面，雪層がないときの風の条件下での大き目の値)

U_i：水から氷への熱移動係数［式(6.28)から］

T_w：対象期間の平均水温［式(6.27)から］

式(6.29)を用いて，氷と雪の厚さを修整しつつ，対象とする日について計算を繰返すことになる．以前のFWS温度モデルにおいて対象期間は湿地の設計HRTと等しいとしていたが，もしかなりの期間氷点下になるのであれば，この例での対象期間は，全冬期間となる．氷の形成可能性の検討のための第一次近似計算には，対象期間の(記録のある最も寒い冬の)平均月気温を用いる．この方法もまた，ニューハンプシャー州Hanoverにある米国寒冷地調査技術研究所の

Darryl Calkinsとの協同により参考文献〔1〕から導びいたものである[11].

氷の形成速度は，熱損失を遅らせる氷や雪の層が存在しない凍結開始の初日に最も大きくなる．また，式(6.29)の最終の項，$[U_i(T_w - T_{air})]$は通常小さいので，推定のためだけなら無視しうる．その時には，式(6.29)はステファン(Stefan)[49]公式に帰着する．

$$y = m[(T_m - T_{air})t]^{1/2} \qquad (6.30)$$

ここで，y：期間t中に形成される氷の厚さ[m]

T_m：氷点＝0℃

T_{air}：期間t中の平均気温＝0℃

t：対象期間の日数[d]

m：比例係数[m/℃$^{1/2}$・d$^{1/2}$]

＝0.027m/℃$^{1/2}$・d$^{1/2}$(開水面ゾーン，雪無し)

＝0.018m/℃$^{1/2}$・d$^{1/2}$(開水面ゾーン，雪有り)

＝0.010m/℃$^{1/2}$・d$^{1/2}$(密な植生とリターを有する湿地)

式(6.30)は，冬の期間全体，または短期間の，FWS湿地における氷の形成総厚を推定するのに用いてよい．また，冬期の温度がとても低いところでの，湿地の冬期稼動の可能性を決定するのに用いてもよい．例えば，－25℃の気温が持続する場所では，84日間で，底面に向かって0.457 mの厚さの氷層が生じる．$(T_m - T_{air})t$の項は凍結指数として知られており，ある場所の環境特性を示すもので，数値は参考文献〔12〕に記載されている．式(6.30)は，第8章での脱水のために凍結させる汚泥の厚さを決定するためにも用いることができる．

6.6.3 まとめ

伏流(SF)または表面流(FWS)湿地の温度モデルで1℃未満の水温が続くと予測される場合は，設計上の水理学的滞留時間(HRT)で立地場所における湿地を冬期に稼動させることは，物理的に不可能なことが多い．窒素除去は，このような温度ではほとんど生じない．同様に，もし式(6.30)で，冬期にFWS湿地の設計深度の約75%以上まで氷のはることが予測される場合は，冬期に湿地を使用できる可能性はまずない．このような場合でも，3℃未満で，窒素除去のための酸素移動を妨げる氷層の下で，設計処理水質レベルが達成されるならば，稼動水深を増やしてさしつかえない．人工湿地は，ほとんどの温帯北部において冬期間でも，うまく稼動する．本節で示した温度モデルは，湿地の大きさが決まっているときに，仮定された温度を検証するためのものである．仮定温度と計算温度とを収束させるには，何回かの反復計算が必要である．

6.7 BOD 除去の設計

総ての人工湿地法は，付着生物型の反応器と考えることができ，これらの機能は，1次押出し流れの反応式で近似できる．**図–6.11** は，1991年にルイジアナ州で稼動中のある伏流(SF)湿地における，無機の保存性のトレーサーである塩化リチウムを用いた研究結果を示している．この曲線は理想的な押出し流れの応答を示してはいないが，完全混合型よりは押出し流れに近い．曲線の重心は，水理学的滞留時間(HRT)が21時間であることを示している．これはこのシステムのHRTである23時間に非常に近い．表面流(FWS)湿地についてのトレーサーによる類似の研究結果もある．

これらの湿地での流れの様相は，理想的な押出し流れでも完全混合型でもなく，その中間である．Wehner と Wilhelm(詳細は第**4**章を参照のこと)により開発された設計モデルはこの中間ケースを表現しており，池システムや人工湿地への適用も可能である．このモデル[式(4.7)]は複雑で，利用に際しては軸方向の分散係数を決定する必要がある．係数推定が困難なために，このモデルはあまり利用されず，安定池や類似の処理池は押出し流れ型反応器として設計され続

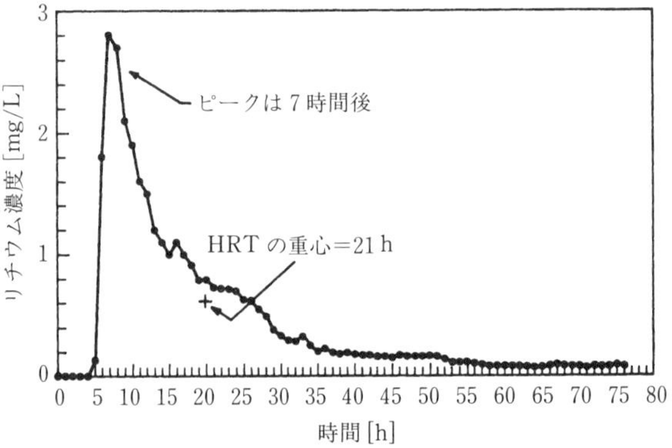

図–6.11 リチウムトレーサー研究，SF湿地

けてきた.

Kadlecら[33]は，これらの湿地における流れは，完全混合型あるいは連続混合反応器を直列につなげた，一つの押出し流れ反応器として表現できることを示した. フロリダの大型FWS湿地での流れを決めるのに，15個連続した連続混合反応器が提案されたこともある. 湿地が設計され，建設され，さらに運用開始されれば，いくつかの押出し流れ反応器と連続混合反応器を組合せてトレーサカーブにフィットさせることが可能になる. この組合せがどのようなものであるかをシステム設計以前に決めるのは，非常に困難であるし，おそらくいか様にもできるものである. また，この押出し流れ反応器/連続混合反応器の計算手法を，汚濁物質除去の設計に用いても実用的な意味はほとんどない. 連らなった連続混合反応器は押出し流れ反応器に似た挙動を示すため，実際には，いくつかの連続混合反応器が押出し流れ反応器の後に続くという設計モデルを用いて予測しても，1次反応式で表した押出し流れ反応器と同等という，より単純な仮定によるものと変らない最終放流水質が得られる. 押出し流れ反応器/連続混合反応器という計算手法は，湿地の中のある点から別の点までの内部での処理状況をより正確に決めることができるが，設計者はこのような情報にはあまり興味がない. これらのシステムにおいて，現在入手できる内部の処理状況に関するデータは非常にかぎられているため，押出し流れ反応器/連続混合反応器手法を具体的に説明することは不可能である. このため，本書では，FWS湿地やSF湿地の設計に押出し流れの仮定を用いる.

6.7.1 表面流(FWS)湿地

本書の第一版では，付着生物型反応器である表面流下型土壌処理法と散水ろ床法での経験に基づいてBOD除去の設計モデルを示した. 第**7**章では，この表面流下型土壌処理法のコンセプトを記述している. FWS湿地についてのデータがかぎられていて，しかもこれらのデータをモデルの検証に使用していたため，当時としてはそのようなレベルでしかモデルを開発できなかった. このモデルの基本形は，

$$\frac{C_e}{C_o}=A\exp\left[-\frac{0.7k_T A_v{}^{1.75}LWyn}{Q}\right] \tag{6.31}$$

ここで，C_e：放流BOD [mg/L]

C_o：流入 BOD [mg/L]

A：システムの流入口付近で沈降物として除去されない BOD の割合で，水質に依存する変数（小数で割合を表す）

K_T：水温に依存する 1 次反応速度 [d^{-1}]

A_v：微生物活動が可能な比表面積 [m^2/m^3]

L：システム長（流れに平行に）[m]

W：システム幅 [m]

y：システムの平均水深 [m]

n：システムの空隙率（水の流れが生じる空間，小数として割合で示す）

Q：システムの平均流量 [m^3]

式(6.31)は理論的には正しいと考えられるが，A あるいは A_v の値を測定あるいは推定するのが困難なため，この式を利用するには 2 つの問題がある．A の値は，1 次処理水の表面流下型土壌処理地にて実測し，0.52 と決定されている（添加された BOD の 48%が流入部付近に粒子態として残存する）．FWS 湿地に 2 次，3 次処理水を流すときには，湿地の流入口付近に残存する懸濁物質の割合が少なくなるため，A の値は増加するはずである．A の値は，2 次処理水に対しては 0.7〜0.85 が，高度処理水に対しては 0.9 あるいはそれ以上の値が適切であろう．

A_v は，システムの中で付着微生物の成長に利用可能な表面積の測定値である．散水ろ床や回転円板装置では，水に濡れた表面の全面積であり，比較的簡単に決定できる．FWS 湿地では，A_v は水面下の植生の部分と排水と接しているリター層の表面積である．結果として，実際に用いられている湿地法で正確な測定値を求めることはほとんど不可能で，近似によるしかない．改訂前の版で用いられた A_v の値は，15.7 m^2/m^3 であった．

湿地の比表面積 A_s は $L \times W$ に等しいので，これを代入し，項を整理して式(6.31)を解き，要求される水準の処理水質を得るために必要な面積を求めることができる．

$$A_s = \frac{Q(\ln C_0 - \ln C_e + \ln A)}{K_T y n} \tag{6.32}$$

ここで，A_s：FWS 湿地の面積 [m^2]

$K_T = K_{20}(1.06)^{T-20}$，ただし $K_{20} = 0.494 d^{-1}$

n：0.65〜0.75（成熟し，繁茂した植生には小さ目の値を用いる）

A：1次処理水＝0.52，2次処理水＝0.7〜0.85，3次処理水－0.9

式(6.32)は，FWS湿地の表面積の信頼できる値を与える．これは他の教科書やマニュアルでも示されている[40,56]．しかし，A および A_v の推定に関わる困難さを避けるために，稼動中のFWS湿地の実データを解析するという第2の方法が考えだされた．

$$C_e/C_o = \exp(-K_T t) \tag{6.33}$$

$$K_T = K_{20} \times 1.06^{T-20} \tag{6.34}$$

$$K_{20} = 0.678\,\mathrm{d}^{-1} \tag{6.35}$$

湿地の表面積は，式(6.36)を用いて決めることができる．

$$A_s = \frac{Q(\ln C_o - \ln C_e)}{K_T y n} \tag{6.36}$$

ここで，K_T：式(6.34)と(6.35)から求める速度定数［d^{-1}］

y：システムの設計水深［m］

n：湿地の間隙率で0.65〜0.75

湿地の水深は短時間のうちに数cmから1mまで変化することがある．代表的な設計水深は0.1〜0.46mで，季節およびシステムに流入する水質に応じて変化する．冬期の氷結が予想される寒冷地では，これを補償するために水深を若干増加させる．暖かい夏期には，水質目標を満足させつつ，酸素供給を改善するとともに植生を繁茂させるためシステムの水位を最低にして運転する．本節の最後にある**例題-6.3**はこの方法を示している．

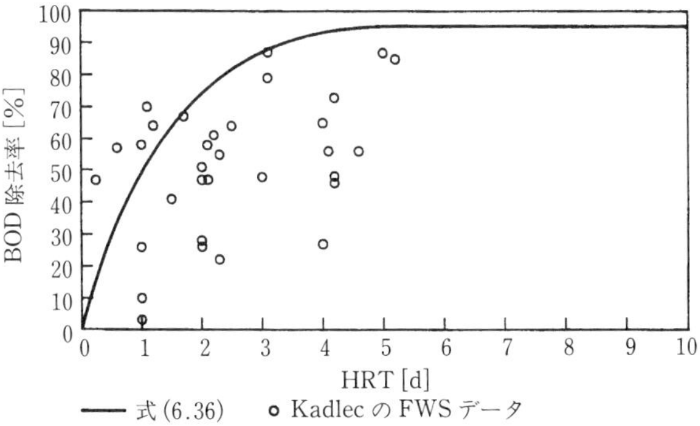

図-6.12 FWS湿地に関する予測と実際の除去率の比較

式(6.36)を用いると，式(6.32)より安全側の設計となる．**図-6.12**は式(6.36)を使って予測した除去率と，実際のFWS湿地の除去率とを比較したものである．

最終的な放流BODは，湿地の中で植物リターや他の自然由来の有機物の分解に起因するBODの生産の影響を受けるため，式(6.32)，(6.33)，(6.36)のいずれかの式を用いる際には避けられない制限がつく．この残余BODは通常2〜7 mg/Lである．結果として，これら湿地法からの放流水BODは，汚水起源ではなく，これら残余有機物によるものとなる．このため式(6.33)および式(6.36)は，最終放流水BODが5 mg/L未満の設計には使用できない．それ故，図-6.12において，予測曲線が約95%の除去率のところで直線として近似されている．

Knightら[34]は，USEPAのために整理された北米データベース(NADB)全体の回帰分析結果を用いて，式(6.37)を提案した．この解析にはFWS湿池法およびSF湿地法両方が含まれている．

$$C_e = 0.192 C_o + 0.097\mathrm{HLR} \tag{6.37}$$

ここで，C_e：放流水BOD [mg/L]

C_o：流入水BOD [mg/L]

HLR：水量負荷 [cm/d]

式(6.37)は，湿地が代表的な形状でかつ温暖な水温の条件下にあるとき，式(6.33)とほぼ同様の放流BODの予測値を示す．このことは式(6.33)と式(6.35)により決定される速度定数が正しいことを示している．しかし，式(6.37)は水温補正係数を含んでいないので，設計目的を果すには十分ではなく，必要な湿地面積を求めるのに使用すべきでない．そのため湿地の表面積A_sを求めるために，この式を使うのは正しくない．この式で用いられている単位水量負荷は，実際の湿地での水深や滞留時間に係らず同一の値をとる．

6.7.2　伏流(SF)湿地

SF湿地での基本的なBOD除去機構は，FWS湿地について記述したものと同様である．しかし，SF湿地では水中にある担体の表面積がより大きく，付着生物の増殖の可能性が高いために，反応はより速く進むことになる．25 mmの大きさの砂礫を含む1 m^3の湿地床は，存在する根の表面に加えて少なくとも146 m^2の表面積をもつことになる．同等のFWS湿地は，15〜50m^2の利用可能な表面

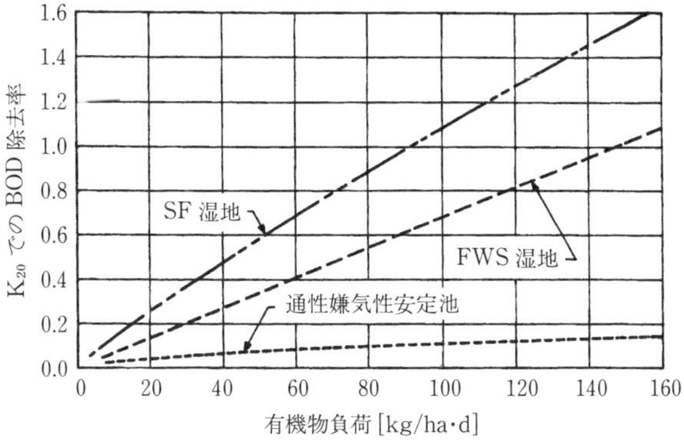

図-6.13　有機物負荷に対する BOD 除去率

積しか持たない．

式(6.33)，(6.34)，(6.36)は，SF 湿地の設計に使える計算式である．唯一の違いは，空隙率 n と速度定数 K_{20} である．SF 湿地にとって，空隙率は**表-6.3** に示されるように，システムに使用された担体の形状により変化するため，最終設計で使用することになる担体について推定すべきである．SF 湿地の速度定数は，式(6.34)に示されているように，温度に依存する．20℃での値は，

$$K_{20}=1.104\mathrm{d}^{-1} \tag{6.38}$$

これら湿地や第 **4** 章で記述した通性嫌気性安定池での BOD の除去率は，システムへの有機物負荷に関係する．この関係は，**図-6.13** に示されているように，最低 100 kg/ha･d の有機物負荷に至るまで，有機物負荷の増加とともに明らかに直線的に速度定数が増加している．図に用いられた通性嫌気性安定池のデータは**表-4.2** からのもので，FWS 湿池と SF 湿地のデータは米国における実規模の運転システムからのものである．図-6.13 は，SF 湿地の速度定数が他の 2 つのものより常に高いことを示している．これはおそらく，微生物活動のための表面積がかなり大きいことによると考えられる．この図は，現存システムの実績の評価に用いることができるが，将来のシステムの設計のためには使えない．解析対象とした多くの湿地法は，比較的長い水理学的滞留時間 (HRT) をもっているうえに，流入と最終放流 BOD のデータしかない．ほとんどの BOD 除去は比較的短い時間で起き，最終放流水濃度に達するまでには全 HRT を要しないので，この種のデータを用いると明らかに低い K_{20} しか得られない．BOD がいったん湿

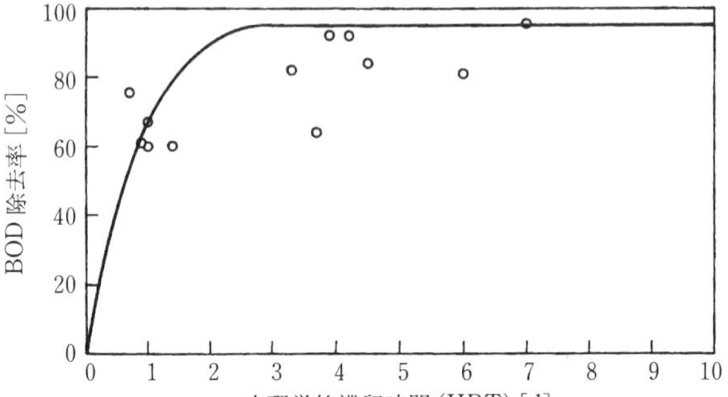

図-6.14 SF 湿地での処理性能の予測値と実測値

表-6.5 カリフォルニア州 Santee の植生付きと植生なしの礫床湿地の処理性能の比較

	[cm]	BOD	[mg/L] SS	NH$_3$
Scirpus (ホタルイ)	76	5.3	3.7	1.5
Phragmites (ヨシ)	>60	22.3	7.9	5.4
Typha (ガマ)	30	20.4	5.5	17.7
植生なし	0	36.4	5.6	22.1

注) * Q=3.04 m^3/d ; HRT=6d ; bed 条件, L=18.5 m, W=3.5 m, y=0.76 m ; 流入一次処理水, BOD=118 mg/L, SS=57 mg/L, NH$_3$=25 mg/L

地の中で平衡状態に達すれば，分解リター層の寄与により，その濃度は維持される傾向にある．

図-6.13 中，低有機物負荷および低 K_{20} となる横軸の左端付近に位置する湿地は，当初の設計者が流入 BOD レベルと流入量のいずれか，あるいは双方を過大に推定したためにそのような位置にきていて，負荷が過小になっている．米国や他国での成功事例の実績から，FWS 湿地および SF 湿地両方の信頼度の高い設計が，100 kg/ha·d までの有機物負荷と式(6.35)と(6.38)で表わされる K_{20} の値に対して可能となっている．図-6.13 は既存システムの実績評価に使えるが，不必要なほどに低い K_{20} 値をもつ新たな湿地法を設計することを薦めるものではない．

図-6.14 は，SF 湿地モデルと代表的なシステムの実績データとを比較したものである．FWS 湿地では，植物リターと他の自然の有機物が SF 湿地中の BOD に寄与している．この状態は図-6.14 に近似的に示されている．曲線は約 95%除去のところで直線になっている．SF 湿地の設計に際しては，システム中の自然有機物の寄与を考え，放流 BOD 5 mg/L 以下を達成できるようにすべきではない．

SF 湿地床は，担体の厚さが 0.6 m というのが普通である．この上に，しばしば 76～150 mm の厚みの小砂利の層が設けられる．この小砂利層は，植生が初期に根を張るための材料になり，通常の運転では乾燥状態で維持される．もし，20 mm 以下程度の比較的小さい砂礫を主処理層に選んだ場合は，より細かい表層はおそらく必要ない．しかし，全層厚は，床上部に乾燥した部分ができるように，若干厚くとるべきである．

米国の多くの SF 湿地は，処理層と 0.6 m の操作用水深を有している．気候が温暖で，凍結が大きな問題とはならないいくつかの湿地では，床厚 0.3 m で運用されている．厚みを減らすことは，酸素輸送の潜在能力を改善することになるが，より大きい比表面積を必要とし，寒冷地では凍結の可能性が高まる．深い 0.6 m の床では，床の底まで根がうまく侵入するように，特別な操作を必要とする．処理に対する湿地床中の根や地下茎の寄与は，**表-6.5** に示すとおりである．

表-6.5 中のデータから明らかなように，BOD およびアンモニア態窒素の処理実績は，根の侵入深さに直接関係している．1 年中温暖な気候の Santee において，連続成長期の結果をもとにした，表-6.5 の 3 種類の植物の根の侵入深さは実用上最大のものを表している．これは結局，出現を予定した植生の根の侵入可能深さよりも厚い設計厚を選ぶことは，あまり意味が無いことを示唆している．この件に関するより詳細な議論は第 **6** 章 **6.8** 節で行う．

【例題-6.3】

同一の設計条件で，SF 湿地と FWS 湿地の大きさを比較せよ．処理流量 Q＝100 m^3/d，流入 BOD＝100 mg/L，要求放流 BOD＝10 mg/L，湿地に流入する水の温度＝10℃，最も気温の低くなる冬期の気温条件＝－10℃，表層 76 mm 厚の SF 湿地で 25 mm の砂礫（n＝0.38，k_s＝25 000 m^3/m^2・d）を 0.61 m 用いる．冬期の FWS 湿地の水深＝0.457 m，夏期水深 ≧0.15 m，FWS 湿地の空隙率＝0.65

〈解〉

1. SF 湿地の設計水温を 9℃と仮定し，式(6.34)と(6.38)を用いて BOD 速度定数を求める．

$$K_9=1.104(1.06)^{(9^\circ-20^\circ)}=0.5815\mathrm{d}^{-1}$$

2. 式(6.36)を用いて，冬期条件のもとに SF 湿地に必要な比表面積を決定する．

$$A_s=\frac{100\times\ln(100/10)}{0.5815\times0.61\times0.38}=1\,708\ \mathrm{m}^2$$

$$\text{水理学的滞留時間(HRT)}=\frac{1\,708\times0.61\times0.38}{100}=4\ \mathrm{d}$$

3. 式(6.22)を用いて湿地の中の水温を計算する．

$$U=\frac{1}{(0.152/0.05)+(0.076/1.5)+(0.610/2)}=0.294$$

$$\text{放流水温}=10[10-(-10)]\frac{0.294\times86\,400\times4}{4\,215\times1\,000\times0.61\times0.38}$$

$$=10-20\times0.103=7.9\ ℃$$

$$\text{平均水温}=(10^\circ+7.9^\circ)/2=9\ ℃$$

仮定した水温も 9℃だったので，湿地の大きさはこの値でよい．

4. 湿地をそれぞれ 569 m² の 3 つの平行区画に分ける．$m=0.03$ で式(6.10)を用いて縦横比を決定する．$Q=100/3=33.3\ \mathrm{m^3/d}$

$$W=\frac{1}{0.61}\left[\frac{33.33\times569}{0.03\times8.333}\right]^{1/2}=14.3\ \mathrm{m}$$

$$L=569/14.3=39.8\ \mathrm{m}$$

$$L:W=2.8:1\ (\text{適})$$

5. FWS 湿地の設計水温を 6℃と仮定し，速度定数と湿地の比表面積を決定する．

$$K_6=0.678(1.06)^{(6^\circ-20^\circ)}=0.2999\ \mathrm{d}^{-1}$$

$$A_s=\frac{100\times\ln(100/10)}{0.2999\times0.457\times0.65}=2.584\ \mathrm{m}^2$$

$$\mathrm{HRT}=(2\,584\times0.457\times0.65)/100=7.7\ \mathrm{d}$$

6. 結氷が無いという条件で式(6.25)を用いて水温を決定する．$L:W=3:1$ と仮定する．

$$3W^2=2.584 \qquad W=29.3\ \mathrm{m}$$

$L=88\ \mathrm{m}$

$$速度=\frac{88}{7.7(24\times60\times60)}=0.000132\ \mathrm{m/s}$$

$$T_e=-10+[10-(-10)]\exp\left[\frac{-1.5\times88}{1\,000\times0.457\times0.000132\times4\,215}\right]$$

$$=-10+20\times0.595=1.9\ ℃$$

7.　結氷は 3℃で始まり温度状況を変化する．式(6.26)を用いて結氷がどこで起るか決定する．

$$x=\frac{1\,000\times0.457\times0.000132\times4\,215}{1.5}\ln\left[\frac{3-(-10)}{10-(-10)}\right]$$

$$=73\ \mathrm{m}$$

全長 $L=88\ \mathrm{m}$

結氷は $88-73=15\ \mathrm{m}$

8.　式(6.27)を結氷した部分の最後部における放流水温を決定する．

$$U_i=1\,622\left[\frac{0.000132^{0.8}}{0.457^{0.2}}\right]=1.49$$

$$T_e=0+(3-0)\exp\left[\frac{-1.49\times15}{1\,000\times0.457\times0.000132\times4\,215}\right]$$

$$=0+(3\times0.91)=2.8\ ℃$$

平均水温$=(10\ ℃+2.8\ ℃)/2=6.4\ ℃$

6℃の水温を仮定したので決定した面積はこれでよい．

9.　FWS 湿地をそれぞれ 1 292 m^2 の 2 つの平行区画に分け，式(6.36)を用いて夏期水深と式(6.8)を用いて縦横比を決める．夏期水温は 20℃と仮定する．

$k_{20}=0.678$

$$A_s=\frac{50\times\ln(100/10)}{0.678\times y\times0.65}=1\,292\ \mathrm{m^2}$$

$y=0.2\ \mathrm{m}$

Manning の式で $m=0.03$ と $a=6$ を仮定して，

$$L=\left[\frac{1\,292\times0.2^{2.667}\times0.03^{0.5}\times86\,400}{6\times50}\right]^{0.667}$$

$$=92\ \mathrm{m}$$

仮定した条件に対して全長 92 m は満足できる．元の仮定 $L:W=3:1$

あるいは $L=88$ m と $W=29$ m を用いるとよい．

10．まとめ

FWS 湿地：全面積 2 584 m²，滞留時間 8 日，2 区画，$L=88$ m，$W=29$ m，夏期水深＝0.2 m，冬期水深＝0.457 m，冬期放流水温 3℃．

SF 湿地：全面積 1 708 m²，滞留時間 4 日，3 区画，$L=40$ m，$W=14$ m，通年水深 0.61 m，冬期は 3 つの区画を総て運用し，根の進入を促すために夏期は区画を回転利用し，ひとつの区画を 1ヶ月間休ませる．冬期の放流水温は 8℃．

この例では FWS 湿地は SF 湿地より 50%大きくなる．これは FWS 湿地は速度定数が低く，冬期水温が低いためである．しかし，FWS 湿地は利用可能な礫の費用が安ければ最も経済的な選択となりうる．

6.7.3 前 処 理

米国にある表面流 (FWS) 湿地および伏流 (SF) 湿地は，流入の前処理として少なくとも一次処理程度のことを行っている．これには，浄化槽，イムホフタンク，沈殿池，普通の一次処理あるいは類似のシステムが用いられている．前処理の目的は，前処理しなければ湿地の流入部に集積し，目詰り，臭気を引起こし，流入部の植物への悪影響につながる，容易に分解される有機物の濃度を低下させるためである．前処理を行わない排水を段階的に負荷するように設計されたシステムには，このような問題は生じない．

嫌気性反応槽による前処理は，高濃度産業排水の有機懸濁物質を低下させるのに有効である．ヨーロッパの，多くの SF 湿地法では，スクリーンにかけて除砂した排水を湿地床に注入している．これは汚泥の集積，臭い，目詰りの原因になるが，閑散地であれば問題は無い．いくつかの例では，流入溝が懸濁物質の沈殿のために用いられていて，溝を定期的に掃除している．

6.8 懸濁物質 (SS) 除去の設計

表面流 (FWS) 湿地および伏流 (SF) 湿地における懸濁物質 (SS) の除去は物理的過程によるもので，水流の粘性効果を通して水温のみの影響を受ける．しかし粒子の沈降距離は比較的短く，湿地における滞留時間は非常に長いので，この粘

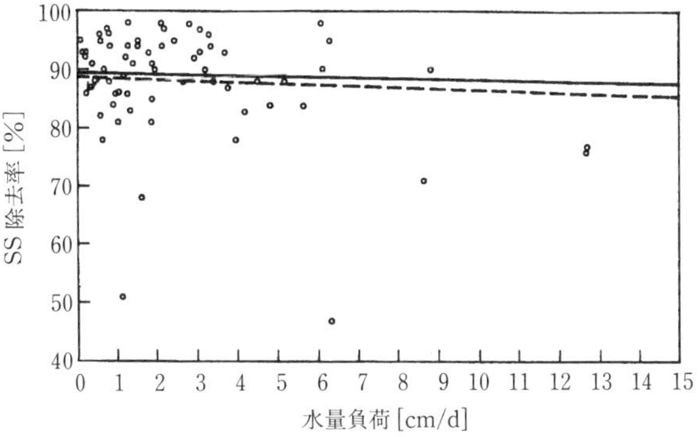

図-6.15　湿地による SS の除去率と水量負荷との関係

性の影響は無視できる．SS 除去は BOD，窒素除去のいずれに比べても非常に速いので，湿地の大きさを決める設計制限パラメータにはなりにくい．

生活排水，都市排水，種々の産業排水に含まれるほとんどの固形物は有機物的性質をもち，時間が経つにつれて分解し，最小限の残余物を残す．BOD に関して一次処理と同等のこれら排水の処理は，湿地に入る前に許容できる水質レベルまで低下させる前処理となりうる．湿地で，残った固形物は引続き分解し，最小限の残余物しか残さず，目詰りを起しにくい．雨水処理，合流式下水道越流水や無機質の懸濁物質濃度が高い産業排水向けに設計された湿地法では，一次処理は必要ないかもしれないが，湿地への急速な無機濁質の集積を防ぐため，沈殿池か湿地法の第 1 のユニットとして区分された床が必要になる．

図-6.15 は，都市排水処理用の FWS および SF 湿地法の SS 除去の能力とシステムへの水量負荷との関係を表している．図中の実線は，SF 湿地の場合の最も良い近似回帰式である．破線は，FWS 湿地の例である．これら 2 つの条件についての方程式は，以下のとおりである．

$$\text{SF 湿地}\ C_e = C_o[0.1058 + 0.0011\,(\mathrm{HLR})] \tag{6.39}$$

$$\text{FWS 湿地}\ C_e = C_o[0.1139 + 0.00213\,(\mathrm{HLR})] \tag{6.40}$$

ここで，C_e：放流水 SS [mg/L]

C_o：流入水 SS [mg/L]

HLR：水量負荷 [cm/d]

低～中の水量負荷では，式 (6.39) と (6.40) は，SF 湿地あるいは FWS 湿地の放流SSが本質的に同じであることを示している．これは2つの型の湿地に対して期待される性能と一致している．なぜなら，双方ともSS除去は非常に効果的であり，SS除去はどちらのシステムの設計でも制限因子になっていないためである．

いずれのモデルも使用に際してはいくつかの制約がある．まず，これらは，モデルを導くのに用いた範囲(水量負荷＝0.4～75cm/d)をこえる水量負荷には有効でない．非常に高いとかありそうにないような低い水量負荷を仮定すると，間違った結果を招くことになる．さらに，これらの湿地におけるSS除去には，システム自身が残余有機物を生産するという，BOD除去に関して以前議論したのと同様の制約条件がある．これらの残余有機物は，最終放流水中にSSとして現れるので，式(6.39)と(6.40)は最終放流水濃度5 mg/L以下の予測には使用すべきではない．また，式(6.39)や(6.40)は，変形して湿地の必要面積の算定に使ってはならない．湿地の面積はBODあるいは窒素設計モデルのどちらかを用いて，決めるべきである．その後，水量負荷を求めて，式(6.39)と(6.40)を解いてシステムのSS除去能力を推定する．

【例題-6.4】

例題-6.3でBOD除去から面積を決定した2つの湿地法について，放流SS(C_e)を求めよ．流入SS(C_o)＝130mg/Lと仮定せよ．

〈解〉

1． 両方のシステムについて水量負荷(HLR)を決定する．

　FWS湿地は：HLR＝$(Q/A_s)(100)$＝(100/2 584×100＝3.87cm/d

　SF湿地：HLR＝$(Q/A_s)(100)$＝(100/1 708)×100＝5.85cm/d

2． 式(6.30)と(6.40)を用いて排出SSを推定する．

　FWS湿地：C_e＝130×(0.1139＋0.00213×3.87)＝15.9mg/L

　SF湿地：C_e＝130×(0.1058＋0.0011×5.85)＝14.6mg/L

6.9 窒素除去の設計

表面流(FWS)湿地あるいは伏流(SF)湿地での窒素除去の設計手法は複雑である．というのは，窒素は種々の形態で存在し，しかも形態変化･除去のために，数多くの化学的および環境的条件を必要とするからである．アンモニア態窒素は，最終放流水で最もよく規制される窒素の形態である．これは，イオン化していないアンモニアは非常に低濃度でも魚類にとって有毒であり，放流先の河川でのアンモニアの酸化は溶存酸素濃度を低下させるからである．第**6**章**6.2**節では，種々の形態の窒素について詳細に議論し，湿地法によるこれらの除去に関する制約条件を説明している．

アンモニアあるいは全窒素に厳しい排水濃度制限がある場合，窒素除去は通常，湿地の設計にとって厳しい項目になる．極低温の期間が続く寒冷な気候においては，窒素除去に関する制約条件によって，冬期の運転が制限される可能性がある．このような場合，冬期の汚水の貯留と夏期の湿地の運転が必要になることがある．窒素除去を目的に湿地の規模を決定するときには，本節に述べるように第**6**章**6.5**節に記述した水温計算を併せて行ない，実現可能性を確かなものとする必要がある．

アンモニア除去ができるようにシステム設計をする場合，システムに流入するケルダール態窒素は総て，最終的にはアンモニアに変化すると仮定するのが望ましい．流入した有機態窒素で底土と永久に結合する量は少ないので，この量も安全側の設計では無視してさしつかえない．システム稼動中の最初の1，2年は，アンモニア除去は期待を上まわるものになる可能性が高い．これは，土壌吸着と急激に増殖する植生による吸収によるものである．2度目の成長期の終りに近づくと，生態系は平衡状態に近づき，アンモニア除去速度は安定化する．本章での設計手順は，長期間の処理を想定したものである．

6.9.1　表面流(FWS)湿地

FWS湿地における硝化に必要な酸素の供給源は，ほとんどが水面における再曝気である．しかし，水深が浅くても，水層は嫌気的になっている．結果的に硝化は水表面付近で起りうるが，残りの水層の部分では脱窒が可能となる．水中への酸素の溶解と同様に生物的硝化，脱窒反応は温度に依存するため，水温はいろいろな形で影響を与える．脱窒を支える炭素源の大部分は，沈んだリター，デトリタスや汚水中のBODである．

a.　硝　　化

推奨設計モデルは，アンモニア除去は完全に硝化によるものと仮定し，植物による摂取は全く考慮しないとするものである．これは，通常，植物の刈取りがなされないためである．もし，システム設計に刈取りが定常的に行われることが含まれていれば，この経路で除去される窒素量は，第**6**章**6.1**節にあげた対象とする植物の組織体の濃度から推定できる．さらにこの手法では，十分なアルカリ度が存在し(第**6**章**6.2**節での議論を参照)，水中の酸素濃度が通常FWS湿地に存在するのと同等であることを仮定している．もし，曝気のような特別な対策が硝化を高めるためになされていれば，このような基本的なモデルを考慮する必要はない．

FWS湿地における硝化反応の水温依存性は，散水ろ床やRBC装置のような通常の付着生物型処理装置にみられるものと類似している．水温10℃以上では，硝化はBOD除去よりも水温依存性が低く，10℃以下では非常に高く，0℃では硝化作用は完全に無くなる．式(6.1)~(6.4)の一般的形式は，総てFWS湿地でのアンモニア除去の設計に用いてさしつかえない．式(6.41)と(6.42)は，式(6.1)と(6.4)をアンモニア濃度の形で表しなおしたものである．

$$\frac{C_e}{C_o}=\exp(-K_T t) \tag{6.41}$$

$$A_s=\frac{Q\ln(C_o/C_e)}{K_T y n} \tag{6.42}$$

ここで，A_s：湿地の比表面積 [m^2]

C_e：放流水のアンモニア濃度 [mg/L]

C_o：流入水のケルダール態窒素濃度 [mg/L]

K_T：水温依存速度定数 [d^{-1}] で，0℃の時＝0 d^{-1}，1~10℃＝0.1367×1.15^{T-10}d^{-1}，10℃以上＝0.2187×1.048^{T-20}d^{-1}

n：湿地の間隙率(0.65~0.75)

t：HRT [d]

y：湿地の水深 [m]

Q：湿地を流下する平均流量 [m^3/d] で次式となる．

$$Q=(Q_{\mathrm{in}}+Q_{\mathrm{out}})/2 \tag{6.43}$$

0℃から1℃の間の速度定数 K_T は，内挿により決定できる(1℃において K_T＝0.0389)．**図-6.16**は，水理学的滞留時間(HRT)14日のアイオワ州で運転されているFWS湿地での長期間の観測濃度と，式(6.41)を用いて予測した放流アン

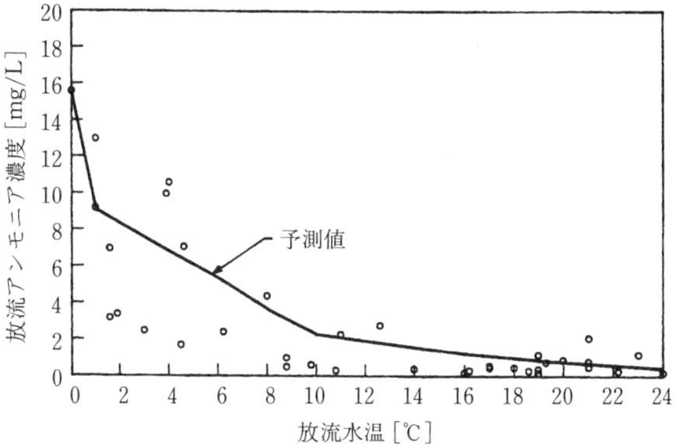

図-6.16　実際のFWS湿地からの放流アンモニア濃度と予測値との比較

モニア濃度とを比較したものである．

BODとアンモニア除去の両方を目的にFWS湿地を設計する際には，式(6.36)にてBOD除去に必要な面積を求め，次いで式(6.42)にてアンモニア除去に必要な面積を求める．実際の設計に用いる湿地面積は，これら両者のうちの大きい方であり，これらの和ではない．ほとんどの場合，アンモニアに関して厳しい限界値が存在するので，式(6.42)は式(6.36)よりも大きな面積となる．この場合，システムの面積を最終的に確定するために，BOD除去の予測値を計算し，確認する必要がある．

夏期に厳しいアンモニアの制限値を満すためには，式(6.41)によると通常，HRTとして7～12日が必要となる．また，水温の低い冬期にはより長い時間が必要となる．アンモニア除去のために設計された巨大な面積のFWS湿地に代る経済的な代替案として，硝化ろ過床がある．この場合，FWS湿地をBOD除去のみで設計し，比較的小規模の硝化ろ過床をアンモニア除去として用いる．FWS湿地と硝化ろ過床を組合せると，FWS湿地だけでアンモニアを除去するのに必要な面積の半分以下となる．硝化ろ過床は，既存の湿地法の改良にも利用できる．硝化ろ過床の設計に関する詳細な説明は，本節248ページを参照されたい．

アンモニア除去の他の手法は，既存文献にも示されている．式(6.44)と(6.45)は米国水環境連盟(Water Pollution Control Federation ; WEF)の運転マニュアルFD-16[40]に記載されているものである．

$$\ln C_e = 0.688 \ln C_e + 0.655 \ln(\mathrm{HLR}) - 1.107 \tag{6.44}$$

ここで，HLR：水量負荷 [cm/d]

C_o：流入アンモニア濃度 [mg/L]

C_e：放流アンモニア濃度 [mg/L]

$$A_s = \frac{100Q}{\exp[1.527 \ln C_e - 1.050 \ln C_o + 1.69]} \tag{6.45}$$

ここで，A_s：湿地の面積 [m^2]

Q：設計流量 [m^3/d]

式 (6.46) は，Hammer と Knight[26] が 17 の FWS 湿地での運転結果から，回帰分析を行って求めたものである．

$$C_e = \frac{18.31 C_o Q}{A_s} - 0.16063 \tag{6.46}$$

ここで，A_s：湿地の面積 [m^2]

Q：設計流量 [m^3/d]

C_o：流入アンモニア濃度 [mg/L]

C_e：放流アンモニア濃度 [mg/L]

式 (6.44)，(6.46) のどちらでも，水温補正はできず，また水深，すなわち湿地における HRT も考慮されていない．これらの式は，推奨式 [式 (6.41) および (6.42)] から得られた結果の，温暖な気候のときだけの成否の確認に用いることができる．式 (6.41) と (6.44) による予測放流水質は夏期の条件下で水深約 0.3 m の FWS 湿地の場合，ほぼ同一の値となる．

b.　脱　　窒

前述のモデルは，アンモニアから硝酸塩への変化のみを考慮し，所定量の変化に必要な面積が予測できるようになっている．窒素自身の除去が計画の目的であるときには，脱窒に関する必要条件を考慮し，湿地の面積もこれに従って求めなければならない．たいていの場合，FWS 湿地で生産されたほとんどの硝酸塩は，硝化用に準備された場所で，炭素源の追加なしに脱窒され，除去される．**図–6.6** は，FWS 湿地は SF 湿地よりも硝酸塩除去が，より効果的に行われることを示唆している．これは，植物デトリタスからの炭素供給が多いことによる．脱窒による硝酸塩除去を予測する推奨モデルは，式 (6.47) と (6.48) である．

$$\frac{C_e}{C_o} = \exp(-K_T t) \tag{6.47}$$

$$A_s=\frac{Q\ln(C_o/C_e)}{K_T y n} \tag{6.48}$$

ここで，A_s：湿地の面積［m^2］

C_e：放流硝酸塩濃度［mg/L］

C_o：流入硝酸塩濃度［mg/L］

K_T：水温に依存する速度定数

［0℃で 0 d^{-1}，1℃以上で 1 000 $(1.15)^{(T-20)}d^{-1}$］

n：湿地の空隙率で 0.65～0.75

t：HRT［d］

y：湿地での水深［m］

Q：式(6.43)から得られる湿地を流れる平均流量［m^3/d］

式(6.47)や(6.48)で使われる流入硝酸塩濃度 C_o は，式(6.41)から求まる流入と放流濃度の差である．式(6.41)は，湿地での硝化の後に残存するアンモニア濃度を求めるもので，流入と放流の差(C_o-C_e)は，安全側をとるという発想で保存則に基づき硝酸塩として残存していると考える．0℃と1℃との間での脱窒速度は，内挿により求められる(1℃で $K_T=0.023$)．このような低温では，実際には脱窒は重要でない．式(6.47)や(6.48)は，湿地中に存在する硝酸塩についてのみ適用可能であることを，念頭においておく必要がある．

FWS 湿地は通常嫌気的であるが，水面付近は好気的であるので，同じ反応槽の中で硝化と脱窒が同時に起すことが可能である．式(6.48)で，脱窒に必要な湿地面積を計算することができる．この脱窒面積は式(6.42)から求まった硝化に必要な面積に追加しないといけないものではない．この面積は，未処理汚水中の硝酸塩濃度と水温によるが，式(6.42)の結果より少ないかほぼ同じ程度のものとなる．

c. 全 窒 素

通常全窒素(TN)についての放流規制があると脱窒が必要となる．システムからの放流水中の TN は式(6.41)と(6.47)の計算結果の和として求められる．ある指定された放流 TN 濃度を満たすために必要な面積は，式(6.42)と(6.47)を繰返し計算して決定することになる．

1. 残留アンモニア濃度(C_e)値を仮定し，硝化に必要な面積を式(6.42)から求める．このシステムについての HRT を計算する．

2. 式(6.42)から求まる(C_o-C_e)を生産された硝酸塩濃度とし，この値を式(6.47)の流入水質(C_o)として用いる．そして，式(6.47)を用いて放流硝酸塩濃度を求める．
3. 放流TNは式(6.42)と(6.47)から求まるC_eの値の和である．もし，このTN値が要求水準を満たさない場合は，さらに繰返し計算が必要となる．

米国水環境連盟のMOP FD-16(40)にTN除去に関するモデルの説明がある．

$$C_e=0.193C_o+1.55\ln(\mathrm{HLR})-1.75 \tag{6.49}$$

ここで，HLR：水量負荷[cm/d]
C_e：放流TN[mg/L]
C_o：流入TN[mg/L]

$$A_s=\frac{100Q}{0.645C_e-0.125C_o+1.129} \tag{6.50}$$

ここで，A_s：湿地の面積[m^2]
Q：設計流量[m^3/d]

式(6.49)は温暖な場所だけに適用できるという条件付きで，上に述べた推奨TN計算手順から得られた結果を確認するために用いることができる．式(6.49)や(6.50)から得られた結果は水温補正ができず，水深やHRTの効果も考慮されていないので，これらを用いた設計は推奨できない．式(6.42)と(6.47)の和と式(6.49)は，温暖な場所で水深約0.3mという条件ではほぼ同様の予測放流TNとなる．

6.9.2 伏流(SF)湿地

SF湿地では水位が地表面よりも低い位置に維持されるので，大気による再曝気速度はFWS湿地に比べて非常に少なくなりがちである．しかし，前述したように，植生の根や根茎はそれらの表面に好気的な微小部位を有していると考えられており，排水は，嫌気的環境の地中を流れながら，これら好気的部位と繰返し接触すると考えられる．その結果，硝化と脱窒のための条件が同じ反応器の中に存在することになる．これらの生物学的硝化脱窒反応は，ともに温度に依存し，植物の根への酸素供給速度も季節変動があると考えられる．

脱窒を支える主な炭素源は死滅あるいは分解した根や根茎，有機質のデトリタス，排水中の残存BODである．これらの炭素源の供給はFWS湿地の場合に比べてSF湿地では供用初期において，かなり少なくなる．これは，ほとんどのリターが地表近くに集まっているためである．数年後にはリターが積もり，分解して両者の型の湿地とも脱窒を支えるだけの炭素源は，ほぼ保有するようになる．

SF湿地での主な酸素源は植物の根であるため，設計床全体まで，根が確実に侵入できるようにすることが絶対に必要である．根が侵入している場所より下を流れる水は完全な嫌気条件下に置かれ，上部の層に拡散しないかぎり硝化が起らない．この反応は**表-6.5**のデータに示したように，アンモニア除去は植物の根の侵入深さに直接関係している．ガマ(*Typha*；床の深さの40％まで根が侵入している)を有する湿地床は32％しかアンモニアを除去できないのに対し，ホタルイ(*Scirpus*)の床は根が床全体に侵入しており94％の除去を達成している．

米国の既存の多くのSF湿地は，選定した植物種に係わらず，根が床の底まで伸び，必要な酸素を自動的に供給するという仮定のもとに設計されている．このようなことは実際には起らず，これらのうち多くのシステムではアンモニアの排水基準を満たしていない．将来的には，システムの設計時および運転時に適切な配慮をすることで，この問題を避けることができる．表-6.5にあるカリフォルニアのSanteeにおける根の侵入深さは，掲載植物種に対する可能最大深さをほぼ示していると考えられる．なぜなら，Santeeは温暖な気候で，成長期が連続し，流入排水は，十分な栄養塩類を含んでいるためである．これは，アンモニア除去のために酸素が必要ならば，床の設計水深は使用する予定の植物の根の侵入深さを越えないようにするべきであることを示唆している．

植物は必要とする水分と栄養を比較的浅い位置から総て吸収することができるため，根侵入深さを実際に可能最大深まで到達させる運転手法が必要になる．ヨーロッパで見られるシステムでは，毎年秋に水位を徐々に低下させ，根の侵入が深くなるようにしている．この方法でヨシの根の侵入を完全に達成させるには，3回の成長期が必要とされている．通常，冬期の処理にはより広大な面積が必要となるが，寒冷な気候地における他の方法として，平行に並んだ3つの区分をもった床を造成し，温暖な時期に2つだけを1ヶ月間運転するというものがある．運転を休止している区分での植物の根は，水中の栄養塩類が消費されるに従い，地中深く侵入する．凍結のおそれのない温暖な気候の地域では，床の深さを0.3m以下にすることが可能である．このようにすると，完全な根の侵入を速く達成できる．床の深さに係わらず，必要となる砂礫の量は一定であるが，同等の処理レベルを達成するために必要な面積は深さが減ると増大する.

a. 硝　　化

SF 湿地において根の部分への酸素の供給量や種々の植物種による酸素輸送効率に関して統一された見解は無い. しかし, 生長した植物は, 通常のストレスレベルで枯死しないだけの十分な酸素を根に輸送しているということは知られている. また, 生物的活動を支えるために, 根の表面でどれだけの酸素が利用可能かについては議論がわかれるところである. 既往の推定値は, 湿地表面で 5～45 g-O_2/m^2·d の範囲にある[5,35]. 汚水に含まれる BOD と他の自然由来の有機物の分解の際には, この利用可能な酸素のほとんどを利用することになる. しかし, カリフォルニア州 Santee において測定されたアンモニア除去 (**表–6.5**) に基づくと, 根の部分には硝化を支えるだけの十分な量の酸素があると考えられる.

もし, カリフォルニア州 Santee において観測されたアンモニア除去が生物的硝化によるものとすると, 1 g のアンモニアを硝化するのに 5 g の酸素が必要なことから, このために利用可能であったと思われる酸素量を計算することが可能となる. これらの計算結果を**表–6.6** に示す.

それぞれの植物種により根の侵入深さが異なるので, 単位表面積当りの硝化に利用可能な酸素量は 2.1～5.7 g/m^2·d と異なる. ここでの酸素量の値は既往の推定値の範囲 (5～45 g/m^2·d) の中では最も低いところにある. しかし, 種々の植物の実際の根の部分の体積で表した場合, 利用可能な酸素量は種に係わらずほとんど同じになる (平均 7.5 g/m^3·d). このことは, 少なくともこれら 3 種については, 硝化に利用可能な供給酸素量はほぼ同じなので, 硝化速度は SF 湿地床に存在する根の部分の深さに依存することを意味している. 式 (6.51) はこの関

表–6.6 湿地に出現した植生から供給される最大酸素量

植　生	根の深さ*1 [m]	供給可能酸素量 [g/m^3·d]*2	供給可能酸素量 [g/m^2·d]*2
Scirpus (イ草)	0.76	7.5	5.7
Phragmites (ヨシ)	0.60	8.0	4.8
Typha (ガマ)	0.30	7.0	2.1
(平均)		7.5	

注) *1 砂礫床の全体深さは 0.76 m
*2 測定された根の部分の単位体積当りの利用可能な酸素量
*3 0.76 m 深さの床の単位表面積当りの利用可能な酸素量

係を示している．

$$K_{NH}=0.01854+0.3922(rz)^{2.6077} \tag{6.51}$$

ここで，K_{NH}：20℃での硝化速度定数［d^{-1}］

rz：根の部分が占めるSF湿地床の深さ割合(0から1で表される率)

K_{NH}は根の部分が完全に発達しているときには0.4107，床に植生が全くないときには0.01854となる．これらはUSEPAの業務用に評価されたSF湿地における観測値と一致する[42]．この速度定数の確認は別途にBavorら[2]の設計モデルによりなされている．このモデルは式(6.52)と同様の形で，速度定数は植物の根が床深さの50～60%を占める砂礫床システムにおいて，20℃で0.107 d^{-1}となっている．

基礎となる速度定数K_{NH}を決定すれば，式(6.52)と(6.53)を用いてSF湿地における硝化によるアンモニア除去を計算することができる．

$$\frac{C_e}{C_o}=\exp(-K_T t) \tag{6.52}$$

$$A_s=\frac{Q\ln(C_o/C_e)}{K_T y n} \tag{6.53}$$

ここで，A_s：湿地の面積［m^2］

C_e：放流アンモニア濃度［mg/L］

C_o：流入ケルダール態窒素濃度［mg/L］

K_T：温度に依存する速度定数［d^{-1}］

n：湿地の空隙率(**表-6.3**参照)

t：HRT［d］

y：湿地での水深［m］

Q：式(6.43)から求まる湿地を流れる流量［m^3/d］

速度定数K_Tの温度依存性は以下のとおりである．

$$0℃で：K_0=0\mathrm{d}^{-1} \tag{6.54}$$

$$1℃で：K_T=K_{10}(1.15)^{T-10}\mathrm{d}^{-1} \tag{6.55}$$

$$1℃以上で：K_T=K_{NH}(1.048)^{T-20}\mathrm{d}^{-1} \tag{6.56}$$

温度に係わりなく，まず式(6.51)を解いてK_{NH}の値を決める必要がある．0℃から1℃の間では内挿により求める．

20 mm以下の細かい砂礫を用いた比較的浅い(0.3 mより浅い)システムを除

いて，全床体積を根の部分が自動的に占めると仮定することはできない．0.6 m 程度の深い床では，完全に根を侵入させ，維持するために前述した特別な対策を必要とする．もしこれらの対策が行われない場合，実測結果が無いかぎり，根の部分は床深さの50%以上を占めないと仮定するのが妥当である．また数多くの運転システムにおける測定結果に基づくと，床の担体として大きなサイズの石(50 mm 以上)が選ばれた場合に生れる大きな空洞には植物の根が深く侵入するとは考えにくい．

根の部分が完全に発達した状態で，夏期に厳しいアンモニアの基準を満たすためには，式(6.53)からは通常 HRT 6～8 日が必要となり，冬期の低温下ではもっと長い期間が必要となる．アンモニア除去のための巨大な SF 湿地に代る経済的な代替案として，硝化ろ過床がある．この場合，SF 湿地は BOD 除去のみを考えればよく，アンモニア除去には比較的小規模の硝化ろ過床を使用すればよい．SF 湿地と硝化ろ過床を組合せるとアンモニア除去のための SF 湿地に必要な面積の半分以下しか必要でなくなる．硝化ろ過床は既存の湿地の改良にも用いることができる．硝化ろ過床の設計に関する詳細は 248 ページを参照されたい．

b. 脱　　窒

式(6.51)～(6.56)はアンモニアから硝酸塩への変化のみを考慮し，求める変化量に対して必要な面積を予測するものである．計画の必要条件が窒素除去である場合，脱窒に必要な条件を考慮し，湿地面積を決める必要がある．一般的には，SF 湿地で生産された大部分の硝酸塩は，硝化用の場所で，炭素源の追加なしに脱窒され，除去されることになる．**図-6.6** は，FWS 湿地の方が SF 湿地に比べて硝酸塩除去がより効果的になされることを示唆している．これは，運転初期の少なくとも数年間は植物のデトリタスから，より大量の利用可能な炭素源が供給されるためである．SF 湿地の方が生物的反応のための面積が大きいが，炭素利用可能性が脱窒を制限するため，SF 湿地と FWS 湿地の能力は同等程度になっていると考えられる．脱窒による硝酸塩除去を予測するための推奨設計モデルは式(6.57)と(6.58)である．

$$\frac{C_e}{C_o}=\exp(-K_T t) \tag{6.57}$$

$$A_s=\frac{Q\ln(C_o/C_e)}{K_T y n} \tag{6.58}$$

ここで，A_s：湿地の面積 [m²]

C_e：放流硝酸塩濃度 [mg/L]

C_o：流入硝酸塩濃度 [mg/L]

K_T：温度に依存する速度定数 [0℃で $0\,d^{-1}$，1℃以上で $1\,000(1.15)^{T-20}d^{-1}$]

n：湿地の空隙率 (一般値については**表-6.3**参照)

t：HRT [d]

y：湿地での水深 [m]

Q：式(6.43)から求めた湿地を流れる平均流量 [m³/d]

式(6.57)，(6.58)で用いられる流入硝酸塩濃度 (C_o) は式(6.52)で求まる流入と放流濃度の差である．式(6.52)でSF湿地における硝化後の残留アンモニア濃度を計算できるので，差分の ($C_o - C_e$) が硝酸塩として利用可能と仮定してさしつかえない．0℃と1℃の間の脱窒速度は内挿で求められる．実際にはこれらの水温では脱窒はほとんど生じない．式(6.57)と(6.58)は湿地に存在する硝酸塩についてのみ適用可能であることを念頭に置いておく必要がある．

SF湿地は通常嫌気的であるが，根および根茎の表面には好気的部分も存在するため，同じ反応槽の中で硝化と脱窒を両方進行させることが可能である．式(6.58)にて脱窒に必要な湿地の表面積を求めることができる．この脱窒に必要な面積は，式(6.53)で求めた硝化に必要な面積に追加しなければならないものではない．この面積は，未処理汚水中の硝酸塩濃度と水温に依存するが，式(6.53)から求まる結果と同等かそれ以下である．

c. 全 窒 素

脱窒が求められる場合，通常全窒素(TN)についての排水基準がある．SF湿地でのTNは式(6.52)と(6.57)から得られる値の和となる．ある指定された放流水TN濃度を満たすために必要な面積は，式(6.53)と(6.57)を用いた繰返し計算により決めることができる．

1. 残留アンモニア濃度 (C_e) を仮定し，硝化に必要な面積を式(6.53)から求める．そして，このシステムに対するHRTを計算する．
2. $C_o - C_e$ を式(6.53)から得られる硝酸塩量と仮定し，この値を式(6.57)での流入濃度 (C_o) として用い，放流濃度を求める．
3. 放流TN濃度は式(6.52)と(6.57)から得られる C_e の値の合計である．もし，この値が要求TN濃度を満たさない場合，再度，計算を繰返す必要がある．**例題-6.5** に，この手順の実行例を示す．

【例題-6.5】

同じ窒素除去の設計条件に関して SF 湿地と FWS 湿地の面積を比較をせよ．条件は，$Q=100\mathrm{m^3/d}$，$C_o=25\mathrm{mg/L}$，C_e(アンモニア)$=3\mathrm{mg/L}$，C_e(TN)$=3\mathrm{mg/L}$，水温$=20℃$；FWS 湿地では $y=0.3\mathrm{m}$，$n=0.65$；SF 湿地では $y=0.6\mathrm{m}$，$n=0.38$； 根の部分が 50%と 100%の場合について確かめよ．

〈解〉

1．式(6.42)を用いてアンモニア除去に必要な FWS 湿地の面積を求める．

$$A_s=\frac{100\ln(25/3)}{0.2187\times0.3\times0.65}=4\,972\mathrm{m^2}$$

HRT：$t=(4\,972\times0.3\times0.65)/100=9.7\mathrm{d}$

2．式(6.47)を用いて放流硝酸塩濃度を求める．

湿地流入硝酸塩濃度$=25\mathrm{mg/L}-3\mathrm{mg/L}=22\mathrm{mg/L}$

放流硝酸塩濃度 $C_e=22\exp-(1\,000\times9.7)\quad<0.01\mathrm{mg/L}$

3．放流 TN を決定する．

$\mathrm{TN}=3.0+0.01=3.01\mathrm{mg/L}\quad<3\mathrm{mg/L}$-TN (適)

4．SF 湿地の K_{NH} を式(6.51)を用いて根の部分が 50%と 100%の場合について求める．

$K_{\mathrm{NH}}(50\%\,rz)=0.01854+0.3922\times0.50^{2.6077}=0.2497\mathrm{d^{-1}}$

$K_{\mathrm{NH}}(100\%\,rz)=0.4107\mathrm{d^{-1}}$

5．式(6.53)を用いてアンモニア除去に必要な SF 湿地面積を求める．

$$(rz=50\%)：A_s=\frac{100\ln(25/3)}{0.2497\times0.6\times0.38}=3.724\mathrm{m^2}$$

$$\mathrm{HRT}：t=\frac{3.724\times0.6\times0.3}{100}=8.5\mathrm{d}$$

$(rz=100\%)：A_s=2\,264\mathrm{m^2}$

HRT：$t=5.2\mathrm{d}$

6．式(6.57)を用いて放流硝酸塩濃度を決定する．

$(rz=50\%)：C_e=22\exp-(1.000\times8.5)<0.01\mathrm{mg/L}$

$(rz=100\%)：C_e=22\exp-(1\,000\times5.2)<0.12\mathrm{mg/L}$

7．SF 湿地の放流 TN を決定する．

$(rz = 50\%)$：$TN = 3 + 0.01 = 3.01 mg/L < 3 mg/L$（適）

$(rz = 100\%)$：$TN = 3 + 0.12 > 3 mg/L$（高すぎる）

8.　十分な脱窒を達成するためには根の部分が100%の仮定では面積，HRTが小さすぎる結果となった．もう一度繰返し計算を行い，アンモニア除去を2 mg/Lにして面積を求める．

$$A_s = \frac{100 \ln(25/2)}{0.4107 \times 0.6 \times 0.38} = 2\,697 m^2$$

$$HRT：t = \frac{2\,697 \times 0.6 \times 0.38}{100} = 6.1 d$$

放流硝酸塩濃度 $C_e = 23 \exp - (1\,000 \times 61) < 0.05 mg/L$

放流 $TN = 2 mg/L + 0.05 mg/L = 2.05 mg/L < 3 mg/L$（適）

9.　100 m^3/dの設計流量のとき，TNの基準を満たすために必要な面積を，根の侵入部分が100%になるとして求め，かなり小さい面積ですむようにしても，完全に根を侵入させるために必要な運転費用に見合わないことが多い．そこで，根の侵入部分を減らして50%と仮定すると3 724 m^2がいることになる．もし，適地がかぎられているか地価が非常に高い場合には，設計値として2 697 m^2を採用し，根の部分が100%になるように管理者に求めることになる．設計流量が100 m^3/d以上のときには，所要土地面積の差が大きくなるので，通常は根の部分を100%として設計するのが望ましい．

10.　同等の放流水質を達成するために，根の部分を50%と仮定した場合，SF湿地はFWS湿地の少なくとも2倍の面積を必要とする．SF湿地において根の部分をもし100%にできるとすれば，FWS湿地の約54%の面積で済む．FWS，SF湿地両方ともBOD除去（100 mg/Lから10 mg/L）のみに必要とされる面積の3倍以上になる．このため，窒素除去が仮定した条件を支配することになる．

11.　この場合，窒素除去のための所要面積がより小さくて済むという理由だけで，SF湿地が費用対効果の高い選択になると単純に結論づけることはできない．最終的な選択は，地価，砂礫の費用，温度条件，冬期の要求水質水準や，蚊や住民が水に触れるのをいかに減らすかということにもよっている．

6.9.3 硝化ろ過床

硝化ろ過床法は，本書の主著者がアンモニア排水基準を満たすのが困難となっている既存の湿地法の改良法として開発したものである．これは表面流(FWS)湿地および伏流(SF)湿地の両方で成功裏に使用されている．**図-6.17** に示されるように，これは既存の SF 湿地あるいは FWS 湿地床の上部に置かれた鉛直流れの砂礫ろ床からなる．後者の場合，細かい砂礫の硝化ろ過床は好気条件を保持するために粗い砂礫の層の上に設置される．

硝化ろ過床は，湿地の水路の流入口か放流口近くに設置してよい．いずれの場合でも，湿地からの放流水はポンプにより硝化ろ過床の上部に運ばれ，均等に散水される．流入口への設置は硝化されたろ過液が流入汚水と混ざるという利点がある．結果として起る脱窒はシステムから窒素を除去し，BOD を低減させ，硝化の過程で消費されたアルカリ度をいく分か回復させる．硝化ろ過床の湿地出口への設置は，望ましいレベルの硝化を達成するが，十分脱窒が起るだけの時間がないため，生産された硝酸塩の大部分が放流水とともにシステムを通過してしまう．流入口への設置の場合の方が，ポンプの容量と電力消費は大きくなる．特に長く狭い湿地水路の改良の場合にそうなる．流入口が流出口の近くにある U 字型の湿地水路は，脱窒が可能となるとともにポンプに関する必要条件を最少にする利点がある．

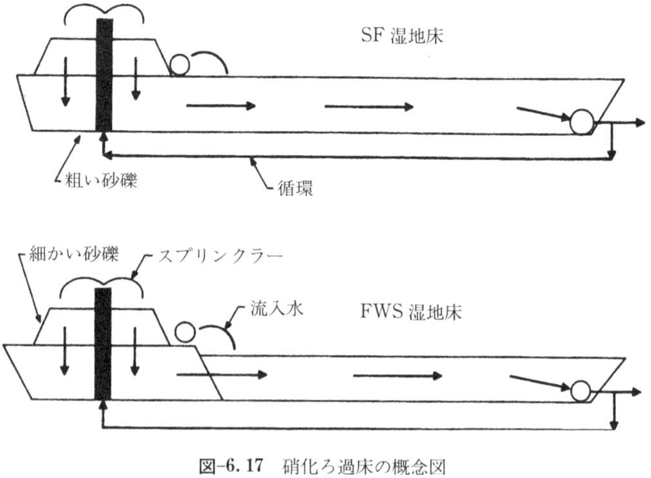

図-6.17 硝化ろ過床の概念図

硝化ろ過床は，浄化槽の放流水をさらに浄化し硝化するために成功裏に長年使用されてきた循環型砂ろ過床の概念に似ている[55]．この循環型砂ろ過床は，通常水量負荷 0.2 m/d 以下で運転される．これに対して，硝化ろ過床では砂礫を用いることで，担体の浸透性を増しシステムにかかる水量負荷を格段に増している．ケンタッキー州にある硝化ろ過床システムのうちの 1 つの水量負荷 (3：1 の循環率) は約 4 m/d である．

硝化ろ過床の設計手順は散水ろ床や RBC (Rotating Biological Contacter；回転式生物接触槽) 付着生物法での硝化の経験に基づいており，その除去率は付着性の硝化細菌が発育に利用できる比表面積に関係することがわかっている[54]．硝化能力が発揮されるためにはいくつかの条件が必要である．

① BOD レベルが低いこと (BOD/ケルダール態窒素＜1)．

② 硝化細菌の付着膜を好気的に維持するために大気あるいは酸素源へ十分に曝露されていること．

③ 微生物の活動が最適となるように常に表面が湿潤状態にあること．

④ 硝化反応を生じさせるためのアルカリ度を十分に有していること (≈10 g アルカリ度/1 g アンモニア，第 **6** 章 **6.1** 節での議論を参照)．

式 (6.59) は硝化ろ過床の底部で，要求放流アンモニア濃度 (C_e) になるようにするために必要な比表面積 (A_v) を推定するのに用いられる．

$$A_v=\frac{2\,713\times1\,115C_e+204\,C_e^2-12C_e^3}{K_T} \tag{6.59}$$

ここで，A_v：比表面積 [m^2/kg-NH_4·d]

C_e：硝化ろ過床からの要求放流アンモニア濃度 [mg/L]

K_T：温度に依存する係数で，10℃以上の場合 $1\times1\,048^{T-20}$ (無次元)，1～10℃の場合 $0.626\times1.15^{T-10}$ (無次元)

式 (6.59) は付着生物型硝化反応槽からの運転データを曲線近似したものに基づいており，各項の次元はそろっていない．しかし，放流アンモニア濃度を 0～6 mg/L という範囲におさめるために必要な比表面積を，十分正確に推定できる．

表-6.7 はよく使用される担体の，単位体積当りの比表面積に関する情報を示している．自然の砂礫担体の比表面積は，最大可能透水係数が減少するにつれて増加する傾向にある．表-6.7 にあげたプラスチック担体は球形をしており，

表-6.7 種々の担体の比表面積

担体のタイプ	中央径 [mm]	比表面積 [m²/m³]	空隙比	k_s [m/d]*
通常砂	3	886	40	1
細かな礫	14.5	280	28	10^4
礫	25	69	40	10^5
礫	102	39	48	10^6
プラスチック	25	280	90	10^7
	50	157	93	10^8
	89	125	95	10^8

注） * 最大可能透水係数，硝化ろ過床の設計には不飽和流れを担保するために本値より小さめの値を用いるべきである．

種々の内部構造をとることにより単位体積当りの比表面積を増やすことができる．これらは，非常に高い比表面積を達成するとともに高い浸透性を兼ね備えている．硬く波打ったプラスチックの担体と吊るすための柔軟なシートの組合せも可能である．これらプラスチックの担体は，硝化のために設計された散水ろ床装置で一般的に用いられ，湿地法で硝化に同じ能力を示す構成体として使用してよい．このプラスチック担体で満たされた比較的小型の槽が，小規模の湿地法において硝化装置として用いられている．

自然の砂や細かい砂礫の担体はすぐに水を排出しない．通常，反応床の一部分を排水して好気的条件を回復させることができるようにするために，間欠的に湿潤させたり乾燥させたりする繰返しができるように設計する必要もある．粗い砂礫やプラスチックの担体は，(無理のない流量で) 連続的な水量負荷のもとでも担体中の条件を好気的に保つことができる．硝化細菌を最適反応状態にするために，担体表面が常に濡れていることも必要である．プラスチック担体について，この目的を満たす最小水量負荷は，反応床の表面積当り 24～72 $m^3/d \cdot m^2$ の範囲である．間欠的砂ろ過床での代表的水量負荷は，0.3～0.6 $m^3/d \cdot m^2$ である．担体が湿潤状態にあり，十分な酸素が存在していれば，循環の必要は無いと考えられる．砂と細かい礫のシステムにおいては，間欠的に水負荷と排水の期間をとれるようにするために，大きなろ床をいくつかの区画に分けることが必要となる．一度にシステムの半分が排水されると仮定すると，連続的に運転されている床の流量 1 Q に対してポンプ流量 2 Q が必要となる．通常，湿地からの放流水は硝化ろ過床処理を行い，液中の BOD 濃度を低下させる．処理する水の BOD/ケルダール態窒素比 1.0 以下で溶解性 BOD 濃度が 12 mg/L 以下であれば，硝化ろ過床による硝化が期待できる[54]．通常の湿地から放流水における溶解性 BOD の全 BOD に対する比は 0.6～0.8 である[41,43]．

式 (6.59) により，所定の流出水のアンモニア濃度を達成するために必要な比表面積を求めてよい．**表-6.7** から適した担体の特性を選んで，担体の必要量を決定する．通常，硝化ろ過床では，湿地を流れる汚水と完全に混合できるようにするために，湿地の区画全幅に対して 0.3～0.6 m の深さになるようにする．配水を適切にし，曝気を最大にするために，硝化ろ過床の上部に散水のためのスプリンクラーを設置することが推奨されている．氷点下の温度が継続するような寒冷地では，**図-6.17** に示すスプリンクラー付きの大気に曝らされた反応床は，実用可能でないことがある．このような場合，保護槽か類似のコンテナにプラスチック担体を充塡して使うことを考慮すべきである．このような槽では通気が必要になる．

既存の湿地を改良するために設置する硝化ろ過床の設計に際しては既存湿地の構成や，放流水質に合うようにしなければならない．ほとんどの場合，BOD 除去のために設計された湿地と硝化ろ過床の組合せは，BOD とアンモニアの両者を除去するために必要な広い湿地より経済的である．この場合，湿地は BOD 5～10 mg/L まで除去できるように設計する．次いで，この湿地で期待できるアンモニア除去率を適切なモデルで決定し，残りの必要なアンモニア除去が達成できるように硝化ろ過床を設計する．その後，硝化ろ過床との組合せが，より大きな湿地法に比べて，より経済的かどうかについて費用比較する．

6.9.4　ま　と　め

前節で示した窒素除去用の推奨モデルはかぎられたデータから作成されているので，使用にあたっては注意が必要である．これらのモデルは，SF 湿地法と FWS 湿地法の両方の安全側の処理能力を推定できると考えられる．厳しい窒素基準が課される大規模施設計画の際には，設計基準を作成するための小規模実験を行うことを勧める．

6.10 リン除去の設計

本章6.2節に述べたリン除去の効果を，表面流(FWS)湿地および伏流(SF)湿地のいずれにおいてもそう期待はできない．といっても運転開始の初年度前後に優れたリン除去効果を示すことが多い．特にFWS湿地では湿地の底部の新たにリンに曝される土壌粒子表面への吸着により高い効果を示す．しかし，長期間にわたるリン除去は，堆積物の長期にわたる集積によってのみ可能になる．堆積は懸濁物質の沈降，化学的沈殿，そして老化した植生由来の難分解性有機物の供給により起る．この堆積物は泥炭としてFWS湿地の水層に，またSF湿地床の中および表面上に集積する．リンはこの堆積物中に鉄，アルミニウム，あるいはカルシウムとの沈殿物として保持される．

リンは通常，ほとんどの都市排水中に4～15 mg/Lの範囲で含まれている．**図-6.7**に示されるように，これらの湿地法の通常の流速と水量負荷では，流入リンの30～60%を除去することが可能である．リン濃度の排水基準が非常に低いとき(1 mg/L以下)，前処理か後処理の段階でのリン除去について検討し，そうしなければ生じる湿地の大面積化を避けるべきである．

堆積によるものがリンの大部分の除去機構なので，除去率は湿地面積と流入水中のリン濃度の関数になる．数多くの研究者がこの目的のための，1階の微分方程式で面積に依存するモデル式の一般形について合意している．しかし，このモデル中の速度定数の大きさについては，まだ合意がされていない．このモデルに基づきフロリダ州Evergladesに流入する汚水からのリン除去のために，16 000 haのFWS人工湿地が提案された．

North American Data Base[34]の解析に基づき，Kadlec[32]は人工湿地システムにおけるリン除去を予測するために，10 m/年という1階の微分方程式の速度定数を提案している．10 m/年は式(6.60)において使用する場合，平均日速度2.74 cm/dと等価である．

$$\frac{C_e}{C_o}=\exp\frac{-K_P}{\mathrm{HLR}} \tag{6.60}$$

ここで，C_e：放流リン濃度[mg/L]

C_o：流入リン濃度[mg/L]

K_P：2.73 cm/d

HLR：年平均水量負荷 [cm/d]

$$A_s = \frac{bQ\ln(C_o/C_e)}{K_P} \tag{6.61}$$

ここで，A_s：湿地面積 [m²]

b=100cm/m で変換係数

Q：式(6.43)から得られる湿地を通過する平均流量 [m³/d]

モデルはもともとFWS湿地のデータから作成されたものであるが，SF湿地およびFWS湿地両方についても年平均リン除去量を予測するのに利用できる．なぜなら，このモデルは表面への堆積に依存するものであり，担体の表面上や流水部の植物リター上で起る生物的反応によるものではないためである．

【例題-6.6】

例題-6.5においてFWS湿地とSF湿地についてリン除去量を計算せよ．計算条件は，Q=100m³/d，流入水のリン濃度は12 mg/L，FWS湿地面積=4 972 m²，SF湿地面積=2 697m²．また，放流水リン濃度0.5 mg/Lを満たすための湿地面積を求めよ．

〈解〉

1. それぞれのシステムについてHLRを求める．

$$\text{FWS湿地：HLR} = \frac{100 \times 100\text{m}^3/\text{d}}{4\,972\text{m}^2} = 2.01\text{cm/d}$$

$$\text{SF湿地：HLR} = \frac{100 \times 100}{2\,697} = 3.71\text{cm/d}$$

2. 式(6.60)を用いて放流リン濃度を求める．

$$\text{FWS湿地：} C_e = 12\exp\left[-\frac{2.73}{2.01}\right] = 3.1\text{mg/L}$$

$$\text{SF湿地：} C_e = 12\exp\left[-\frac{2.73}{3.71}\right] = 5.8\text{mg/L}$$

3. 式(6.61)を用いて放流リン濃度0.5 mg/Lを達成するために必要な湿地面積を求める．

$$\text{FWS湿地およびSF湿地：} A_s = \frac{100 \times 100\ln(12/0.5)}{2.73} = 11\,641\text{m}^2$$

4. この湿地で0.5mg/Lの基準を達成するには非常に広大な土地が必要になる．リン除去に必要なこの11 641m²は，例題-6.5で求められた窒素の基準を満たすために必要な面積の少なくとも4倍の大きさで，通常のBOD除去の要求を満たすのに必要な面積の少なくとも12倍に相当する．

例題-6.6に示されるように，最終放流水のリン濃度を低下させるためには，非常に広大な土地を必要とする．ほとんどの場合，この方法は経済的な手法ではなく，別のリン除去法を検討すべきであろう．このような場合，湿地の規模は窒素除去に従い決まる．湿地のリン除去能は式(6.59)から決定されるので，要求されているリン除去との差を埋めるために，別の除去法を組合せて設計を行うことになる．

6.11 オンサイト(on-site)システムの設計

オンサイトシステムは，1つの排水源のためや開発中の住宅団地のための，比較的小規模の施設として定義される．通常，オンサイトシステムは排水源と同じ場所に設置されるが，排水の発生源付近に排水の注入に適した土壌がない場合には，ポンプで送水する必要が生じる．一次処理は普通，浄化槽や類似の施設で行われるが，パッケージ化された2次処理プラントが用いられることもある．

ほとんどの場合，SF湿地の考え方の利点は(例えば病害虫の発生がない，地中流れのため未処理汚水と人の接触がないことなど)，オンサイトシステムへの利用の際にも利点となる．蒸発と(もし許可されたとして)浸透が排水の大部分を占めるような乾燥した場所でさえ，湿地からの最終放流水の排出方法の設定は計画の必要条件である．

表流水あるいは地下水への排出が，利用可能な2つの選択肢である．地下水への排出は第**9**章において述べる．表流水への放流は，州あるいは地方の排水基準を満たさなければならない．多くの州や地方自治体は，小型のオンサイトシステムからの表流水への放流を許可していない．このため，設計に先立ち適当な組織とともに代替案を検討する必要がある．オンサイトにおける地下水への排出のための現場調査要件については，第**9**章で議論する．1家族の住居用の非常に小型のシステムに対しては簡単な浸透試験でなんとかこと足りると考えられるが，大規模な施設，流量に対しては十分ではない[55]．このような場合，現場土壌における実際の浸透係数を決定するとともに地下水面の位置と水面勾配を決定し，排出用の土のマウンドや施設で支障が起きないようにしなければならない．

浸透地，ろ床，土のマウンドなどを通した地下水への排出についての現行の多くの基準は，予め行った処理実験の結果に基づいて修正した現場試験の結果を基にして $m^3/m^2 \cdot d$ 単位の水量負荷で指定されている．この水量負荷は土壌の特性や，浄化槽からの排出水の目詰りの起しやすさをそれぞれ考慮して定められる．これは，目詰りを起す層は土壌と排水床との間に集中しているためである．

排水の前に湿地法を用いることは 3 次処理と等価の効果があるので，目詰りの発生の可能性は飛躍的に減少し，排水床や溝の面積を大きく減らすことができる．水質改善により，湿地の後に続く排水床や排水溝は通常，普通の浸透面積の少なくとも 1/3～1/2 の面積の規模ですむと考えられる．それでもなお，サイズの減少を確認するために，排水を受ける土壌の実際の透水係数を測る (非常に小さいシステムでは推定する) ことが肝要である．例えば，粘土質では負荷する水の質に係わらず透水性は低い．粒径が粗く透水性の高い土壌への排水は，負荷する排水が十分な処理を受けるための時間と接触が得られないため，許されないことがある．地下水へ排出する前にオンサイト湿地へ使用すれば，この問題がいく分か解決され，このような土壌の利用が可能になる．

オンサイトシステムの設計には，いくつかの手法が利用可能である．最も著名なものの 1 つはテネシーバレー開発公社 (Tennessee Valley Authority；TVA)[50] のガイドラインに掲載されているものである．USEPA による最近の評価書[42] においては，これらテネシーバレー開発公社のガイドラインは 1 家族の住居で利用する小規模のシステム設計にはおそらく十分であるが，より大きな流量の場合や表流水への放流を行うシステムについては不十分であるとしている．不十分な点として，より大きな排水地の土壌調査の欠如や，窒素除去についての設計基準の欠如や，寒冷地における冬期の水質に影響する温度への依存性に関する知見の欠如があげられる．USEPA の評価書は，設計原理や温度による制約条件は大きくても小さくても同様であるので，オンサイトのシステム設計も大型のシステムのものと同様の手順を踏むことを勧めている．結果として，本章の前の部分で述べた設計手順がオンサイトシステムにも利用できる．

USEPA の評価書[42] は小型のオンサイトシステム設計のための単純化された仮定をいくつか示している．これは，以下のようなものである．

・設計流量の決定；宅地でのシステムについては，人口 1 人当り 0.23 m^3/d と仮定するのが合理的である．州あるいは地方の基準があれば，これを用いる．

・槽が仕切られた浄化槽を用いる．1世帯の住居用には1つの槽のものを用いる．より大規模のもの（>3 785m^3/d）には，2つ以上の連続槽を用いる．槽の合計容量は少なくとも設計日流量の2倍とする．
・浄化槽からの放流BOD（C_o）は100 mg/L以上と安全側に仮定する．
・湿地からの放流BOD（C_e）は10 mg/Lを越えないと仮定する．
・床に充填する処理担体としては洗浄された砂礫を用いる．大きさは1.25～2.5 cmで全厚は0.6 mとする．設計には，床の有効水深を0.55 mと仮定する．合理的な推定値として，透水係数はk_s＝1 500m^3/m^2・d，空隙率＝0.38とする．もし同じ材料を用いた多くのシステムを設置する必要がある場合，透水係数k_sおよび空隙率nについての，屋外あるいは実験室における試験を行うことが推奨される．
・植生として，*Phragmites*（イネ科）を用いるのが望ましい．
・床中での予測される夏期および冬期の水温を推定する．夏期あるいは年中温暖な気候の場合，20℃が妥当な値である．寒冷な冬期の気候では，流入水温が6℃以下というのが妥当な仮定である．

式（6.62）を用いて床表面積を求める．

$$A_s = LW = \frac{Q\ln(C_o/C_e)}{K_T dn} \qquad (6.62)$$

安全率として，基本値（1.104d^{-1}）の75%である速度定数K_{20}を用いる．小規模のオンサイトシステムの設計にはK_{20}＝0.828 d^{-1}を用いる．

20℃で，上で規定された数値を用いて，上式は次のようになる．

$$A_s = 13.31Q = \mathrm{m}^2\ (Q \text{ は } \mathrm{m}^3/\mathrm{d})$$

6℃では，

$$A_s = 30.1Q = \mathrm{m}^2\ (Q \text{ は } \mathrm{m}^3/\mathrm{d})$$

他の水温，他の担体等を用いる場合の調整には基本設計方程式を使うべきである．

表面積は上で求められているので，縦横比（L：W）を2：1とし，床の長さLと幅Wを計算する．一般的なケースでは，縦横比2：1あるいはそれ以下で，床の深さが0.6 mであり，これは床の水理設計に用いるダルシーの法則の制約条件を満たしている．このため，水理計算が必要でなくなる．現場の状況により

床の L：W が 2：1 や 0.6 m の深さとできない場合，前述の水理計算が必要となる．

この手法では処理床での水理学的滞留時間 (HRT) 約 2.8 日 (20℃で) と仮定するが，この長さは BOD 除去を 10 mg/L 以下にするのに十分である．もし窒素除去を 10 mg/L まで行うことが求められる場合，システムの大きさを 2 倍にして HRT を 6 日とすべきである．寒冷地における冬期の窒素除去には，HRT 10 日が必要となる．このような場合，反応床が十分凍結から保護されることを確かにするため，熱損失計算を行っておくべきである．

1 世帯用には床を 1 つの区画として建設する．より大きなシステムでは，多数区画 (少なくとも 2 つ) を平列にしたものを使う．

反応床からの浸透を防ぐためには，粘土あるいは合成シートを用いる．

平らな底で，底面上には穴の空いた排水用の多岐管が敷設された床を建設する．ほとんどの小規模システムでは，底から 10 cm 近く上がったところに孔の空いた流入水用の多岐管を敷設することで十分である．流入口と排出口の周辺部には，約 1 m の長さで床全体の深さにわたって洗浄した砂礫を満たすべきである．

排水管は回転式の管か柔軟なホースにつなぎ，床中の水深の制御が可能なようにする．

流入，排出用の管の掃除用には床の表面に穴を設けておくべきである．

上記のシステムは，BOD 10 mg/L 以下，SS 10 mg/L 以下，TN 10 mg/L 以下の水質にすることが可能で，このため表流水，地下水どちらへの排出にも適する．優れた処理水質ならば，処理用の土地面積がかなり縮小される．例えば，4 人家族向けの代表的な通常のオンサイトシステム (1 m^3/d) は，4m^3 の浄化槽と砂質ローム土の 46 m^2 の浸透区からなる．HRT 6 日の湿地にするには，約 28 m^2 の面積の追加を必要とするだけである．もし，より高い水準の処理を行う必要性が認められる場合では，湿地部と浸透部との合計面積は 46 m^2 以下で可能であろう．

6.12　鉛直流湿地床

鉛直流湿地床では，汚水は床の上部に均等に散水され，放流水は床の長軸と平行に，底面にそって敷設された有孔管を通して引抜かれる．このコンセプトは

Seidel[48]の研究に基づいたもので，ヨーロッパの数ヶ所で使われている．システムは通常，2段階の直列の鉛直流区画とそれに接続された1つ以上の水平流浄化区画からなる．鉛直流ユニットの各段は，平行に並んだ数個の湿地区画からなる．汚水は順に間欠的に散布される．ヨーロッパにおける運転システムは(通常，浄化槽からの)一次処理水か，場合によっては未処理汚水を処理している．

通常，反応床に2日間にわたり汚水を施用し，その後4～8日間休ませる．2日間運転，4日間休止のサイクルでは，最低でも3つの第1段の区画が必要となる．2日，8日のケースでは最低でも5つのものが必要になる．第2段の区画の数は第1段階の数の半分で，これらも順番に使用される．

このコンセプトの最大の利点は，定期的に行われる休止，乾燥の期間中に好気的条件が回復することである．これが継続的に飽和していて，通常，嫌気的状況にある水平流式SF湿地床に比べて，BODとアンモニア態窒素をより高い速度で除去することを可能にしている．結果として，鉛直流床は同等の能力を有するSF湿地に比べて，いくぶん小型化が可能となる．

第1段床への運転時の水量負荷は通常，一次処理水では0.3 m/d，第2段床へはこの2倍となる．このような2段階のシステムは，通常90%以上のBODおよびSS除去が達成可能である．

反応床は，粒径の異なる粒状の素材からなるいくつかの層からなる．代表的な構成は，床の上部から順に下記のものを含んでいる．

① 25 cmの余裕高
② 8 cmの粗い砂層(ヨシを植栽)
③ 15 cmの細かい礫層(約6 mm粒径)
④ 10 cmの洗浄した普通の礫層(約12 mm粒径)
⑤ 15 cmの洗浄した粗い礫層(約40 mm粒径)

底部の放流用有孔管の敷設は，区画の底面上に中心間隔約1 mとする．上流端は煙突効果をつくり出し，酸素輸送を増大させるために床表面より高いところまで延す．有孔管の上端部には，浸透水の短絡を防ぐために孔のないジャケットをかぶせる．煙突効果をつくり出すための鉛直管を放流用有孔管の間に2 m間隔に並べて設置する．これら鉛直の管は，底部の砂礫層でのみ有孔で，砂礫層より上部では無孔である．

このコンセプトに基づいて，合理的な設計モデルを作成するための運転データは十分にない．下記の式は英国[10]での2日間湿潤，4日間乾燥のシステムの運転データに基づいている．これらのデータは十分に注意を払いつつ(データベースの制約により)，類似システムの能力の推定に利用できる．

各段ごとのBOD除去は，

$$\frac{C_e}{C_o}=\exp\left[-\frac{K_T}{\mathrm{HLR}}\right] \tag{6.63}$$

ここで，C_e：放流水BOD [mg/L]

C_o：流入水BOD [mg/L]

K_T：温度に依存する速度定数 [d^{-1}] で $0.3171\times1.06^{T-20}\mathrm{d}^{-1}$

HLR：水量負荷時の平均日水量負荷 [m/d]

各段ごとのアンモニア除去は，

$$\frac{C_e}{C_o}=\exp\left[-\frac{K_T}{\mathrm{HLR}}\right] \tag{6.64}$$

ここで，C_e：放流水アンモニア濃度 [mg/L]

C_o：流入水アンモニア濃度 [mg/L]

K_T：温度に依存する速度定数 [d^{-1}] で $0.1425\times1.06^{T-20}\mathrm{d}^{-1}$

HLR：水量負荷時の平均日水量負荷 [m/d]

普通，2段階システムの第2段では，アンモニア除去がいっそう期待できる．しかし，2段階システムでは各段ごとのアンモニア除去速度はほぼ同程度である．これは硝化ろ過床(本章**6.8**節)について前述したように，第2段でのBOD負荷が，硝化のためにはいぜん高すぎるためである．このことは，ヨーロッパで用いられている鉛直流の手法には，さらなる改良と最適化が必要なことを示唆している．第1段は，放流BOD濃度で10～15 mg/Lの範囲に納まるのに十分な大きさとするべきである．第2段は，アンモニア除去にとって最適になるようにし，3番目の構成要素であるSF湿地の主たる役割は脱窒と最終仕上用浄化となる．本章**6.8**節に述べた硝化ろ過床とSF湿地の組合せでも，同様の機能が達成可能である．

6.13 湿地の利用

本章の前節では，設計モデルと期待される処理性能，利用可能な湿地の型と，内部の構成要素に関する情報を提供した．本節では，種々の目的のための人工湿地の利用法について説明する．湿地の利用先は，生活排水，都市排水，産業・工業排水，流出雨水，合流式下水道越流水，農業排水，畜産排水，鉱山排水等の処理である．

6.13.1　生活排水

ほとんどの場合，生活排水の処理のためのオンサイトシステムには表面流(FWS)湿地よりも伏流(SF)湿地の方が好まれる．これは，SF湿地法の利点によるものである．すなわち，蚊や病害虫を除外し，処理中の水と人との接触の危険性を排除しているためである．寒冷地においては，凍結からの保護もSF湿地の利点となる．

これらシステムの設計には，本章**6.10**節にあげた方法を用い，必要に応じて，他の節の情報を用いるとよい．窒素除去が計画の目標であれば，ヨシかホタルイをシステムの植生として用いることが推奨される．もし，より厳しい窒素基準が適用される場合には，湿地の面積を最小化するために(本章**6.8**節を参照)，プラスチックの担体を充填した小型の循環型硝化ろ過床の使用を考えるべきである．比較的温暖な冬期気候の所では，ガマを植えた0.3m深さの床も好ましい．しかし，このような床は，ヨシやホタルイの0.6m深さの床の2倍の面積を必要とする．窒素除去が必要でなければ，飾りの植生や潅木が適している．これらの例では，適当な根おおいを床表面におくと，植生の生長を促進することができる．1世帯向けの最小のものの場合を除いて，少なくとも2つの平列区画をもつ湿地を使用することが望ましい．

6.13.2　都市排水

都市排水のための表面流(FWS)湿地あるいは伏流(SF)湿地の選択には，処理水量と建設する場所の状況を考慮しなければならない．前にも述べたように，SF湿地はBODと窒素除去反応速度が高いために同等の放流水水質となるように設計されたFWS湿地に比べて，所要面積が小さくて済む．しかし，特定の状況においてはどちらが経済的かは必ずしも明らかではない．最終的な決定は，適地の価格と入手可能性，SF湿地床に用いる砂利の入手，運搬，敷設にかかる費用による．

経済性から考えると，大型システムにはFWS湿地が適している場合が多い．これは，このように大型のシステムは遠隔地に建設されることが多く，SFの利点が大きな便益にならないためである．費用面でのトレードオフは設計流量378 m^3/d以下で起り，3 785m^3/d以上ではFWS湿地が有利である．しかしながら，時にはSF湿地の利点が費用の低さという良さを上まわることもある．本書の主著者は，Halifax, Nova Scotiaの汚水の一部を処理するために最近SF湿地を設計したが，SF湿地の温度的な利点(凍結保護)により，この地で採用されることとなった．

窒素を低い濃度まで下げるのが計画目標の場合，ヨシやホタルイをSF湿地に植えるとよい．これらの種やガマは総てFWS湿地に適している．ヨシは動物による害に強い(本章**6.1**節参照)．厳しい窒素基準が適用される場合は，本章**6.8**節に述べた硝化ろ過床(NFB)の利用を代替案として考えるべきである．

FWS湿地において，水深の深い部分をつくり全体としての水理学的滞留時間(HRT)を増加させ，大気からの酸素輸送を高めることが考えられる．それぞれの水域の深い部分は，ウキクサが風によって移動することが可能なほどの大きさとすべきである．これは，ウキクサが動かないと酸素輸送が阻害されるためである．水深の大きい部分の面積がシステム全体の面積の20%以上を占めると，システムの設計は，湿地と池の連続として本章と第**4**章で述べた手順に従えばよい．深い部分に沈水植物を生育させると(第**6**章**6.1**を参照)，生息域としての価値が高まり，水質改善につながると考えられる．このような場合，この部分の水深は，選定した植物の光強度の要件を満たさなければならない．一方，ウキクサの繁茂を避けることも必要となる．

冬期に凍結する場所では，注意深く温度解析をすることが必要になる．これは，温度依存性の高い窒素およびBOD除去反応が十分発揮されることを確認するためと，極端に寒冷な時に凍結が起るかどうかを予測するためである．北西カナダの多くのFWS湿地は厳しい冬期の凍結の危険性に曝されているため，冬期に安定池の中で汚水を貯留し，暖かい時期に湿地による処理を行っている．

FWS湿地では水面が外に出ており，鳥類や他の野生生物を呼び寄せるため，FWS湿地のコンセプトとして生息域とレクリエーションの価値を組合せる方がより実現の可能性が高くなる．水深が深い部分に営巣用の島をつくりsago pond weed(ヒルムシロ科の一種)のような餌となる植物を植えると，システムの生息域としての価値はさらに高まる.

6.13.3 事業所排水

伏流(SF)湿地および表面流(FWS)湿地両者とも，上に述べた都市排水と同様の条件で，商業・工業排水の処理に利用できる．商業・工業排水ともに汚水の特性が非常に重要である．これらの排水には，高濃度のもの，低栄養塩濃度のもの，高あるいは低pHや，毒性や湿地における生物反応を妨げる物質を含むものがある．例えば，湿地あるいは1次処理の段階での生物活動を支えるために，栄養塩類を追加する必要性も出てくることもある．後述の**表-6.13**に，生物的酸化のために必要な栄養塩類や微量栄養塩類に関する一覧を示す．これらの栄養塩類が排水中に無い場合は，BODおよび窒素の除去速度係数は，本章**6.6**節および**6.8**節で述べたものよりも一桁低いものとなるだろう．

高濃度汚水や主要な汚濁物質の濃度が高い汚水は通常湿地による処理の前に嫌気性処理の対象となる．SFやFWS型の人工湿地は現在，紙パルプ産業，石油精製，薬品生産，食品処理業の排水処理に利用されている．ほとんどの場合，湿地の部分は通常の生物処理の後の浄化段階に使用されている．これら湿地の期待される性能値は本章**6.2**節に述べられている．システム設計は**6.4**節～**6.9**節にある手順に従うとよい．未知の毒性物質が入っていたり，主要な汚染物質の除去を最適化するための設計には，小規模の実験が予め必要となる．

6.13.4 雨水流出水

駐車場，街路等からの都市雨水の処理のために設計される湿地の主目的は流砂の除去である．この場合，本質的には湿地は植生のある雨水貯留池で，設計には，沈砂池の基本的原理を用いることになる．植生のある水辺，深いところ，浅いところや，沼地が存在すると，処理と生息域としての機能を高めることができる．これらの湿地はBOD，SS，pH，硝酸，リン酸および微量金属の除去についてかなりの実績を示している[17]．

最も簡単な場合でも，雨水処理湿地法(stormwater wetland system；SWS)は，深い池と浅い沼地の組合せからなっている．それに加えて，湿った草地と潅木のある場所も用いられる．流量は大きく変動し無機懸濁物の集積，目詰りの可能性があるため，SF湿地法はこのような目的には不向きである．このため，雨水処理湿地の沼地の部分は通常 FWS 人工湿地となっている．これらは**図-6.18**のように構成されるか，他の組合せになっている．主な構成要素は，流入構造物，初期沈砂のための水路か沈殿池，その次の構成要素として湿った草地か沼地が必要な場合には流れを横方向に分水するための堰や大きいくぼ地，深い池，さらに，雨水流出のピーク時に越流状態を可能にし，“通常水位”ではゆっくりと放流することができる形の流出構造物である．“通常水位”は普通，沼地の水深を浅く維持できるように設定される．乾燥に耐える植生を沼地に植えることで，長期間の完全な水抜きが可能になる．

ガマ，ホタルイやヨシは，一時的であれば 1 m までの湛水に耐えることができるので，これらの種を使う場合，この値が雨水処理湿地での越流前の最大水深となる．もし湿った草地か潅木を利用する場合には，最大貯留水深は約 0.6 m となる．湿地の最適貯留量(通常水位と越流水位との差)は，雨水処理湿地に流込む集水域の面積に 13 mm を乗じた容量にすべきである．効果的な運転のための最低限の貯留容量は集水域に 6 mm を乗じた量である．貯留容量は式(6.65)を用いて計算される．

$$V = CyA_{ws} \tag{6.65}$$

ここで，V：雨水処理湿地の貯留容量 [m^3]

C：係数で，10

y：集水域の設計水深 [mm]

A_{ws}：集水域の面積 [ha]

越流水位での雨水処理湿地全体の最低表面積は，5 年超過確率の降雨で起る流量に基づき，式(6.66)で計算される．

$$A_{sws} = CQ \tag{6.66}$$

ここで，A_{sws}：越流水位での雨水処理湿地法の最低表面積 [m^2]

C：係数で，590

Q：5 年設計雨量に基づく流量 [m^3/s]

可能であれば雨水処理湿地の縦横比は 2：1 に近づけるべきで，流入口は流出口からなるべく遠くにし，整流装置を使用してもよい．くぼ地と流入口は，流速が 0.3～0.5 m/s まで下がってもよいように十分な幅をもたせるべきである．

重要なことは，雨水処理湿地は回分式反応槽として機能するということである．降雨のない期間は，水は静置され水質はよくなる．降雨が起ると，越流が起る前に流入水が，すでに存在する処理水の一部あるいは全部と置き換わることになる．上述した設計モデルを使って，多様な組合せの降雨のもとでの水質改善度について予測することが可能である．これには，まず降雨の頻度と強度を決める必要がある．これらのデータを用いて，降雨時，晴天時の水理学的滞留時間(HRT)を計算し，適切な設計モデルを用いて汚濁除去率を計算することができる．

6.13.5 合流式下水道越流水(CSO)

古い下水道管渠は雨水と未処理汚水の両方を輸送しているため，多くの都市域において合流式下水道越流水の管理は重要な問題となっている．大きな出水が起きると下水処理場の処理容量をこえるため，過去には一時的に下水をバイパスし，未処理の合流式下水道越流水を受水域に放流することがあった．現在の制度はこれを禁止しており，合流式下水道越流水を放流する代りに湿地を用いた処理が強く考慮されている(訳者注：日本では放流そのものは禁止されていない)．

合流式下水道越流水処理のために設計された湿地は，基本的に雨水処理のための湿地と同様のことが要求される．そのため，先述の理由と同じで表面流のある(FWS)人工湿地法が望ましいとされている．合流式下水道越流水は常に未処理汚水を含んでいるため，降雨時には，普通の雨水に比べて病原体や汚染物質の濃度が高い．多くの雨水のファーストフラッシュには汚染物質が含まれているが，下水を含む合流式下水道越流水放流は，質的にこれとは違う可能性がある．

合流式下水道越流水処理のための湿地の設計は，降雨の頻度と強度および下水処理場の処理能力の解析から始めなければならない．これにより計画している湿地で受けもつ超過合流式下水道越流水の容量が求められる．最低でも5年から10年確率の降雨により起る合流式下水道越流水の貯留が代表的な基本の湿地容量になる．合流式下水道越流水を処理するための湿地は回分式反応槽として機能し，水質改善度は降雨の頻度と強度に依存する．湿地が10年確率の降雨による合流式下水道越流水に基づいて大きさが決められたとすると，これより小さな降雨では，合流式下水道越流水は完全に湿地に貯留され，放流分は総て以前に貯留され処理された水となる．

湿地での水理学的滞留時間(HRT)は湿地への降雨，地下浸透/蒸発散を合流式下水道越流水からの流入と同様に考慮しなければならない．期待される水質は，監督官庁により通常決められる．かなりの地下浸透が許される場合，合流式下水道越流水湿地は第7章で述べられる急速浸透法と似た機能を果す．種々の状況に対して湿地のHRTが求められたなら，本章および第7章(地下浸透が許される場合)に記述された設計モデルを使って，水質改善について予測することが可能になる．湿地が最終的な受水域の近くに位置する場合や，水理的検討により浸透水が排出先の表層水に直接流れ込むことが明らかな場合は，地下浸透は特にリン除去において非常に有効である．

ゴミ除去や何らかの形の前処理を別途行うこともある．そうでない場合には，これらの処理機能は合流式下水道越流水湿地の最初の処理工程となり，ゴミ除去網か類似のものや最初沈殿のための深い池からなっている．湿地の部分は，0.6mという普通の水深でFWS沼地システムとして設計される．ヨシ，ホタルイあるいはガマを使用すれば，流出のピーク時に1mまでの一時的な湛水が可能になる．合流式下水道越流水湿地を水質改善以外に，生息域やレクリエーションにも使う予定であればヨシの使用は避けるべきである．湿地の部分は，管理と維持の柔軟性を保もつために，少なくとも2つの区画が2列に並んだものとすべきである．

湿地部分の底面の標高の決定は，処理を成功させるためにきわめて重要である．特に，地下水位が浅くて変動しやすい場合と，地下浸透が許される場合は，なおさらである．底の部分の土壌は渇水時といえど常に湿潤状態にしておくことが望ましいが，降雨時に貯留水のかなりの部分を地下水が占めるという状況は避けるべきである．ヨシと，それよりは若干劣るがガマは乾燥に強く，季節的な地下水の侵入を避けることができる湿地の底部に生成させることができる．湿地を生息域としての価値も含めて設計しようとすると，この手順は複雑なものになる．この場合，湿地は通常の地下水位より上に表面がある沼地と，最低地下水位より深い水域部分からなるようにする．そうすると，鳥類や他の野生生物は常に水が利用できるようになる．

表-6.8は，Black & Veatchと本書の主たる著者を含む他のコンサルタントにより，オレゴン州Portland市のために行われた合流式下水道越流水人工湿地の実現可能性についての検討結果をまとめたものである[4]．湿地の部分は，7時間のピーク流量により約45 000 m^{3}の合流式下水道越流水流量を生じさせる10年確率降雨量を貯留できるように設計されている．土地面積に限りがあったために，ゴミ除去と最初沈殿処理装置を別途建設することになった．最大限可能な湿

表-6.8　オレゴン州 Portland 市での合流式下水道越流水湿地による水質の予測値

パラメター	未処理 CSO	一次処理放流水*	湿地	
			地下浸透水	越流水
流量 [m^3]	31 000	31 000	15 000	3 000
BOD [mg/L]	100	85	2	10
SS [mg/L]	100	70	2	10
TKN [mg/L]	7.0	6.1	3	2
NO_3-N [mg/L]	0.2	0.2	0.1	0.0
TP [mg/L]	0.6	0.45	＜0.05	0.17
大腸菌群数 [個/100 mL]	110 000	200	＜20	10

注）＊塩素消毒を含む

地面積は 9.3 ha で，水深が 0.6 m のとき 57 000 m^3 の貯留容量になる．計画された湿地の下部や最終的な受水域近傍の土壌は，浸透性の砂である．このシステムの水質の予測値は表-6.8 に示すとおりである．

表-6.8 のデータは，例としてあげただけで，他のシステム設計には利用できない．計画されたシステム総てについて，その地域特有の状況を把握するために，合流式下水道越流水の特徴および湿地を建設する現場の特性を常に明らかにする必要がある．

6.13.6　農地流出水

耕作されている土地からの面源流出により水域に土砂や，栄養塩類，特にリンが流入し汚濁が進む．米国土壌保全局 (US Soil Conservation Service ; SCS) は，これら流出水の処理と管理についての手順を開発している[30,58]．このシステムの概念は**図-6.18** に示されている．構成要素は，下部から排水される湿った草地，沼地，そして池が順に並んでいる．最適な最終要素は植生のある浄化域である．この結合型のコンセプトは，米国土壌保全局により，栄養塩類/堆積物コントロールシステム (nutrient/sediment control system ; NSCS) と呼ばれている．このシステムは，北部メイン州の耕地からの流出水の処理に，数多く用いられ成功をおさめている．栄養塩類/堆積物コントロールシステムは単独のコントロールシステムとして設置されるべきではない．当該農地には，浸食防止用にぴったりの最良の保全事業の一環として適用されるべきである．

下に示す式 (6.67)～(6.71) は，栄養塩類/堆積物コントロールシステムの構成要素の規模の決定に用いられる．一般向用として，これらの式は単位要素の幅が

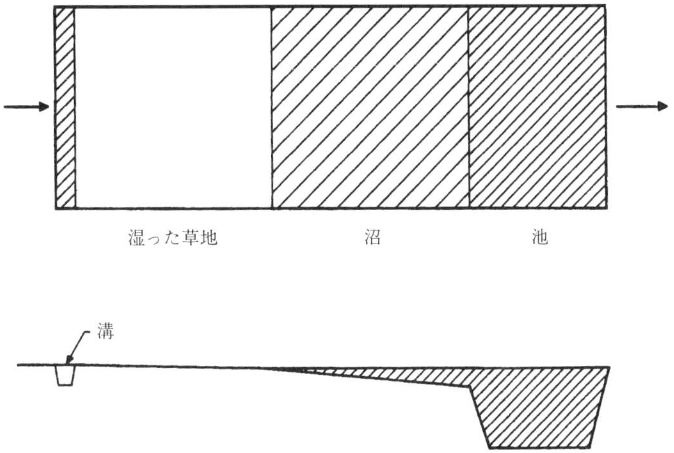

図-6.18 農地流出のための湿地を含む管理施設の概念図

30.5 m との前提に基づいている．栄養塩類/堆積物コントロールシステムのそれぞれの要素の面積がほぼ同じであれば，システムを設置場所の制約条件に合せて形を変更することは可能である．この設計手順は，勾配が8%以下の穀物，牧草地等に有効である．

通常，農地流出水は適切な規模の溝を通って栄養塩類/堆積物コントロールシステムに流れ込む．栄養塩類/堆積物コントロールシステムの最初の構成要素は，システム全幅に広がる台形の沈砂池である．沈砂池の底の幅は前方積込み型ローダーによる清掃が可能となるように 3 m とすべきである．植栽を施した側面の勾配は 2：1 以上にはすべきではなく，深さは少なくとも 1.2 m とする．沈砂池の一端には，清掃のための傾斜路をつける．沈砂池の下流側の上端は，砕石で出来た水平の分散装置をもち，システム全幅に水が一様に配分されるようにする．この分散装置は石を敷いた 2.5 m 幅の区画からなり，システム全幅に広がり，表面が水平になるように注意深く施工されていなければならない．この区画中には，やはり同じ石を敷き詰めた深さ 0.3 m，幅 1.2 m の溝がある．石の大きさは 25～76 mm である．この溝の必要な表面積は式(6.67)を用いて計算できる．

$$A_{ST} = 78 + 1.074\,W_A + 0.04\,W_A^2 \qquad (6.67)$$

ここで，A_{ST}：沈砂池の面積 [m^2]

W_A：集水域の面積 [ha]

湿った草地は，排水を良くした浸透性の高い土壌からなっていて，そこには寒冷向きの草(クサヨシ以外のもの)が植えられている．この草地は汚水のシートフローを確保するために横方向には完全に水平で，流れ方向には0.5～5%の勾配がつけられている．排水パイプ(100 mm)は，流れの方向に垂直に6 m 間隔で埋込まれている．これらの排水管は，適当なフィルター用の布で包まれた砂利のパックで埋戻されている．これらの排水は沼地に水面下で放流される．1番目の排水ラインは，水の分配装置から3 m ほどスロープを下った所に設置する．そして少なくとも76 mm の表土を，草を植える前に湿った草地部分全体にまいておく．この湿った草地の面積は式(6.68)を用いて計算できる．また，流れの方向の必要なスロープ長は，式(6.69)を用いて計算できる．

$$A_{WM}=783+10.4\,W_A+0.37\,W_A^2 \tag{6.68}$$

ここで，A_{WM}：湿った草地の面積 [m²]

W_A：集水域の面積 [ha]

$$L_{WM}=22.9+0.753\,W_A \tag{6.69}$$

湿地あるいは沼地の部分は湿った草地と同じ面積とし，システム全幅に広げておく．式(6.68)をこの部分の面積を決めるのに使ってよい．沼地の部分はシステムの横方向に水平とし，湿った草地との境目での水深0 m から深い池との境目の水深0.46 m まで水深が変る．植栽にはガマが適している．このシステムの生息域としての価値は，水深が0.4 m をこえるところに，sago pond weed(ヒルムシロ科の一種)を植えると高まる．

深い池は，栄養塩類と細かい砂の除去を行う生物的ろ過の役割を果す．池の面積は式(6.70)を用いて決められる．

$$A_{DP}=372+55\,W_A \tag{6.70}$$

池には，プランクトンや他の生物を食べる土着の魚類を入れるべきである．ゴールデンシャイナー(コイ科の小形の淡水魚)等がよく利用される．魚の量は池面積465 m² 当り250～500匹が妥当である．魚は定期的に捕獲すれば，大型魚の餌として販売できる．淡水性の二枚貝類も900 m² 当り100個程度入れてよい．池は2.4～3.7 m の深さにする．池からの主な放流用構造物は，必要水位の維持と5年確率洪水までの放流が可能なように設計する．草で覆った非常用洪水吐を，5年確率洪水をこえる流量に対応できるように設計し設置する．

最後のオプションとしての施設は，深い池からの放流水を受ける草に覆われた

表-6.9 農地流出水制御システムの能力[30]

季節	流量[m³]		SS[kg]		強熱減量(VSS)[kg]		全リン[kg]	
	流入	放流	流入	放流	流入	放流	流入	放流
1990年：春	648	1 768	7	8	3	7	0.06	0.13
夏	292	0	1 144	0	113	0	3.06	0
秋	7 296	12 295	3 884	144	546	35	4.63	1.26
計	8 236	14 062	5 036	152	663	42	7.76	1.38
1991年：春	1 387	7 685	54	107	7	26	0.30	0.76
夏	2 023	743	3 505	11	393	4	12.4	0.11
秋	1 526	3 102	644	34	84	10	3.9	0.70
計	4 936	11 530	4 203	152	484	40	16.6	1.57

浄化域である．これが実用可能であれば，溝と水平分水装置を追加し，この浄化域での流れを均一なものとすることが望まれる．この面積 A_P は，式(6.71)を使って決められる．

$$A_P = 232 + 11.5\,W_A \tag{6.71}$$

メイン州北部での栄養塩類/堆積物コントロールシステムの2年間の運用結果を，**表-6.9**にまとめている．このシステムは7haのジャガイモ畑からの雨水を集めている[30]．2年にわたり，このシステムは，平均土砂除去率で96%，全リンで87%の除去率を達成している．

6.13.7 畜産排水

餌場，牛舎，養豚場，養鶏場あるいはこのような場所からの排水は，高溶解性物質濃度，高濁質濃度，高アンモニアならびに高有機窒素濃度の場合が多い．前処理の段階でこれら物質濃度を低下させることが必要で，これには嫌気性池が通常，最も経済的となる．第**4**章に示した手順が，このシステム要素の設計に用いられる．

ほとんどの場合，表面流(FWS)湿地がこれらの汚水には経済的な選択となる．なぜならば，必要な土地面積が少なくてすみ，伏流(SF)湿地がもつ他の潜在的に有利となる点が，農業関連の場合には通常あまり重要ではないためである．また，前処理の段階で水漏れが起って高濃度の濁質を含む汚水が湿地に入ったとすれば，SF湿地には不利になる．ただし寒冷地においては，年間を通しての運転にはSF湿地の方が望ましい場合もある．これは，このシステムの方が保

表-6.10　養豚場排水からの汚濁除去

場　所	BOD [mg/L]	SS [mg/L]	ケルダール態窒素 [mg/L]	NH_3 [mg/L]	全リン [mg/L]	糞便性細菌 大腸菌群数 [個/100 mL]	糞便性細菌 Strep. [個/100 mL]
嫌気性池	111	346	116	84	49	817 500	118 750
雨水貯留池	32	51	4	1	3	1 022	679
湿地への流入水	64	105	26	55	26	175 164	76 727
湿地区画1からの放流水	14	25	18	13	11	2 733	3 927
湿地区画2からの放流水	10	31	9	5	7	2 732	1 523

温性がよいためである．

これを利用するための湿地要素の設計は，**6.4〜6.9**節に述べた手順に従うとよい．**表-6.10**は，養豚場からの排水処理のための，2区画からなるFWS湿地法から得られた必要データを示したものである〔27〕．嫌気性池が前処理段階に用いられており，その放流水は湿地に入れる前に，雨水貯留池から間欠的に放流される水と混合されている．

流量が計測されていないため，このシステムでの水理学的滞留時間(HRT)を決定することはできない．ただ，雨水貯留池からの流量は嫌気性池からの流量の約1.5倍であった．

500頭の豚の飼育は90 kg-BOD/dを生産すると考えられるが，湿地への流入水では36 kg/dに減っている．3 600 m^2の湿地への有機物負荷は100 kg/d·haで，本章**6.6**節で推奨された値に等しい．

6.13.8　埋立地浸出水

表面流(FWS)湿地もしくは伏流(SF)湿地はいずれも，埋立地からの浸出水処理に用いられている[6,36,39]．鉛直流湿地床(本章**6.11**節参照)にFWS湿地が続く組合せのシステムが，インディアナ州における埋立地からの浸出水処理に提案されている[37]．浸出水が湿地に直接導入されることもあれば，そこから湿地に転送される流量調節池に導入することもある．フロリダ州のEscambia郡での池では，浄化槽からの排水も流れ込むため，エアレーションが行われている[36]．

浸出水の特性は，湿地の設計を適切に行うために重要である．なぜならば，BOD，アンモニア，金属濃度が高かったり，pHが高かったり低かったり，最優先で考慮すべき汚染物質濃度が高かったりする可能性があるためである．それに加えて，浸出水中の栄養塩類バランスが湿地での植物の繁茂に十分でなく，カリウム，リン，その他の微量栄養塩類の追加が必要になることが多い．浸出水の組成は埋立てられたものの種類や質によるため，特性の一般的定義は不可能で，それぞれのシステム設計ごとにデータを収集する必要がある．

表-6.11 は，いくつかの米国中西部の埋立事業での浸出水水質の例を示している．これらのデータは BOD，COD，NH_3 および鉄が比較的高い濃度で存在するという，先に記載したことを示している．アセトン，メチルイソブチルケトン，フェノールのような揮発性有機物も大量に含まれている．

浸出水処理のための湿地の設計は，**6.4～6.9** 節に記述したものと同じ手順で行える．金属や重要汚染物質の除去は，**6.2** 節に記載されている．通常，湿地の規模は，最終放流水のアンモニアあるいは全窒素濃度を所定の水準まで下げうるように決定される．これは，湿地床のみでも，硝化ろ過床(**6.8** 節参照)あるいは鉛直流区画(**6.11** 節参照)との組合せでも達成可能であろう．これらの選択肢のどれでも，大気への曝露と比較的長い水理学的滞留時間(HRT)により，非常に効果的な揮発性の重要汚染物質の除去が可能となる．浸出水の BOD が常に 500 mg/L をこえるような場合は，前処理として嫌気性池やそれ用の区画の検討が必要となる．SF 湿地がもつ多くの利点を，ほとんどの埋立地では利用する必要がないため，より多くの土地が必要ではあるが FWS 湿地の方が経済的となる．例外は寒冷地で，SF 湿地の保温効果が運転上の利点となる．

表-6.12 は，ニューヨーク州の Tompkins 郡[39] と Broome 郡[6] での埋立地からの浸出水処理を行う，SF 湿地のパイロット実験の結果をまとめたものである．

Tompkins 郡での粗い砂礫区画での HRT は約 15 日であり，浸出水量を約 1 m^3/d とすると Broom 郡での 2 つの SF 区画での全 HRT は約 22 日となる．このような長い滞留時間では，BOD やアンモニアの期待される除去率は，表-6.12 に示された結果よりずっと高くなるはずであったと考えられる．式(6.33)を用いると両方の場所で放流水 BOD 濃度は 5 mg/L 以下，式(6.52)を用いると夏期の Tompkins 郡で，放流水アンモニア濃度は約 72 mg/L と予測される．

双方のシステムにおいて観測された BOD 除去率の低さは，浸出水中のリン濃度が必要な生物反応を維持するのには不十分であったためと考えられる．Tompkins 郡の例では，リン濃度は 0.15 mg/L に過ぎず，Broome 郡の例ではリン濃度が計測されていない．このシステムの滞留時間にも係わらず，この非常

表–6.11 埋立地からの浸出水の含有物質の例*

項目	場所			
	Southern (イリノイ州)	Berrien 郡 (ミシガン州)	Elkart 郡 (インディアナ州)	Forest Lawn (ミシガン州)
BOD [mg/L]	2 130			
COD [mg/L]	4 420	2 430		802
TDS [mg/L]	5 210			
硫酸塩 [mg/L]	56	12	<5	
油分 [mg/L]	15			
pH	6.9			
アンモニア [mg/L]	132	14	160	
硝酸塩 [mg/L]	0.6	3		
塩化物 [mg/L]	835	275	420	
シアン化物 [mg/L]	0.2		<0.005	
フッ素化合物 [mg/L]	2.9			
アルミニウム [mg/L]	72	0.3		4
砒素 [mg/L]	0.6	<0.003	<0.005	<0.01
バリウム [mg/L]	0.3			0.32
ホウ素 [mg/L]	3.3			1.3
カドミウム [mg/L]	<0.02	<0.0002		<0.005
カルシウム [mg/L]	652	332		235
クロム [mg/L]	0.1	0.003		0.014
コバルト [mg/L]	0.1			
銅 [mg/L]	0.1	0.03		<0.003
鉄 [mg/L]	283	120	14	14
鉛 [mg/L]	0.2	<0.001		0.015
マグネシウム [mg/L]	336	179		138
マンガン [mg/L]	9.8		0.2	1.34
水銀 [mg/L]	<0.001	<0.0004	0.0002	<0.0002
ニッケル [mg/L]	0.2	<0.02		0.06
カリウム [mg/L]	157	42		378
リン [mg/L]			1	
セレン [mg/L]	<0.1			<0.005
銀 [mg/L]	<0.02			<0.01
ナトリウム [mg/L]	791	133		672
タリウム [mg/L]	<0.1			
錫 [mg/L]	0.1			<0.03
亜鉛 [mg/L]	3.5			0.22
アセトン [μg/L]	23 000			690
ベンジン [μg/L]	11	20	10	17
塩化エタン [μg/L]	53		62	19
ジメチルエーテル [μg/L]	840			94
エチルベンゼン [μg/L]	25	20	400	68
塩化メチレン [μg/L]	58	33	17	290

メチルエチルケトン [μg/L]	44 300			2 200
メチルイソブチルケトン [μg/L]	220			58
テトラハイドロフタン [μg/L]	2 260			407
トルエン [μg/L]	780	150	300	370
m-および *p*-キシレン [μg/L]	13			155
Di-*n*-ブチルフタレート [μg/L]	24		10	
フェノール [μg/L]	555		15	
アトリジン [μg/L]	12		15	
2, 4-D [μg/L]	9			

注）＊表中の空白は分析が行われなかったことを示す.

表-6. 12　SF 湿地による埋立地からの浸出水処理*1

場所および項目	未処理の浸出水 [mg/L]	湿地からの放流水 [mg/L]
Tompkins 郡 (ニューヨーク州)		
BOD	185	124
アンモニア	253	136
硝酸塩	0.5	0.5
全リン	0.15	0.07
硫酸塩	3	1.5
カリウム	235	192
アルミニウム	0.2	0.14
カルシウム	160	100
カドミウム	<0.01	<0.01
銅	0.02	0.01
クロム	0.01	<0.01
鉄	11	5.3
鉛	0.05	<0.01
マグネシウム	120	80
マンガン	2.9	1.9
ニッケル	0.10	<0.01
Broome 郡 (ニューヨーク州)*2		
アンモニア	169	19
硝酸塩	1.8	2.3
アルミニウム	0.4	0.1
カルシウム	184	54
マグネシウム	97	30
カリウム	188	57
鉄	31	0.2
マンガン	1.9	1.0
亜鉛	0.2	0.1

注）*1 全実験期間の平均値
*2 常設の貯留から流れる水が連続した 2 つの湿地帯区画により処理されるシステム

表-6.13 生物的酸化に必要な栄養塩類および微量栄養塩類

項目	最低必要量 [kg/kg・BOD]
窒素	0.043
リン	0.006
マンガン	10×10^{-5}
銅	14.6×10^{-5}
亜鉛	16×10^{-5}
モリブデン	43×10^{-5}
セレン	14×10^{-5}
マグネシウム	30×10^{-4}
コバルト	13×10^{-5}
カルシウム	62×10^{-4}
ナトリウム	5×10^{-5}
ポタジウム	45×10^{-4}
鉄	12×10^{-3}
炭酸塩	27×10^{-4}

に低いリン濃度は，負荷されたBODを除去するための生物活動には不十分であった．窒素および他の必須栄養塩は十分であったと考えられる．これら2つの埋立地や，おそらく他の多くの場所での処理の最適化にも，少なくともリンを定常的に添加することが必要と考えられる．**表-6.13**は，生物的酸化に必要な栄養塩類と微量栄養塩類を示している[16]．埋立地からの浸出水，工業および産業排水，その他類似の特殊排水については，これらの特性について湿地システムの設計前に調べておく必要がある．

埋立地からの浸出水に栄養塩類が不足している場合，**6.6**節および**6.8**節で述べたものに比べ，BODおよび窒素の除去速度定数は1桁低いものとなる可能性がある．

6.13.9 鉱山排水

酸性鉱山の排水処理のために，米国では数百の表面流(FWS)湿地法が利用されている．規模や設計が合理的に行われていない事例もいくつかあるが，ほとんどの場合，要求処理水準は満たされている．重要な問題は，鉄とマンガンの除去とpHの調整である．この点に関しては，システムが好気的となる可能性が高いこと，また伏流(SF)湿地では沈殿した鉄とマンガンが目詰りを起す可能性が高いため，FWS湿地が望ましい．

鉱山排水の酸性状態は，しばしば黄鉄鉱の酸化により引起される．

$$2FeS_2+2H_2O=2Fe^{2+}+4H^++4SO_4^{2-}$$

上の反応で生産された第1鉄は湿地法でさらに酸化される．

$$4Fe^{2+}+O_2+4H^+=4Fe^{3+}+2H_2O$$

十分な緩衝能をもたらすだけのアルカリ度がない場合には，第2鉄イオン(Fe^{3+})の加水分解が湿地排水のpHをさらに低下させることになる．

$$Fe^{3+}+3H_2O=Fe(OH)_3+3H^+$$

Brodieら[8]により述べられている湿地法は，鉄とマンガンの除去に効果的であるが，上記の反応のためにpHが6から約3にまで低下している．大気に曝らされた石灰石ろ過床を利用したり緩衝液を追加することを試みたが，効果がなかったり，費用がかかりすぎた．鉄とアルミニウムの酸化物は酸化条件下で石灰石の表面に沈殿し，この表面のコーティングがカルシウムのさらなる溶解を阻害して，緩衝作用をなくしてしまう．この問題を解決するためにテネシーバレー開発公社は，無酸素型石灰石排水法(anoxic limestone drain；ALD)を開発した．カルシウム分を多く含む砕いた石灰石の塊(20～40 mm大)を幅3～5 m，深さ0.6～1.5 mの溝に設置する．反応床の断面は，ダルシーの法則(**6.4**節参照)により求められる最大流量を流下させるのに，十分な大きさになるようにする．大気に曝らされる溝の部分は，締固めた粘土で密封して石灰石の部分を無酸素条件になるようにする．粘土と石灰石との境目は通常プラスチックのジオテキスタイルで保護する．溝や床の上流端は，酸性鉱山排水の発生源に接続する．

Brodieら[8]は，無酸素型石灰石排水法の利用について特別なガイドラインを設けている．

1. アルカリ度が80 mg/L以上で鉄が20 mg/L以下の場合は，湿地のみ必要になる．
2. アルカリ度が80 mg/L以上で鉄が20 mg/L以上の場合は，無酸素型石灰石排水法があれば役に立つが湿地のみでも十分であろう．
3. アルカリ度が80 mg/L以下で鉄が20 mg/L以上の場合は，無酸素型石灰石排水法を推奨する．
4. アルカリ度が80 mg/L以下で鉄が20 mg/L以下の場合は，無酸素型石灰石排水法は必須ではないが，望ましい．
5. アルカリ度が0 mg/L以下で鉄が20 mg/L以下の場合，鉄濃度が20 mg/Lに近ければ無酸素型石灰石排水法は必須である．
6. 溶存酸素が2 mg/L以上かpHが6以上で酸化還元電位Ehが100 mV以上の場合は酸化被膜をつくるため，無酸素型石灰石排水法の利点はなくなる．

無酸素型石灰石排水法がシステムで使われるか使われないかにかかわらず，湿地の前処理として沈砂池を設置することが望ましい．これは溶存鉄の大部分を沈殿させる．この方法によると湿地の中でよりもずっと簡単に除去することができる．

現在の湿地要素の設計は，支障なく運転されているシステムの浄化性能の経験的な評価に基づいている．テネシーバレー開発公社は鉄除去用として，鉱山排水のpH，アルカリ度，鉄濃度に応じて水量負荷 15×10^{-3}～42×10^{-3}m/dにおさめることを推奨している．別の研究者[59]は0.14 m/dまで大丈夫としている．処理区画は基底流量に対応できるように設計し，設計降雨に対応できるように十分な余裕高をもたせる．処理区画での水深が0.5 m以下になるようにし，多区画設けることがが望ましい．生息域としての価値を加えることが必要な場合は，深い水深の部分も設ける．湿地区画での推奨流速は0.03～0.3 m/sである．鉄を酸化した後に再曝気をしなければならないので，鉄濃度50 mg/L毎に分離された湿地区画を1つ建設すべきである．もし，地形が許せば，これら湿地区画の間には，越流型の余水吐きを設けることが望ましい．

6.14 湿地処理に必要な条件

湿地の建設に関わる基本的な必要条件は，地下水の遮水，伏流(SF)湿地については床の担体の選択と設置，植生の育成や流出入口の構造物等である．ポンプ場，滅菌施設や輸送管も必要になると考えられるが，これらは湿地建設に特有のものではなく，他の参考文献を参照されたい．SF湿地や表面流(FWS)湿地の両者ともに溶存酸素濃度は低い傾向にあるので，後処理として何らかの形の曝気施設が必要になることがある．地形が許せば，砕石で覆われた階段状の越流口がこの目的に適している．

6.14.1 ライニングと基盤処理

湿地の両方の型とも通常，汚水の保持と地下水汚染を防ぐために，遮水を必要とする．粘土層がもともとあったり，もとの土壌を非浸透性になるほど締固めることができれば十分であることもある．化学的処理，ベントナイト層，アスファルト，あるいはライナーを敷くことも考えられる．埋立地からの浸出水を処理する湿地の場合，漏水感知器を備えた二重のライナーが行政機関から要求される場合もある．

湿地の路床は，ライナーを敷く前に注意深く勾配をつけておく必要がある．表面土壌を現場で取除き，表面流(FWS)湿地の植生用にとっておくか他の用途に

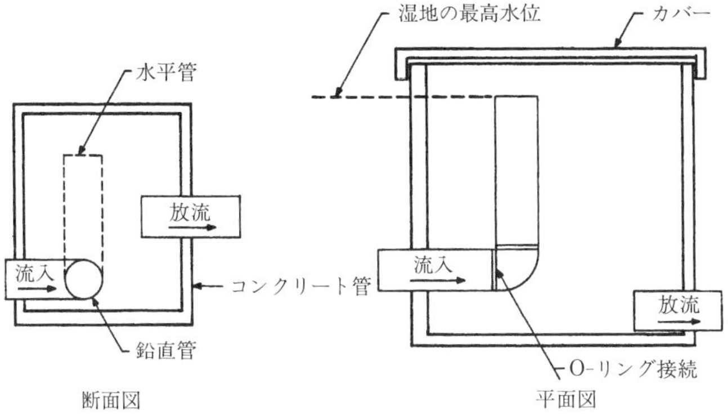

図-6.19　人工湿地のための調整可能な放流口

使うことができる．底部の表面は，湿地の床の全長にわたって，平らでなければならない．両方の型の湿地とも，排水のために若干の勾配をつけるが，前述のようにシステムに必要な水理条件を満たすように，底面を設計してはならない．両方の型とも，水位勾配と水位の制御は，調整可能な放流口を設けて行えるようにする．**図-6.19** は，この目的のための調整可能な放流口の１つの型を示している．

路床勾配をつける最後の段階で，湿地の底面を，道路路床と同様に締固める．この目的は後に続く建設作業の間，設計表面高を維持するためである．SF と FWS 両方の，いくつかの人工湿地では，システム建設中の路床管理が不十分であったため，流水の短絡がかなり見受けられている．伏流(SF)湿地における代表的な懸念は，砂利を運搬するトラックの接近である．トラックによる轍(わだち)が，完成したシステムに永久的に短絡流をつくりだすこともある．区画の底部のところでは，雨天時に建設用車両運行を禁止する必要がある．

もし遮水シートを使う場合は，完成した区画の底部に直接敷く．SF 湿地の担体は厚めの遮水シートに直接置く．FWS 湿地では，保管しておいた表層土壌の層をライナーの上に置き，植物が根を張るための材料とする．

システムの運転を成功させるためには，SF 湿地の担体の選択が肝要である．洗浄されていない砕石が，既存の多くの現場で使用されている．建設中のトラックによるこのような材料の輸送は，運搬中にトラックの中で分級を招き，積荷を降ろす際に，これら細粒分を一カ所に集めてしまうことになる．これは，流れの中に小さな障害を多くつくることになり，内部に短絡流を発生させる．このため，洗浄した砂礫を用いることが望ましい．コンクリート用の粗骨材が米国では普通に手に入るので，SF 湿地の建設に利用できる．

湿地区画周りの堤防や土盛りは，池や類似の湛水構造物と同様に建設する．大型のシステムでは，堤防の幅は小型トラック，維持管理用の機材の通行が可能なようにする．システムのそれぞれの区画には，管理用車両が入れるように坂道をつける．

6.14.2 植　　生

両方の型の湿地システムの建設に際し，適切な密度で量の植生を施すことは，非常に重要である．現地の植物はすでにその地域の環境に適合しており，利用可能であれば望ましいものとなる．大規模計画に対しては，植生を育てるために種苗を購入してもよい．植生密度は **6.1** 節に記述されているが，初期間隔が狭いほど，システムは早く最大密度に達する．多くの種は種子から成育するので，大規模計画においては種子の空中散布を考えてもよい．種子からの植物の生育にはかなりの時間を要するので，注意深い水の管理が必要で，鳥による種子の食害も問題となる．このため最も早くかつ信頼できる方法は，処理床への選定した植物の根茎の移植である．

根茎のそれぞれの挿し木用断片は少なくとも一つの芽か，なるべく成長している新しい茎をもつことが望ましく，一方の端を地中 4 cm に植えて芽や生長している新しい茎が地上に出るようにする．種まきや根茎の植裁は，霜が降らなくなった後の春に行うが，根茎の植裁は秋にも可能である．床を水で満たされ，少なくとも 6ヶ月かかなりの成長が認められるまで，水位を地表あるいは担体表面まで維持する．水位があらたな植生の天端をこえないかぎり，この段階で湿地は完全稼働の状態となる．成育期間中に淡水を使う場合は，植物の生長を促すために追い肥することが望ましい．

非常に大きなシステムでは，植物を平列の帯状に植え，その長辺を流れの方向に垂直にしてもよい．それぞれの植生帯は比較的密度高く繁茂すれば機能するようになる．これら植生帯間の空間は長期間かけて植生が繁茂していくことになる．費用の問題がある場合は，だいたい 75％の植生量を区画の後半に，残りの 25％を前半に植えるとよい．

6.14.3 流入口と放流口の構造

伏流(SF)湿地，表面流(FWS)湿地の両者とも，期待される性能を発揮するためには，それぞれの区画中が一様流となる必要がある．このことは，中小規模のシステムでは流入および放流口のところの，区画の幅いっぱいに有孔多岐管を敷設すれば達成できる．地上に露出した流入口の多岐管を使えば調整，管理が容易に行えるので，ほとんどのシステムにとって望ましいものとなる．この多岐管は通常，扱いやすい大きさである直径100～200 mmのプラスチック管からなり，3 m毎にT字管を取付けたものである．これらのT字管はO-リングで取付けられ調整可能となっている．管理者は，それぞれのT字管を鉛直方向に円弧状に動かして目視で高さを調整し，それぞれの管の流量を一様にできる．寒冷地では，これらの表面放流用多岐管は保温が必要になる可能性もある．小型のオンサイトSF湿地は通常，床の底に多岐管を設け，その周りを粗石でかこんだものを使う．放流用の多岐管は有孔管であり，SF湿地およびFWS湿地両者とも，区画の流出端の床底に設置する．完全に排水を行うために，湿地区画の底面よりも少し低い位置に石を充填した浅い溝をつくり，そこに放流用多岐管を設置することもある．

大型のシステムは通常，堰や類似の構造物をはじめとするコンクリート製の流入および放流口構造物を有している．放流口では堰，角落しや類似のものを設け，区画内の水位を調整できるようにすべきである．これらの構造物は15 m以上離して設置すべきではない．3 m間隔のものが均等な集水に適している．これらの放流構造物の近くでは，区画の底は通常水位より約2 m低くする．これにより，堰周辺での自由水面を維持し，目詰りを最小限に押さえることができる．放流構造物として，調整可能な堰上流に整流板を設置し，水面に浮かんだ漂流物による目詰りを防げるようにする．

農地排水用の湿地の流入構造は，水の分配用の堰を下流側につけた沈砂溝を備えている．この水分配用の堰は，床の全幅にわたり設けられ，一様流れを形成するための幅広越流堰の役割を果す．このような構造はこの場合，広範囲の雨水流出水量に対応するために必要になる．しかし，この水分配用の堰を砕石でつくると，一様流れをつくりだすのが困難なことが知られている．コンクリート製堰の下流に，砕石による減勢工をつくるのがよいと考えられる．

人工湿地では，大気による再曝気や生息域としての価値を高めるために，水深の大きい水域を含む場合がある．この深い水域では，その他の湿地で繁茂している植物が侵入するのを防ぐため，少なくとも水深1.5 m以上にする．この開水面の大きさは，通常の風でアオウキクサやその他のウキクサ属が端にまで移動するのに十分なものとする．一つの例として，このような水域が比較的狭い幅の溝を流れに垂直に切る方法でつくられたことがある．これによりつくりだされた開水面は，風の影響を発揮させるには狭すぎてアオウキクサが水面を覆ったままになり，再曝気を十分行うことができなかった．もし，開水面が必要な場合は，少なくとも区画面積の20%になるようにし，風の作用が有効に働くようにする必要がある．小さな切り端のような開水面は，システムに短絡流の危険性をもたらすだけである．開水面への鳥の営巣用の島の設置も，短絡流が起らないように十分気をつける必要がある．

6.14.4 費　　用

表面流(FWS)湿地の主要な費用は，提案システムの土地代，ライナー，溝や土盛りを含んでいる．これらの要素整備に応じて，FWS湿地の費用は1ha当り

表-6.14　4ha(10エーカー)のFWS湿地の費用内訳

項目	量	単位費用	全費用	
盛り土(堤防)	10 000 cy(立方ヤード)	$ 8.50 cy	$ 85 000	1 020 万円
掘削	10 ac(エーカー)	$ 2 000 ac	$ 20 000	240 万円
植生(60 cm 当り)	10 ac	$ 1 800/1 000 塊茎	$ 18 000	216 万円
植栽	10 ac	$ 2 000 ac	$ 20 000	240 万円
流入口	6 ea	$ 1 500 LS	$ 1 500	18 万円
放流口	6 ea	$ 3 000 LS	$ 3 000	36 万円
粘土ライナー	10 ac	$ 6 000 ac	$ 60 000	720 万円
プラスチックライナー	10 ac	$ 50 000 ac		
配管	2 000 lf	$ 6 lf	$ 12 000	144 万円
地価	10 ac	$ 4 000 ac	$ 40 000	480 万円
		建設費：粘土の裏込め層	$ 259 500	3 114 万円
		プラスチックの裏込め層	($ 699 500)	8 394 万円
予備(20%)				
		総費用：粘土の裏込め層	($ 311 400)	3 737 万円
		プラスチックの裏込め層	($ 839 400)	10 073 万円

訳者注）本表は，メートル法および円に換算すると端数等により本来の意図が失なわれるため，原文どおりとした．ただし，全費用は1ドル＝120円で概算した．

900万～2 040万円になる*．これらの要素に加えて，伏流(SF)湿地では担体用の砂利代が大きな出費となる．1 ha当りの地価が30万～120万円であれば，ライナーを敷いたFWS湿地の費用は計画段階で888万円/haとなる．SF湿地については，単位面積当りの費用は，その場所での骨材の費用によるが，約50%高くなる．しかし，SF湿地は同じ量の排水を処理するために少ない面積ですむことから，常にSF湿地がFWS湿地に比べて費用が高くなるという訳ではない．Gearhart[18]は**表-6.14**に示すように，$0.022\ m^2/s$の処理量，14日の水理学的滞留時間(HRT)，全面積が4 haのFWS湿地法の費用の内訳を示している．

比較対象となる$0.022\ m^2/s$の処理を行うSF湿地は2.7 haしか面積を必要としないので，**表-6.14**にあげたほとんどの項目についての費用は減少する．しかし，SFの場合，60 cmの深さに担体を充塡するために，ほぼ$15\,300\ m^3$の骨材が必要になる．もし，その地方での骨材の費用(購入および設置)が$1\ m^3$当り約2 000円以下であれば，プラスチックのライナーを敷いたSF湿地は，同じ流量を処理できるFWS湿地よりも割安になる．FWS湿地に粘土層のライナーをしたものはより費用が安くなる．これは，あり得ないと考えられるが，SF湿地用の骨材費用が$1\ m^3$当り約720円以下にならないかぎりこのようになる．

6.15 維持管理

これら湿地の日常の運転と維持管理の手順は，第**4**章に述べた池のシステムと同様である．土盛り部分の草刈りやネズミ等の巣穴堀による損傷の点検が，重要な仕事となる．表面流(FWS)湿地の場合の特に守らないといけない事項に，蚊の駆除がある．FWS湿地で，流れの阻害が見られる場合には，植物の残骸の除去が長期的には必要になる可能性がある．

6.15.1 植　　生

伏流(SF)湿地および表面流(FWS)湿地の両方にとって，植生は重要な要素であり，能力を発揮するには，健康な植物が密に繁茂することが必要である．病気や虫による害が問題となる可能性があるが，米国の人工湿地では，いままで特に問題となったことはない．また，高濃度の排水のために植物の酸素輸送能

訳者注）　*1ドル＝120円で換算．

力が追いつかず，植物が枯れる可能性もある．大量の未分解の汚泥が流入口付近に堆積し，このようなことが生じたことが2，3あった．人工湿地で用いられる植物への大きな脅威は，muskrat (ニオイネズミ) nutria (ヌートリア) による被害である．これらの動物はホタルイやガマを食料とし，巣づくりの材料にもする．ケンタッキー州西部のあるFWS湿地で，乾燥期にmuskratが侵入し，湿地区画の植生が総て消滅したことがある．このシステムでは，これら動物の食料とならないヨシに植え直した．

植生の日常業務としての刈取りはFWS，SF湿地とも必要ではない．米国南部にある初期のSF湿地では，柔らかい花の咲く植物を植えていた．これらは，霜に非常に敏感で，また，これらの早い分解は水質に悪影響を与えた．この問題を解決するために，秋に刈取りがなされた例もある．この問題は，柔らかい組織をもつ植物の使用をやめることで回避できる．システムの水流を止めないようにするために，FWS湿地では，集積した植物デトリタスを時々除去する必要がある．

6.15.2 蚊の駆除

蚊は自然湿地に普通に生息し，表面流 (FWS) 人工湿地でも同様の密度で存在することが予想される．システムが適切に運転されるかぎり，床の表面下に水面がある伏流 (SF) 湿地では蚊は問題にならない．

FWS湿地の入口付近でみられるような高有機物含有汚水での，蚊の駆除はかなり困難である．FWS湿地のこの部分での殺虫剤の散布は，通常の倍にする必要がありうる．第**5**章のホテイアオイシステムについて述べた手順は，FWS湿地にも適用できる．カダヤシは温暖期には効果的な駆除を行う．冬期の水温が低い寒冷地では，毎年このような魚を再投入する必要がある．

カリフォルニア州ArcataのFWS湿地[21]は，カダヤシとAltosidを蚊の駆除に用いて成功している．細菌性の殺虫剤 (*Bacillus thuringiensis israeliensis* および *B. sphaericus*) も多くの湿地システムで使用され成功している．ケンタッキー州での湿地システムでいくつかの殺虫剤を試験した結果，*Bacillus thuringiensis israeliensis* を使用することが推奨されている．周囲の土盛り部分の傾斜はなるべく急にして，この表面での植生をなくすべきである．アオウキクサの繁茂は水面をふさぎ蚊の駆除に役立つが，大気からの再曝気を減らすので注意が必要である.

参考文献

1. Ashton, G. (ed.): *River and Lake Ice Engineering,* Water Resources Publications, Littleton, CO, 1986.
2. Bavor, H. J., D. J. Roser, P. J. Fisher, and I. C. Smalls: *Joint Study on Sewage Treatment Using Shallow Lagoon–Aquatic Plant Systems,* Water Research Laboratory, Hawkesbury Agricultural College, Richmond, NSW, Australia, 1986.
3. Benefield, L. D., and C. W. Randall: *Biological Process Design for Wastewater Treatment,* Prentice-Hall, Englewood Cliffs, NJ, 1980.
4. Black and Veatch: *Treatment of Combined Sewer Overflows through Constructed Wetlands,* Bureau of Environmental Services, City of Portland, OR, 1992.
5. Boon, A. G.: *Report of a Visit by Members and Staff of Water Resources Centre to Germany to Investigate the Root Zone Method for Treatment of Wastewaters,* Water Research Centre, Stevenage, England, Aug. 1985.
6. Bouldin, D. R., J. M. Bernard, and D. J. Grunder: *Leachate Treatment System Using Constructed Wetlands, Town of Fenton Sanitary Landfill, Broome County, New York,* Report 94-3, New York State Energy Research and Development Authority, Albany, NY, 1994.
7. Brix, H: An Overview of the Use of Wetlands for Water Pollution Control in Europe, in *Proceedings: IAWQ Wetlands Systems Conference,* Sydney, Australia, Dec. 1992.
8. Brodie, G. A., C. R. Britt, T. M. Tomaszewski, and H. N. Taylor: Anoxic Limestone Drains to Enhance Performance of Aerobic Acid Drainage Treatment Wetlands: Experiences of the Tennessee Valley Authority, in: *Constructed Wetlands for Water Quality Improvement,* Lewis Publishers, Chelsea, MI, 1993, pp. 129–138.
9. Bull, G., NovaTec, Inc., Vancouver, BC, Canada: Personal communication, 1994.
10. Burka, U., and P. C. Lawrence: A New Community Approach to Waste Treatment with Higher Water Plants, in *Constructed Wetlands in Water Pollution Control,* IAWPCR, London, 1990, pp. 359–371.
11. Calkins, D., U.S. Cold Regions Research and Engineering Laboratory, Hanover, NH: Personal communication, 1993.
12. Canadian Society of Civil Engineers: *Cold Climate Utilities Manual,* 2d ed., Canadian Society of Civil Engineers, Montreal, Que., Canada, 1986.
13. Chapman, A. J.: *Heat Transfer,* 3d ed., Macmillan, New York, 1974.
14. Dinges, R.: *Natural Systems for Water Pollution Control,* Van Nostrand Reinhold, New York, 1982.
15. Dornbush, J. N.: Constructed Wastewater Wetlands, in *Constructed Wetlands for Water Quality Improvement,* Lewis Publishers, Chelsea, MI, 1993, pp. 569–576.
16. Eckenfelder, W. W.: *Industrial Water Pollution Control,* 2d ed., McGraw-Hill, New York, 1989.
17. Ferlow, D. L.: Stormwater Runoff Retention and Renovation: A Back Lot Function or Integral Part of the Landscape, in *Constructed Wetlands for Water Quality Improvement,* Lewis Publishers, Chelsea, MI, 1993, pp. 373–379.
18. Gearhart, R. A.: *Construction, Construction Monitoring and Ancillary Benefits,* Environmental Engineering Department, Humbolt State University, Arcata, CA, 1993.
19. Gearhart, R. A., B. A. Finney, S. Wilbur, J. Williams, and D. Hull: The Use of Wetland Treatment Processes in Water Reuse, in *Future of Water Reuse, Vol. 2,*

American Water Works Association Research Foundation, Denver, CO, 1985, pp. 617–638.

20. Gearhart, R. A., A. F. Klopp, and G. Allen: Constructed Free Surface Wetlands to Treat and Receive Wastewater: Pilot Project to Full Scale, in D. A. Hammer (ed.), *Constructed Wetlands for Wastewater Treatment,* Lewis Publishers, Chelsea, MI, 1989, pp. 121–137.
21. Gearheart, R. J., S. Wilbur, J. Williams, D. Hull, B. Finney, and S. Sundberg: *Final Report City of Arcata Marsh Pilot Project Effluent Quality Results—System Design and Management,* Project Report C-06-2270, City of Arcata, Department of Public Works, Arcata, CA, 1983.
22. Gersberg, R. M., B. V. Elkins, S. R. Lyons, and C. R. Goldman: Role of Aquatic Plants in Wastewater Treatment by Artificial Wetlands, *Water Res.,* 20:363–367, 1985.
23. Gersberg, R. M., R. A. Gearhart, and M. Ives: Pathogen Removal in Constructed Wetlands, in D A. Hammer (ed.), *Constructed Wetlands for Wastewater Treatment,* Lewis Publishers, Chelsea, MI, 1989, pp. 431–445.
24. Godfrey, P. J., E. R. Kaynor, S. Pelczarski, and J. Benforado: *Ecological Considerations in Wetlands Treatment of Municipal Wastewaters,* Van Nostrand Reinhold, New York, 1985.
25. Hammer, D. A.: *Creating Freshwater Wetlands,* Lewis Publishers, Chelsea, MI, 1992.
26. Hammer, D. A., and R. L. Knight: Designing Constructed Wetlands for Nitrogen Removal, in *Wetland Systems in Water Pollution Control,* International Association Water Quality, Sydney, Australia, 1992, pp. 3.1–3.37.
27. Hammer, D. A., B. P. Pullen, T. A. McCaskey, J. Eason, and V. W. E. Payne: Treating Livestock Wastewaters with Constructed Wetlands, in *Constructed Wetlands for Water Quality Improvement,* Lewis Publishers, Chelsea, MI, 1993, pp. 343–348.
28. Herskowitz, J.: *Town of Listowel Artificial Marsh Project Final Report, Project No. 128RR,* Ontario Ministry of the Environment, Toronto, Ont., Sept. 1986.
29. Herskowitz, J., S. Black, and W. Lewandoski: Listowel Artificial Marsh Treatment Project, in K. Reddy and R. Black (eds.), *Aquatic Plants for Water Treatment and Resource Recovery,* Magnolia Publishing, Orlando, FL, 1987, pp. 247–254.
30. Higgens, M. J., C. A. Rock, R. Bouchard, and B. Wengrezynek: Controlling Agricultural Runoff by Use of Constructed Wetlands, in *Constructed Wetlands for Water Quality Improvement,* Lewis Publishers, Chelsea, MI, 1993, pp. 359–367.
31. Kadlec, R. H.: Hydrologic Factors in Wetland Water Treatment, in D. A. Hammer (ed.), *Constructed Wetlands for Wastewater Treatment,* Lewis Publishers, Chelsea, MI, 1989, pp. 21–40.
32. Kadlec, R. H.: Personal communication, 1994.
33. Kadlec, R. H., W. Bastiaens, and D. T. Urban: Hydrological Design of Free Water Surface Treatment Wetlands, in G. Moshiri (ed.), *Constructed Wetlands for Water Quality Improvement,* Lewis Publishers, Chelsea, MI, 1993, pp. 77–86.
34. Knight, R., R. Kadlec, and S. Reed: *Database: North American Wetlands for Water Quality Treatment,* U.S. Environmental Protection Agency, Risk Reduction Environmental Laboratory, Cincinnati, OH, Sept. 1993.
35. Lawson, G. J.: *Cultivating Reeds (Phragmites australis) for Root Zone Treatment of Sewage,* Project Report 965, Institute of Terrestrial Ecology, Cumbria, England, Oct. 1985.
36. Martin, C. D., G. A. Moshiri, and C. C. Miller: Mitigation of Landfill Leachate Incorporating In-Series Constructed Wetlands of a Closed-Loop Design, in *Constructed Wetlands for Water Quality Improvement,* Lewis Publishers, Chelsea, MI, 1993, pp. 473–476.

37. Ogden, M., South West Wetlands Group, Santa Fe, NM: Personal communication, 1994.
38. Otta, J. W., T. G. Searle, and S. V. Gaddes: Land Treatment Enhances Habitat of the Endangered Mississippi Sand Hill Crane, in *Proceedings Water Reuse III,* American Water Works Association, Denver, CO, 1984, pp. 649–659.
39. Peverly, J., W. E. Sanford, T. S. Steenhuis, and J. M. Surface, *Constructed Wetlands for Municipal Solid Waste Landfill Leachate Treatment,* Report 94-1, New York State Energy Research and Development Authority, Albany, NY, 1994.
40. Reed, S. C. (ed.): *Natural Systems for Wastewater Treatment,* MOP FD-16, Water Environment Federation, Alexandria, VA, 1990.
41. Reed, S. C.: *Constructed Wetlands Characterization: Carville & Mandeville, Louisiana,* U.S. Environmental Protection Agency, RREL, Cincinnati, OH, Sept. 1991.
42. Reed, S. C.: *Subsurface Flow Constructed Wetlands for Wastewater Treatment: A Technology Assessment,* EPA 832-R-93-008, U.S. Environmental Protection Agency, Washington, DC, July 1993.
43. Reed, S. C.: *Constructed Wetlands Characterization: Hammond and Greenleaves, Louisiana,* U.S. Environmental Protection Agency, Risk Reduction Environmental Laboratory, Cincinnati, OH, Sept. 1993.
44. Reed, S. C., and R. K. Bastian (eds.): *Aquaculture Systems for Wastewater Treatment: An Engineering Assessment,* EPA 430/9-80-007, available as PB 81156689, from National Technical Information Service, Springfield, VA, 1980.
45. Reed, S. C., and R. K. Bastian: Wetlands for Wastewater Treatment: An Engineering Perspective, in *Ecological Considerations in Wetlands Treatment of Municipal Wastewaters,* Van Nostrand Reinhold, New York, 1985, pp. 444–450.
46. Reed, S. C., and M. Hines: *Constructed Wetlands for Industrial Wastewaters,* Proceedings 1993 Purdue Industrial Waste Conference, Lewis Publishers, Chelsea, MI, 1994.
47. Sanders, F.: Personal communication, 1992.
48. Seidel, K.: Reinigung von Gerwassern durch hohere Pflanzen (in German), *Deutsche Naturwiss.,* 12:297–298, 1966.
49. Stefan, J.: Theory of Ice Formation, Especially in the Arctic Ocean (in German), *Wien Sitzunsber. Akad. Wiss. A,* 42(2):965–983, 1891.
50. Steiner, G. R., and J. T. Watson: *General Design, Construction, and Operational Guidelines Constructed Wetlands Wastewater Treatment Systems for Small Users Including Individual Residences,* 2d ed., TVA/WM-93/10, Tennessee Valley Authority, Chattanooga, TN, 1993.
51. Tennessen, K. J.: Production and Suppression of Mosquitoes in Constructed Wetlands, in *Constructed Wetlands for Water Quality Improvement,* Lewis Publishers, Chelsea, MI, 1993, pp. 591–601.
52. Thornhurst, G. A.: *Wetland Planting Guide for the Northeastern United States,* Environmental Concern, Inc., St. Michaels, MD, 1993.
53. U.N. Developmental Program: *Global Environmental Facility: Egyptian Engineered Wetlands, Lake Manzala,* July 1993.
54. U.S. Environmental Protection Agency: *Process Design Manual for Nitrogen Control,* EPA/625/R-931010, Center for Environmental Research Information, Cincinnati, OH, 1993.
55. U.S. Environmental Protection Agency: *Design Manual: Onsite Wastewater Treatment and Disposal Systems,* EPA 625/1-80-012, Center for Environmental Research Information, Cincinnati, OH, 1980.
56. U.S. Environmental Protection Agency: *Design Manual Constructed Wetlands and Aquatic Plant Systems, for Municipal Wastewater Treatment,* EPA-625/1-81-013, Center for Environmental Research Information, Cincinnati, OH, 1988.

57. U.S. Environmental Protection Agency: *Manual: Nitrogen Control,* EPA/625/R-93/010, Center for Environmental Research Information, Cincinnati, OH. Sept. 1993.
58. U.S. Soil Conservation Service: *Nutrient and Sediment Control System,* Technical Note N4, U.S. Department of Agriculture, Washington, DC, Mar. 1993.
59. Witthar, S. R.: Wetland Water Treatment Systems, in *Constructed Wetlands for Water Quality Improvement,* Lewis Publishers, Chelsea, MI, 1993, pp. 147–156.
60. Zirschky, J.: *Basic Design Rationale for Artificial Wetlands,* Contract Report 68-01-7108, U.S. Environmental Protection Agency, Office of Municipal Pollution Control, Washington, DC, June 1986.

第7章　土　壌　処　理

土壌処理には，緩速浸透法(SR)，表面流下法(OF)，急速浸透法(RI)がある．これら3種に加えて，土壌は腐敗槽流出水の処理を行うためのオンサイト処理など様々な土壌吸着システムにも利用されている．このオンサイトの土壌処理については第**9**章に述べる．

7.1　処理法の種類

土壌処理は，汚水を土壌に制御しつつ散布し，汚水中の成分を処理する方法である．これら3種の土壌処理法は，いずれも土粒子・植物・水分からなる土壌中での，物理・化学および生物学的な自然のプロセスを利用している．緩速浸透法および急速浸透法は，汚水を浸透させながら処理を行うために土壌を利用するものであり，これらの方法の主な相違点は汚水の散布速度である．表面流下法は土壌表面および植生を処理に利用し，処理された水は放流される．これらの特性比較を**表-7.1**に，期待される性能を**表-1.3**に示す．

表-7.1　土壌処理システムの特性

特　性	システムのタイプ		
	緩速浸透法	表面流下法	急速浸透法
散布方法	スプリンクラーまたは地表面	スプリンクラーまたは地表面	通常は地表面
散布前の最低限の処理	一次処理	細目スクリーン	一次処理
年間水量負荷 [m/年]	0.5～6	3～20	6～125
処理水の処分	蒸発散および浸透	表面流出および蒸発散	浸透

7.1.1　緩速浸透法(SR法)

緩速浸透法は，都市排水や工場排水を土壌処理する代表的な手法である．この

図-7.1 一般的な緩速浸透法

表-7.2 都市域での緩速浸透土壌処理システム

場 所	流量 [m³/d]	システム面積 [ha]	散水の方法
Bakersfield, CA	73 600	2 060	畝・溝および境界表面に直接散布
Clayton County, GA	75 950	960	固定スプリンクラー
Lubbock, TX	62 500	2 000	中心軸スプリンクラー
Mitchell, SD	9 300	520	中心軸スプリンクラー
Muskegon County, MI	110 400	2 160	中心軸スプリンクラー
Petaluma, CA	20 000	220	移動ガンスプリンクラー
Vernon, B. C., Canada	10 300	591	移動ガンおよびサイドロールスプリンクラー

手法は現在用いられている農業潅漑法に類似のものであり，水量負荷は表-7.1に示すように全土壌処理法のうちで最も小さい．しかし第**2**章で述べたように，緩速浸透法は土の性状や透水性によらず最も広く利用できる方法である．大規模な都市排水処理用緩速浸透法の例を**表-7.2**に示す．

緩速浸透法は1531年のドイツのBunzlau，1650年のスコットランドのEdinburghの例まで遡る[20]．1850年代から1870年代のイングランドではこのシステムがよく用いられていた[13]．1880年代には，米国の多数の都市が排水を潅漑に使用していたといわれているが，その嚆矢は1872年メイン州Augustaである[30]．オーストラリアのMelbourneの大規模な緩速浸透法は1897年に設置された[33]．現在，米国で稼動中の緩速浸透法は800以上存在する[41]．一般的な緩速浸透法を**表-7.1**に示す．

7.1.2 表面流下法（OF法）

表面流下法は，草のはえた緩い傾斜のある地表面にそって，汚水を流下させて処理する土壌処理法である．地表面流れの発生を防止する緩速浸透法とは対照的に，表面流下法では地表面流れが設計の必須条件であり，処理水は斜面の下で回収される．要求される処理水質を得るためには，土壌は浸透が遅いか，建設時に限界浸透速度まで圧密するか，あるいは地表のすぐ下に不透水層が必要である．汚水はスプリンクラーによって斜面の頂上部から，または地表面に直接散布され，斜面を水が薄い膜となってゆっくり流れ落ちる間に処理される．一般的な斜面は勾配が2～8%，長さが30～61 mである．表面流下法の特徴を**図-7.2**に示す．

表面流下法は，米国では食品加工排水[30]に対して行われた「スプレー流出」から，生物化学的酸素要求量（BOD），浮遊物質（SS）および窒素を除去することが可能な処理プロセスに発展した[39]．表面流下法の斜面にミョウバンを加え，沈殿

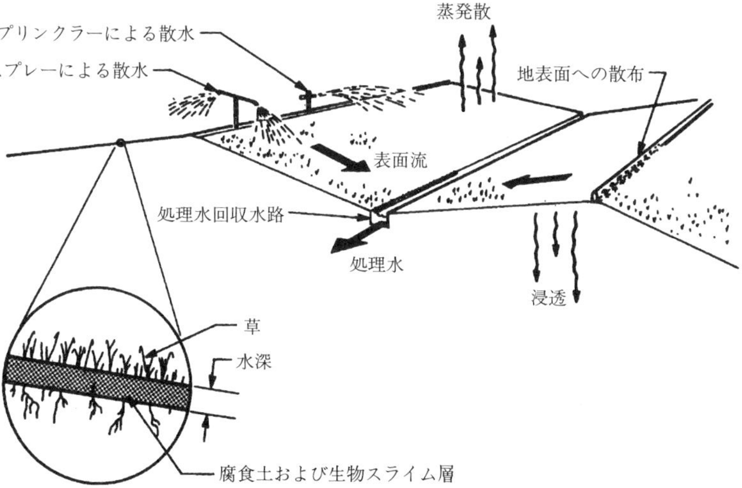

図-7.2 表面流下法の概略図

図-7.3 ネバダ州 Mesquite の表面流下法

によって相当量のリン除去しようという改良法が研究された[38]．イングランドおよびオーストラリアで採用され，草地ろ過の名で知られているプロセスは，本質的に表面流下法であり，第6章に述べた湿地法もコンセプトと機能において類似したものである．

米国には，約50の都市排水用表面流下法が稼働している．本格的規模の表面流下法施設のいくつかを**表-7.3**に列挙した．また，表面流下法の例を**図-7.3**に示す．

表-7.3 米国の都市・工場排水に対する表面流下法

都市排水処理	工場排水処理
Alma, AR	Chestertown, MD
Alum Creek Lake, OH	Davis, CA
Beltsville, MD	El Paso, TX
Carbondale, IL	Middlebury, IN
Cleveland, MI	Napoleon, OH
Corsicana, TX	Paris, TX
Falkner, MI	Rosenberg, TX
Gretna, VA	Sebastopol, CA
Heavener, OK	Woodbury, GA
Kenbridge, VA	
Lamar, AR	
Mesquite, NV	
Minden-Gardnerville, NV	
Mt, Olive, NJ	
Newman, CA	
Norwalk, IA	
Raiford, FL	
Starke, FL	
Vinton, LA	

7.1.3　急速浸透法 (RI 法)

急速浸透法は，汚水を透水性の土壌に浸透させ処理する土壌処理法である．通常は，浅い広い池に断続的に散水が行われる．処理は，汚水が土壌の表面から浸透し，土壌中を通過して移動する際の物理的・化学的・生物学的プロセスによって行われる．

植生は，水量負荷が大きすぎて，栄養塩類を摂取してしまいにくいため，通常は急速浸透法の一部とは認められない．しかし，植生は表面土壌を安定させ，高い浸透速度を維持するために不可欠な役割を果すこともある[32]．

300 ある都市排水用急速浸透法の大半から排出された処理水は，地表面下を流れ表層水層に流れ込んでいる．この間接的な表面流出方式は，飲料水用の恒久的な帯水層への地下水の注水とは異なり，規制部局によりおおむね奨励されている．しかしながら，アリゾナ州 Phoenix やイスラエルの Dan 地方では，浸透水は取水回収されるようになっている[3,19]．

7.2　緩速浸透法 (SR 法)

ここでは，緩速浸透法の設計目標およびプロセスの設計手順を説明する．このシステムの設置場所の選定に関する詳細は，第 2 章を参照されたい．

7.2.1　設計の目標

基本的に，2 つのタイプの緩速浸透法がある．タイプ 1 のシステムは制限因子 (LDF) を重視するコンセプトに基づいて設計されるもので，最小限の土地に最大限の汚水を散布するものである．水量負荷の限界を規定するパラメータあるいは因子は，散布地点，散布汚水毎に，各成分別に許容される汚水負荷を比較検討して定められる．都市排水用緩速浸透法の制限因子は，通常，土壌への許容水量負荷または汚水の窒素含有量である．工場排水用緩速浸透法では，許容水量負荷量，窒素，BOD 物質，金属類であり，有害物質を含有する場合には主な有害成分となる[25]．

タイプ 2 の緩速浸透法は，水の再利用可能性を最大化するように設計されるものである．この場合，栽培している作物にとって潅漑必要量を十分満たす水量が散布される．水量負荷に応じて土地面積が定まるが，気候，土壌，作物，浸透条件や潅漑方法にも依存する．このシステムの基本的なコンセプトは，できる限りの土地を潅漑することである．

7.2.2 一 次 処 理

緩速浸透法に必要な前処理は，汚水や作物の種類，散布地点への一般の人々の立入の程度，そして浸透の水質に対する条件によって異なる．都市排水では，主な関心は少なくとも一次処理を行うことによって汚水中の病原体を減少させ，有害性を最小にすることにある．工場排水では，前処理は汚水の種類によって異なり，細目スクリーン，pH 調整，沈殿，油分除去の過程を含むことがある．前処理の指標を，**表-7.4** に示す．

多くの都市排水用緩速浸透法の前処理は，安定池での生物学的処理からなる．安定池は一般に費用効率のよい方法であり，ほとんどの緩速浸透法に必要な貯留機能の一部を受けもつことも可能である．安定池は，第 **3** 章で述べたように糞便性大腸菌群を除去し，第 **4** 章で述べたように窒素濃度を効率的に低下させることができる．窒素はしばしば都市排水用緩速浸透法における制限因子であるため，後者は特に重要である．

表-7.4 都市排水用緩速浸透法の前処理の指標

A.	一次処理：一般の立入が制限されている隔離された場所で，人が直接消費しない作物にかぎられる場合に適用される．
B.	安定池およびプラント内プロセスによる生物学的処理に加え，糞便性大腸菌群数を 1 000 MPN*/100 mL 未満とするための管理：人が生で食べる食用作物以外の制御された農業潅漑に適用される．
C.	安定池あるいはプラント内プロセスによる美観に必要な BOD または SS 制御を伴う生物学的処理に加え，200 MPN/100 mL の対数平均までの殺菌 (USEPA の水泳に適した水に対する糞便性大腸菌群の基準)：公園およびゴルフ場のような一般の立入区域に対して適用される．

注) * MPN ; most probable number，最確数

7.2.3 作物の選択

緩速浸透法においては，作物は窒素を除去し，汚水の浸透速度を維持または増大させ，特にタイプ 2 (水再利用) のシステムでは収益をあげることができるため，非常に重要である．汚水の散布速度を最大にするという考え方のタイプ 1 のシステムでは，作物として窒素除去を最大，あるいは水量負荷を最高にでき

表-7.5 代表的な作物の栄養塩類の摂取速度[6,41,42]

作物	栄養塩 [kg/ha 年]		
	窒素	リン	カリウム
[飼草]			
ムラサキウマゴヤシ*	225～675	22～34	174～224
スズメノチャヒキ属	130～224	40～56	247
ギョウギシバの一種	400～675	35～45	225
ナガハグサ	200～270	45	200
シバムギ	235～280	30～45	275
クサヨシ	335～450	40～45	315
ホソムギ	200～280	60～85	270～325
シナガワハギ*	175～300	20～40	100～300
ヒロハノウシノケグサ	150～325	30	300
カモガヤ	250～350	20～50	225～315
オオアワガエリ	150	24	200
ソラマメ	390	46	270
[農作物]			
大麦	125～160	15～25	20～120
トウモロコシ	175～250	20～40	110～200
綿	75～180	15～28	40～100
サトウモロコシ	135～250	15～40	70～170
オート麦	115	17	120
ジャガイモ	230	20	245～325
コメ	110	26	125
大豆*	250～325	10～28	30～120
テンサイ	255	26	450
小麦	160～175	15～30	20～160

注) * マメ科植物は，窒素の施肥が不足している場合には大気中から最低量の窒素を摂取する場合もある．

るようなものがよく選択される．飼草と農作物の栄養塩類の摂取速度を**表-7.5**に，森林生態系の窒素の摂取速度を**表-7.6**に示す．窒素の摂取量は，作物の生長量と収穫部分の窒素含有量との関数である．結果として，窒素の全除去量(kg/ha)は，作物の乾燥収量が高い気候のところの方が，生長の時期が短い寒冷な気候のところよりも多い．

マメ科植物は，空気中の窒素を固定することができる．しかし，硝酸態窒素が土壌中に存在する場合には，その方を活発に吸収する．したがって，マメ科植物に窒素が施肥されている場合には，作物の摂取する窒素の大半は肥料または汚水

訳者注) 植物種等の英語名については「原色 日本植物図鑑 草本編(II)，草本編(III)，木本編(II)」，(株)保育社を参照し，和名に翻訳した(和名表記の無いものは原文どおり)．

表-7.6 代表的な森の生態系の窒素摂取量[4,42]

森のタイプ	樹齢 [年]	年間の窒素摂取量 [kg/ha・年]
[東部の森]		
広葉樹の混交林	40～60	220
アカマツ	25	110
トウヒの生えたかつての畑	15	280
先駆植物の遷移	5～15	280
[南部の森]		
広葉樹の混交林	40～60	340
下層を伴わないマツ林	20	220*1
下層を伴うマツ林	20	320
[五大湖地方の森]		
広葉樹の混交林	50	110
交雑ポプラ*2	5	155
[西部の森]		
交雑ポプラ*2	4～5	300～400
ベイマツのプランテーション	15～25	150～250
林間の空地にあるマツ	20	370

注）*1 この見積りに含まれる主な南部マツは，テーダマツである．
*2 4～5年で収穫を行う短期の輪作：植えた苗木からの最初の生長サイクルを表す．

由来のものとなる．

熱帯または亜熱帯気候では，bahia grass や California grass のような飼草が生育可能であり，これらは表-7.5 にあげた飼草よりもかなり多くの窒素を摂取する．例えば California grass は，現地実験で 2 000 kg/ha・年の窒素を除去することが知られている[16]．

窒素摂取に加えて，作物の他の重要な特性は，蒸発散 (ET)，耐水性，塩分耐性および収益能力である．蒸発散は，生長中の作物による水の消費である (蒸発と発散の両方)．蒸発散速度は，大気の状態と土壌中の利用可能な水分の存在量に依存する．土壌中に十分な水分が存在すれば，最大の蒸発散速度は日射量，気温，風速および湿度により決まる．平均的な最大蒸発散速度および平均年間降水量を，**図-7.4** に示す．

飼草と樹木では，実際の蒸発散は最大値にほぼ等しい．農作物では，実際の蒸発散は，特に生長期の初めと終わりに，最大蒸発散速度より小さくなるのが普通である．多くの西部の州における最大蒸発散と実際の蒸発散の推定値を，各地の

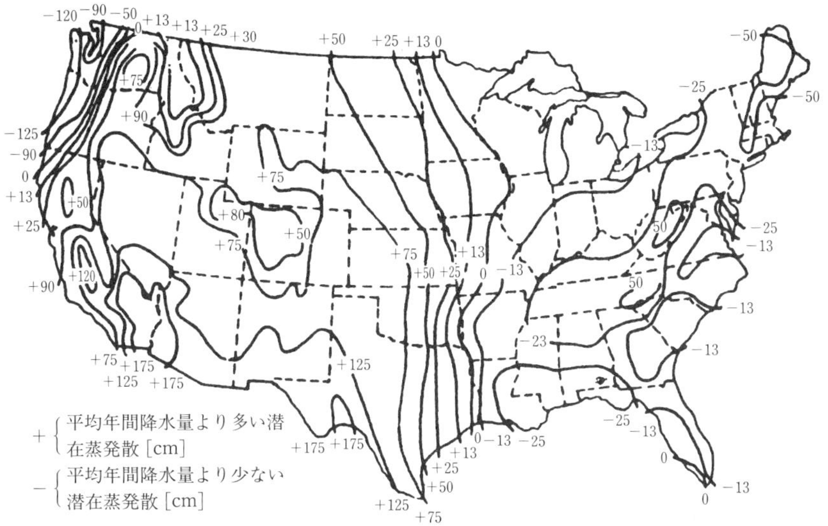

図-7.4 潜在蒸発散と平均年間降水量との関係

農業事務所や研究所，あるいは米国土壌保全局(SCS)から得ることができる．最大蒸発散量は，温度その他の気候データから推定することができる[11,31]．

タイプ1の緩速浸透法に適する作物の選択に際しては，窒素除去，水量負荷に対する適合性(過剰な潅漑に対する耐性)および管理の容易さ(栽培と収穫に関わる最小限の必要条件)が重要となる．これらの要素を考慮することにより，通常は，飼草または樹木の作物のうちタイプ1の緩速浸透法に最適なものを選択することができる．

タイプ2の緩速浸透法に対する作物選択の重要な基準は，水に関する必要条件，収益能力，地域の気候や土壌に対する適合性および塩分耐性である．収益能力および地域の実情を考慮して，農作物が選ばれるのが普通である．農作物の中には 700 mg/L をこえる全溶解性固形物濃度に対して敏感なものがあるため，塩分に対する耐性を考慮しなければならない．塩化物とホウ素に対する耐性も，農作物や果実作物では考慮する必要がある[44]．

7.2.4 負　　荷

ほとんどの緩速浸透法では，水量負荷か窒素負荷が制限因子となっている．タイプ1のものの水量負荷は，土壌の透水性に依存する．水量負荷は，cm/週または m/年で表され，散水期間と乾燥期間を含む水量負荷サイクル全体の平均負荷として表わされる．

タイプ2のものでは，水量負荷は潅漑条件に基づく．この灌漑条件は作物の蒸発散速度と土壌中での塩の蓄積を防ぐための浸透量により定められる．工場排水処理では，窒素および BOD の負荷ならびに特異な含有成分に留意する必要がある．

a.　タイプ1の緩速浸透法の水量負荷

水収支の式が，水理学的速度論を決める基礎となる．

$$L_w = \mathrm{ET} - P_r + P_w \tag{7.1}$$

ここで，L_w：汚水の水量負荷

ET：蒸発散速度

P_r：時間当りの降水量

P_w：浸透速度

(単位は，式中の総ての項について同じでなければならないことに注意する)．

ここで，いかなる表面流出も回収され，再利用されると仮定する．水収支は，土壌中のもっとも透水性の低い層の透水性に基づいて許容汚水負荷を月単位で決定するための基礎としてよく用いられる(第**3**章を参照)．月間の水収支を決定するには，まず降水量および蒸発散量の設計基準値を決定しなければならない．過去 10 年間で最も降水量の多かった年が，しばしば設計基準年として採用される．

土壌層の最小透水係数を決定するために，通常は現地試験を数回行う必要がある．適用できる試験法には，小さな掘込みをつくり，そこに湛水する方法[41]およびシリンダー浸透計，スプリンクラー式浸透計，あるいはエアエントリー透水計がある[31,41]．平均浸透速度は，第**3**章**3.1**に述べた方法で計算できる．

設計浸透速度 P_w は，湿潤と乾燥からなる1周期における散水期間の長さと，土壌状態の変化性の要因などから計算される．米国土壌保全局の浸透係数の例または現地実験結果のいずれかを用いる場合には，1日の設計浸透速度は測定値または文献値の 4～10%の範囲とするのが望ましい．計画散水頻度が，該当地区において週に1日である場合には，4～10%の値は次のように式化される．

$$P_w\,(\mathrm{daily}) = K\,(24\ \mathrm{h/d})\,(0.04 \sim 0.10) \tag{7.2}$$

ここで，P_w：設計浸透速度 [cm/d]

K：もっとも透水性の低い土壌層の透水係数 [cm/h]

0.04～0.10：湿潤/乾燥の比を考慮した，汚水の浸透能を安全側に評価するための調整係数

調整係数は，散水地点の土壌特性の変動性と湿潤/乾燥の比に依存する．ほとんどの緩速浸透法での湿潤/乾燥の比は 0.15 以下であり，0.04 より小さくなければ調整係数を変えなくてよい．調整係数の下限値(0.04)は，土壌の透水係数が変化し，かつ湿潤/乾燥の比が低い場合に用いられ，0.10 は土壌の透水係数が比較的変化せず，湿潤/乾燥の比が 0.10 以上の場合に用いられる．

式(7.2)により得られる設計速度は，汚水が実測速度 K でその月のある期間だけ浸透するという仮定のもとでの値である．降雨の多い月は散水地の湿潤/乾燥の比が変化し，浸透水量が増える．タイプ 1 のものは最大散水量に対して設計されているため，気象と作物に問題がないなら降水量が蒸発散をこえる月にも月単位での汚水量 P_w を散水できる．一般的な事例では，P_w の決定に用いられる調整係数が非常に控え目であるために，雨の多い月でも降雨と汚水の総てが浸透する．運転上激しい暴風雨のときには，汚水の散水を避けことが必要となることもある．

式(7.1)は蒸発散が降水量をこえる月にも直接適用される．そのため月単位の汚水負荷を，蒸発散の不足を補う分だけ増やすことができる．月単位の浸透量は，P_w の 1 日の値に月間の散水日数を乗じることによって求められる．降雨も浸透する(または蒸発散により失われる)ため，降水の中断時間を水収支の計算には含めない．しかしながら，収穫，植付けまたは冬期における土壌凍結のための中断時間は考慮しなければならない．**例題-7.1** は，あるプロジェクトの水収支と，タイプ 1 の緩速浸透法の設計水量負荷の計算手順を示している．

【例題-7.1】

土壌の透水係数をもとに，月々の水収支と設計水量負荷を決定する．土壌の透水係数はやや小さめの 0.5 cm/h と仮定する．散水地点は比較的温暖な気候のところにあり，散水日は気温が氷点下になる 1 月は 10 日間，2 月は 12 日間，3 月は 15 日間，11 月は 15 日間，12 月には 10 日間に制限される．降水量 P_r および蒸発散の記録は，地域の役所から入手ができる．飼草を仮定しているので，植付

けには日数は不要であるが収穫には7月と9月に5日間が必要となる.

〈**解**〉

1. 調整係数を0.07と仮定した散布汚水の，1日当りの許容浸透速度 P_w を決定する.

$$P_w = K(24\mathrm{h/d})(0.07) = 0.5 \times 24 \times 0.07 = 0.84\mathrm{cm/d}$$

2. 蒸発散および降水量の値を作表(**表-A**)し，正味の損失または獲得を決定する.

表-A

月	ET [cm/月]	P_r [cm/月]	ET − P_r [cm/月]
1月	1.2	14.6	−13.4
2月	1.4	14.1	−12.7
3月	3.0	13.4	−10.4
4月	5.2	11.0	−5.8
5月	9.8	9.6	−0.2
6月	15.0	11.7	3.3
7月	16.5	12.0	4.5
8月	16.0	6.1	9.9
9月	14.5	5.0	9.5
10月	7.2	4.5	2.7
11月	3.0	8.6	−5.6
12月	1.3	12.0	−10.7
年間	94.1 cm	122.6 cm	−28.5 cm

ET：蒸発散量，P_r：降水量

表-B

月	稼働日数	P_w [cm/月]	正味のET [cm/月]	L_w [cm/月]
1月	10	8.4	−13.4	8.4
2月	12	10.1	−12.7	10.1
3月	15	12.6	−10.4	12.6
4月	30	25.2	−5.8	25.2
5月	31	26.0	−0.2	26.0
6月	30	25.2	3.3	28.5
7月	26	21.8	4.5	26.3
8月	31	26.0	9.9	35.9
9月	25	21.0	9.5	30.5
10月	31	26.0	2.7	28.7
11月	15	12.6	−5.6	12.6
12月	10	8.4	−10.7	8.4
年間	266	223.3 cm	−28.5 cm	253.2 cm

表-A中，右の列のマイナスは，その月および年間の降水量が蒸発散を上まわることを示す．

3. 1日当りの P_w の値とそれぞれの月の散水日を組合せて月単位の P_w を決定し，その結果を上の表による正味の蒸発散とともに作表(**表-B**)し，月単位の水量負荷 L_w を決定する．

このプロジェクトにおいて汚水の年間の水量負荷は，2.5 m/年となる．また散水地点における降雨を含む全浸透量は2.82 mとなる．

b. 窒素制限に基づく水量負荷

多くの緩速浸透法において，飲用地下水の保護が関心事である場合には，窒素が設計制限因子(LDF)となる．散布される汚水の全窒素の上限は，対象地の境界での地下水中の硝酸態窒素濃度の上限が10 mg/Lであることによる．安全性を考えたアプローチとして，浸透汚水が地下水と混合する前の濃度が10 mg/Lに等しいと仮定する．この場合の窒素の物質収支は，式(7.3)で与えられる．

$$L_n = U + fL_n + AC_pP_w \tag{7.3}$$

ここで，L_n：窒素の質量負荷 [kg/ha・年]

U：作物による摂取量 [kg/ha・年]

f：散布した窒素のうち脱窒，揮発，土中蓄積により失われる比率

A：換算係数，SI単位では0.1

C_p：浸透窒素濃度 [mg/L] で通常は10 mg/Lに設定

P_w：浸透速度 [cm/年]

作物の摂取速度は，**表-7.5**および**表-7.6**から想定することができる．脱窒，揮発，土中蓄積により失われる部分は，主として汚水の特性と気候に依存する．BOD対窒素の比が5以上の汚水では，f の値は0.5～0.8である．この値は寒冷地では，より小さく，温暖地では，より大きくなる．都市排水の一次処理水では，f の値を0.25～0.5としてよい．二次処理水では，0.15～0.25の値が用いられる．高度処理水には，0.10が用いられる．

式(7.3)を変形し，P_w について解くと，式(7.4)となる．

$$P_w = \frac{(1-f)L_n - U}{0.1C_p} \tag{7.4}$$

散布窒素負荷 L_n は，窒素により制限される水量負荷 L_{wn} と式(7.5)のような

関係になる.

$$L_n=0.1C_nL_{wn} \tag{7.5}$$

ここで，0.1：換算係数

C_n：散布された汚水中の窒素濃度［mg/L］

L_{wn}：窒素を制限因子として制御した水量負荷［cm/年］

水収支の式(7.1)を式(7.4)および(7.5)と組合せることにより，L_{wn}の値を決定することができる.

$$L_{wn}=\frac{C_p(P_r-\mathrm{ET})+10U}{(1-f)C_n-C_p} \tag{7.6}$$

(換算係数10はP_r(降水量)，ET(蒸発散量)およびL_{wn}をcm/年とすることによる.)

式(7.6)を用いて，月単位または年間の窒素の収支を導き，それにより水量負荷を得ることができる. この式は，前述のように，混合と分散の影響を受けている対象地の境界における実際の地下水濃度の代りに浸透水の濃度C_pを用いているために，設計上，安全側となっている(手順については第**3**章を参照のこと). **例題-7.2**は，この手順の利用の仕方およびあるプロジェクトにおける，制限因子を決定する方法を示す.

【例題-7.2】

例題-7.1に述べたシステムについて，窒素濃度制限下での年当り水量負荷を推定する. この値と土壌の透水性により制限される場合の水量負荷とを比較して，このプロジェクトの制限因子を決定する. 散布する都市一次処理水中の窒素濃度は30 mg/Lである. ここでカモガヤ(orchard grass)が最終的に繁茂すると仮定する. また表-7.5により，年間の摂取量Uは250 kg/ha･年と仮定する.

〈解〉

1. 式(7.6)を用いて，窒素濃度制限下での水量負荷を決定する. $C_p=10$ mg/Lと仮定し，一次処理水であるから$f=0.25$とする.

$$L_{wn}=\frac{C_p(P_r-\mathrm{ET})+10U}{(1-f)C_n-C_p}$$

例題-7.1より，年間の$P_r=122.6$ cm/年およびET=94.1 cm/年となる. したがって，

$$L_{wn}=\frac{10\text{mg/L}(122.6\,\text{cm/年}-94.1\,\text{cm/年})\times10\times250\,\text{kg/ha}\cdot\text{年}}{(1-0.25)25\text{mg/L}-10\text{mg/L}}$$

$$=\frac{2\,785}{8.75}=318\,\text{cm/年}$$

2.　このプロジェクトに対する設計制限因子を決定する.

土壌の透水性の限界の故に最大水量負荷は，例題-7.1より2.5 m/年となる．先に計算した窒素濃度制限による水量負荷は3.2 m/年である．2つのうち小さい方が制限因子となるので，この場合には土壌の透水性が制限因子となる．システム設計は2.5 m/年の年間水量負荷を基にすべきである．これが工場排水用のシステムであれば，制限因子として汚水中の他の成分についても検討する必要がある.

c.　タイプ2の緩速浸透施設の水量負荷

乾燥地域における緩速浸透施設では，水を節約し利益を最大にするという経済的動機が存在するため，水量負荷はしばしば土壌の透水性よりも作物の必要灌漑水量によって決まる．したがって水量負荷は，必要灌漑水量と降水量に依存することになり，式(7.7)で与えられる.

$$L_w=\text{IR}-P_r \tag{7.7}$$

ここで，L_w：水量負荷

IR：作物の灌漑に必要な水量

P_r：降水量

(これらの単位は同じでなければならない，すなわちcm/年，m/年等).

必要灌漑水量は，作物の蒸発散，灌漑効率および浸透水量の比率に依存する．より一般的な式(7.7)の形は，浸透の要素と灌漑効率を取入れた式(7.8)によって与えられる.

$$L_w=(\text{ET}-P_r)(1+\text{LR})(100/E) \tag{7.8}$$

ここで，ET：作物の蒸発散

P_r：降水量

LR：浸透水量の比率

E：灌漑システムの効率

浸透水量の比率は，作物，降水量および汚水中の全溶解性固形物濃度(TDS)

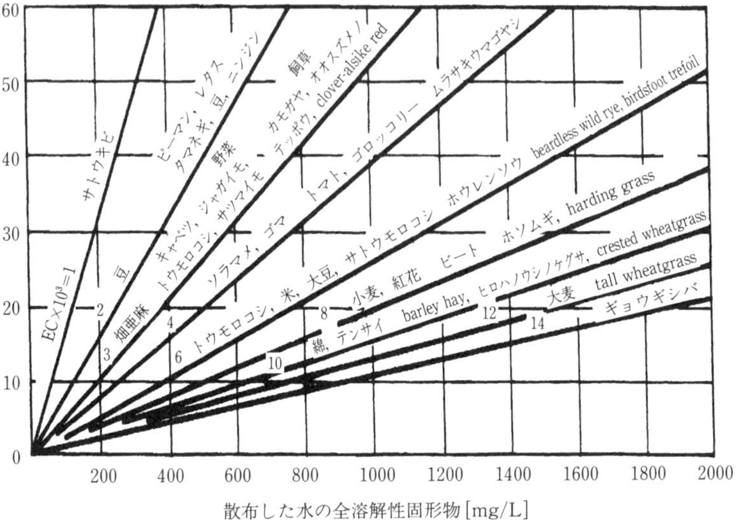

図-7.5　様々な作物のろ過条件と塩分濃度の関係

に依存し，0.05～0.30の範囲にある．汚水中の全溶解性固形物濃度，作物，および浸透水量の関係を**図-7.5**に示す．たいていの汚水は400 mg/L以上の全溶解性固形物濃度をもつため，浸透水量の比率は通常は0.1～0.2の範囲となる．

灌漑効率とは，散布した水量に対する作物利用分または蒸発散分の比率を表す．効率が低いほど，根の領域を通過して土壌の深い領域に浸透する水量が多くなる．表面を流下させる灌漑システムでは，効率は0.65～0.75である．スプリンクラーシステムでは通常は0.7～0.8の効率であり，ドリップ灌漑システムでは0.9～0.95の効率を達成できる．

月単位の水収支を用いて，年単位の水量負荷およびオフシーズンの汚水貯留量を決定する．必要灌漑水量に基づく年当りの水量負荷を窒素濃度制限の視点からチェックし，制限因子を決定する．

d.　有機物負荷

有機物負荷は都市排水用の緩速浸透法では制限因子にならず，工場排水の緩速浸透法でもたいていの場合制限因子とならない．食物加工その他の高濃度の排水では，BOD負荷はしばしば110 kg/ha·dをこえ，ときには330 kg/ha·dをこえる．この範囲の負荷を受入れる既存システムの一覧を，**表-7.7**に示す．これら

表-7.7　既存土壌処理システムにおける工場排水からのBOD負荷[9,27]

場　所	排水のタイプ	BOD負荷[kg/ha・d]
Almaden, McFarland, CA	ワイナリー	473
Bisceglia Brothers, Madera, CA	ワイナリー	314
Tri Valley Growers, Modesto, CA	トマト	200
Anheuser-Busch, Houston, TX	ビール醸造所	403
Anheuser-Busch, Williamsburg, VA	ビール醸造所	291
Ore-Ida Foods, Plover, WI	ジャガイモ	215
Hilmar Cheese, Hilmar, CA	チーズ	151
Citrus Hill, Frostproof, FL	柑橘類	448

のシステムは，散水の間に十分な乾燥時間をとるか，または他の方法を採ることによって臭気の問題を回避することに成功している．500 kg/ha・dをこえる有機物負荷は，緩速浸透法では一般に避けるべきである．

7.2.5　必要土地面積

緩速浸透法にとって所要土地面積の条件は重要であり，この面積には散水面積に加えて道路，緩衝地帯，貯留池および前処理のための面積が含まれる．所要土地面積は，式(7.9)により計算できる．

$$A=(Q+V_s)/CL_w \tag{7.9}$$

ここで，A：所要土地面積[ha]

Q：年間流量[m^3/年]

V_s：貯水池への降水，貯水池からの蒸発および漏出による，貯水されている汚水量の純増あるいは純減[m^3/年]

C：定数でSI単位では100

L_w：制限因子を考慮した設計上の水量負荷[cm/年]

屋外に貯水池をもつシステムの所要面積を決定するためには，貯水池の面積と水量の純増あるいは純減との間に相関関係があるため，繰返し計算することが望ましい．手順は，次の通りである．

1. 貯水量の増減がないと仮定し，所要土地面積を計算する．
2. 月単位の水収支と貯水池の初期水深の仮定値を用いて，貯水池への正味の降水量または貯水池からの蒸発量と漏出量を決定する．その後に，この値を式(7.9)の V_s に代入する．

3. 式(7.9)を解いてより正確な所要土地面積を求める.
4. この所要土地面積を用いて月単位の水収支の計算を繰返す. 必要に応じて, 貯水池の水深で変る水表面積を修正する.

7.2.6 必要貯留量

緩速浸透法では, しばしば, 寒冷で湿潤な気候の時期あるいは作物の植付けや収穫の時期に汚水の散水を中止または減少させるので, いくらかの貯水容量を必要とする. 寒冷または湿潤な天候のときの必要貯水量は, 気象データを使って, 米国環境保護庁(USEPA)のコンピュータプログラムにより予測することができる[41](貯水必要量に関する一般的な指針については**図-2.3**を参照). 水収支は, **例題-7.3**に示すように貯水量の増加および累積貯水量の行を含むように拡張する.

7.2.7 散水スケジュール

タイプ1の緩速浸透法では, 散水は通常スプリンクラーシステムでは週1回, 表面散布では2週間に1回である. 散水地を小さく区分し, 1週間または2週間の散水サイクルで逐次行う.

タイプ2の緩速浸透法, または月単位の硝酸塩の供給量に制限がある場合の窒素制限の緩速浸透法では, 散水スケジュールは作物と気候による. 目的は, 蒸発あるいは浸透する土壌水分が30～50%を超えないように散水スケジュールをたてて, 作物の最適な生長条件を維持することである.

散水の必要量と浸透量は, 植付け前の大量の散水(一年生作物に対して), あるいは春の散水(多年生作物に対して)によってしばしば満足させることができる. この方法の利点は, 特に根の上部の領域における土壌の塩分の低下, 土壌空隙を塩分の低い水で満たすこと, そして生長期に必要となる浸透量の減少である. 主な不都合は, 必要貯水量が多くなることである.

【例題-7.3】

例題-7.1に述べた緩速浸透法に対する累積貯留必要量を求める. 汚水の平均流量を10 000 m³/d, 設計土地面積を145 haと仮定する.

〈**解**〉

1. 毎月利用できる汚水の量を決定する.

表-C

月	L_w [cm/月]	W [cm/月]	貯留量の変化 [cm/月]	累積貯留量 [cm/月]
11 月	12.6	21.0	8.4	8.4
12 月	8.4	21.0	12.6	21.0
1 月	8.4	21.0	12.6	33.6
2 月	10.1	21.0	10.9	44.5
3 月	12.6	21.0	8.4	52.9
4 月	25.2	21.0	−4.2	48.7
5 月	26.0	21.0	−5.0	43.7
6 月	28.5	21.0	−7.5	36.2
7 月	26.3	21.0	−5.3	30.9
8 月	35.9	21.0	−14.9	16.0
9 月	30.5	21.0	−9.5	6.5
10 月	28.7	21.0	−7.7	0.0
年間	253.2 cm	252.0 cm		

$$W=\frac{10\,000\ \mathrm{m^3/d}\times 365\mathrm{d}/\text{年}\times 100\ \mathrm{cm/m}}{10\,000\ \mathrm{m^2/ha}\times 145\ \mathrm{ha}\times 12\ \text{月}/\text{年}}$$

2. 貯留量がわかるように，水収支の表を拡張する (**表-C**).
3. 最大貯留必要量を決定する．上の表-C からピークに相当する貯水量は，3 月の 52.9 cm/月である．全 145 ha の処理面積に散水される実際の必要貯水量は，この値となる．

$$\frac{52.9\ \mathrm{cm}/\text{月}\times 145\ \mathrm{ha}\times 10\,000\ \mathrm{m^2/ha}}{100\ \mathrm{cm/m}\times 10\,000\ \mathrm{m^3/d}}=\text{最大 77 日間分の貯水量}$$

7.2.8 散水技術

3 種の一般的な散水技術，すなわちスプリンクラー散水，表面への直接散布およびドリップ散水がある．これらのシステムが適合する要素および使用の条件を，**表-7.8** に示す．

スプリンクラー散水は，最近の多くの緩速浸透法および総ての森林地のシステムで一般的に用いられている[10]．畝・溝と傾斜境界式のいずれかによる表面散布方式は，古いタイプの緩速浸透法，特に西部と南西部のものの多くにみられる．汚水のドリップ散水は，適切な分級を行い[23] 処理水をろ過して固形物を除去しないと[5]，噴出装置に目詰りを生じさせる可能性がある．SS 除去に加えて，処理水の鉄，硫化水素および全バクテリアを低濃度に抑えなくてはならない[44]．ドリップ散水は発展中の技術であり，将来はタイプ 2 の緩速浸透法でいっそう使われる

表-7.8 汚水の散水システムの適合要因

散水技術	適する作物	最大勾配 [%]	最低浸透速度 [cm/h]
[スプリンクラーシステム]			
固定据付	制限なし	制限なし	0.12
携帯手動	果樹，牧草，穀物，アルファルファ	20	0.25
サイド車輪	高さ1m未満の総ての作物	10～15	0.25
中心軸	高木以外の総ての作物	15	0.50
移動ガン	牧草，穀物，畑作物	15	0.75
[直接散布システム]			
傾斜境界線(狭い，幅5m)	牧草，穀物，アルファルファ，ブドウ畑	7	0.75
傾斜境界線(広い，30mまで)	牧草，穀物，アルファルファ，果樹	0.5～1	0.75
直線溝	野菜，条植え作物，果樹，ブドウ畑	0.25	0.25
傾斜曲線溝	野菜，条植え作物，果樹，ブドウ畑	8	0.25
[ドリップ散水システム]			
	果樹，造園，ブドウ畑，野菜，苗木	制限なし	0.05

参照文献〔31〕より

ようになるだろう．

7.2.9 表面流出の制御

多くの緩速浸透法で，散布汚水の表面流出を制御する必要がある．さらに，浸食を防止するために，豪雨時の流出の制御が通常必要となる．

直接散布システムでは，散布汚水の表面流出水は末端水(tail water)と呼ばれる．末端水を回収し，貯水池または散水システムへ返送することは，設計に不可欠なことである．さらに，スプリンクラー散水システムでは，散布汚水の対象地区外への流出を防止するために末端水の流出制御を行う場合がある．通常の末端水返送システムは，回収溝または回収水の溜池，ポンプ，貯水池または散水システムへの返送管からなる．末端水の流出の継続時間，その流出量および最大設計容量を推定するための指標を，**表-7.9**に示す．

豪雨による流出が重要になりうるところでは，過剰な浸食を防止するための対策を行うべきである．急勾配の傾斜地に段を築くことは，浸食を最小限にするためにやむをえない耕作法である．他の方法には，堆砂池の設置，等高線に沿う耕作，無開墾農法，畔に草を植えること，そして流れの緩衝地帯の設置等がある．汚水散布を豪雨の前に中止するという前提なら，豪雨による流出水を散水地で回収または貯水する必要はない．

表-7.9 末端水返送システム設計のための推奨策[17]

土壌の透水性の等級	透水性 [cm/h]	きめ細かさの範囲	末端水の流れの最大継続時間 [%]*1	予測される末端水の量 [%]*2	最大設計容量 [%]*2
非常に遅い～遅い	0.15～0.5	粘土～粘土ローム	33	15	30
遅い～中程度	0.5～1.5	粘土ローム～シルトローム	33	25	50
中程度～中程度に速い	1.5～15.0	シルトローム～砂質ローム	75	35	70

注）*1 末端水の流れの最大継続時間に対する施用期間の%
　　*2 末端水の体積に対する施用体積の%

7.2.10 暗渠排水管

暗渠排水管は，地表面下の浸透が土壌中の浅い地下水位または比較的透水性の低い土壌層によって妨げられることのあるの緩速浸透法で使用されることがある．暗渠排水管は地表面下から水を排除するのに有効で，これを用いれば根の領域を飽和状態にしたり，生育に影響を与えたりしないように汚水の散水速度を定めることが可能になる．

暗渠排水管を付設するにあたり主として考慮すべきことは，土壌層の上部に不飽和の好気性の領域を維持することである．効果的な好気性処理には，最小限厚さ 0.6～1 m の不飽和領域が必要と考えられる．この不飽和層を利用時に維持するためには，下層集水管を付加するか，地表下になんらかの制約がある地点では水量負荷を減少させる必要がある．下層集水管を設置するための費用と，下層集水管が必要とならないよう低い水量負荷にするために広い土地面積を確保するための費用とを，比較する必要がある．

暗渠排水管には，有孔プラスチック管がよく使用される．開水路や溝も用いることができるが，間隔が 15 m よりも狭いと，溝の面積があまりにも広くなりすぎ，しかも農作業を妨げることになる．

埋設排水管は，一般的には，深さ 1.8～2.4 m，直径 10～15 cm である．砂質の土壌では，一般的な間隔は 100～120 m であり，実際には 60～300 m の範囲になる．粘土質の土壌では，間隔はさらに狭いのがしばしばで，一般的な範囲は 15～30 m である．集水管の間隔を決定する手順は，第 **3** 章 **3.1** 節に述べられている．

7.2.11 システム管理

緩速浸透法を適切に稼働させるには，土壌と作物を十分に管理しなければならない．土壌の管理すべき事項は，浸透速度，圧密，栄養塩類の状態および化学的特性である．

a. 浸 透 速 度

土壌の浸透速度は，圧密や地表面の目詰りにより時間とともに低下する可能性がある．その原因には，次のようなものがある[7]．

- 収穫，耕作用機械の使用による土壌表面の圧密
- 土壌が湿っているときにみられる放牧動物による圧密
- 水滴または地表を流れる水による粘土の団塊化
- 懸濁粒子や有機物の流入または気体の封じ込めによって生じる目詰り

土壌の圧密または団塊化したものは，耕作によって破砕することができる．耕作を必要最小限にとどめたり，無開墾農法を採用すれば，重機による土壌の圧密を最小化できる．植生が活発に生長しつつあったり，残留植物物質が分解しつつあれば，浸透速度を既存土壌の微細構造と層状構造から定められる値の幅のうち

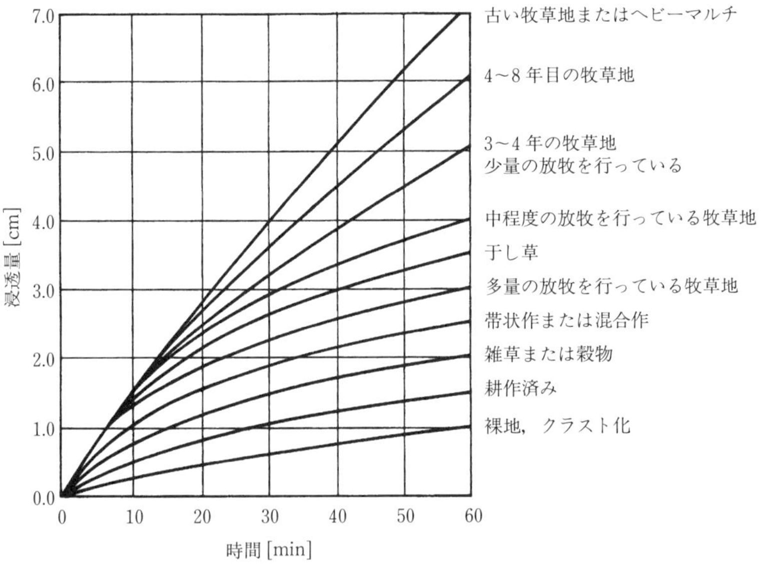

図-7.6 浸透速度に対する植生の影響

最大の状態に保つように作用する．浸透速度に対する植生の影響を**図-7.6**に示す．

粘土層(硬い，ほとんど不透水性の層)が形成されて土壌の透水性が低下している散水地区では，0.6～1.8 m 以上の鋤入れを行い，不透水層を透水性の高い表面の土壌と混合する必要がある．土壌中の透水係数の小さい層を，深い鋤入れにより改良することができる[14]．土壌の初期透水性を改善するためには，システムの使用前に深く鋤入れすべきである．一年生作物を栽培する場合には周期的に深く鋤入れすることが必要であるが，多年生作物を栽培する場合には，鋤入れ(5 年以上の間隔)はそう多くなくてよい．

b.　栄養塩類の状態

緩速浸透法の設計の際には，土壌の栄養塩類の状態を評価しなければならない．一般に，都市排水が散布されるときには，窒素・リンおよびカリウムが十分供給される．カリウムの濃度は，このような汚水では通常 10～15 mg/L なので，不足する可能性が最も高い．特に米国東部では，一部の土壌でカリウムが不足する可能性がある．これが生じると，植生はカリウムの不足のため窒素除去機能を最高レベルに保つことができない．式(3.30)を用いて，このような状況におけるカリウム肥料の補充必要量を予測することができる．

c.　土壌の化学特性

緩速浸透法で重要な土壌の化学特性は，土壌の栄養塩類に加えて pH，交換可能なナトリウムの割合，および塩分あるいは電気伝導度である．これらのパラメータの許容値の範囲を**表-2.15**に示す．

土壌の pH は石灰を加えることにより上げることができ，石膏(酸性化材料)を加えることにより下げることができる．交換可能なナトリウム量は，イオウ含有物または(石膏のような)カルシウム含有物を加えることにより減らすことができる．この交換の後，置換されたナトリウムを除くために水を浸透させることになる．タイプ 2 の緩速浸透法では，塩分制御のために浸透水(浸透流)を増加させることが必要な場合がある．

d.　農作物管理

一年生の農作物では，畑の準備，植付け，耕作および収穫が必要である．多年生の飼草作物はそれほど管理を必要とせず，草の刈取りかまたは放牧によって定期的に収穫する．収穫時の土壌の水分は，収穫装置または動物の蹄による圧密が最小となるように，十分に低くなくてはならない．最後の汚水散布から収穫までに必要な時間は，土壌の微細構造，水はけ，天候に依存する．きめの粗い土壌では，乾燥時間は3～4日程度でよいことがある[15]．きめの細かい土壌や水はけの悪い場所では，大量の降水がなければ通常は1～2週間の乾燥時間が必要となる．

e.　森林作物の管理

樹木を生やした緩速浸透法は森林のあるところに設計されることが多く[10]，このシステムの場合，樹木の伐採はまずなされない．

既存の森林の伐採を望む場合には，選択的な伐採と間伐が望ましい．過剰な間伐は下層植生の生長を促進し，樹木が風に影響されやすくなる可能性がある．森林の樹木構成と生長性を適切に発達させるために，間伐は建設前に行うべきであり，散水地区の損傷と土壌の浸食を最小限にするため約10年ごとに行う．伐採領域に対する汚水の散布を一時的に減少させ，森の生態系による処理能力が回復できるようにする．

表-7.10　散水される水質の判断指標[44]

可能性のある問題点	単位	使用される制限の程度		
		なし	軽微～中程度	厳しい
塩分濃度				
EC*1	dS/m, mmho/cm	0.7	0.7～3.0	>3.0
TDS*1	mg/L	<450	450～2 000	>2 000
透水性(SARおよびECに基づく)*2				
SAR=0～3	SARは無次元量	EC>0.7	0.7～0.2	<0.2
SAR=3～6	ECはdS/m	EC>1.2	1.2～0.3	<0.3
SAR=6～12		EC>1.9	1.9～0.5	<0.5
SAR=12～20		EC>2.9	2.9～1.3	<1.3
SAR=20～40		EC>5.0	5.0～2.9	<2.9
特定のイオンの毒性				
ナトリウム				
直接散布	SAR	<3	3～9	>9
スプリンクラー	mg/L	<70	>70	
塩化物				
表面直接散布	mg/L	<140	140～350	>350
スプリンクラー	mg/L	<100	>100	
ホウ素	mg/L	<0.7	0.7～30	>3.0

注）*1 ECは電気伝導度[dS/m]，TDSは全溶解性固形物．
　　*2 SAR(ナトリウム吸着比)をECとともに用いて，土壌の透水性に対する潜在的効果を評価する．

7.2.12 システムのモニタリング

緩速浸透法では，① 要求処理能力が達成されていることを確認するため，② 環境保護または処理能力の維持のために何らかの矯正手段が必要かどうかを決定するため，そして ③ システムの稼働を助けるために，モニタリングを行うべきである．モニタリングは，通常，汚水の水質について行い，地下水の水質についてもほぼ同様に行う．一部，土壌または植生に対するモニタリングを行うのが望ましい場合もある．**表-7.10** に示す土壌の化学特性の値を，土壌モニタリング計画に利用することができる．

タイプ 2 の緩速浸透法では，散布汚水の化学特性を表-7.10 の値と比較して，特定の成分による作物と土壌に対する潜在的影響を決定する．0.7 dS*/m (または mmho/cm) 未満の汚水では 15%の浸透量が許容され，他の管理手段は必要ない[44]．粘土質の土壌では，土壌の透水性の問題を避けるためにナトリウム吸収速度を考慮することが重要である．

7.3 表面流下法 (OF 法)

7.3.1 設 計 目 標

表面流下法は，求められる処理水の条件に応じて二次処理，高度二次処理，あるいは栄養塩類除去に適用可能である．二次処理レベルの場合，前処理法として，通常細目スクリーン，一次処理またはそれと同等の処理が用いられる．

高度二次処理 (BOD および SS の濃度が 15 mg/L) のためには，前処理を追加するかまたは散水速度を下げればよい[43]．窒素除去には，BOD 除去の場合よりも散水速度をいく分か遅くする必要がある[21]．リン除去には，前処理または後処理のいずれかが必要となる．

7.3.2 用地の選定

表面流下法での場所の選定の手順は，第 **2** 章に示している．一般的には表面流下法は，表土の透水係数が 0.5 cm/h 以下である場合に適している．このような低い透水性は，きめ細かい構造をもつ粘土層または粘土ローム土壌でみられる

訳者注) *dS：デシジーメンス (1 ジーメンスの 1/10)，ジーメンスは導電率の単位で電気抵抗の単位オームの逆数．

し，やや透水性の高い土壌が圧密されている場合にもみることができる．また，深さ0.3～0.6 mのところに硬い層または密な粘土盤のような層があって，深部への浸透性が抑さえられているような場所にも適用可能である．

7.3.3 一次処理

処理工程に都市排水用の細目スクリーンが設けられている場合には，最低レベルの一次処理でうまくいくことが経験上知られている[1,36,37,39]．汚水の特性や汚泥の処理，処理サイトが人家からどれだけ離れているかなどの状況にもよるが，一次処理としては，細目スクリーン，最初沈殿池または滞留時間1日の安定池が考えられる．USEPAは，都市排水ではスクリーンに加えて曝気(完全混合型ではない活性汚泥法)を勧めている．表面流下法では，藻類を除去することは困難である[29,45]．滞留時間の長い無曝気式の池のような前処理プロセスは，表面流下法にはむかない．

7.3.4 気候と貯留池

表面流下法は，寒冷な気候と降雨の両方の影響を受ける．気温が低くなると，処理能力が低下するので，**図-2.2**に示したように一般に連続散水ではなく，貯水しておく必要がある．降雨によっても，BOD，SSや流量が多くなるので，表面流下法は影響を受ける[12]．しかし通常の降雨の場合には，BODに対する影響はごくわずかであり，貯水の必要はない．SS負荷またはSS濃度を厳密に維持しなければならない場合には，降雨中の散水時間を短縮する必要がある．

7.3.5 設計手順

経験的な表面流下法の設計では，他の場所の成功例に基づいて水量負荷を選択するということになる．水量負荷は，一般に2～10 cm/dの範囲であった．しかしながら最近の研究では，処理性能は水量負荷より散水速度と密接な関連があることが示された[35,36]．水量負荷と散水速度の関係は，式(7.10)で示される．

$$L_w=\frac{qP\times 100\ \mathrm{cm/m}}{Z} \qquad (7.10)$$

ここで，L_w：水量負荷 [cm/d]

q：斜面の単位幅当りの散水速度 [m³/h·m]

P：1 日当りの散水時間 [h/d]

Z：斜面長 [m]

a. 散 水 速 度

都市排水処理のための散水速度，斜面長および BOD 除去の関係は，式(7.11)により与えられる．

$$\frac{C_z - c}{C_0} = A\exp\frac{-KZ}{q^n} \tag{7.11}$$

ここで，C_z：地点 z における処理中の水の BOD [mg/L]

c：斜面の端における処理後の残留 BOD で 5 mg/L

C_0：散布された汚水の BOD [mg/L]

Z：斜面長 [m]

q：散水速度 [m³/h·m]

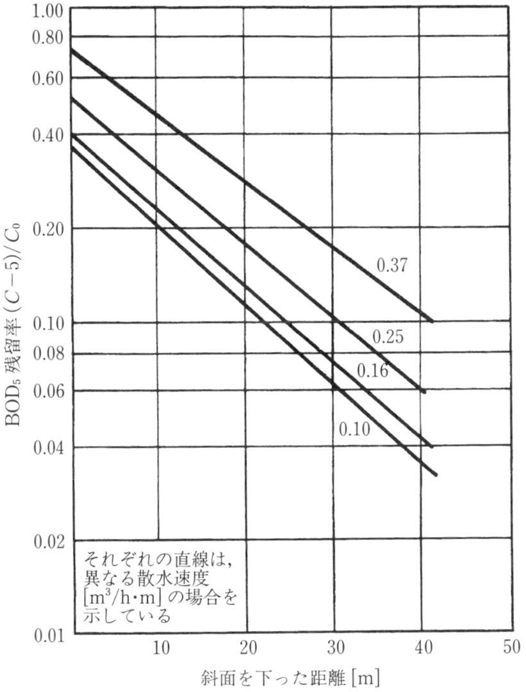

図-7.7　一次処理水に対して散水速度を変えた場合の BOD の残留率と斜面を下った距離との関係

表-7.11 一次および未処理汚水を用いた表面流下法処理水のBOD濃度の実際と予測の比較[36]

場所	施用された汚水	散水速度 [m³/h·m]	斜面長 [m]	BOD濃度 [mg/L] 実際	予測
Hanover, NH	一次	0.25	30.5	17	16.3
	一次	0.37	30.5	19	17.5
	一次	0.12	30.5	8.5	9.7
Ada, OK	一次	0.10	36	8	8.2
	未処理	0.13	36	10	9.9
Easley, SC	未処理	0.21	53.4	23	9.6

K および n：経験的係数

一次処理水を散布した際の水質変化を式(7.11)に基づいて**図-7.7**に示す．これは**表-7.11**に示すように，スクリーンを通過した未処理汚水や一次処理水の場合には有効であるが，BOD値が400 mg/L以上の工業排水には有効ではない．5 mg/LのBODは「残留」BODであるが，これは流入BODの一部というよりは，斜面上で生じた分解有機物である可能性が高い．

b. 斜 面 長

BOD，SSおよび窒素についての処理能力は，斜面長の関数であることが示されている[46]．処理の要求程度が高いほど，斜面長は長くなければならない．よく用いられる斜面長は，30～60 mの範囲にある．

地表面への直接散布(開閉口付きパイプ等)のときは，斜面長は30～45 mでよい．また，高圧スプリンクラー散水のときには，斜面長はSS含有量の高い工場排水に対しては，通常45～60 mである．しかしながら，通常は最も短くても，スプリンクラーの散水範囲より，20 mは大きくする必要がある．

c. 斜面の勾配

表面流下法では，地表面勾配は1～12%である．テキサス州Parisでは，最適範囲が2～6%であったことが知られている[30]．勾配が8%をこえると浸食の危険が増大し，一方，1%未満では低い地点に水溜りのできる危険性が高くなる．

d. 散 水 期 間

散水期間は通常，週5～7日，1日6～12時間である．よく用いられるのは1日8時間で，こうすれば標準的な作業スケジュールに適合させられる．特例として比較的短い期間に，1日中稼働させることもできる[42]．散水が12時間稼働・12時間休止をこえるようになると，アンモニア酸化能力が損なわれる[21]．システムを1日24時間稼働させることが必要なときには，全領域を3つの小区画に分割し8時間稼働・16時間休止にするとよい．

e.　有機物負荷

表面流下法での有機物負荷は，斜面上を流れる汚水の薄膜(通常は厚さ0.5 cm以下)の内部への酸素移動効率によって決められる．斜面上の過度の嫌気状態を避けるための限界負荷は，約100 kg/ha·dである．この有機物負荷は，式(7.12)により計算することができる．

$$L_{BOD}=0.1L_wC_o \tag{7.12}$$

ここで，L_{BOD}：BOD負荷[kg/ha·d]

0.1：換算係数

L_w：水量負荷[cm/d]で$=qPW_m/Z$

q：散水速度[m^3/h·m]

P：散水期間[h]

W：散布斜面の幅[m]

Z：散布斜面長[m]

m：換算係数=100 cm/m

C_o：散布される汚水のBOD[mg/L]

散布される汚水のBODが約800 mg/Lをこえる場合には，システムの酸素移動効率が制限因子となる．このような制約を打破するために，ある工業排水処理では処理水リサイクルシステムを用いている．パイロット実験では，BODが1 700～1 800 mg/Lの未処理汚水を，装置からの流出水で1：1および3：1に希釈した[28]．その結果，BODは97%除去され，56 kg/ha·dとなった．この手法が正しいことは，テキサス州Rosenbergのフルスケールのシステムで証明されている．

f.　懸濁物質(SS)負荷

藻類を例外として，汚水に含まれる固形物は一般に表面流下法の設計の制約因子とならない．斜面上の流れ自体が遅く水深が浅いため，SSは沈殿やろ過作用によって効率よく除去される．地表面への直接散布の場合には，SSの大部分が散水地点から数m以内で除去される．これはSS含有量の高い(工業)排水の場合に汚泥を局所に集積させる可能性があるので，より均一に分散させるためにスプリンクラーの使用が推奨される．

表-7.12 テキサス州Garlandの表面流下法におけるアンモニア濃度 [mg/L][47]

月	散水速度 [m^3/h·m]	斜面を下る長さ [m] 46	61	91
夏期(3～10月)	0.57	1.51	0.40	0.12
	0.43	0.65	0.27	0.11
	0.33	0.14	0.03	0.03
冬期(11～2月)	0.57	2.70	1.83	0.90
	0.43	1.29	0.39	0.03
	0.33	0.73	0.28	0.14

注) 夏期に施用されるアンモニア態窒素＝16.0 mg/L；冬期に施用されるアンモニア態窒素＝14.1 mg/L.

g. 窒素除去

窒素除去は，十分なBOD/窒素比，十分な滞留時間(低い散水速度および長い斜面)および温度に依存する．窒素除去の大半は硝化と脱窒で説明できる[31]．土壌温度が4℃未満であれば，硝化反応は生じない．脱窒は，スクリーンを通過した未処理汚水や一次処理水を散水する場合に最も効果的である．これはBOD/窒素比が高いためである．アンモニアではなく硝酸イオンを含む都市排水を散布しても，表面流下法の斜面土壌では窒素はほとんど除去されない[26]．これは，明らかに，硝化と脱窒に先立つ第1ステップとして，アンモニアの土壌への吸着が重要なためである．

カリフォルニア州Davisの表面流下法では，0.10 m^3/h·mの散水速度で最高90%のアンモニアが除去されることが報告されている[21]．この程度のアンモニア除去率を達成するには，45～60 mの斜面長が必要である[36]．

テキサス州Garlandでは，アンモニアの夏期制限値2 mg/Lと冬期制限値5 mg/Lを達成することができるかどうかについて，二次処理水による硝化の実験が行われた．これらの時期に，散水速度を変化させた場合のアンモニア除去のデータを，**表-7.12**に示す．このときの冬期の気温は3～21℃の範囲にあった．Garlandでの推奨散水速度は，スプリンクラー散水，斜面長61 m，1日10時間稼働で0.43 m^3/h·mであった[47]．

7.3.6 必要土地面積

表面流下法に必要な土地面積は，式(7.13)に示すように，散水方法・散水速度，斜面長および散水期間に依存する．ただし，この際，季節に応じて汚水量を貯留することは考えていない．

$$A_s=\frac{QZ}{qPC} \tag{7.13}$$

ここで，A_s：必要な土地(地表)面積 [ha]

Q：汚水流量 [m³/d]

Z：斜面長　[m]

Q：散水速度 [m³/h·m]

P：散水期間 [h]

C：換算係数＝10 000 [m²/ha]

汚水の貯留が必要な場合の土地面積は，式(7.14)によって求められる．

$$A_s=\frac{365Q+V_s}{DL_wC'} \tag{7.14}$$

ここで，V_s：降雨，蒸発および浸透による貯水量の純増減 [m³/年]

D：設計年間稼働日数

L_w：設計上の水量負荷 [cm/d] (定義は式(7.12)を参照)

C：換算係数＝100

有機物負荷が制限因子である場合には，土地面積は式(7.15)により求められる．

$$A_s=\frac{C_0C''Q_a}{L_{\mathrm{LBOD}}} \tag{7.15}$$

ここで，A_s：土地面積 [ha]

C_0：散布される汚水の BOD [mg/L]

C''：換算係数＝0.1

Q_a：表面流下法での散水地点の設計流量 [m³/d]

L_{LBOD}：限界 BOD 負荷＝100 kg/ha·d

【例題-7.4】

4 000 m³/d を処理する都市排水用表面流下法の，必要土地面積を求める．一次処理水の BOD 濃度は 150 mg/L であり，放流水の BOD の制限値は 30 mg/L である．また，20 日間の貯留を仮定する．

〈**解**〉

1．要求される除去率を計算する．

$$\frac{C_z-5}{C_0}=\frac{30-5}{150}=0.17$$

2．**図-7.7** を用いてBODの残留率0.17のところから，最大散水速度0.37 $m^3/h \cdot m$ へ線を引く．得られる斜面長は30 m である．

3．1日当りの散水時間を8時間とする．

4．安全係数1.5を用いて設計散水速度 q を計算する．

$$q=(0.37/1.5)=0.25 m^3/h \cdot m$$

5．水量負荷を計算する．

$$L_w=(qP/Z)=(0.25\times8)/30=0.0067 m/d$$

6．稼働日数を計算する．

$$365-20=345 d/年$$

7．貯水池からの浸透と蒸発が，降雨と相殺すると仮定して，土地面積を計算する．

$$A_s=\frac{4\,000 m^3/d\times365+0}{345\times0.067 m/d\times10\,000 m^2/ha}=6.3 ha$$

都市での表面流下法の設計散水速度は，制約因子や気候に依存し，前処理レベルにもいく分か依存する．散水速度および水量負荷の例を，**表-7.13** に示す．

a．冬期の作業

表面流下法において，寒い天候のために貯留が必要となる場合の条件は，稼働の経験がかぎられているために，よくわかっていない．**図-2.2** は，地域ごとの一般的なガイドラインを示している．土壌の温度が0℃近くに下がっても，地表面の散水施設が雪に覆われても，システムを働かせ続けることはできるが，斜面

表-7.13　表面流下法の設計にあたって提案される散水速度

前処理	厳しい条件および寒冷な気候		穏やかな条件および気候		最小限の条件および温暖な気候	
	[$m^3/h \cdot m$]	[cm/d]	[$m^3/h \cdot m$]	[cm/d]	[$m^3/h \cdot m$]	[cm/d]
スクリーニング/一次	0.07～0.1	2	0.16～0.25	3～5	0.25～0.37	5～7
曝気区画(1日滞留)	0.08～0.1	2	0.16～0.33	3～6	0.37～0.4	6～8
二次	0.16～0.2	4	0.2 ～0.33	4～6	0.33～0.4	6～8

上に氷が張った場合には，汚水の散布はやめるべきである．また，スプリンクラー装置の稼動は，気温が氷点下より低いときには非常に困難となることがある．夜間の温度は0℃より下がるが，日中の温度が2℃をこえる所では，日中の10～12時間以内は，総ての土壌を使って処理することにしてよい．

b. 貯 水 区 域

冬期または稼働中の貯水池はオフラインとし，汚水を貯留している時間をできるだけ短くする．貯水池は散水が可能になり次第空にし，藻の生育を最小限に抑えるようにする．第**4**章に示したように，貯水池は深さ3m以上とし，必要な土地面積を最小にするようにする．

7.3.7　植生の選択

表面流下法の斜面上の草は，微生物の付着担体を提供し，浸食を最小限にし，窒素とリンを摂取するために欠かせない．作物は，他の重要な機能を果たすものでないかぎり市場に出すことを意図してはならない．草は多年生で，高い水分耐性をもち，生長期が長く，地域の気候条件に適合するものでなければならない．表面流下法に通常用いられる草のリストを，**表-7.14**に示す．

ほとんどの散水地では，草の混合生育が推奨される．その組合せは，暖かい季節に育つ種と寒い季節に育つ種とし，かつ背の低い芝状のものと背の高い茎をもつものとする．クサヨシのような草は生育が遅く，最初のシーズン初期に地表を覆う一年生のライグラスのような保護植物を必要とする．ライグラスは，通常は

表-7.14　表面流下法に適した多年草[42]

一般的名称	根系の特徴	生長する高さ [cm]
[寒地性の草]		
クサヨシ	芝	120～210
ヒロハノウシノケグサ	束	90～120
コヌカグサ	芝	60～90
ナガハグサ	芝	30～75
カモガヤ	束	15～60
[地性の草]		
ギョウギシバ	芝	30～45
ギョウギシバの一種	芝	30～60
シマスズメノフエ	束	60～120
bahia grass	芝	60～120

数年程度しか斜面上には生き残らない.

地域の農業アドバイザーに相談して，**表-7.14** にあげたような草を選択する．セイバンモロコシ，黄スズメノテッポウのような，一本立ちのものや種のなる茎が一本の草は避けねばならない．

表面流下法に用いる草の多くは，播種により育てられるが，ギョウギシバや改良されたギョウギシバは株分けしたものを植える必要がある．表面流下法用の草の播種と生育法の詳細は，参考文献〔42〕に記されている．散水範囲が，斜面土壌をカバーしきれているならば，種を蒔くために土壌の上に車両を走らせることなく散水による播種が可能となる．

種蒔きが終わった後すぐに移動式スプリンクラーで水をやる．短時間でいいから頻繁に散水することが好ましく，しかも水が流れ出さないようにすることが大切である．露出した土壌の浸食を防ぐため，草が十分に生育するまで据付の汚水の散水システムを使用しないようにする．最初の草の刈込みの際には，刈ったものが比較的短かければ (15 cm)，有機物の膜を形成するために斜面上に残してもよい．表面流下法には十分な処理能力を発揮するまでに，3～4ヶ月の馴致期間を要したものもある．

a.　散水分配システム

都市排水は地表面に直接散布してもよいが，工業排水の場合にはスプリンクラーで散水しなければならない．開閉口付きパイプを用いた直接散布施設はエネルギーが要らず，エアロゾルを発生させない．ねじ調節式オリフィスを通過させた先に，0.6 m 間隔のスライド式ゲートを設置するとよい．パイプが 100 m 以上になると流れを制御したり，パイプセグメントを分離し別々に操作するときために，管の途中にバルブが必要となる．

スプリンクラーによる散水は，汚水の BOD または SS レベルが 300 mg/L 以上のとき推奨される．斜面を約 1/3 下った位置に，水圧で自動回転するスプリンクラーを設置するのが一般的である．スプリンクラーの位置およびスプリンクラーの間隔を決定する際には，風速と風向きを考慮しなければならない．

7.3.8　斜面の設計と施工

自然の斜面でも，水が均一に斜面を流下するように表面を滑らかに保つよう注意したり，あるいは表面をならす必要がある．設計方法は，参考文献〔41〕に詳述されている．

掘削・盛り土の作業をかなり行うところでは，大まかに傾斜面を仕上げた後に盛り土部分が沈下することがある．沈下を引起す降雨がない場合には斜面に水を撒き，圧密を起させ，その後補正する必要がある．窪地がすでにある時には，隣接の不攪乱土壌の密度まで圧密した土を 15 cm ほど盛り上げて，隣接する区域と高さをそろえるようにする．

大まかに斜面を形成した後，重い円板鋤で大きい土塊を壊す．その後に均しゴテで斜面を滑らかにする．一般的には，均しゴテで 3 回滑らかにすることにより，目標高さから 1.5 cm 以内の誤差とすることができる．

7.3.9　放流水の回収

処理された水は，斜面の下端にある排水用開水路に集められるのが常である．排水用水路はライニングされていたり管路になっている場合もある．土で形づくった水路では，通常は斜面と同じ草が成長するので，浸食を防止するために勾配を緩くしてやる必要がある．V 字溝の側面勾配は 4：1 を超えてはならない．

表面流下法の周囲に上流からの放流水を流下させる水路が設けられていなければ，対象としている斜面からの処理水のみならずシステム全域からの流出水に対応できるよう排水路や流出施設を設計しなければならない．排水路は，少なくとも 0.1 m の余裕高をもち 25 年に一度の 24 時間降雨によるピーク流出量を排除できる十分な能力をもつものとする．

7.3.10　再　利　用

高濃度の工業排水では，処理放流水を流入汚水と混合するシステムが実際的である．集水システムには，処理放流水を散水システムまで戻す汚水溜めが必要である．ただ，豪雨時の流出水はリサイクル用の汚水溜めを迂回し，直接放流できるようにしておかなければならない．

7.3.11　システムの維持管理とモニタリング

表面流下法は，最小限の管理しか必要としない．草は年に 2，3 回刈取る．刈った草は，設計上窒素除去を目的としていなければ斜面上に放置してもよい．ただし，刈った草の背が高すぎる時，すなわち 30 cm 以上ある場合には，新芽の生長を妨げないように除去すべきである.

斜面に，轍や窪みが生じないように，草刈りの前に十分に斜面を乾燥させておかなければならない．乾燥期間は，土壌条件と天候により数日から2週間の範囲である.

雑草や周辺に自生する草が，しばしば斜面上に生長しはじめる．それらが栽培されている種にとって代る気配がある場合には，特にこれらの雑草または自生する草が一年草で，植えた多年草にとって代るような場合には，注意しないといけない．雑草を焼き払うか，円板鋤で耕して再び種を蒔くことが必要となることもある.

モニタリング項目は，流入，放流の水質と流量，地下水の水質と水位，地表水の水質および土壌と植生の特性である．地下水位が比較的高くなく，高透水性の土壌が使われていない場合には，通常，地下水観測井戸は2本あればよい．通常は，処理システムから放流される最終地点の上下流における水質の測定が必要である．土壌と植生の監視は，緩速浸透法のものと同様である.

7.4 急速浸透法 (RI 法)

本節では，急速浸透法のプロセスの設計手順と例を示す．非常に重要である用地の選定と浸透試験についての詳細は第**2**章に，地下水の管理と排水に関する基本的事項は第**3**章に述べられている.

7.4.1 設計の目標

急速浸透法の設計目標に，以下の項目を含むことがある.

・地下水流の遮断による流水の涵養
・井戸または暗渠による水の回収，その後の再利用または放流
・地下水涵養
・帯水層中での浄化された水の一時的貯留

急速浸透法の代表的な利用法には，暗渠を備えた予備システムを用いて周辺の地表水を間接的に涵養するような例もある[8].

7.4.2 設計手順

急速浸透法のプロセスの設計手順の概要を，**表-7.15**に示す．第1段階は，第**2**章および第**3**章に述べたように場所の特性を十分把握することである．最大可能浸透速度は，現地において実施した浸透試験に基づいて定める．一般的には，数多くの定常状態試験結果の平均値をもとに決定する．

表-7.15 急速浸透法の設計手順

段階	説　明
1	最大可能浸透速度の決定
2	水みちの予測
3	処理条件の決定
4	前処理レベルの選択
5	年間の水量負荷の計算
6	土地面積の計算
7	地下水の上昇のチェック
8	最終的な水量負荷サイクルの選択
9	散水速度の決定
10	池の数の決定
11	モニタリング条件の決定

地下岩盤の状況を確認するために，現地調査の一環として多数のピットをバックホーで掘ったり，ボーリングを行うべきである．現地の土質性状や地質特性に基づいて，処理後の浸透水の流路を予測することができる．地表面下の土層が鉛直流動を妨げないかぎり，浸透水は地下水へと流込む．

7.4.3 処理性能

急速浸透法による処理性能は，水量負荷が減少するにつれて向上するのが普通である．BODおよびSS除去率の改善は，100 m/年未満の負荷に対しても，ごくわずかである．窒素とリンの除去に対する改善効果は明らかであり，これら成分の除去が要求される場合には，これらの負荷を考慮しなければならない．加えて，工業排水の有機物負荷も調べなければならない．

7.4.4 硝　　化

硝化によるアンモニア除去は，急速浸透法で容易に行える．硝化は温度の影響を受けるが，コロラド州Boulderにおける最近の実績によると，4℃でも硝化が可能であった[28]．寒冷な時期には散水速度を低下させると，硝化速度の低下を補えるし，さらに散布されたアンモニアを土壌にいっそう吸着させることができる．

67 kg/ha·dという高い硝化速度が既に報告されている[41]．硝化が処理目的である場合には，アンモニアの負荷速度はこの値以上としてはならない．硝化のための負荷周期は，1～3日間の湛水期間と5～10日間のそれに続く地表面近くの土壌を好気性にするための乾燥期間からなる．

7.4.5 窒素の除去

急速浸透法において脱窒による窒素除去を有効なものとするためには，十分な滞留時間と十分な有機性炭素が必要である．一般に，BOD/窒素比が3：1以上の一次処理水は，脱窒反応に十分な有機性炭素を有している．しかしながら，二次処理水は窒素除去率50%を達成するのに不十分な量しか含んでいない．二次処理水の窒素除去効果を改善するためには，7～9日間湛水し，その後12～15日間乾燥させる必要がある．

窒素除去は，アリゾナ州Phenixにおける二次処理水で実証されたように，浸透速度にも関係する[22]．**図-7.8**に示すように，浸透速度が30 cm/dから15 cm/dに低下したとき，窒素除去率は約30から80%に増大した．

急速浸透法で80%の窒素除去率を達成するためには，次の最大浸透速度を超えてはならないようである．

一次処理水：20 cm/d

二次処理水：15 cm/d

急速浸透法における窒素除去の設計手順は，以下のとおりである．

1. 土壌の陽イオン交換能に基づいて，アンモニウムとして吸着されるアンモニア態窒素の質量を計算する．
2. 汚水のアンモニア濃度と1日当りの散水速度(1サイクル当りの水量負荷を，1サイクルの日数で除したもの)をもとに，第1段階で求めた負荷量をこえないように負荷期間の長さを計算する．
3. アンモニアおよび全有機態窒素負荷を67 kg/ha·dの基準と比較し，硝化が期待できることを確認する．
4. アンモニウムの吸着容量(第1段階)に基づいて，許容負荷期間を確定する．硝化と脱窒に必要な乾燥期間を**表-7.16**から選定する．
5. 生成した硝酸態窒素を散布汚水のBODと比較して，BOD/窒素比が十分であることを確認する．
6. 必要に応じて浸透速度を低下させ，必

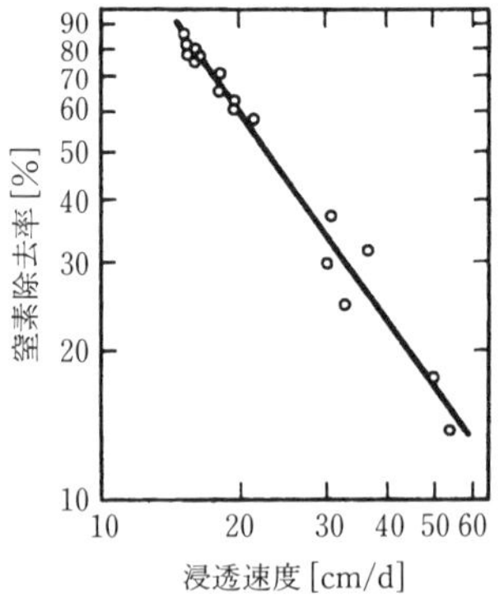

図-7.8 窒素除去に対する浸透速度の効果

表-7.16　急速浸透法で提案される負荷サイクル[41]

目的	廃水のタイプ	季節	施用期間［d］*	乾燥期間［d］
浸透速度を最大に	一次	夏期	1～2	5～7
		冬期	1～2	7～12
	二次	夏期	1～3	4～5
		冬期	1～3	5～10
硝化を最大に	一次	夏期	1～2	5～7
		冬期	1～2	7～12
	二次	夏期	1～3	4～5
		冬期	1～3	5～10
窒素除去を最大に	一次	夏期	1～2	10～14
		冬期	1～2	12～16
	二次	夏期	7～9	10～15
		冬期	9～12	12～16

注）* 季節あるいは目的に係わらず，過剰な土壌の滞留を防ぐために一次処理水の施用期間は1～2日間に制限すべきである．

要な窒素除去を生じさせる．浸透速度の低下は，湛水深を浅くすること，ろ過池の浸透面の土壌中にきめの細かい土壌を入れること，あるいは土壌を締固めることにより可能となる．

硝化および脱窒は，寒冷な時期には減少する．氷点下のときに散水を続けると，土壌中にアンモニウムを蓄積させることになる．春になり温暖になると，吸着されたアンモニウムイオンが硝化され浸透水の硝酸態窒素が高濃度になり，この状態が，脱窒菌が活性化して硝酸態窒素を用いて生合成をはじめるまで続くことになる[24]．寒冷な気候の場所で，年間を通じて窒素除去が必要なシステムでは，冬期の貯留施設が必要となる．

7.4.6　リンの除去

急速浸透法のリン除去能力の推定には，式(3.28)を用いる．滞留時間が非常に重要であり，土壌内を通過する浸透速度と流下距離の関数である．流下距離が不十分な場合には，場所の選定を見直すか，または他の方法を用いてリンを除去する必要がある．土を締固めたり，汚水の散布深さを浅くすることによって，浸透速度を低下させることができる．これらの変更は，地表近くの土壌の滞留時間に影響を及ぼすことになるが，より深いところの自然土壌にはほとんど影響しない．

表-7.17　いくつかの急速浸透法のリン除去データ[2,8]

場　所	汚水濃度 [mg/L]	サンプル地点までの距離 [m]	浸透した水の濃度 [mg/L]	除去率 [%]
Calumet, MI	3.5	1 700	0.03	99
Dan Region, Israel	2.1	150	0.03	99
Ft, Devens, MA	9.0	45	0.10	99
Lake George, NY	2.1	600	0.014	99
Phoenix, AZ	5.5	30	0.37	93

既存の急速浸透法におけるリンの除去は，式(3.29)により予測されるよりも良い．その理由は，水の流れが地表近くでは実際には飽和しておらず，予測式は「最悪の場合」の飽和状態，すなわち短い滞留時間を仮定したものであることによる．5ヶ所の急速浸透法での除去率を，サンプリング地点までの流下距離とともに**表-7.17**に示す．第**3**章に述べたように，リン除去が非常に重要な場合には，現地の土壌でリン吸着試験を実施する方がよい．

7.4.7　一 次 処 理

処理条件が決められ，急速浸透法の処理能力が決定されたら，散水前の一次処理レベルを定めることができる．都市排水に対する代表的な一次処理として，最初沈殿池がよく用いられる．同等のレベルのSS除去を，短時間安定池でも達成することができる．この安定池を利用するときの利点は，汚泥の取扱い，処理および処分を行わなくてよいことである．

第**4**章に述べた型式の長時間安定池は，一般に急速浸透の前処理としてはふさわしくない．酸化池で発生した藻類は，急速浸透法の浸透速度を大幅に低下させることになる．都市部の施設では，急速浸透処理に先立って生物学的処理を行うと費用効率がよくなる場合がある．

7.4.8　水 量 負 荷

急速浸透法の設計水量負荷は，比較的狭い表面積に多量の汚水を散布しようとするために，土壌層の水理学的特性により制限されるのが常である．しかし一部のシステムでは，制限因子が窒素負荷またはBOD負荷速度となる場合がある．

最大可能浸透速度は，汚水がかなりの期間土壌中に浸透し続けるときの定常状態での速度である．負荷の周期的変動性質，散布地点の通常想定される変化，

表-7.18　急速浸透法における水量負荷決定の設計安全係数

手　順	安全係数 条件 A*1	安全係数 条件 B*2†
池の湛水試験	7～10	10～15
シリンダー浸透計，エアエントリー透水計および同様の小規模試験	2	4

注）*1 控え目な範囲：現地試験や現地状況が変化に富んでいる場合に使用

*2 あまり控え目ではない値：試験結果や現地状況の変化が小さい場合に適当．

そして比較的小規模な実地試験の適用限界を考慮して，最大可能浸透速度の数%値を用いて，設計上の年間水量負荷を計算する．処理池の現地浸透試験がなされ，土質が均一である場合には，安全係数を 7～15%とすることができる．ずっと小規模のシリンダー浸透計やエアエントリー透水計による測定では，小領域での値しか測定できないため，安全係数は 2～4%しかない．安全係数をどのように選ぶかについては，現地測定の回数や試験方法，結果のばらつきや土質の均一性に依存する．多数の現地測定を実施し，結果が大きく変化せず，土質が全域で均一とみなされるようであれば，**表-7.18** に示すように大きい安全係数を用いることができる．

【例題-7.5】

急速浸透法において，一次処理水に対し，浸透速度を最大にするように，水量負荷と散水速度を決定する．処理池の湛水試験により測定した浸透速度は 4 cm/h である．数回の実地試験を行い，結果はかなりばらついている．

〈**解**〉

1.　4 cm/h の定常状態の実地試験結果を用いて，年間の最大可能浸透速度を計算する．

$$\frac{4\text{cm/h}\times 24\text{h/d}\times 365\text{d/年}}{100\text{cm/m}}=350.4\text{m/年}$$

これは，土質が均一で，好気性が保持され，目詰りが生じない場合に，年間を通して継続して水を浸透させうる年間最大可能浸透速度である．これらの必要条件はいずれも確実にはしえないため，表-7.18 に示す安全係数を設計時に用いる必要がある．

2. 年間の水量負荷を計算する．

試験結果が大きくばらついたため，表-7.18の控え目な率を選択する．7～10%の範囲が適切であり，この範囲の中央値の8.5%を使用することにする．

$$L_w = 0.085 \times 350.4\ \mathrm{m/年} = 29.8\ \mathrm{m/年}$$

この年間の水量負荷は，季節的な制限や保守によって運転を止めることがなく，また，非常に短い散水の後に非常に長い乾燥時間をとるような特殊な運転をしない場合での，通年ベースでサイトに散布されうる全水量である．**表-7.16**に与えられている代表的な負荷サイクルのいずれかに相当するようなありふれた例の場合には，この年間の水量負荷を汚水負荷サイクルの選択に先立って決定することが可能である．通年の運転を意図しないのであれば，運転していない期間に比例して年間水量負荷を減らす必要がある．

3. 散水速度を決定する．

設計では最大の浸透速度を意図しているため，冬期の条件を考慮し，2日間の散水と12日間の乾燥の負荷サイクルを表-7.16から選択する．

年間サイクル数＝(365 d/年)/(14 d/サイクル)＝26 サイクル/年

1サイクル当りの散水速度＝L_w サイクル/年

＝(29 m/年)/(26 サイクル/年)

＝1.15 m/サイクル

1日の散水速度＝(1.15 m/サイクル)/(2 d/サイクル)＝0.58 m/d

この値は，各サイクル開始時の2日間の散水期間における1日当りの平均の散水速度である．この散水速度は，定常状態の浸透速度［(4 cm/h×24 h/d)/100 cm/m＝0.96 m/d］より小さな値となり，したがって，2日間の散水期間が終了した直後に散布した総ての水が浸透してしまい，まるまる12日間が処理池の乾燥のために費やされる．長期間の運転後には目詰りが生じる場合があり，最終的に保守が必要になる．例えば，この事例で散水期間の2日目に浸透速度が定常状態の測定速度(0.96 m/d)の約25%まで低下すると仮定して，散布した水が浸透するのに必要な全時間数を計算する．

$$t = 1 + \frac{0.575\ \mathrm{m/d}}{0.25 \times 0.96\ \mathrm{m/d}} = 3.4\ \mathrm{d}$$

これは乾燥に11日近くを残しており，この形式のシステムには十分な日数である．

7.4.9　有機物負荷

急速浸透法では，有機物負荷の正確な限界はわかっていない．ワイン製造工場の排水の例では，BOD負荷が670 kg/ha･dをこえると臭気の問題が生じうることを示している．8 cm/dで散水されるBODレベル150 mg/Lの一次処理水は120 kg/ha･dのBOD負荷となり，これは臭気の問題を生じない．

7.4.10　必要土地面積

必要土地面積には，急速浸透処理池，進入路，前処理用地に加えて，緩衝地帯や将来の拡張用地の面積が含まれる．急速浸透処理池に必要な土地の面積は，式(7.16)により計算される．これに，堤防や小段および進入斜路のための面積を追加しなければならない．

$$A=(CQ365\mathrm{d}/\text{年})/(L_w) \tag{7.16}$$

ここで，A：散水面積 [ha]

C：換算係数で，$=10^{-4}\mathrm{ha/m^2}$

Q：平均的な汚水流量 [$\mathrm{m^3/d}$]

L_w：年間水量負荷 [m/年]

もし可能なら，硝化および有機物負荷のために必要な土地を調査しておくべきである．これらの負荷のために広い面積が必要な場合には，最大の面積を想定しておくべきである．

a.　処理池の数

急速浸透処理池の数は，水量負荷サイクルと現地の地形によって変る．池の数と一度に湛水させる池数に応じて，散水システムの水理装置が変る．連続的に汚水を処理するときに必要な最少池数を**表-7.19**に，処理池の典型的なレイアウトを**図-7.9**に示す．

b.　散 水 速 度

散水速度は，年間負荷と水量負荷サイクルによって決まる．散水速度を決定するためには，**例題-7.5**に示したように年間負荷を1年当りの負荷サイクルの数で除し，さらにサイクル当りの負荷を散水期間で除す．

c.　地下水の上昇

処理池の直下の浸透による地下水位が一時的に上昇してもかまわないのは，水位上昇が池の表面における浸透を妨げない場合か，地表近くの土壌が好気状態を回復できるぐらい十分に速く低下する場合にかぎられる．第3章で示した地下水の上昇の式とモノグラムを用いて，地下水上昇が急速浸透法の稼働を妨げるかどうかを判断することができる．地下水上昇が妨げになる場合には，湛水，乾燥サイクルの調節，地下水上昇を最小限にするための池利用の運転パターンの変更，水量負荷の削減，暗渠の追加を含め，考慮す

表-7.19　連続的な汚水の供給に対して，通年散布に必要な急速浸透池の最低数[41]

施用期間［d］	乾燥期間［d］	池の最低数
1	5～7	6～8
2	5～7	4～5
1	7～12	8～13
2	7～12	5～7
1	4～5	5～6
2	4～5	3～4
3	4～5	3
1	5～10	6～11
2	5～10	4～6
3	5～10	3～5
1	10～14	11～15
2	10～14	6～8
1	12～16	13～17
2	12～16	7～9
7	10～15	3～4
8	10～15	3
9	10～15	3
7	12～16	3～4
8	12～16	3
9	12～16	3

図-7.9　一般的急速浸透処理池のレイアウト

べきいくつかの選択肢が存在する[42]．前処理または管理施設を池の間に設置することにより，現地のエリア内で池を分離することもできる．

7.4.11　処理池の築造

急速浸透処理池を築造する際には，浸透面を締固めないように注意する必要がある．できれば，設計にあたっては，埋戻し土の上に池を築造することを避けるようにすべきである．これは，よく使われる建設機械は埋戻し土を締固める傾向にあり，しかも土壌の水理学的特性に回復不能な損傷を与える可能性があるためである．

ある密度の土壌の透水性は，締固められたときの土壌の水分含有量に依存して変化する．粘土含有率が高い土壌が，最適水分含有量より「湿った」状態で締固められた場合には，土壌が最適より「乾いた」側の水分含有量で整地された場合に予想される透水係数より，一桁小さくなる可能性がある．埋戻し土の上に建設した急速浸透施設での失敗経験に基づき[32]，埋戻し土の使用がどうしても必要である場合には以下の項目に注意することが肝要である．

1.　埋戻し土を使用する場合には，実際に用いる建設機械でつくった「試験」埋戻し土の場所で，少なくとも1回の湛水試験を行う．この試験埋戻し土でつくった区域の幅は試験池の直径の2倍とし，埋戻し土の深さは最終的な設計埋戻し深さと同じか1.5 mの少ない方とする．実際の埋戻し区域での設計水量負荷は，これらの試験結果に基づくものとする．
2.　浸透区域内への埋戻しは，土壌の水分含有量が最適値より乾いた状態にある場合だけ行う．
3.　粘土含有率が10%以上の粘土質の砂は，急速浸透処理池用の埋戻し土として使用するのに適さない．
4.　乾燥した土壌を用いた場合の築造の順序は次のとおりである．
    a.　指定の標高まで掘削または埋戻しする．
    b.　指定された誤差内になるよう勾配をつける．
    c.　池の底を直交した2方向に，深さ0.6～1 mで線状に掘る．
    d.　地表に円板鋤をかけ，固まった材料を崩す．

急速浸透処理池周辺の堤防は，非常に高い必要はない．通常は1 m以下で十分である．高い堤防は築造費用を膨らませ，浸食の可能性を増し，池に近づくための問題を大きくする．堤防の築造中には，きめの細かい材料が池の浸透面上へ流されないようにするために，浸食を防ぐことが重要である．草が大きく生育するまではシルトフェンスその他の仕切りを使った方がよい．維持管理のための機械の，それぞれの池への傾斜進入路が不可欠である．

7.4.12　寒冷な気候における冬期の稼働

急速浸透法は，アイダホ州，モンタナ州，サウスダコタ州，ミシガン州，ウィスコンシン州およびニューヨーク州のような寒冷地で示されてきたように，通年ベースで問題なく運転することができる．パイプ，バルブおよびポンプステーションに対する適切な熱的保護は不可欠である．地表面近くの土壌の凍結は，急速浸透法の冬期の運転中に避けねばならない重大な問題である．上手に利用できる手段には，以下のようなものがある．

1.　浮上する氷床に対応できるようにした畝や溝の表面での散水．氷は土壌を冷却から護り，汚水が溝に浸透する間は畝の上にとどまる．
2.　池の中にスノーフェンスを設置して雪を吹き寄せた後，雪の層の下に湛水する．
3.　極端な条件下で連続的に負荷する，1ヶ所または複数の池を設計する．これらの池は汚水の流れとは切り離してオフラインとし，次の夏に長期間「休ませる」．
4.　短い滞留時間で前処理を行い，汚水を冷えないように維持しておく．

7.4.13　システム管理

急速浸透処理池を間欠的に運転することが重要である．散水期間と乾燥期間を定めることは，運転管理上必要である．それぞれの池を乾燥させるのに要した時間を，サイクルごとに記録しなければならない．予定していた以上に乾燥に時間がかかる場合には，池の保守が必要な徴候を示している可能性がある．

定期的な池の保守では，池の底面の土かき，土さらいや鋤がけが行われる．池を機械が横切って移動することは最小限になるようにし，しかも土壌が乾いているときだけにする．土壌の微粒子や有機物からなる厚い沈殿物は，除去しなければならない．草が生長している場合には，少なくとも年一回，なるべく冬の直前に刈取るか焼き払う．

7.4.14 システムのモニタリング

モニタリングは，システム管理または調整のためのデータを提供し，規則に従うために実施するものであり，散布された汚水・地下水の水質および地下水位を観測しておかなければならない．地下水監視用井戸は，散布領域の斜面上および斜面下に設置する．その詳細は，参考文献〔34〕に記されている．

参 考 文 献

1. Abernathy, A. R., J. Zirschky, and M. B. Borup: Overland Flow Wastewater Treatment at Easley, S.C., *J. Water Pollution Control Fed.,* 57(4):291–299, Apr. 1985.
2. Baillod, C. R., et al., Preliminary Evaluation of 88 Years of Rapid Infiltration of Raw Municipal Sewage at Calumet, Michigan, in *Land as a Waste Management Alternative,* Ann Arbor Science, 1977.
3. Bouwer, H., and R. C. Rice: Renovation of Wastewater at the 23rd Avenue Rapid Infiltration Project, *J. Water Pollution Control Fed.,* 56(1):76–83, 1984.
4. Broadbent, F. E., and H. M. Reisenauer: Fate of Wastewater Constituents in Soil and Groundwater: Nitrogen and Phosphorus, in Pettygrove, G. S. and Asano, T. (eds.), *Irrigation with Reclaimed Municipal Wastewater—a Guidance Manual,* California State Water Resources Control Board, Sacramento, July 1984.
5. Cadiou, A., and L. Lesavre: Drip Irrigation with Municipal Sewage, Clogging of the Distributors, in *Proceedings Third Water Reuse Symposium,* San Diego, CA, Aug. 26–31, 1984.
6. California Fertilizer Association: *Western Fertilizer Handbook,* 7th ed., Interstate Printers & Publishers, Danville, IL, 1985.
7. Crites, R. W.: Site Characteristics, in *Irrigation with Reclaimed Municipal Wastewater—Guidance Manual,* California State Water Resources Control Board, Sacramento, July 1984.
8. Crites, R. W.: Nitrogen Removal in Rapid Infiltration Systems, *J. Environ. Eng. Div. ASCE,* 111(6):865–873, 1985.
9. Crites, R. W., and R. C. Fehrmann: Land Application of Winery Stillage Wastes, in *Proceedings Third Annual Madison Conference on Applied Research in Municipal Industrial Waste,* Sept. 10–12, 1980, pp. 12–21.
10. Crites, R. W., and S. C. Reed: Technology and Costs of Wastewater Application to Forest Systems, in *Proceedings Forest Land Applications Symposium,* Seattle, WA, 1986.
11. Doorenbos, J., and W. O. Pruitt: *Crop Water Requirements,* FAO Irrigation and Drainage Paper No. 24, U.N. Food and Agriculture Organization, Rome, 1977.
12. Figueiredo, R. F., R. G. Smith, and E. D. Schroeder: Rainfall and Overland Flow Performance, *J. Environ. Eng. Div. ASCE,* 110(3):678–694, 1984.
13. Folsom, C. F.: *Seventh Annual Report of the State Board of Health of Massachusetts,* Wright & Potter, Boston, 1876.
14. Fox, D. R., and J. C. Thayer: Improving Reuse Site Suitability by Modifying the Soil Profile, in *Proceedings Third Water Reuse Symposium,* San Diego, CA, Aug. 26–31, 1984.
15. George, M. R., G. A. Pettygrove, and W. B. Davis: Crop Selection and Management, in *Irrigation with Reclaimed Municipal Wastewater—A Guidance Manual,* California State Water Resources Control Board, Sacramento, July 1984.

16. Handley, L. L.: Effluent Irrigation of California Grass, in *Proceedings Second Water Reuse Symposium,* Vol. 2, American Water Works Association Research Foundation, Denver, CO, 1981.
17. Hart, R. H.: Crop Selection and Management, in *Factors Involved in Land Application of Agricultural and Municipal Wastes,* Agricultural Research Station, Beltsville, MD, 1974, pp. 178–200.
18. Hartling, E. C.: Impacts of the Montebello Forebay Groundwater Recharge Project, *CWPCA Bull.,* 29(3):14–26, 1993.
19. Idelovitch, E.: Unrestricted Irrigation with Municipal Wastewater, in *Proceedings National Conference on Environmental Engineering,* American Society of Civil Engineers, Atlanta, GA, July 8–10, 1981.
20. Jewell, W. J., and B. L. Seabrook: *A History of Land Application as a Treatment Alternative,* EPA 430/9-79-012, U.S. Environmental Protection Agency, Office of Water Program Operations, Washington, DC, 1979.
21. Kruzic, A. P., and E. D. Schroeder: Nitrogen Removal in the Overland Flow Wastewater Treatment Process—Removal Mechanisms, *Res. J. Water Pollution Control Fed.,* 62(7):867–876, 1990.
22. Lance, J. C., F. D. Whisler, and R. C. Rice: Maximizing Denitrification during Soil Filtration of Sewage Water, *J. Environ. Qual.,* 5:102, 1976.
23. Lau, L. S., D. R. McDonald, and I. P. Wu: Improved Emitter and Network System Design for Reuse of Wastewater in Drip Irrigation, *Proceedings Third Water Reuse Symposium,* San Diego, CA, Aug. 26–31, 1984.
24. Leach, L. E., et al.: Bilateral Wastewater Land Treatment Research, *Water Environ. Technol.,* 2(12):36–41, 1990.
25. Loehr, R. C., and M. R. Overcash: Land Treatment of Wastes: Concepts and General Design, *J. Environ. Eng. Div. ASCE,* 111(2):141–160, 1985.
26. Martel, C. J.: *Development of a Rational Design Procedure for Overland Flow Systems,* CRREL Report 82-2, Cold Regions Research and Engineering Laboratory, Hanover, NH, 1982.
27. Nolte & Associates: *Report on Land Application of Stillage Waste for Southern Ethanol Limited,* Nolte & Associates, Sacramento, CA, Mar. 1986.
28. Perry, L. E., E. J. Reap, and M. Gilliand: Pilot Scale Overland Flow Treatment of High Strength Snack Food Processing Wastewaters, *Proceedings National Conference on Environmental Engineering,* American Society of Civil Engineers, Environmental Engineering Division, Atlanta, GA, July 1981, pp. 460–467.
29. Peters, R. E., C. R. Lee, and D. J. Bates: *Field Investigations of Overland Flow Treatment of Municipal Lagoon Effluent,* Technical Report EL-81-9, U.S. Army Corps of Engineers, Waterways Experiment Station, Vicksburg, MS, 1981.
30. Pound, C. E., and R. W. Crites: *Wastewater Treatment and Reuse by Land Application,* EPA 660/2-73-006b, U.S. Environmental Protection Agency, Office of Water Program Operations, Washington, DC, 1973.
31. Reed, S. C., and R. W. Crites: *Handbook on Land Treatment Systems for Industrial and Municipal Wastes,* Noyes Data, Park Ridge, NJ, 1984.
32. Reed, S. C., R. W. Crites, and A. T. Wallace: Problems with Rapid Infiltration—A Post Mortem Analysis, *J. Water Pollution Control Fed.,* 57(8):854–858, 1985.
33. Seabrook, B. L.: *Land Application of Wastewater in Australia,* EPA 430/9-75-017, U.S. Environmental Protection Agency, Office of Water Program Operations, Washington, DC, 1975.
34. Signor, D. C.: Groundwater Sampling during Artificial Recharge: Equipment, Techniques and Data Analyses, in T. Asano (ed.), *Artificial Recharge of Groundwater,* Butterworth, Stoneham, MA, 1985, pp. 151–202.
35. Smith, R. G.: Development of a Rational Basis for the Design and Operation of the Overland Flow Process, in *Proceedings National Seminar on Overland Flow*

Technology for Municipal Wastewater, Dallas, TX, Sept. 16–18, 1980.
36. Smith, R. G., and E. D. Schroeder: *Demonstration of the Overland Flow Process for the Treatment of Municipal Wastewater—Phase 2. Field Studies,* California State Water Resources Control Board, Sacramento, 1982.
37. Smith, R. G., and E. D. Schroeder: Field Studies of the Overland Flow Process for the Treatment of Raw and Primary Treated Municipal Wastewater, *J. Water Pollution Control Fed.,* 57(7):785–794, 1985.
38. Thomas, R. E., B. Bledsoe, and K. Jackson: *Overland Flow Treatment of Raw Wastewater with Enhanced Phosphorus Removal,* EPA 600/2-76-131, U.S. Environmental Protection Agency, Office of Research and Development, Washington, DC, 1976.
39. Thomas, R. E., K. Jackson, and L. Penrod: *Feasibility of Overland Flow for Treatment of Raw Domestic Wastewater,* EPA 660/2-74-087, U.S. Environmental Protection Agency, Office of Research and Development, Washington, DC, 1974.
40. U.S. Department of the Interior: *Drainage Manual,* GPO No. 024-003-00117-1, U.S. Government Printing Office, Washington, DC, 1978.
41. U.S. Environmental Protection Agency: *Process Design Manual for Land Treatment of Municipal Wastewater,* EPA 625/1-81-013, Center for Environmental Research Information, Cincinnati, OH, 1981.
42. U.S. Environmental Protection Agency: *Process Design Manual for Land Treatment of Municipal Wastewater, Supplement on Rapid Infiltration and Overland Flow,* EPA 625/1-81-013a, Center for Environmental Research Information, Cincinnati, OH, 1984.
43. Water Pollution Control Federation: *Natural Systems for Wastewater Treatment,* Manual of Practice FD-16, Alexandria, VA, 1990.
44. Westcot, D. W., and R. S. Ayers: Irrigation Water Quality Criteria, in *Irrigation with Reclaimed Municipal Wastewater—A Guidance Manual,* California State Water Resources Control Board, Sacramento, July 1984.
45. Witherow, J. L., and B. E. Bledsoe: Algae Removal by the Overland Flow Process, *J. Water Pollution Control Fed.,* 55(10):1256–1262, 1983.
46. Witherow, J. L., and B. E. Bledsoe: Design Model for the Overland Flow Process, *J. Water Pollution Control Fed.,* 58(5):381–386, May 1986.
47. Zirschky, J., et al.: Meeting Ammonia Limits Using Overland Flow, *J. Water Pollution Control Fed.,* 61:1225–1232, 1989.

第8章 汚 泥 処 理

汚泥は前章で述べた自然を用いたプロセスのいくつかを含み，総ての汚水処理システムの副生成品である．また，汚泥は水処理や産業や商業活動によっても生成される．汚泥の処分と再利用の経済性や安全性は，汚泥の含水率に大きく影響を受ける．また，病原体，有機物含有量，重金属含有量それに他の汚濁物質の存在の観点での汚泥の安定性にも大きな影響を受ける．本章では汚泥の処理と再利用のためのいくつかの自然を利用した方法について述べる．汚泥の濃縮，消化，および汚泥の調質や脱水のような機械的方法などの処理場内に設置される汚泥処理プロセスは，この本の中では触れない．それらについて調べたいときは，参考文献〔15, 32, 36〕を参照のこと．

8.1 汚泥の量と質

汚泥の処理処分プロセスの設計の第1段階は，処理すべき汚泥の量と質を決めることである．処理システムの固形物収支を考慮に入れることにより，信頼できる量と質を求めることができる．システムの中の個々の構成要素に関し，固形物の収支を計算する必要がある．**表-8.1** に処理工程ごとの固形物濃度の標準的な値を示した．汚水処理システムの固形物収支の詳細な計算手法については，参考文献〔15, 32〕を参照のこと．

汚水処理汚泥の性状は汚水の組成や処理プロセスの単位操作に大きく依存している．**表-8.2, 8.3** の数値は標準的な条件のもので，特定のプロジェクトの設計の基礎としてはふさわしくない．汚泥の性状は測定するかあるいは最終の設計をするためのデータとして，類似した経験から類推しなければならない．

8.1.1 自然処理システムの発生汚泥

前章で述べたように，自然処理システムの顕著な特徴は，活性汚泥法などのプ

表-8.1　処理工程毎の代表的な固形物含有量[15]

処理工程	代表的な乾燥固形物	
	[%]^{*1}	[kg/10^3 m^3]^{*2}
最初沈殿		
初沈汚泥のみ	5.00	150
初沈汚泥と余剰汚泥	1.50	45
初沈汚泥と散水ろ床汚泥	5.00	150
二次処理		
活性汚泥	1.25	85
純酸素法	2.50	130
長時間曝気法	1.50	100
散水ろ床法	1.50	70
凝集汚泥と初沈汚泥		
高濃度石灰 (>800 mg/L)	10.00	800
低濃度石灰 (<500 mg/L)	4.00	300
鉄　塩	7.50	600
濃　縮		
重力濃縮		
初沈汚泥	8.00	140
初沈汚泥と余剰汚泥	4.00	70
初沈汚泥と散水ろ床汚泥	5.00	90
浮上分離	4.00	70
消　化		
嫌気性消化		
初沈汚泥	7.00	210
初沈汚泥と余剰汚泥	3.50	105
好気性		
初沈汚泥と余剰汚泥	2.50	80

注)　*1 混合液中の固形物 [%]
　　*2 乾燥固形物/1 000 m^3 混合液

ロセスに比べ汚泥の生成量が少ないことである．汚泥量の大部分は自然処理システムそのものからではなく，前処理から生じる．第 **4** 章で述べた池システムは自然処理システムの中では例外で，気候に左右され，汚泥は徐々に蓄積するので，設計の際，汚泥の引抜きと処分を考慮に入れなければならない．

より寒い気候のもとでは，汚泥の堆積は速い速度で進むことがわかっているので，汚泥の引抜きは安定池の設計寿命を延ばすため 1 回以上引抜く必要があるかもしれない．通性嫌気性安定池と部分混合曝気式安定池における，汚泥の蓄積と組成に関する Alaska と Utah[22] での調査結果を**表-8.4**，**8.5** に示す．

表-8.2 一般的な汚水に含まれる汚泥の組成[15]

成　分	未処理初沈汚泥	消化汚泥
全固形物(TS)[%]	5.0	10.0
揮発性固形物[TS%]	65.0	40.0
pH	6.0	7.0
アルカリ度[mg-$CaCO_3$/L]	600	3 000
セルロース[TS%]	10.0	10.0
グリースと脂肪(エーテル注出分)[TS%]	6～30	5～20
タンパク質[TS%]	25.0	18.0
ケイ酸(SiO_2)[TS%]	15.0	10.0

表-8.3 一般的な汚水に含まれる汚泥中の栄養塩類と金属[37,39,40]

成　分	中央値	平均値
全窒素[%]	3.3	3.9
アンモニア態窒素[N%]	0.09	0.65
硝酸態窒素[N%]	0.01	0.05
リン[%]	2.3	2.5
カリウム[%]	0.3	0.4
	平均値	標準偏差
銅[mg/kg]	741	962
亜鉛[mg/kg]	1 200	1 554
ニッケル[mg/kg]	43	95
鉛[mg/kg]	134	198
カドミウム[mg/kg]	7	12
PCB-1248[mg/kg]	0.08	1 586

表-8.4 安定池における汚泥蓄積データ

項　目	通性嫌気性安定池(ユタ州)		好気性安定池(アラスカ州)	
	A	B	C	D
流入量[m^3/d]	37 850	694	681	284
水面積[m^2]	384 188	14 940	13 117	2 520
底面積[m^2]	345 000	11 200	8 100	1 500
最後に清掃が行なわれてからの利用期間[年]	13	9	5	8
平均汚泥深さ[cm]	8.9	7.6	33.5	27.7
全固形物[g/L]	58.6	76.6	85.8	9.8
揮発性固形物[g/L]	40.5	61.5	59.5	4.8
汚水中の懸濁物質[mg/L]	62	69	185	170

表-8.5 安定池の汚泥組成[22]

項 目	通性嫌気性安定池（ユタ州）		好気性安定池（アラスカ州）	
	A	B	C	D
全固形物（TS）[%]	5.9	7.7	8.6	0.89
全固形物濃度 [mg/L]	58 600	76 660	85 800	8 900
揮発性固形物 [%]	69.1	80.3	69.3	48.9
全有機態炭素（TOC）[mg/L]	5 513	6 009	13 315	2 651
pH	6.7	6.9	6.4	6.8
糞便性大腸菌群数（10^5/100 mL）	0.7	1.0	0.4	2.5
ケルダール態窒素（TKN）[mg/L]	1 028	1 037	1 674	336
TKN（TS 中の）[TS%]	1.75	1.35	1.95	3.43
アンモニア態窒素（窒素換算）[mg/L]	72.6	68.6	93.2	44.1
アンモニア態窒素（窒素換算）[TS%]	0.12	0.09	0.11	0.45

表-8.2，8.3の数値と表-8.4，8.5の数値の比較から，安定池の汚泥は未処理の初沈汚泥の性状にきわめて近い値であることがわかる．大きな違いは，全固形物と揮発性固形物が初沈汚泥よりほとんどの安定池汚泥の方が高いことと，糞便性大腸菌群数が少ないことである．このことは，最初沈殿池と比べ安定池の滞留時間が非常に長いことによる．長い滞留時間は，糞便性大腸菌群の死滅と汚泥固形物の濃縮をもたらしている．表-8.4と8.5に述べられている4ヶ所の安定池は寒冷地に位置している．米国の南半分の池システムにおける堆積率は，表-8.4の数値より少ないことが期待できる．

8.1.2 浄水場の発生汚泥

浄水処理による汚泥は濁度除去，軟水化，ろ過装置の逆洗の結果生じる．軟水化と濁度除去により1日に発生する汚泥固形物量は式(8.1)により算出する[22]．

$$S=84.4\,Q(2\,\mathrm{Ca}+2.6\,\mathrm{Mg}+0.44\,\mathrm{Al}+1.9\,\mathrm{Fe}+\mathrm{SS}+A_x) \qquad (8.1)$$

ここで，S：汚泥固形物量 [kg/d]

Q：計画処理水量 [m^3/s]

Ca：カルシウム硬度除去量（$CaCO_3$として）[mg/L]

Mg：マグネシウム硬度除去量（$CaCO_3$として）[mg/L]

Al：アルミ添加量（17.1 % Al_2O_3換算）[mg/L]

Fe：鉄塩添加量（Fe として）[mg/L]

SS：原水 SS 濃度 [mg/L]

A_x：添加した薬品量（ポリマー，クレイ，活性炭等）[mg/L]

これら汚泥の主構成物は原水中のSSと処理に使用する凝集剤，および凝集助剤に由来するものである．凝集沈殿汚泥は総ての浄水場において，一般的にみられるものである．これら汚泥の一般的な性状を**表-8.6**に示す．

表-8.6 浄水処理汚泥の性状[12]

項　目	範　囲
汚泥量（対処理水量）[%]	<1.0
SS 濃度	0.1～1 000 mg/L
固形物含有量	0.1～3.5 %
長時間沈殿後の固形分含有量	10～35 %
アルミ凝集汚泥の組成	
水酸化アルミニウム	15～40 %
他の無機物質	70～35 %
有機物質	15～25 %

8.2 安定化と脱水

汚泥の安定化とほとんど総ての種類の汚泥の脱水は経済的，環境的，健康的理由から必要である．処理施設から処分場，あるいは再利用現場までの汚泥の輸送は汚泥管理のコストを考えるうえで重要な要素である．汚泥を処分，あるいは再利用をする際の望ましい汚泥の固形物量を**表-8.7**に示す．

汚泥の安定化は臭気を抑制し，腐敗進行の可能性を少なくし，病原体を著しく減少させる．安定化していない汚泥と嫌気性消化汚泥中の病原体の量の比較を，**表-3.10**に示す．

8.2.1 病原体の削減方法

汚泥中の病原体量は，汚泥が農業利用に供される場合や一般の人々と接する機会が懸念される場合などは，特に厳しく管理すべきである．第**3**章**3.4**節に示したように，病原体を減少させる4つのプロセスと，さらに減少させる7つのプ

表-8.7 汚泥を処分あるいは再利用する場合の固形物含有量

処分/再利用の方法	脱水の理由	必要とされる固形分[%]
土壌還元	運送や他の取扱いに係わるコストの低減化	>3
埋　立	法的要求事項	>10*
焼　却	水分蒸発に要する燃料節減に関するプロセスの要求事項	>26

注） * いくつかの州では20%以上

ロセスが米国環境保護庁(USEPA)によって認定されている[3].

8.3 汚泥の凍結

汚泥を凍結し融解すると，水切れの悪いゼリー状の物質が粒状の物質に変わるので，融解時に直ちに排水することができる．この自然のプロセスは脱水に対して経済性の高い方法を提供できる．

8.3.1 凍結による影響

凍結-融解はいかなる種類の汚泥に対しても一様な効果があるが，難脱水性のアルミを含む化学的あるいは生物化学的汚泥に対してとりわけ有効である．人工的な凍結-融解に要するエネルギーコストは高いので，経済的な天然凍結を前提とした方法を採用する必要がある．

8.3.2 必 要 事 項

凍結脱水システムの設計は四季を通じて良好な機能が保証されるよう，最も条件の悪い場合を想定して行わなければならない．汚泥の凍結が毎年安定して期待できるようであれば，勘案すべき期間(通常過去20年または20年以上)において最も温暖な条件に基づいて設計すべきである．2番目に重要な因子は，冬季に凍結-融解のサイクルが通常の形で生じる場合において，適当な期間で凍結しうる汚泥層の厚さである．汚泥凍結法において過去に行った共通の過ちは，汚泥を1つの厚い層として敷いてしまうことであった．

多くの場所において，広大な単層のものは底部まで完全に凍結することはなく，その表層において凍結と融解が交互に繰返されるのみである．1度凍結し，融解してしまうと起こった変化は元に戻ることはないので，凍結融解の利点を現実のものとするためには，汚泥全体を完全に凍結させることがまさに基本的なことである．

a. 一 般 式

汚泥層の凍結または融解は式(8.2)によって表すことができる：

$$Y = m(\Delta Tt)^{1/2} \tag{8.2}$$

ここで，Y：凍結または融解の深さ [cm]

m：比例係数 [cm (℃・d)$^{-1/2}$]＝2.04 cm (℃・d)$^{-1/2}$

ΔTt：凍結あるいは融解の指数 [℃・d]

ΔT：対象となる時期の 0 ℃と平均気温の差 [℃]

t：考慮すべき期間 [d]

式 (8.2) は池や川に形成される氷の厚さを予測する方法として，何年もの間一般に使用されてきた式である．比例係数 m は凍結あるいは融解する物質の熱伝導率，密度および融解潜熱に関連する数値である．2.04 という中央値は，汚泥の固形物濃度が 0～7 % の範囲において実験的に決定された値である[18]．浄水処理汚泥や工場排水汚泥についても，同様の濃度範囲であればこの値を用いることができる．

式 (8.2) の凍結指数あるいは融解指数は特定な地域での環境特性である．この値は気象記録から計算できるし，また他の情報源からも直接得ることができる[40]．式 (8.2) の ΔT は対象となる時期の平均気温と 0 ℃ との差である．**例題-8.1** は，基本的な計算方法を示している．

表-8.2，8.3 の数値は標準的な条件のもので，特定のプロジェクトの設計の基礎としては相応しくない．汚泥の性状は実際に測定するかあるいは最終の設計をするためのデータとして，類似した経験から類推しなければならない．

【例題-8.1】

凍結指数の決定：5 日間の日平均気温が下表に示されている．この期間の凍結指数を計算せよ．

表-A

日	平均気温 [℃]
1	0
2	−6
3	−9
4	+3
5	−8

〈解〉

1.　この期間の平均気温は −4 ℃

2.　この期間の凍結指数は

$$\Delta Tt = [0-(-4)](5) = 20\ ℃\cdot d$$

気温が定常状態である条件においては，すでに凍結した物質が冷たい外気と凍結していない汚泥の間において障壁として働くために，凍結速度は時間とともに低下する．結果として，汚泥を薄い層で供給すれば，与えられた時間内に全体としてより厚い汚泥を凍結させることができる．

b. 設計汚泥層厚

長い冬をもちたいへん寒い気候の地域では，汚泥層の厚みは重要ではない．しかしながら，より温暖な地域，とりわけ凍結と融解が交互に起こるようなところでは，層の厚みはたいへん重要となる．式(8.2)による計算では，凍結が生じるほとんどの地域で，8 cm の層厚が実用的な値として適用できそうである．−5 ℃ では，8 cm の層は約 3 日で凍結し，−1 ℃ では約 2 週間を要する．

より寒い気候であれば，より厚い汚泥層の場合も可能である．例えば，Duluth や Minnesota は，浄水場の汚泥を 23 cm の厚みで凍結させることに成功している[21]．厚さ 8 cm という値が，可能性評価と基本設計の際に用いる数値として提案されている．より大きな厚さを採用したい場合には，最終設計時における詳細評価によって明らかにしたほうがよい．

8.3.3 設 計 手 順

汚泥凍結法のプロセス設計は，いかなるときにおいてもその性能の信頼性を確かなものとするため，最も温暖な冬の記録に基づいて設計するべきである．最も正しいアプローチは対象となる場所において気象記録を調査し，冬ごとに 8 cm の層が何回凍結できるかを検証することである．その中で最も全総厚の少ない冬が設計対象年となる．この手法によれば，例えば，毎年 11 月 1 日に最初の汚泥層を汚泥床に供給する，ということになるかもしれない．

式(8.2)を変形すると，気象データを使用して汚泥層が凍結するのに要する日数を決めるのに利用できる．

$$t=\frac{(Y/m)^2}{\Delta T} \tag{8.3}$$

層厚 8 cm，$m=2.04$ を代入すると式は次のようになる．

$$t=15.38/\Delta T$$

a. 計 算 手 法

ΔT の値を算出するために日平均気温が用いられる．この数値は融解期間の計算にも取入れられている．新しい汚泥の供給は，その前に供給した汚泥層が完全に凍結するまで行ってはならない．そして新しい汚泥の供給と冷却に1日を確保し，式(8.3)により凍結時間の決定のための計算を繰返す．この手順は，その冬の期間が終了するまで繰返される．データや計算結果は，表にまとめたほうがよい．この手順は計算の迅速化のため，小型コンピュータや卓上計算機に容易に入力できる．

b. 融解がもたらす効果

暖かい期間に予め凍結していた層が融解することは，これら汚泥の変化した特性が保持されることから大きな懸念事項ではない．新たに追加した汚泥と予め凍結していた層が融解した汚泥と混じることは，それら重なった層が再度凍結するまでの時間を長引かせることとなる［重なった層の厚みについては式(8.3)を解きなさい］．もし，融解期間の長期化が起るのであれば，融解汚泥ケーキを取除くことを薦める．

c. 準備設計

可能性の評価と準備設計に有用な方法は，対象とする地域における汚泥の凍結する深さとその地域での土壌への霜の最大浸透深さとを，関連づけることである．霜の浸透深さもまた対象とする地域の凍結指数に依存している．公表された値は参考文献〔40〕より得ることができる．式(8.4)は，汚泥の層厚8 cmで適用される場合の，霜の最大浸透深さと凍結汚泥の全層厚の関係を示すものである．

$$\sum Y = 1.76F_p - 101 \tag{8.4}$$

ここで，$\sum Y$：最も温暖な設計年において，8 cmの層厚で凍結しうる全汚泥層厚［cm］

表-8.8 最大霜浸透深さと汚泥凍結が可能な深さ

地　域	最大霜浸透深さ［cm］	汚泥凍結が可能な深さ［cm］
Bangor, ME	183	221
Concord, NH	152	166
Hartford, CT	124	117
Pittsburgh, PA	97	70
Chicago, IL	122	113
Duluth, MN	206	261
Minneapolis, MN	190	233
Montreal, Que.	203	256

F_p：霜の最大浸透深さ [cm]

米国北部とカナダの都市の霜の最大浸透深さを**表-8.8**に示す.

d. 設計上の制限

式(8.4)から，対象となる地域での霜の最大浸透深さが少なくとも57 cm以上でなければ，汚泥凍結法が適用できないことがわかる．一般に対象となる地域は緯度38度線以北より始まり，西海岸を除く米国の北半分のほとんどが含まれる．しかしながら，設計対象年において8 cmまたは16 cmの厚さか凍結しないのであれば，汚泥凍結法は経済的とはならない.

霜の最大浸透深さがおよそ100 cmの場合，汚泥の全凍結厚は75 cmとみなすことができる．土地と建設費にもよるが，このような状態の場合，このプロセスは費用効果が高いといえる．式(8.4)での計算結果をプロットしたのが**図-8.1**で，8 cmの層厚で汚泥を供給したときの全米における汚泥凍結可能深さを示している．この図と式(8.3)は予備設計段階での推測手段としては利用できるが，最終設計は対象地域の実際の気象記録と，これまでに説明してきた計算手順に基づき行うべきである.

e. 融解期間

凍結した汚泥が融解するのに要する時間は，式(8.2)と融解指数より算出でき

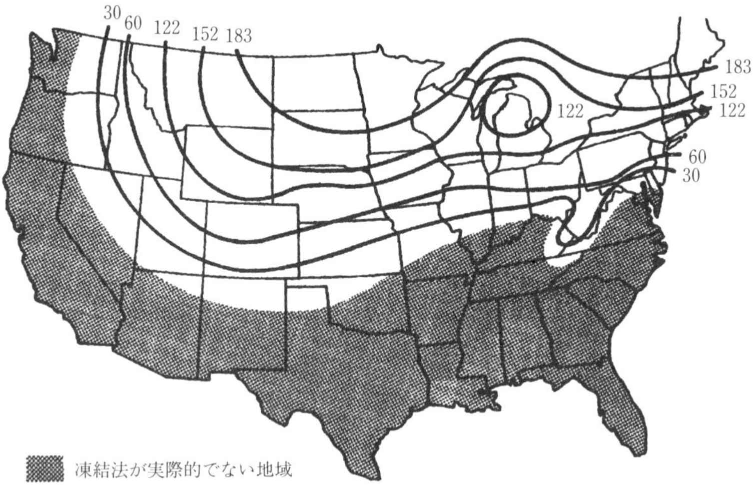

図-8.1 層厚8 cmを適用した場合の潜在的凍結深さ

表-8.9 汚泥凍結の効果[9,18,20,21]

地域および汚泥の種類	固形物含量 [%]	
	凍結法適用前	凍結法適用後
Cincinnati, OH		
汚水処理汚泥，アルミ添加	0.7	18.0
上水処理，鉄塩添加	7.6	36.0
上水処理，アルミ添加	3.3	27.0
Ontario, Canada		
余剰汚泥	0.6	17.0
嫌気性消化汚泥	5.1	26.0
好気性消化汚泥	2.2	21.0
Hanover, NH		
汚水処理消化汚泥，アルミ添加	2～7	25～35
1次処理消化汚泥	3～8	30～35

る．凍結した汚泥は水切れがたいへんよい．ニューハンプシャー州における汚水処理汚泥でのフィールド実験において，完全に融解したらすぐ，汚泥の固形物濃度は25％に達した[18]．さらに2週間の乾燥が固形物濃度を54％まで高めた．ニューハンプシャー州でのフィールド実験において，激しい降雨(4 cm)の12時間後に固形物濃度が約40％であったことが示しているように，汚泥粒子は変質した構造を維持しているので，汚泥床への降雨はすぐに排出されることになる[18]．種々の異なる汚泥についての凍結結果が**表-8.9**に報告されている．

8.3.4 汚泥凍結施設と作業手順

同じ基本設備が，上水処理由来の汚泥でも汚水処理由来の汚泥でも使用できる．汚泥凍結施設は，従来の天日乾燥床と類似した，連続した下部集水装置をもつろ床か，あるいは細長く深い下部集水装置を設けたトレンチのいずれかの方式で設計される．

ミネソタ州のDuluth浄水場ではトレンチの方式が用いられている[21]．汚泥は年間を通じて，ポンプで手順どおりにトレンチへ移送される．上澄水は冬が始まる前に排出する必要がある．最初の凍結層が形成された後，汚泥は凍結した部分の下方から汲み上げられ，氷の表面に次の層として散布され，凍結を待つことになる．

ろ床方式は凍結の季節が始まってから，ろ床へ汚泥を供給するので，いずれかの場所に汚泥を貯留する必要がある．

a. 雪の影響

ろ床もトレンチも屋根や覆いは必要としない．降雪が少なければ(4 cm 以下)凍結の妨げとはならないし，全汚泥量に対する融雪水の影響は無視できる．避けるべきことは，深い積雪がある状態で汚泥を供給することである．このような状態では，雪は絶縁材として働き，汚泥の凍結を遅らせる．深い積雪は汚泥を供給する前に取除く必要がある．

b. 組合せシステム

もし凍結法が汚水処理による汚泥の唯一の脱水法であるならば，温暖な時期には汚泥の貯留施設が必要となる．より経済効果をもたらす選択肢として，同じろ床を用いて夏期にポリマーを助剤として脱水する方法を，冬期の凍結法と組合せる方法がある．典型的な事例としては，冬期の汚泥処理を11月から始め，凍結物が約1m 堆積するまで続ける．ほとんどの地域で，夏の初めまでに，凍結物は融解し排水される．ポリマーを助剤とした脱水はこれに引続き，同じろ床で夏期あるいは初秋まで続ける．暖かい期間，深いトレンチで汚泥を貯留する方法は，腐敗や臭気が問題にならないような処理施設に適している．

c. 汚泥の排除

脱水の完了した汚泥は毎年排除することを薦める．浄水場や工場排水処理施設からの化学作用を起さない汚泥であれば数年間放置できる．このような事例では，深さ2～3mのトレンチを建設すれば，乾燥した残留固形物は底部に堆積できる．新しい施設建設に加えて，現時点で冬期に利用されていない既存の天日乾燥床も汚泥凍結の概念では利用することができる．

【例題-8.2】

ペンシルバニア州 Pittsburgh の近くの集落は，概算年間1 500 m^3(固形物7%)の汚水処理汚泥の脱水法として凍結法を検討している．最大霜浸透深度は97 cm(**表-8.8**より)である．

〈解〉

1. 式8.4を用いて，凍結汚泥の設計層厚を求める．

$$\sum Y = 1.76(F_p) - 101 = 1.76 \times 97 - 101 = 70 \text{ cm}$$

2. 次に，凍結法に必要なろ床面積を求める．

面積$=1\,500\ \mathrm{m^3}/0.70\ \mathrm{m}=2\,143\ \mathrm{m^2}$

ここでは 7 m×20 m の凍結床を 16 床設置する．余裕高を 30 cm として，

深さ$=0.70+0.30=1.0\ \mathrm{m}$

3．月の平均気温がそれぞれ 3 月 10 ℃，4 月 17 ℃，5 月 21 ℃ の条件において 70 cm の汚泥層が融解するまでに要する時間を求める．汚泥層厚 70 cm として式(8.3)を使うものとする．

$\Delta Tt=(Y/m)^2=1\,177\ ℃\cdot\mathrm{d}$

(3 月)　(4 月)　(5 月 1～17 日)

$\Delta Tt=(31\times 10)+(30\times 17)+(17\times 21)=1\,177\ ℃\cdot\mathrm{d}$

以上より，汚泥層は推定した条件では 5 月 18 日までに完全に融解する．

d. 汚泥の質

汚泥の凍結床での滞留時間は数ヶ月に及ぶが，低温状態は病原体を保存こそすれ死滅させるものではない．したがって，このプロセスはほんのわずかしか安定化に寄与しないので，単なる汚泥の調質脱水法と考えられている．とはいえ，この手法により処理された汚水処理汚泥は，典型的な汚泥乾燥床法で処理された汚泥よりも清潔かもしれない．これは，融解後の汚泥の水切れの良さにより大部分の溶解性汚濁物質が排出されてしまうからである．対照的に，汚泥乾燥床の乾燥汚泥は，ほとんどの金属塩と他の蒸発残留物をまだ含んでいるからである．

8.4 リードベッド法

リードベッド法は，第 **6** 章で述べた人口湿地のいくつかの方法に類似している．この場合，ろ床は出現する植物を支持する選択的な培地を形成するが，水の流れは水平方向よりむしろ垂直方向である．これらのシステムは汚水処理や埋立地の浸出水処理，汚泥脱水に利用されてきた．

本節では汚泥脱水利用について述べる．ここで扱うろ床は，一般的に下部集水方式であり，浸透水はより高度な処理を行うためのプロセスへ返される．これらのろ床は，コンセプトや機能において天日乾燥床と類似している．天日乾燥床では，各汚泥層は予定の含水率に達した段階で，次の汚泥を供給する前に取除かなければならない．リードベッド法のコンセプトでは，汚泥層を取除く必要が生じるまで何年でも汚泥層は残され，堆積される．この清掃回数が少ないことによる

費用の節減が，リードベッド法の主要な利点である．

天日乾燥床では，定期的な汚泥の排除が必要となる．その理由は，汚泥層は硬皮を形成し，これにより相対的に透水性が悪くなることから次にくる汚泥層の排水が適切に行われなくなり，新しい硬皮が完全な蒸発を妨げることになるからである．ヨシをろ床で用いた場合，新しく供給された汚泥層を茎が貫通することにより，適度な排水の経路を維持できるとともに，植物は蒸発散を通じて直接脱水に寄与する．

この汚泥脱水法はヨーロッパで用いられており，米国においてもおよそ50の施設が稼動中である．稼動中の総てのろ床にはヨシである *Phragmites* (イネ科) が植栽されている．経験的に，十分安定化した汚泥をこれらろ床に供給する必要のあることが知られている．好気的あるいは嫌気的に消化された汚泥はいずれも受入れることができるが，有機物含有量の多い未処理の生汚泥は植物の酸素移動能力を抑さえ込んでしまい，植生を殺してしまう可能性がある．この基本的な考えは，無機の浄水場の汚泥や高アルカリの石灰汚泥についても当てはまる．

リードベッド法の施設の構造は，開放型下部集水天日乾燥床の構造に類似している．通常コンクリートか信頼性の高いシートが，地下水への混入防止のため用いられている．低部のろ材は通常 25 cm 厚の洗浄された砂礫 (20 mm 径) である．この層に浸出水収集用のパイプが敷設されている．豆粒状の砂礫で構成される約 8 cm 厚の中間層は，砂が低部の砂礫層へ侵入することを防いでいる．表層は 10 cm 厚の砂の層 (粒径 0.3～0.6 mm) である．ヨシの根は，砂礫層と砂層の境界に植栽される．少なくとも 1 m の余裕高が，長期間の汚泥堆積のために必要である．ヨシは 30 cm 間隔に植えられ，その植物は最初の汚泥施用が行われる前に十分成長するようにする．

8.4.1　植物の機能

植物の根は汚泥から水を吸収し，吸収した水は蒸発散により大気中へ放散される．温暖で植物の成長のみられる季節では，ろ床に供給された液体中の 40 % までを，この経路による蒸発散として見込むことができる．第 **6** 章で述べたとおり，これらの植物は根への酸素供給を葉から行うことができる．したがって，汚

訳者注)　植物種等の学術名・英語名については「新版　日本原色雑草図鑑」，(株) 全国農村教育協会を参照し，和名に翻訳した (和名表記の無いものは原文どおり)．

泥の安定化と無機化を手助けしている嫌気性環境の中に，微少な好気性環境が(根の表面に)ある．

8.4.2 設計の必要事項

これらリードベッド法への汚泥の供給は，既に述べた凍結プロセスにおいて，操業期間中に汚泥の層が繰返し供給されるという部分で類似している．汚泥の固形物含有量は4％まで可能だが，1.5～2％程度が好ましい[2]．4％以上の固形物含有量という値は密に植栽されたろ床で，汚泥を均一に適用できる値ではない．年間の負荷量は固形物含有量の関数であり，汚泥が嫌気的あるいは好気的に消化されているか否かにより異なる．好気的に消化された汚泥は植物にかかる負担がより少ないため，やや高めの負荷が適用できる．2％の固形物含有量で，嫌気的に消化された汚泥は水量負荷で，およそ1 m^3/m^2・年，好気的に消化された汚泥はおよそ2 m^3/m^2・年の負荷をかけることができる．固形物負荷にすると，嫌気性汚泥では20 kg/m^2・年であり，好気性汚泥では40 kg/m^2・年である．固形物含有量が1％増加するごとに(上限を4％として)，水量負荷は約10％低減させるべきである(例えば，4％の好気性汚泥では水量負荷は1.6 m^3/m^2・年)．比較のためあげると，天日乾燥床法で推奨されている固形物負荷は，一般的な活性汚泥では約80 kg/m^2・年である．このことは，これらリードベッド法が必要とする全敷設面積は，天日乾燥床法よりも大きいことを示唆している．

ある汚泥施設の一般的な運転サイクルは，暖かい月においては汚泥供給が10日間隔，冬期においては20～24日間隔である．このスケジュールからは，2％の好気性汚泥で，汚泥層厚が各10.7 cmの場合，年間28回の汚泥供給が見込める．植物の成長への負担を軽減するため，運転初年度は設計負荷の半分に押さえて運転することを推奨する．

植物のヨシを毎年収穫することを奨める．通常，汚泥表面が凍結した後，収穫を行う．電動かエンジン駆動の垣根はさみを利用する．植物の茎は冬の残りの期間に供給される汚泥層の上部に出ているであろう部分で切り取る．これは根と茎に空気を継続的に供給するためである．春になって，新芽は堆積した汚泥層を問題とせずに成長する．1 ha当り約56 t(湿潤質量)の収量が生まれる．刈込みの主な目的は，物理的に年1回成長した植物を取除き，汚泥の堆積を最大にするためである．収穫した物はコンポストにするか焼却する．

ろ床への汚泥供給は清掃を予定した時期の前6ヶ月間，中止される．このことは，汚泥の上層部の病原体量を減少するのに役立つ，追加の静置滞留時間を与えることになる．汚泥供給は早春に中止し，ろ床を晩秋に清掃するのが一般的である．この清掃作業では，堆積した総ての汚泥と砂層の上層部を取除き，それから，新しい砂を元の厚さに戻るまで入れる．新しい植物の成長は砂層にある根と根茎から生じる．

リードベッド法の施設の系列数は，汚泥引抜きの間隔と各汚泥引抜き時の引抜き量により決まる．一般に，冬季が設計値を制限する．汚泥施用できる日数が少ない (21～24 日) ためである．例えば，10 m^3/d (固形物含有量 2 %) の好気性消化汚泥を毎日排出する施設を仮定しよう．必要最少のろ床面積は (10 m^3/d) (365 d/年)/(2 m^3/m^2・年)＝1 825 m^2 である．1 床当り 152 m^2 の面積をもつろ床を 12 床設置し，冬期においてそれぞれのろ床に順番に 2 日間汚泥を供給し，24 日間の休止サイクルが得られるよう想定する．そのときの単位供給量は (10 m^3/d) (2d)/(152 m^2)＝0.13 m＝13 cm となる．この値は 1 層の施用として推奨されている 10.7 cm 厚に近い．それ故，この場合には最低 12 のろ床数でよいことになる．

8.4.3 処 理 性 能

汚泥中の強熱減量 (VSS) の 75～80 % が，ろ床での長い滞留期間の間に減少するとされている．この低減化と水分の減少の結果，年間 3 m 厚で施用した汚泥が 6～10 cm の汚泥厚まで減少する．それ故，ろ床の寿命は清掃サイクルの間として 6～10 年である．

1 箇所を除き，米国における総てのリードベッド法の施設は毎冬凍るような気候の場所にある．例外はケンタッキー州の Fort Campbell にあるリードベッド法施設である．これらの施設の調査結果によると，ケンタッキー州の Fort Campbell の容積減少率は，より寒い地域のそれと比較して著しく低いことがわかっている．その理由は，寒冷地において積上げられた汚泥層からの水の排出効率の良否は，汚泥の凍結と融解に起因するからである．このことは，寒冷地でのリードベッド法は冬期の汚泥施用について独断的に決めた 21 日周期に限定するより，前節で述べてきた凍結法の基準に準じるべきであることを示している．このことは，より寒い気候においてはより頻繁に汚泥施用できる，結果として，より効果的なプロセスとなるはずである．

これらリードベッド法では，強熱減量の減少が長い滞留期間中に生じるため，残留汚泥中の金属濃度が汚泥の有効利用や処分を制限するほど増加することが懸念される．**表-8.10** にニュージャージー州 Beverly のコミュニティーで稼動している，リードベッド法施設のデータを示す．

表-8.10 供給汚泥と堆積汚泥の組成比較[7]

項　目	供給汚泥*1	堆積汚泥*2
全固形物 [%]	7.1	17.8
強熱減量 (VSS) [%]	81.14	56
pH	5.3	6
ヒ素 [mg/kg]	0.64	1.0
カドミウム [mg/kg]	6.0	8.3
クロム [mg/kg]	16.3	62.3
銅 [mg/kg]	996.5	2 120
鉛 [mg/kg]	510	1 130
水銀 [mg/kg]	10.2	28.3
ニッケル [mg/kg]	29.8	45.7
亜鉛 [mg/kg]	4 150	6 400

注） *1 ろ床に施用された消化 1 次処理汚泥，1990～1992
*2 ろ床に堆積された脱水汚泥，03/12/92

ニュージャージー州の Beverly のリードベッド法施設は運転を開始して 7 年になるので，平均堆積汚泥齢は 3.5 年である．1990～1992 年に供給された汚泥は，全期間を代表するものであると考えられる．表にまとめられた堆積汚泥のデータは，ろ床に堆積した全 7 年分の汚泥を代表する値を示している．全強熱減量の 71 % が減少し，有効な脱水により，全固形物含有量は 251 % の増加が実証された．金属濃度は総て増加している．もし排出汚泥の有効利用がプロジェクトの目的であるならば，堆積した汚泥中の限界金属の濃度測定を毎年行う必要がある．これらの記録は濃度上昇の傾向をみる基礎として利用でき，また，限界金属濃度になる前にろ床から汚泥を取除く時期の判断に利用できる．

いくつかの州における別の懸念事項は，これらのシステムにヨシを使用していることである．ヨシはほとんど植生する価値がなく，また沼地においては，より有益な収穫をもたらす種を駆逐してしまうことが知られているからである．運転中のヨシのろ床から飛んでいく種や他の植物体のリスク，または自然の沼地を荒らすリスクは無視してよい．しかし，汚泥がろ床から排除されるときには，いくらかの根や根茎部も汚泥とともに排除される可能性がある．最終処分場でのヨシの再増殖が問題を起こすのであれば，汚泥の最終処分先を考慮しなければならない．埋立処分，あるいは通常の農業利用では，問題は生じないであろう．もし分離が必要であれば，排除された汚泥をスクリーンにかけ，根と根茎は分離して保管する必要がある．排除した汚泥を堆積保管することは可能だし，根茎を殺すため数カ月間，黒いプラスチックで覆うことも可能である．

8.4.4 利　点

リードベッド法のコンセプトの主要な利点は，運転管理が容易で，非常に高い固形物含有量(埋立処分に適した)が得られることである．このことは，汚泥の排除と輸送の費用を著しく低減させる．6～7年のろ床清掃周期は，適度な周期であると思える．欠点の1つは，毎年の植物刈取りとその処分が必要なことである．しかしながら，7年周期の全残存汚泥量と植物処分量は，天日乾燥床法や他の機械的な脱水装置を使用した場合の汚泥処分量よりも少ない．

【例題-8.3】

ペンシルバニア州のPittsburgh近郊の集落では(**例題-8.2**参照)，年間3 000 m^3(固形物含有量3.5 %)の汚泥を排出している．リードベッド法とリードベッド-凍結組合せ法を比較せよ．

〈解〉

1. 凍結期間を4ヶ月と想定し，ヨシへの設計負荷を2.0 m^3/m^2，凍結の設計厚を70 cmとする(例題-8.2において最大可能厚さ70 cmが示されている)．12床設ける．
2. ろ床面積をヨシによる脱水のみが利用される場合を想定して計算する．
   全面積＝3 000 m^3/(2 m^3/m^2・年)＝1 500 m^2
   個々のろ床＝1 500 m^2/12＝125 m^2
3. リードベッド法において年間28回の汚泥施用を行う計画とする．そうすると，3 000 m^3/12床/28施用/125 m^2/床＝0.07 m/施用＝7 cm
   21温暖期での施用＝21×7 cm＝147 cm
   リードベッド基準を用いた7冬期施用＝7×7＝49 cm
4. 凍結-融解基準では70 cmの全冬期施用を認めている．それ故，追加の21 cmあるいは追加の3回の汚泥を施用する余地がある．このことは，全体で10施用，年全体で31施用に相当する．31の年間施用では年間2.17 m^3/m^2の負荷を可能とし，必要とされるろ床面積は3 000 m^3/2.17 m^3/m^2・年＝1 382 m^2となり，個々のろ床がそれぞれ115 m^2の面積でよいことになる．このろ床面積の縮小は，ニュージャージー州より寒い気候の地域ではたいへん顕著となる．

8.4.5 汚泥の質

リードベッド法の施設から除去された脱水汚泥は，病原体含有量と有機物の安定化の観点からいえば，コンポスト化された汚泥と質的には類似している．汚泥搬出前の，最後の6ヶ月間の休止期間を含む長い滞留時間は，再利用あるいは処分する最終製品の安定化を確実なものとする．もし金属が問題にされるなら，定期的な監視プログラムが堆積した汚泥の金属含有量を追跡できる．いくつかの例では，ろ床の容量よりはむしろ金属含有量が汚泥排除の基礎となっている．

8.5 ミミズを使った安定化

ミミズによる汚泥の安定化と脱水は数多くの場所で研究されており，実証規模のパイロット試験において成功をおさめている[8,13]．この汚水処理のコンセプトでの潜在的なコスト面の利点は，従来のプロセスにおける濃縮，消化，調質，脱水と比較して1つのステップで安定化と脱水ができることである．ミミズを利用した安定化は，脱水汚泥や固形廃棄物についても首尾よく使用されている．このコンセプトは汚泥中にミミズの群れを保持するのに，十分な有機物と栄養素が含まれている場合にのみ可能である．

8.5.1 ミミズの種類

ほとんどの地域において，ミミズによる安定化法に要求される設備は，加温した覆いに覆われた下部集水装置をもつ乾燥床に似ている．コーネル大学の研究によって次の4種のミミズ，*Eisenia foetida*（シマミミズ），*Eudrilus eugeniae*，*Pheretima hawayana*（ハワイミミズ），*Perionyx excavatus* が評価された．*E. foetida* は，20～25℃の範囲において最も良い成長と増殖応答を示した．他の種の最適な発育には，温度範囲の上限温度近くの温度が必要であった．

ミミズは初期の施用において，ろ床当り約2 kg/m^2（生体質量）供給される．強熱減量で約1000 g/m^2・週という汚泥負荷が，液状初沈汚泥あるいは液状余剰

訳者注）ミミズ等の学術名については「新日本動物図鑑（上）」，（株）北隆館を参照し，和名に翻訳した（和名表記の無いものは原文どおり）．

汚泥について推奨された[13]．

Cornell 大学では固形物濃度範囲 0.6～1.3 % の液状汚泥が試験され，全固形物濃度 14～24 % の最終安定化汚泥が得られた[13]．最終的に安定化された汚泥の性状は，最初に施用された液状汚泥の種類に関係なくほぼ同じであった．代表的な値は，

全固形物量 (TS)＝14～24 %

強熱減量 (VSS)＝460～550 g/kg-TS

化学的酸素要求量 (COD)＝606～730 g/kg-TS

有機態窒素量 (O-N)＝27～35 g/kg-TS

pH＝6.6～7.1

濃縮，脱水汚泥についてもテキサス州において適用され，基本的には同様の結果が得られている[8]．水分の高い汚泥 (固形物濃度が 1 % 以下) も，そのユニットにおいて好気性条件を維持できるよう，水分が速やかに排水されれば適用可能である．ユニットからの最終的な汚泥の搬出は，約 12ヶ月という長い間隔である．

8.5.2 負 荷 基 準

通常の汚泥では 1 000 g/m^2・週が推奨される負荷で 0.417 m^2/人の設計面積に相当する．これは天日乾燥床法と比較しておよそ 2.5 倍の大きさとなる．建設費の差は天日乾燥床法と比較すると，ミミズによる安定化施設は被覆を必要とし，ことによると加温が必要であることから，同等以上となるであろう．しかしながら，消化や脱水の単位操作が不必要となることから液状汚泥をミミズによる安定化法に適用した場合，システム全体で評価すると費用削減は可能である．

8.5.3 手順と処理性能

テキサス州 Lufkin の例では，濃縮 (固形物含有率 3.5～4 %) した初沈汚泥と余剰汚泥がミミズとおがくずを含むろ床に乾物質量で 0.24 kg/m^2･d の割合で散布された．おがくずは間隙剤や液体の吸収剤として働き，好気性状態の維持を助ける働きをする．約 2ヶ月後，2.5～5 cm 厚のおがくずを新たにろ床に加える．ろ床が運転を始めたときのおがくず層の厚さは約 20 cm である．

ミミズ，抜け殻，おがくずの混合物は 6～12ヶ月ごとに取除く．小型のフロントエンドローダーは，ろ床内で混合物を干し草の列に移すために用いられてい

る．食物源は干し草の列に隣接して散布され，実質2日間の内に総てのミミズは新しい堆積物に移行する．高密度化したミミズは集められ，新しいろ床の種として利用される．抜け殻とおがくずの残さは取除かれ，ろ床は次のサイクルの準備に入る[8]．

【例題-8.4】

10 000～15 000人規模の都市排水処理用の，ミミズによる安定化を利用したろ床が必要とする面積を求めよ．液状汚泥と濃縮汚泥について優位性の比較検討をせよ．

〈解〉

1．標準活性汚泥法かそれと同等の施設で，汚泥の日排出量が乾燥質量で1tである場合を想定する．

汚泥に約65％の強熱減量(VSS)が含まれているとすると(**表-8.2**参照)，Cornell負荷1 kg/m²·週は全固形物量1.54 kg/m²·週に相当する．年間2週間のろ床清掃とメンテナンス休業期間を想定する．テキサス州Lufkinでは，濃縮汚泥のろ床への負荷は，全固形物量として1.78 kg/m²・週である．

2．液状汚泥(固形物含有量1％以下)と濃縮汚泥(固形物含有量3～4%)の場合について，ろ床面積を計算する．

液状汚泥について：

$$\text{ろ床面積} = (1\,000\ \text{kg/d})(365\ \text{d/年})/(1.54\ \text{kg/m}^2\cdot\text{週})(50\ \text{週}) = 4740\ \text{m}^2$$

濃縮汚泥について：

$$\text{ろ床面積} = (1\,000\ \text{kg/d})(365\ \text{d/年})/(1.78\ \text{kg/m}^2\cdot\text{週})(50\ \text{週}) = 4\,101\ \text{m}^2$$

3．コスト分析は最もコスト的に有利な選択肢を選定する場合に必要となる．2番目の方式はろ床面積が小さいが，汚泥の濃縮に必要な施設とその運転にかかる新たな費用が加算されることで相殺される．

8.5.4　汚泥の質

ミミズの腸を通過し，乾燥してでてくる汚泥有機物は，事実上無臭の抜け殻である．もし，金属や有機化学物質含有量が許容範囲内(金属の基準については，表-8.13 参照)であれば，土壌改良材，あるいは下位肥料としての使用に適している．このプロセスにおける病原体の除去に関しては，かぎられた情報しかない．テキサス州保健局は，未処理汚泥を受入れているテキサス州 Shelbyville でのミミズによる安定化システムにおいて，抜け殻，ミミズのいずれにおいてもサルモネラが不検出であることを確認した[8]．

このシステムで余剰ミミズが生じた場合にも，市場は存在する．主な候補は，淡水での釣り競技用のえさである．商業活動での動物や魚のえさとしての利用もまた推奨できる．しかしながら，多くの研究[17]が，ミミズは未処理汚泥や汚泥で改良された土壌からカドミウム，銅や亜鉛を著しく蓄積することを示している．それ故，汚泥処理施設からのミミズは，人間の食用を目的として商業的に生産される動物や魚の主要な餌としてはならない．

8.6 ろ床型施設の比較

凍結システム，リードベッド法，ミミズによる安定化システムの施設構造は，その外観と機能面において類似している．総ての例において砂や他の支持媒体が必要で，そのろ床は下部集水装置を必要とし，汚泥の均一散布が基本である．ミミズによる安定化法は，米国のほとんどの地域において，冬期において覆いを必要とし，場合によっては加温も必要となる．他の2つの方法は加温も覆いも必要

表-8.11 ろ床型施設の比較

項　目	凍結法	リードベッド法*1	凍結リードベッド法	ミミズ安定化法
汚泥の種類	総て	非毒性	非毒性	非毒性有機物
ろ床の覆い	無	無	無	有
加温	不要	不要	不要	要
初期汚泥濃度 [%]	1～8	3～4	3～8	1～4
一般的な負荷 [kg/m²・年]	40*2	60*3	50	<20
最終汚泥濃度 [%]	20～50*4	50～90*4	20～90*4	15～25
さらなる安定化の準備	無	若干	若干	有
汚泥搬出頻度 [年]	1	10*5	10*5	1

注) *1 温暖な気候において通年稼働した場合を想定
*2 乾燥汚泥としての年間負荷
*3 夏期にろ床も従来の乾燥床として利用する分も含む
*4 最終固形物は最終乾燥期間の長さに依存する
*5 植物は一般に毎年刈取られる

としない．**表-8.11** に，これら 3 方法についてその適用基準と性能の期待値が要約されている．

ミミズによる安定化法による年間の負荷速度は，本章で述べてきた他の方法と比較してたいへん低い．しかし，基本設計において濃縮，消化，調質，脱水の工程を省けることから，小規模から中規模の施設においてはいぜんとして経済性の高い方法と考えられている．凍結汚泥法では，それ以上の安定化を準備していない．凍結法またはリードベッド法を採用する際は，悪臭問題を避けるために，あらかじめ汚水処理による汚泥の消化または他の安定化を行うことを強く勧める．

8.7 コンポスト化

コンポスト化は，汚泥の安定化と脱水を同時に達成する生物学的プロセスである．温度と反応時間が基準を満たしていれば，最終産物は A クラスの病原体と病原体媒介動物誘引減少要求事項に適合する (第 **3** 章 **3.4** 節参照)．コンポストシステムには，基本的な 3 つの方法がある[33]．

- 畝溝：コンポスト化される物質は長い畝状に形成され，新しい表面が空気に曝されるよう，定期的に切返し，混合が行われる．
- スタティックパイル：コンポスト化される物質は堆積され，空気は堆積物に対して機械的手法で送気あるいは吸引される．**図-8.2** に様々な種類のスタティックパイルシステムの概観を示す．
- 覆蓋法：完全に個別に覆われた反応槽から部分的，あるいは完全に被覆されたスタティックパイル，あるいは畝溝型設備までこの分類に含まれる．後者の例における被覆は，通常，臭気と外気管理を目的としている．

未処理汚泥をコンポスト化する際には臭気問題と取組まなければならないが，コンポスト化に先だって汚泥の消化や安定化を行う必要はない．コンポスト化プロジェクトでは一般に固形物含有量 20 % という条件に基づいて設計されているが，多くの操業中のプロジェクトでは 12～18 % の固形物含有量で運転が始められている．その結果として，汚泥と添加剤混合物の固形物含有量が 40 % 程度になるよう，多くの添加剤が水分を吸収するために用いられている．最終産物は土壌調整剤として有用で (筆者は，多くの場所においてその目的のために販売した)，また保管に適した性状をしている．

主要なプロセス要求事項は，酸素濃度15～17％，炭素/窒素比率26：1～30：1，強熱減量30％以上，水分含有量50～60％，pH 6～11である．高濃度の金属，塩類，あるいは毒性物質は，最終産物の利用法に影響すると同時にその工程にも影響を及ぼすだろう．外気温度と降雨量は直接施設に影響を及ぼすだろう．ほとんどの汚水処理による汚泥は，単独で効果的にコンポスト化するためには水分が多く密であるため，添加材の使用が必要である．添加材として有効なものとして，ウッドチップ，バーク，落ち葉，とうもろこしの穂軸，紙，わら，ピーナッツや米の殻，刻んだタイヤ，おがくず，乾燥汚泥，処理が完了したコンポストがある．ウッドチップは最も一般的に使用されている材料であり，しばしば処理が完了したコンポストから分離され，再利用される．必要な添加材量は汚泥の水分含有量の関数である．効果的なコンポスト化のためには，汚泥と添加材の混合物の水分含有量は50～60％であるべきである．固形物含有量15～25％の汚泥は，混合物の水分含有量を目的の値に調整するために，2：1～3：1の割合でウッドチップを必要とする[30]．

小規模の施設では，汚泥と添加材の混合はフロントエンドローダーによってなされる．Pugmillミキサーやロートティラー，特別なコンポスト機器はより大きな施設に効果的であり，適している[38]．同様の機器はパイルや畝の積上げ，掘起し，切返しにも用いることができる．添加材の分離と回収がプロセスに要求される場合，振動ふるい，回転式あるいはトロンメルスクリーンが使用されている．畝型あるいは送気パイル型のコンポスト法のいずれも底部は舗装すべきである．コンクリートは最も理想的な舗装材料である．アスファルトもよいが，高い温度では柔らかくなるかもしれないし，コンポスト化の反応に対して影響があるかもしれない．

メイン州や他の場所において，屋外のコンポスト化施設は厳しい冬の条件においても何らかの成功をおさめている．そのような条件においては，労賃や他の運転費用はより高くなる．コンポストパッドを簡単な屋根で覆うことは，より高い制御性と柔軟性を提供し，このことは降霜温度と激しい降雨に曝される現場に推奨できる．臭気管理が懸念されるならば，構造物に壁を加え，換気設備に脱臭装置を付加えることが必要になる．

スタティックパイルシステムでは，**図-8.2**に示すように送気パイプは一般に30～45 cm深さのウッドチップの基礎部分あるいは篩いを通していないコンポス

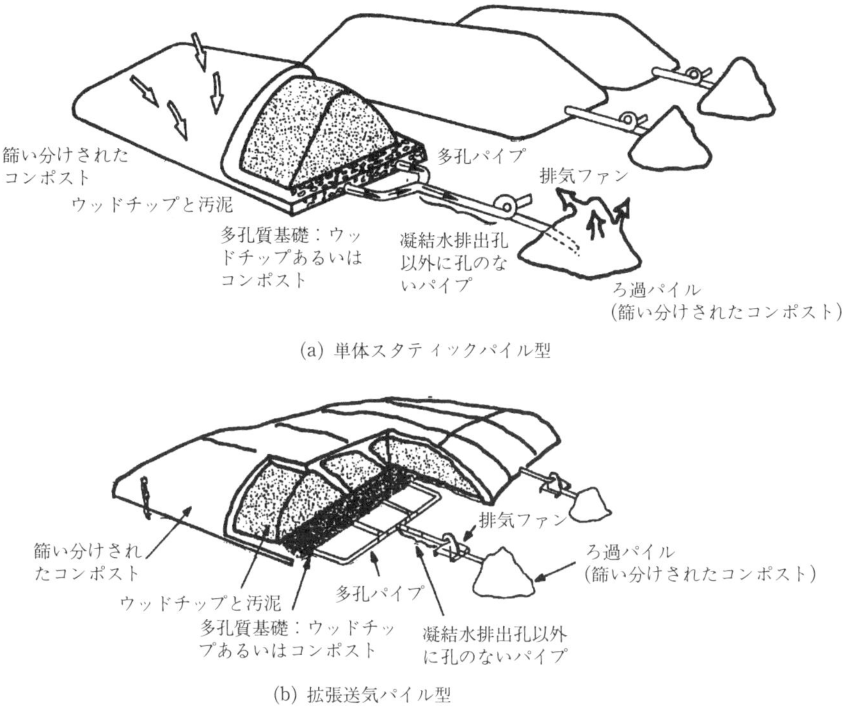

図-8.2 スタティックパイルコンポストシステム

ト内に敷設される．この基盤部分は空気の分配を確実にし，かつ余剰の水分を吸収する役割をしている．いくつかの事例では，恒久的なエアダクトがコンクリートの基礎底盤に据付けられている．そして汚泥と担体の混合物は，多孔性の底盤材の上に置かれる．経験上，パイルの総高さは，送風上のトラブルを避けるために 4 m 以下にした方が良いことがわかっている．一般には，パイルの高さは通常のフロントエンドローダーの能力に制限されてしまう．篩いを通した，あるいは通していないコンポストが，断熱や臭気吸着の目的でパイルの覆いとして用いられている．約 45 cm の篩いを通していないコンポスト，あるいは 25 cm の篩いを通したコンポストが利用されている．拡張型のパイルが使用される場合，わずか 8 cm 厚の絶縁層が次回付加されるコンポストと分離するために適用される．ウッドチップや他の粗大な物質は，締まりのない構造が熱損失や臭気の発生の原因となるため推奨できない．

図-8.2に示した図は，パイルへの空気の取入れと篩いを通したコンポストのろ過パイルを通してその空気を排気する様子を示している．このパイルは乾燥汚泥固形物量3tごとに，篩いを通したコンポスト約1 m^3 を含んでいなければならない．これらコンポストのろ過パイルが有効であるためには，乾燥させておかなければならない．すなわち，含水率が70％を超えたとき，このパイルを交換する必要がある．

実験や実際に運転されたいくつかのシステムでは，コンポストパイルへの通気は正圧送風が使われている[11,16]．ここで利用されている送風機は，パイル内の温度センサーにより制御されている．この方式の利点は，コンポストの高速化（21日間が12日間に短縮），強熱減量のいっそうの安定化，そしてより乾燥した最終産物である．この方式の最大の懸念事項は，屋外型施設では排気が直接大気へ放散されるので，臭気である．正圧送風は，それが十分に制御されていない場合，結果としてパイル底部の乾燥を招き，病原体の安定化が不十分になることである．この手法は大規模な施設に最も適していると思われる．このような施設では，操作性の向上は，施設効率増強の可能性をより現実的なものとする．

パイル法や畝法のいずれの場合でも，必要な時間と温度は，要求される病原体の減少レベルにより決まる．もしかなりの減少でよければ，必要な温度と時間は55℃以上で4時間の運転を含む条件で，最低40℃で5日間である．もしよりいっそうの減少が必要であるなら，パイル法では50℃3日間，畝法では50℃で5回の切返しを含み15日間が必要である．両手法とも最短コンポスト化時間は21日間であり，担体を分離した後の貯留パイルでの回復時間はさらに21日間となる．

システム設計では，固形物（汚泥と担体）の入りと出を管理するため，および水分と有機物の変化を説明するために，固形物収支を調べる必要がある．継続的に物質収支をとることはシステムを適切に運転するための基本である．コンポスト施設でのパッド面積は，式(8.5)を用いて決定できる．

$$A = 1.1S(R+1)/H \tag{8.5}$$

ここで，A：稼動中のコンポストパイルパッド面積［m^2］

S：4週間で発生する汚泥の総量［m^3］

R：担体と汚泥の容量比

H：基礎部分を除いたパイル高さ［m］

臭気抑制用にろ過パイルを使用する設計では，上記計算結果に10％を加えた面積を，採用するべきである．式(8.5)は21日間のコンポスト化期間を仮定しているが，低温や過度な降雨，機能不全の場合に備えて7日間分の容量を加算している．もし，建屋内に施設が設置され，加えてあるいは通気が正圧で計画されるならば，その設計面積の減少は可能である．

式(8.5)で計算した面積は，汚泥と担体の混合がそのコンポスト化パッドにおいて直接行われることを仮定している．汚泥の乾燥質量で1日15t以上の能力をもつシステムでは，さらにパグミル，あるいはドラムミキサーのための用地を別に備えておくべきである．

多くの場所において，吸引型の通気により仕上げられたコンポストは，いぜんとしてかなりの水分を含んでいるため，コンポストを広げ，さらに乾燥するスペースが通常見込まれている．この乾燥や担体の分離工程のための面積は，寒く，湿度の高い地域では，コンポスト化に必要な面積と一般に同じくらいの面積になる．この面積はより乾燥した地域やパイルに通気する際，正圧を利用しているところでは減少できる．

コンポスト生成量の30日間分を収納できる面積が，仕上げのための最少面積として推奨されている．コンポストの利用状況によっては，追加の貯留面積が必要となる．例えば，コンポストが成育期間にのみ利用されるのであれば，冬期分の貯留が必要となる．

搬入・搬出路，方向転換場所，洗車場所は総て必要である．現場からの雨水や通気装置からの浸出水を下水処理施設へ流入させない場合，雨水集水池も施設に含む必要がある．集水池の滞留時間は第7章で説明したように，土地に降った雨水流出量の15～20日間分である．ほとんどのコンポスト施設は，臭気の抑制や景観上から周りに緩衝帯を設けている．その規模は現場の状況や法令上の要求事項により異なる．

吸引型通気パイルの通気速度は，一般に乾燥固形物量換算で1tの汚泥に対して14 m^3/hである．高速での正圧通気は，時々，コンポスト化の最後の段階で乾燥促進のため用いられている[16]．Kuter等[11]は，温度で制御された正圧通気，乾燥質量換算で1tの汚泥に対して80～340 m^3/dを使用し，安定したコンポストを17日以下で達成した．高い通気速度は結果としてパイル内での低い温度を招く(45℃以下)．パイル温度を要求される55℃以上に昇温させるため，最終段階において通気の方向を逆転させることも可能である．最終回復パイルの温度は，病原体死滅の要求を確実に満たすため，十分高くするべきである．そうすれば，コンポスト化作業において強熱減量の安定化操作の最適化が可能となる．

モニタリングは，最終産物の品質と同様に効率的な運転操作を保証するという観点から，いかなるコンポスト化作業においても基本的なことである．測定されるべき必須の因子は，

- 水分含有量：汚泥と担体について，適切な運転操作を保証するため．
- 金属および毒性物質：汚泥について，製品の品質，コンポスト化反応を保証するため．
- 病原体：法規制要求事項として
- pH：汚泥について，特に石灰や類似した化学物質が利用されている場合．
- 温度：必要とされる値である 55℃ 以上に到達するまでは毎日．それ以降，全体が適当な温度で維持されているということを多数の場所で保証された後は毎週．
- 酸素濃度：運転当初，送風機の調整時

【例題-8.5】

例題-8.3 で示した汚水処理施設（年間の汚泥発生量が，固形物濃度 7％として 1 500 m^3）のための，標準的な拡張パイル型コンポスト施設が必要とする敷地面積を決定せよ．この施設は処理場に隣接するため，雨水や排水は処理施設に戻されるものと仮定せよ．

〈解〉

1. ウッドチップを担体とする．固形物濃度 7％の汚泥はいぜんとして湿っているため，最低でもウッドチップ 5 に対して 1 の汚泥混合比は必要であろう．コンポスト高を 2 m と仮定する．

   4 週間の汚泥発生量＝(1 500×4)/52＝115.4 m^3

2. コンポストの面積を式 (8.5) を用いて計算する．

   $A=1.1S(R+1)/\mathrm{H}=1.1\times115.4(5+1)/2=381\ \mathrm{m}^2$

3. 通気のフィルターパイル＝A の 10％＝(0.1)(381)＝38.1 m^2
4. 作業と選別区域＝A＝381 m^2
5. 仕上げ区域を 150 m^2 と仮定する．

6.　ウッドチップとコンポストの貯蔵面積を 200 m^2 と仮定する．

7.　作業道路とその他の施設：全体の 20 % とする．

$$\text{総面積}\ A = 381 + 38.1 + 381 + 150 + 200 = 1\,150\ \mathrm{m^2}$$

$$\text{作業道路} = 0.2 \times 1\,150 = 230\ \mathrm{m^2}$$

8.　道路を含む総面積＝1 380 m^2

緩衝帯もまた必要となるが，これは現場の状況による．ここで算出された面積は，**例題-8.2** で計算された凍結乾燥ろ床の面積よりも著しく小さい．これはコンポスト化が年間を通じて行われるのに対して，凍結ろ床法は年間汚泥総排出量を，受入れるのに十分な広さを必要とすることに起因している．

8.8　汚泥の土壌還元と処分

下水汚泥の利用と処分に関する新しい基準 (40 CFR Part 503) が，1993 年 2 月 19 日に Federal Register に公表された．この規制は土壌還元や処分，病原体や病原体媒介動物誘引減少，焼却について記述している．土壌還元は農耕学的な速度において，汚泥の有効利用であると定義されている．一方，土地の上に置く他の総ての手法は処分とみなされる．重金属濃度は汚泥品質の 2 つのレベルによって制限されている：汚染物質許容濃度と汚染物質濃度(「高品質」)．病原体密度に関しての 2 つの品質階級 (クラス A，クラス B) が記述されている．2 種類の病原体媒介動物誘引低減化について示されている：下水汚泥処理プロセスあるいは物理的障壁の利用である．

土壌還元の場合，下水汚泥，あるいは下水汚泥に起因する物質は，最低限，汚染物質許容濃度，病原体についてはクラス B の品質，および病原体媒介動物誘引の減少についての要求に合致していなければならない．下水汚泥の場合，累積汚染物質負荷量は汚染物質許容濃度に合致することが要求されるが，しかし汚染物質濃度を満たさないよう要求される．

本節に示されているコンセプトは，一般に，土壌還元や処分による汚泥の処理と，再利用のために設計されたこれらの施設に限定している．埋立や他のより質の高い処分の実例については，他のテキストで述べられている[31,32,34]．ある程度の汚泥の安定化は土壌還元，あるいは処分に先立ち実施されている．脱水は経済

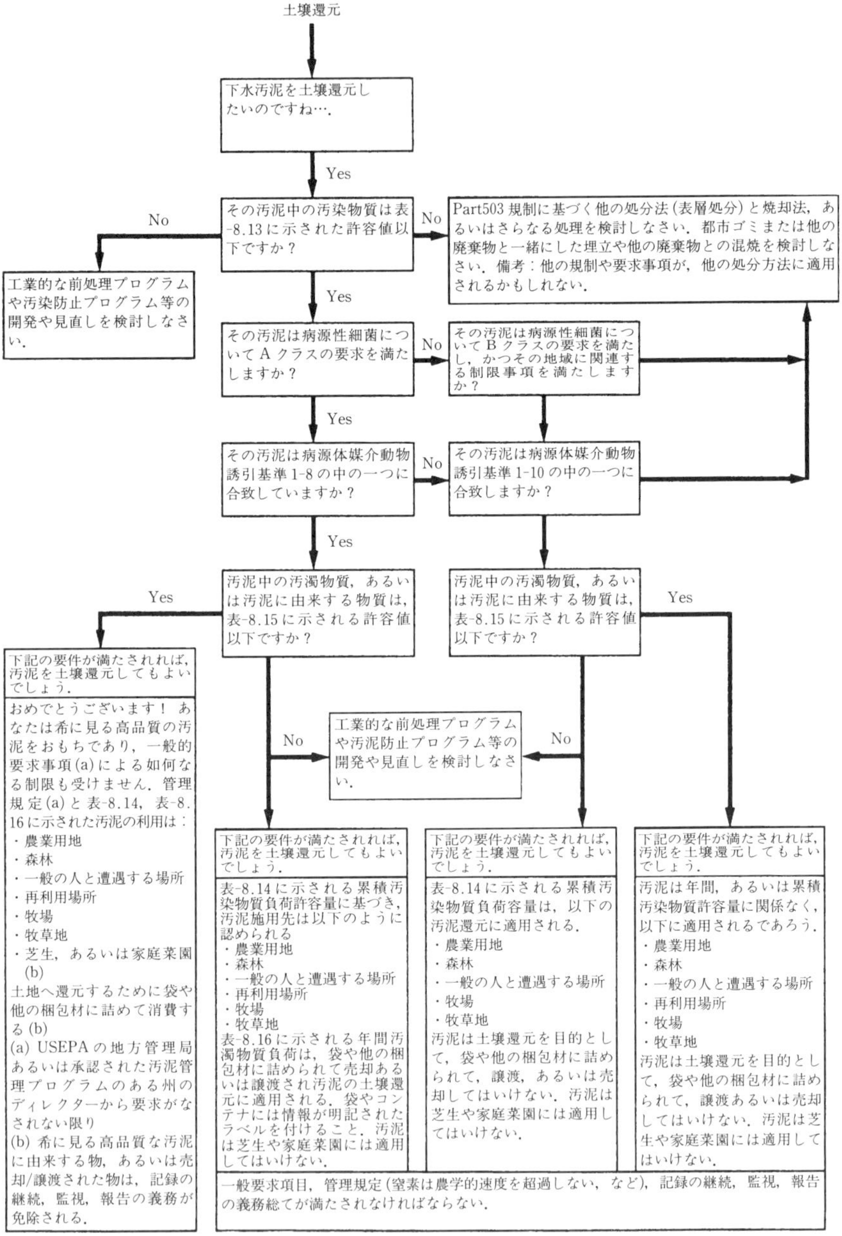

図-8.3　汚泥の土壌還元の適用性を判定するフローチャート[23]

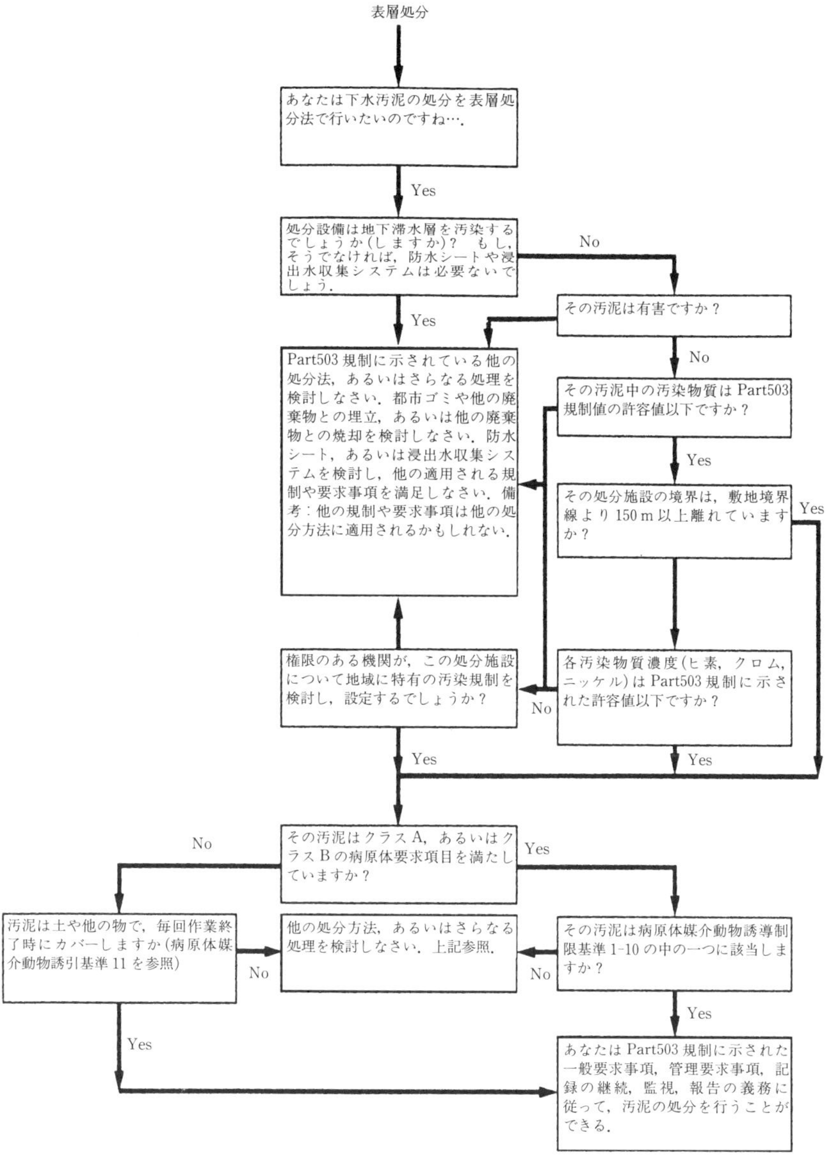

表層処分
あなたは下水汚泥の処分を表層処分法で行いたいのですね….
Yes
処分設備は地下滞水層を汚染するでしょうか(しますか)？　もし，そうでなければ，防水シートや浸出水収集システムは必要ないでしょう．
No
その汚泥は有害ですか？
Yes
Part503規制に示されている他の処分法，あるいはさらなる処理を検討しなさい．都市ゴミや他の廃棄物との埋立，あるいは他の廃棄物との焼却を検討しなさい．防水シート，あるいは浸出水収集システムを検討し，他の適用される規制や要求事項を満足しなさい．備考：他の規制や要求事項は他の処分方法に適用されるかもしれない．
No
その汚泥中の汚染物質はPart503規制値の許容値以下ですか？
Yes
その処分施設の境界は，敷地境界線より150 m以上離れていますか？
Yes
各汚染物質濃度(ヒ素，クロム，ニッケル)はPart503規制に示された許容値以下ですか？
No
権限のある機関が，この処分施設について地域に特有の汚染規制を検討し，設定するでしょうか？
Yes
Yes
その汚泥はクラスA，あるいはクラスBの病原体要求項目を満たしていますか？
No
Yes
汚泥は土や他の物で，毎回作業終了時にカバーしますか(病原体媒介動物誘引基準11を参照)
No
他の処分方法，あるいはさらなる処理を検討しなさい．上記参照．
No
その汚泥は病原体媒介動物誘導制限基準1-10の中の一つに該当しますか？
Yes
Yes
あなたはPart503規制に示された一般要求事項，管理要求事項，記録の継続，監視，報告の義務に従って，汚泥の処分を行うことができる．

図-8.4　汚泥の地表面への直接処分の適用性を判定するフローチャート[24]

的理由から望ましい方法である．しかしながら，システムは，汚泥を受入れる土地が汚泥の有機物質や栄養塩類を利用するのは勿論のこと，最終の汚泥処理もできるように設計されている．これら自然の汚泥管理システムは土壌還元と処分の2つのグループに分類できる．

土壌還元システムは植物や土壌，それに汚泥の最終処理と利用に関係する生態系を伴ったものである．設計汚泥負荷量は，汚泥中の金属や毒性物質，病原体媒介動物，病原体の量により制限を受ける場所での栄養塩類と有機物の要求量に基づいて決まる[35]．このグループのシステムには，汚泥施用が長期間にわたり繰返されるように計画されている農業および森林事業と，汚泥が荒廃した土地を改質し再び利用できるようにする再利用プロジェクトが含まれている．

その現場は将来その場所に何ら制限が課せられないように設計され，運営される．**図-8.3**のフローチャートはある汚泥が土壌還元に適しているか否かを容易に判定するための一連のステップを示している[23]．

処分システムはほとんど総て，処理に携わる上部土壌内での反応に依存している．植物は通常，能動的な処理機構の1つではなく，そして，汚泥の有機物質または栄養塩類を有効利用するべく設計されていない．その敷地はしばしば処分場目的で提供されているので，とりわけ人間の食物連鎖に関係する作物生産を目的とした将来の土地利用については，制限が生じるかもしれない．生物分解性の汚泥を受入れるシステムは，処分を目的として馴致された土壌微生物を利用し，周期的な搬入と休止期間を配慮して設計される．石油系汚泥と，それに類似した工業系廃棄物はしばしばこの方法で扱われる．**図-8.4**は，汚泥の地表面への直接処分が適用できるかどうか判定するためのフローチャートである[24]．

これら自然な汚泥管理方法の適用の可能性は，連邦，州そして地方の規則と汚泥の品質とその手法の両者を管理するガイドラインに完全に依存している．汚泥管理手法の設計をする場合，最初のステップは，その地域の状況を考慮に入れ，可能性のある汚泥処分，利用の方式の中から1つを決定することを強く薦める．そうすれば，，エンジニアは汚泥が与えられた方式に見合うよう，汚泥の処理と脱水をどのようにしなければならないか決めることができる．汚泥処理設備と最終処分方法の最も経済効率の高い組合せは必ずしも明確ではないので，設計手順を繰返すことが必要となる．

8.8.1　コンセプトと敷地の選定

表-8.12　用地別にみた運転開始時の汚泥施用速度[37]

適用先	施用計画	一般的な速度 [t/ha]
農耕地	通年	10
森　林	年に1度あるいは3〜5年間隔	45
再利用	年に1度	100
処　分	通年	340

事前評価では，予想される汚泥の物理的，化学的，生物学的性状と同様に利用できる方法を明確にすべきである．化学的性状は以下の項目を支配する．

1.　汚泥は経済効果のある状態で施用されるか？
2.　どの方法が技術的に適用可能か？
3.　許容汚泥量は単位用地当り，年間，そして設計期間ベースでどのくらいか？
4.　事業運営に関して，どのような方法，どのくらいのモニタリング頻度や他の規制が課せられているのか？

最も危惧される生物学的性状は，毒性有機物質と病原体の存在，そして輸送，貯蔵，施用の間の臭気の可能性である．汚泥の物理的性状で最も重要なことは水分含有量である．いったん，管理すべき汚泥量を見積ったら，現地での農業，森林，再利用あるいは処分の可能性を明確にするため，第2章で述べたマップサーベイをする必要がある．**表-8.12**にこれら4ヶ所の適用先について，運転開始時の単位面積当りの負荷を示した．これらの値は予備的スクリーニングにのみ利用すべきもので，設計に用いてはいけない．

表-8.12の数値を用いて推定した土地面積は処理に関係する面積のみであり，汚泥の貯蔵や緩衝帯，その他必要となる設備などの面積は見込んでいない．準備段階での適当な候補地の選別作業は，机上において一般に入手できる情報をもとに行われる．土壌や地下水の状態，傾斜，既存の土地利用状況，洪水の可能性，経済的要因に基づく数値的な評価手法は，第2章や参考文献〔19, 31, 37〕に記載している．いくつか候補地があるのであれば，これらの手法は，最も望ましい候補地を明確にするために用いられるべきである．この準備段階での選定作業は，候補地総てにおいて実地での詳細調査を行うことがたいへんな費用を要することから，勧められる．

最終選定は，現地調査から得られた技術的データ，建設費および運転費の経済効果評価，そして選定場所および採用した汚泥管理方法の両方が，その地域において受入れられるかにより決まる.

病原体抑制の必要性については第**3**章**3.4**節で述べた.詳細については1993年2月19日告示されたFederal Register 40CFR Part503を調べることにより得ることができる[3].

8.8.2 土壌還元のコンセプト

基本設計の手法は,配慮した期間にわたり,汚泥が設計植生の要求量と等しい量が供給されるならば,一般の農業活動による地下水への影響よりも多くない,という仮定に基づいている.栄養塩類要求量に基づく当初の設計負荷は,金属や毒性有機物質の許容限度の要求を満たすよう調整する必要がある.この設計手法の結果として,広範囲なモニタリングは必要なくなり,個人農業経営者による汚泥の利用は可能となる.汚泥の供給量が増加するにつれて,その場所が森林や提供された場所であったとしても,地下水の硝酸汚染の可能性は増加する.そのため,一般には適切な管理や監視を確かなものとするため,その場所が地方公共団体により所有され運転されていることが必要である.

a. 金　　属

以下に示すのは40CFR Part 503.13,汚染許容項目からの抜粋である[3].大量の下水汚泥,あるいは袋か他の容器で売却あるいは供与された下水汚泥は,その汚泥中の汚染物質の濃度が,もしも**表-8.13**に示されている許容濃度を超えている場合は,土地に還元されるべきではない.

もし,下水汚泥が農地や森林,一般の人が接触する場所,あるいは再利用場所に施用される場合には,単位面積当りの累積負荷は**表-8.14**に示されている個々の汚染物質の累積負荷を超過しないよう,あるいは下水汚泥中の汚染物質濃度は表-8.13に示されている許容濃度を超えないようにする必要がある.汚泥が**表-8.15**に示されている「高品質」汚染物質濃度に適合するものであれば,単位面積当りの累積汚染物質負荷(表-8.14)は適用されない.なぜなら,これらの物質は累積負荷量の許容量を危惧することなく100年間農耕学的速度で施用可能だからである.

下水汚泥が芝生や家庭菜園に利用されるのであれば,その下水汚泥中の個々の汚染物質濃度は表-8.15に示される値を超過してはならない.土壌還元利用の下水汚泥製品が,袋や他の容器で売却,あるいは供与される場合,その下水汚泥中の個々の汚染物質濃度が,表-8.15に示されている汚染物質濃度以下か,あるい

表-8.13　許容濃度

汚染物質	許容濃度 [mg/kg-乾燥質量基準]
ヒ　素	75
カドミウム	85
クロム	3 000
銅	4 300
鉛	840
水　銀	57
モリブデン	75
ニッケル	420
セレン	100
亜鉛	7 500

表-8.14　累積汚染物質負荷量[3]

汚染物質	汚染物質累積負荷量 [kg/ha]
ヒ　素	41
カドミウム	39
クロム	3 000
銅	1 500
鉛	300
水　銀	17
モリブデン	18
ニッケル	420
セレン	100
亜鉛	2 800

表-8.15　汚染物質濃度(高品質)[3]

汚染物質	月平均濃度 [mg/kg-乾燥質量基準]
ヒ　素	41
カドミウム	39
クロム	1 200
銅	1 500
鉛	300
水　銀	17
モリブデン	18
ニッケル	420
セレン	36
亜　鉛	2 800

表-8.16　年間汚染物質負荷[3]

汚染物質	年間汚染物質負荷 [kg/ha・365 d]
ヒ　素	2.0
カドミウム	1.9
クロム	150
銅	75
鉛	15
水　銀	0.85
モリブデン	0.90
ニッケル	21
セレン	5.0
亜鉛	140

はその製品のラベルに，**表-8.16** で示されている単位面積当り年間汚染物質負荷を限定する製品使用法を記載する必要がある．式(8.6)は単位面積当りの年間汚染物質負荷(APLR)と単位面積当りの年間総汚泥施用量(AWSAR)の関係を示す．

$$\mathrm{APLR} = C \times \mathrm{AWSAR} \times 0.001 \tag{8.6}$$

あるいは，

$$\mathrm{AWSAR} = \mathrm{APLR}/(C \times 0.001)$$

ここで，APLR：年間汚染物質負荷 [kg/ha・年]

C：汚染物質濃度 [mg-汚染物質/kg-全乾燥固形物]

AWSAR：年間総汚泥施用負荷 [乾燥 t/ha・年]

0.001：変換係数

式(8.6)は重金属の終生の負荷量の計算用に書き直すことができる．

$$\mathrm{LWSAR} = \mathrm{CPLR}/(C \times 0.001) \qquad (8.7)$$

ここで，LWSAR：終生の総汚泥施用量［t/ha］

CPLR：累積汚染物質負荷量［kg/ha］

(他の項目は前述と同じ)

ある下水汚泥の年間総汚泥施用負荷あるいは終生の総汚泥施用量を決定するために，その下水汚泥のサンプルを，表-8.16に示されている個々の汚染物質濃度を知るために分析する．年間のあるいは累積の総汚泥施用量を決定するため，適切な年間汚染物質負荷を表-8.16から選ぶか，適切な累積汚染物質負荷量を表-8.14から選び，乾燥固形物kgに対して汚染物質mgの値を式(8.6)または式(8.7)に代入する．下水汚泥の年間総汚泥施用負荷あるいは終生の総汚泥施用量は様々な金属について計算した最も低い値となる．例えば，銅の分析値が2 000 mg/Lであり，年間汚染物質負荷は75 kg/ha·年なので，年間総汚泥施用負荷は2 000/(75×0.001)＝26 667 t/ha·年となる．

他の金属についても計算を行い，設計のために最も低い年間総汚泥施用負荷を選定する．いくつかの州ではここで示したものより厳しい金属規制があるかもしれない．それゆえ，システムの設計に先立って地方条例と照らし合せることは，基本的なことである．

b. リ　　ン

いくつかの州では，より積極的な保護の観点から，栄養塩類が汚泥の供給を律速する場合，設計植物のリン要求量に基づいて汚泥を供給することを要求している．ほとんどの汚泥は窒素よりリンの含有量が少ない，しかし，ほとんどの作物は**表-7.5**に示したように，リンよりはるかに多く窒素を必要としているので，リンの要求量から汚泥負荷を決めることは，硝酸塩汚染に対しての安全要因が大きくなることを意味している．もし，最適な作物生産がプロジェクトの目的であるならば，この方法で窒素分が不足するので，窒素肥料の補給を必要とする．式(8.8)はリン律速での汚泥負荷を決定するために利用できる．これは汚泥中の全リンのうち，50％のみが利用されるという仮定[37]に基づいている．

$$R_p = K_p(U_p/C_p) \qquad (8.8)$$

ここで，R_p：汚泥中のリンの50％が利用されるという仮定での，リン律速年間

汚泥施用量 [t/ha]

K_p：0.001

U_p：作物の年間リン吸収量；表-7.5より値を選定せよ．本テキストの第3章に詳細が示されている．また，中西部の州の作物に対するより明確な値が参考文献〔37〕に示されている．[kg/ha]

C_p：汚泥中の全リンの割合（式はすでに利用率50％に直してあるが，全リンの利用率がより高い値や低い値としてデータが提供された場合には修正が必要である）．

c. 窒　　素

窒素律速での汚泥負荷の計算は，その計算に関与するものが最も複雑である．なぜなら，汚泥中の窒素の形態が多様なこと，様々な施用方法，窒素の変換経路が，それに続く土壌処理に影響するからである．下水汚泥中のほとんどの窒素は固形物中にタンパク質として取込まれた有機物の形態をしている．窒素の平均の形はアンモニア（NH_3）の形態である．液状汚泥が土壌の表面に施用され，土壌と合体する前に乾燥する場合，含有されていたアンモニアの約50％は揮発により大気中へ失われてしまう[26]．結果として，汚泥が表層に施用される場合には，わずか50％のアンモニアが植物に利用されるものと推測される．仮に液状汚泥が注入，あるいは速やかに浸透するのであれば，100％のアンモニアが供給されるものと考えることができる．

有機態窒素の利用程度は，汚泥中の有機物の無機化に依存する．汚泥が施用された年は，有機態窒素のほんの一部分が利用され，それ以降は，長年にわたって量は減少していくが利用は続く．その利用速度は，汚泥の初期有機態窒素含有量が高ければ高いほど速くなる．ほとんど総ての汚泥についていえるが，その速度は時間の経過とともに急速に低下し，3年後以降は年間残留有機態窒素の約3％に低下する．

汚泥施用後の当初数年間は，無機化による窒素の寄与はいぜんとして顕著である．設計上，毎年施用を行うこととなっている場合で，窒素が律速因子である場合には，このことに配慮することが必須である．施用年中，（植物に対する）利用できる窒素量は式（8.9）により，また2年目以降の同じ汚泥からの窒素利用量は式（8.10）により求めることができる．年間施用量が決まったら，式（8.10）を用いて計算を繰返す必要がある．その結果を式（8.9）で計算した結果に加えて，

表-8. 17 汚泥中の有機態窒素の一般的に見込める無機化率[26,27]

汚泥施用後の経過時間［年］	未処理生汚泥	無機化率［%］嫌気性消化汚泥	コンポスト
1	40	20	10
2	20	10	5
3	10	5	3
4	5	3	3
5	3	3	3
6	3	3	3
7	3	3	3
8	3	3	3
9	3	3	3
10	3	3	3

その年に利用可能な窒素の総量を決定する．汚泥の性状や施用量が同じならば，これらの結果は，5～6年後には比較的一定の値に集中するだろう．

施用年での利用できる窒素量は，以下の式で求めることができる．

$$N_a = K_N[NO_3 + k_v(NH_4) + f_n(N_o)] \tag{8.9}$$

ここで，N_a：施用年中での汚泥中の植物が利用可能な窒素量［kg/乾燥t］

K_N：1 000

NO_3：汚泥中の硝酸態窒素を小数で表示した割合

k_v：揮発係数

＝0.5（液状汚泥の表面散布の場合）

＝1.0（液状汚泥の浸透法と消化脱水汚泥をどのような施用法を用いた場合でも）

NH_4：汚泥中のアンモニア態窒素を小数で表示した割合

f_n：有機態窒素無機化係数で，初年度は n＝1年（**表-8. 17** 参照）

N_o：汚泥中の有機態窒素を小数で表示した割合

2年目以降の窒素利用量は：

$$N_{pn} = K_N[f_2(N_o)_2 + f_3(N_o)_3 + \cdots + f_n(N_n)] \tag{8.10}$$

ここで，N_{pn}：前年に施用された汚泥の無機化により，n 年に植物に供給される窒素量（乾燥質量）［kg/t］

$(N_o)_n$：n 年に汚泥中に残留した有機態窒素の割合

（他の項目は前述に従う）

窒素許容年間汚泥負荷は式(8.11)を用いて計算される.

$$R_N = U_N/(N_a + N_{pn}) \tag{8.11}$$

ここで，R_N：対象となる年における年間汚泥負荷 [t/ha]

U_N：窒素の年収穫量(**表-7.5**と**表-7.6**参照) [kg/ha]

N_a：今年の汚泥により植物に供給されうる窒素量(乾燥質量，式(8.9)より) [kg/t]

N_{pn}：過去に施用された部分の無機化に由来する植物に供給されうる窒素量(乾燥質量) [kg/t]

上記の窒素利用量計算値に加えて，他のいかなる供給源からの窒素量もまた農耕学的速度の計算に必要である.

d. 土地面積の計算

式(8.6)，(8.8)，(8.11)は汚泥負荷の限界係数決定のために解く必要がある. いくつかの規制を管轄する当局は窒素，リン，金属以外の汚泥中の他の構成物質についても規制をしている. そのとき，設計の制限因子は，最も低い汚泥負荷となった構成物質となる.

その施用面積は式(8.12)を用いて決定できる. この式により計算した面積は実際の施用面積のみであり，道や緩衝帯，季節によって必要となる保管スペースなどの付帯設備のスペースは含まれていない.

$$A = Q_s/R_L \tag{8.12}$$

ここで，A：必要な施用面積 [ha]

Q_s：対象となる期間の総汚泥発生量(乾燥固形物として) [t]

R_L：前式で得られた許容汚泥負荷量(通年あるいは対象となる期間) [t/ha・年]

上記で説明した設計手法では，農業活動で最適な作物収量をあげるための理想的な窒素，リン，カリのバランスが得られることは，ありそうもない. 汚泥中のこれらの栄養塩類の量は，望ましい作物生産のために推奨されている肥料と比較されるべきであり，もし必要ならば，肥料で補足すべきである. 参考文献〔37〕には，中西部の州の作物について主な栄養塩類要求量が示されている. 他のほとんどの地域の場合，農業エージェントと外郭団体が同様の資料を準備している.

年間施用は農業活動での一般的な試みである. 森林に施用するシステムでは，現場への進入や分配がいっそう困難であることから，通常3～5年の間隔で汚泥の施用が行われる．総汚泥負荷量は上記の式を用いて設計される．しかしながら，一回に施用した大量な汚泥の無機化のため，汚泥施用期間中に一時期硝酸塩欠乏期間が生じる可能性がある．

荒廃した土地の再利用と再植生を効果的に行うため，一般に大量の有機物と栄養塩類が，その試みの開始時期に必要とされる．結果として，汚泥施用は一般的に1回だけの適用法として設計され，**表–8.14**に示されている終身金属負荷限度量が，その場所がいつかは農業用地として利用されるであろうという仮定に基づいて，汚泥施用量を制限している．1回の大量な汚泥施用は，その地域の地下水に対して一時的な硝酸塩による影響を与える可能性がある．その影響は短期的なので，修復をしていない地域からの長期間にわたる環境影響よりも望ましいはずである．累積金属負荷限度が汚泥負荷を制限する場合，同じ総施用面積が農業あるいは再利用プロジェクトのいずれにも必要となる．

森林システムは，道路や施用の難しさから，他の3手法と比べて最も大きな総土地面積を必要とする．液体汚泥の施用は，スプリンクラーあるいはスプレーガン付きのタンクトラックにより制限を受ける．これらの装置の最大範囲はおよそ37 m である．均等な散布ができるように，現地の道路は中心で76 m の格子状にするか，既存の道路や防火線ネットワークの両脇37 m に施用の制限を行う必要がある．

苗木は新鮮な嫌気性消化汚泥ではあまり育たないことが，経験上知られている[6]．汚泥の熟成を考慮して，植樹まで6ヶ月間待つ必要がある．雑草と他の下草は，新しい芽を出すであろうから，少なくとも3年間は除草剤と耕作を必要とするかもしれない[27]．若い落葉樹に対する汚泥の噴霧は，葉の上に重い汚泥の堆積が生じるのを避けるため，それらの落葉している期間に限定して行われるべきである．

【例題–8.6】

農業活動において，汚泥施用に必要な面積を求めよ．

以下の性状と状況を仮定せよ：嫌気性消化汚泥生成量(乾燥汚泥として) 3 t/d，汚泥の固形物含有量7％，全窒素3％，その内アンモニア態窒素2％，硝酸なし，砒素50 ppm，カドミウム18 ppm，クロム1 000 ppm，銅400 ppm，水銀20 ppm，モリブデン15 ppm，ニッケル80 ppm，セレン50 ppm，亜鉛900 ppm

(ppm＝mg/kg).

商業的な作物は考慮せず，雑草が植生することを想定する．最終的に，果樹系の草が優先種となることが予想される．地方の規制担当局はUSEPAの金属の許容限度を受入れ，窒素必要量に基づく設計を認めている．用地の区画は処理場から6km以内に提供される．

〈解〉

1. 準備段階の経済的試算では，液状汚泥を用地まで輸送する方法が経済的であることを示したので，これ以上の脱水は必要とせず，施用方法は表面施用となる．
2. 金属許容量は(**表-8.14**より)，As 41 kg/ha，Cd 39 kg/ha，Cr 3 000 kg/ha，Cu 1 500 kg/ha，Pb 300 kg/ha，Hg 17 kg/ha，Mo 18 kg/ha，Ni 420 kg/ha，Ni 420 kg/ha，Se 100 kg/ha，Zn 2 800 kg/ha．草の年間窒素要求量は(**表-7.5**より) 224 kg/ha・年．嫌気性消化汚泥の無機化速度は20，10，5，3％など．
3. 終身金属負荷量LWSARは式(8.7)を使って計算される．

$$\mathrm{LWSAR}=\mathrm{CPLR}/(C\times 0.001)$$

ヒ素については，

$$\mathrm{LWSAR}=(41\ \mathrm{kg/ha})/(50\times 0.001)=820\ \mathrm{t/ha}\ (\text{乾燥汚泥として})$$

同様に，

Cd：LWSAR＝2 167 t/ha (乾燥汚泥として)

Cr：LWSAR＝3 000 t/ha (乾燥汚泥として)

Cu：LWSAR＝3 750 t/ha (乾燥汚泥として)

Pb：LWSAR＝698 t/ha (乾燥汚泥として)

Hg：LWSAR＝850 t/ha (乾燥汚泥として)

Mo：LWSAR＝1 200 t/ha (乾燥汚泥として)

Ni：LWSAR＝5 250 t/ha (乾燥汚泥として)

Se：LWSAR＝2 000 t/ha (乾燥汚泥として)

Zn：LWSAR＝3 111 t/ha (乾燥汚泥として)

鉛が最小の汚泥負荷の結果を示した．それ故，鉛が許容金属因子である．結果として，汚泥性状が変らないものとすれば，698 t/haの汚泥が，この用地の実質的な使用期間中施用できる．もし，総ての金属の濃度が**表-8.15**に示されている汚染許容濃度以下であったとすれば，重金属濃度は施設の規模に影響を及ぼさない．

4.　式(8.9)，(8.10)を用いて汚泥中の利用できる窒素量を計算する．液状汚泥は表面施用されるであろうから，揮発による損失が生じ，k_v は 0.5 となるだろう．有機態窒素は全窒素からアンモニア態窒素を差引いたものに等しいと仮定する．

$$N_a=(K_N)[(NO_3)+k_v(NH_4)+f_n(N_o)]$$
$$=1\,000[0+(0.5\times0.02)+(0.2\times0.01)]$$
$$=1\,000\times0.012=12\ \mathrm{kg/t}\ (\text{乾燥汚泥として})$$

2 年目における汚泥中の残留窒素量は，

$$(N_o)_1-(f_1)(N_o)=0.01-(0.2\times0.01)=0.008\ (\text{小数表示として})$$

2 年目の無機化率は，

$$(f_2)(N_o)_2=0.10\times0.008=0.0008$$

3 年目の残留窒素量は，

$$(N_o)_3=0.008-0.0008=0.0072$$

同様に，

3 年目の無機化＝0.0004

4 年目の無機化＝0.0002

5 年目の無機化＝0.0002，等

2 年目の総窒素利用量は，初年度の残留窒素量に 2 年目に貢献する窒素量の和である．

$$(N_a)_2=(N_a)_1+K_Nf_2(N_o)_2$$
$$=12+(1\,000\times0.0008)=12.8\ \mathrm{kg/t}\ (\text{乾燥汚泥として})$$

同様に，

$$(N_a)_3=(N_a)_1+K_N[f_2(N_o)_2+f_3(N_o)_3$$
$$=12+[1\,000\times(0.0008+0.0004)]=13.3\ \mathrm{kg/t}\ (\text{乾燥汚泥として})$$
$$(N_a)_4=13.4\ \mathrm{kg/t}$$
$$(N_a)_5=13.6\ \mathrm{kg/t},\ \text{等々}$$

汚泥の性状は変らないものとし，利用できる窒素は 5 年目以降乾物重量で約 13.6 kg/t 残留するものとする．

5.　式(8.11)を用いて年間窒素許容汚泥負荷を計算する．ステップ 4 での

13.6 kg/t を定常状態での値として用いる．

$R_N = U_N/(N_a + N_{pn})$

$= 224/13.6 = 16.5$ t/ha・年（乾燥汚泥として）

必要なら，最初の 2 年間は高い負荷をかけてもよい．3 年目までは無機化の完全な累積の影響は現れないであろうから．

6.　式(8.12)を用いて必要となる施用面積を求める．作物の食物連鎖は考慮せず，年間負荷量は窒素許容量に基づくものとする．

$A = Q_s/R_L = (3\mathrm{t/d})(365\ \mathrm{d/年})/(16.5\ \mathrm{t/ha \cdot 年}) = 66\ \mathrm{ha}$

7.　汚泥施用の有効用地寿命を決定する．ここでは，人間用の食物生産を含む，潜在的な未来の土地利用に関する厳しい規制が無いこととする．ステップ 3 において計算された銅に関する汚泥許容濃度は影響する．

稼動年数＝(698 t/ha)/(16.5 t/年)＝42.3 年

再利用現場のためのシステム設計では，一般的に 1 回の汚泥施用を用いている．年間総汚泥発生量は 1 095 t/年である（3 t/d×365 d/年）．ここで，698 t/ha の 1 回の負荷では，毎年再利用を必要とする 1.6 ha の土地が必要となる．再利用プロジェクト設計では十分な土地が計画稼動期間中，毎年供給されることを確かめておくべきである．

8.8.3　処分システムの設計

処分システムの設計では，金属や栄養塩類が汚泥負荷や用地の使用期間を制限することから，土壌還元システムで取上げた総ての因子を考慮にいれなければならない．加えて，処分システムを意図した汚泥は，一般の下水汚泥よりも大量の生物分解性物質を含有しているであろうし，顕著な濃度の毒性あるいは有害物質を含んでいるかもしれない．これらの物質は，石油系や多くの工場排水汚泥では一般的であり，ほとんどが有機化合物である．それらが分解性であるなら，その存在はシステムにおける設計単位負荷と同様に，施用頻度を支配する．もし，汚染物質が非分解性であるなら，施用現場は廃棄処分または封込め運転を考慮すべきである．このようなシステムに関する情報はいたるところから入手できるであろう[25,29]．

土壌における有機化学物質の分解機構は，その土壌における微生物の活性に依存している．揮発は数種の化合物について顕著であろうし[4,10]，植生がシステムの一部分であれば植物による吸収も因子となるが，微生物による反応が主要な処理機構である．

a. 設 計 手 法

これら有機化学物質を対象とした設計手法は，その土壌での化合物の半減期に基づいている．これは窒素管理のための無機化速度の手法といくつかの点で類似している．例えば，仮に汚泥中の物質の半減期が1年であり，その汚泥が毎年施用されるのであれば，その物質の半分は初年度末には，いぜんとして土壌に残留しているであろう．2年目の末には年間施用量の3/4が依存として土壌中に残留しており，それが繰返され，7年目には年間施用量とほぼ同量の物質が土壌に残留するであろう．

化合物の半減期が1年以内である場合，土壌中に蓄積する量は，その物質の年間施用量の2倍を超えないよう提案する[4,5]．このことは，施設の施用計画を，対象物質の半減期と同じに調整することで達成できる．

土壌中での生物反応は，土壌粒径，構造，水分含有量，温度，酸素レベル，栄養塩類の状態，pHと生息する微生物の種類と個体数に依存している．これら総ての因子の最適状態は，農業利用の土壌還元システムにおいて，良好に運転するために必要とされる状態と基本的に同じである．

pHが6～7の好気性土壌，温度が少なくとも10℃で，その土地に見合った土壌水分量があることは，ほとんどの場合，最適な状態に近いことを示している．さらに，毒性有機物について特別危惧すべきことは，土壌微生物への影響である．きわめて高い単位負荷は実際に土壌を失活させるであろう．土壌と汚泥の攪拌はこのリスクを低減し，かつ，酸素供給や微生物と廃棄物の接触を促進する．この撹拌が必要であるため，一般に植物は，短期の半減期をもつ汚泥のために設計されたシステムにおいては，処理の構成要素とはならない．

b. 要求されるデータ

汚泥構成物質の性状把握は，特に，潜在的に毒性や有害性を示す有機化合物が存在する可能性がある場合には，設計当初の段階での必須要件である．欠くことのできないデータは：無機化合物，電気伝導度，pH，滴定可能な酸類と塩基類，水分含有量，全有機物質，揮発性有機化合物，抽出可能な有機性化合物，残留固形物，急性遺伝子性毒性判定を目的とした生物学的評価結果である．無機化学物質には同じ金属と栄養素，土壌還元の設計のための分析に含まれている項目と同じハロゲンや他の塩類が含まれるであろう.

c.　半減期の決定

有機化合物の混合体の分解性と半減期は，一般に実験室において，一連の土壌呼吸試験により決定される．代表的な土壌と汚泥の資料は一定の割合で混合され，栓をされた容器の中に収められ，培養器に順番に入れられる．加湿された，二酸化炭素を含まない空気を，各容器に通過させる．この容器中の微生物活動に起因する二酸化炭素は，この空気を回収し，0.1 N の水酸化ナトリウムを含むカラムによって集められる．この水酸化ナトリウム溶液は週に約 3 回交換され，塩酸で滴定される．操作の詳細は参考文献〔4〕と〔28〕を参照のこと．通常の培養期間は 6ヶ月間までである．比較試験は 20 ℃で行われるが，現地の温度が 10 ℃前後以上変動することが予想される場合は，他の温度設定での半減期についても決定すべきである．ときとして，現地においてパイロットスタディーを行い，実験室での結果を確認することが望ましい．土壌サンプルは，施用が終わり，汚泥と土壌の混合の後に定例作業として採取される．

分析には，特に危惧すべき化合物と同様に，全有機物も含めるべきである．呼吸計試験による二酸化炭素評価測定に加えて，元のサンプルと最終の土壌-汚泥混合物における有機物質の割合を測定することを薦める．その後で，分解速度は式 (8.13) と (8.14) を用いることにより決定される．

全炭素分解は，

$$D_t = 0.27([CO_2]_w - [CO_2]_s)/C \tag{8.13}$$

ここで，D_t：t 時間後の全炭素分解率

$[CO_2]_w$：土壌-廃棄物混合物により発散された累積二酸化炭素

$[CO_2]_s$：改良されていない土壌により発散された累積二酸化炭素

C：汚泥より供給された炭素

有機炭素の分解は

$$D_{t,o} = [1 - (C_{r,o} - C_s)]/C_{a,o} \tag{8.14}$$

ここで，$D_{t,o}$：：t 時間後の有機炭素分解率

$C_{r,o}$：最終汚泥-土壌混合物中の残留有機炭素量

C_s：非改良土壌より抽出した有機炭素量

$C_{a,o}$：施用された汚泥中の有機炭素量

個々の有機物 2 次抽出物の分解速度もまた，式 (8.14) により決定される．全

有機物あるいは特定の廃棄物の半減期は，式(8.15)により決定される．

$$t_{1/2}=0.5t/D_t \tag{8.15}$$

ここで，$t_{1/2}$：対象となる有機物の半減期[d]

t：本データを得るために式(8.13)，(8.14)で利用した日数

D_t：t 時間後の炭素分解率

この処理システムにおいて，植物が日常の処理の構成要素として組込まれているのであれば，温室および，または現地でのパイロット試験は，毒性の評価と最適負荷速度の決定のために必要である．温室試験は容易であり，運転費用も安価であるが，現地試験はより信頼性がある．土壌処理のみを目的として設計されたシステムでは，植物による閉鎖後の働きが見込まれていなければ，試験の必要はない．

土壌-汚泥混合割合は呼吸計により試験されているので，微生物活動が起る濃度を決定することもまた可能である．この値と前に決定した半減期より，年間負荷量を決定することも可能である．

$$C_{yr}=0.5C_c/t_{1/2} \tag{8.16}$$

ここで，C_{yr}：対象となる有機物の年間施用速度[kg/h･年]

C_c：微生物毒性が発生するまでの限界濃度[kg/ha]

$t_{1/2}$：対象となる有機物の半減期[年]

施用負荷は式(8.6)を変形して計算される．

$$R_{o,c}=C_{yr}/C_w \tag{8.17}$$

ここで，$R_{o,c}$：有機物により制限される施用負荷[kg/h･年]

C_{yr}：対象となる有機物年間施用速度(式(8.16))[kg/ha･年]

C_w：汚泥中の対象となる有機物含有率(小数で表示)

対象となる有機物の半減期が1年以下である場合，式(8.16)で得られた$R_{o,c}$はより頻繁なスケジュールで適用されるであろう．

この場合，施用の回数は，

$$N=1/t_{1/2} \tag{8.18}$$

ここで，N：年間施用数

$t_{1/2}$：半減期[年]

必要とされる土地面積は式(8.12)を用いて決定される．土壌還元システムにおいて，計算は栄養塩類，金属，他の潜在的な制限要素について行う．設計の制

限因子は，式(8.12)で計算された，最も広い土地面積を必要とする成分である．

d. 負荷の表示方法

工業の慣習と実務的な事情にもよるが，この設計計算に用いられる負荷と施用速度は様々な単位で表現される．例えば，石油工業においては，負荷は通常バレル/ヘクタールで表現される．ほとんどの場合，汚泥は表土と混合される．混合層と呼ばれるこの表層部は，一般に15 cmの厚さをもつ．結果として，負荷はしばしばkg/m-混合層，あるいは混合層中のある汚染物質の割合(質量基準)で表される．以下の計算は，様々な可能性を示している．

1バレル(bbl)の油は159 Lで，それは約143 kgに相当する．「代表的」な土壌1 m^3は，約1 270 kgの土壌を含んでいる．15 cmの混合層をもつ1 haの処理面積は，0.15×10 000＝1 500 m^3/haの土壌をもっている．

1 haに100 bblの油では，重量負荷は混合層当りで，(100×143)/1 500＝9.53 kg/m^3となる．500 bbl/haでは，重量負荷は(百分率で)混合層当り(500×143)/(1 500×1 270)＝3.75 %となる．

【例題-8.7】

日発生量5 t，15 %の限界有機物を含む石油汚泥を処理するための用地面積を求めよ．以下のデータは呼吸計テストより得られた．

添加される炭素(C)＝3 000 mg

発生した二酸化炭素(90日間)＝1 500 mg(汚泥＋土壌)

＝100 mg(土壌のみ)

土壌細菌維持のための限界施用量C_cは，71 500 kg/ha・年(3.75%)であることが現地試験により得られた．

〈解〉

1. 式(8.13)を用いて，放出される二酸化炭素量を全炭素基準で求める．

$$D_t = 0.27[(CO_2)_w - (CO_2)_s]/C$$

$$D_{90} = 0.27(1\,500 - 100)/3\,000 = 0.13$$

2. 式(8.15)を用いて，有機化合物の半減期を求める．

$$t_{1/2} = 0.5\,t/D_t = (0.5 \times 90)/0.13 = 346\ \mathrm{d} = 0.95\ 年$$

3. 式(8.16)を用いて，限界化合物の施用量を求める．

$$C_{yr} = (0.5C_c)/t_{1/2}$$

$=(0.5\times 71\,500)/0.95=37\,632$ kg/ha・年

4. 式(8.17)を用いて有機物で制限される負荷を求める．

$R_{o,c}=C_{yr}/C_w$

$=37\,632/0.15=250\,880$ kg/ha・年 $=251$ t/ha・年

5. 式(8.12)を用いて，要求される土地面積を求める．

$A=Q_s/R_L=5\times 365/251=7.3$ ha

6. 設計計算を完全なものとするため，栄養塩類，金属，そして他の制限物質に要求される面積が求められるべきである．その計算結果の中で最も広い面積が，設計処理面積となる．

e. 処分システムの用地

用地選定手順と設計は，その用地が永久に処理/廃棄事業に提供されるものであるか，あるいは現況復帰させ，事業完了後に利用上制限がない用地として提供するものかに依存している．ある前者型のシステムは処理システムとして運営されていたかもしれないが，最終的に1つあるいはそれ以上の汚濁成分が，特定の累積許容値をこえるであろうから，その用地は処分場として計画されなければならない．これら処分事業の判定基準は参考文献〔25〕と〔29〕を参照のこと．

一般的な用地の特性は，土壌還元と処分システムともに類似している．主な違いは，しばしば雨水の流出制御法である．敷地外への流出は，一般にどちらの事業においても許されるものではない．しかしながら，農業に汚泥を利用する場合，雨水の流出対策はなされているが，施用場所において雨水が浸透することを認められている．処分事業の場合，汚泥は流動性の毒性あるいは有害性成分を含んでいるかもしれないので，雨水の流出はより深刻な問題である．

敷地は一般に，緩やかな傾斜(1～3％)で，堤防で区画に小分けされた形の敷地が選定されるか，構築される．その目的は，雨水の流出を管理することと雨水の浸透を最小にすることである．完全な水理学的解析が，総ての区画における収集溝，滞留池，場外流出防止構造の設計基準を決定するために必要となる．このような設計は，25年に1度の雨についてのピーク排出量に基づき，25年に1度の雨に対応できるよう滞留池を決め，その雨量を24時間で戻すよう計画すべきである．滞留池からの排水経路は，水の成分に依存している．ほとんどの事例において，それは第7章で述べた技術の1つまたはそれ以上を使用し，土地に供給

されている．規制されている物質が含まれている場合，特別な処理が要求されるかもしれない．滞留池での噴霧あるいは曝気は，揮発性有機物質濃度を低減するためにしばしば利用されている．

もし，粘土や他の防水材が現地で要求されるのであれば，下部集水装置が必要となる．下部集水装置は，防水材をもたない施設においても地下水位を制御するためと，混合帯での好気性状況維持を確実にするために，必要となるであろう．これら下部集水装置により集められた水も貯留し，処理すべきである．

施設設計では，使用される施用手法を考慮し，車両の適切な進入路を準備しなければならない．スプリンクラーと可搬型噴霧器は，液状汚泥に用いられてきた．この場合，施設設計の土木工学的見方では，第**7**章で述べた表面流下法のコンセプトに非常に似ている．乾燥汚泥は，土壌還元施設において使われる装置と同じ種類の装置により散布・混合できる．

特に寒い地方では，現地での仮保管が必要となるであろう．微生物活動に最適な土壌温度は20℃かそれ以上である．もし，低い温度が予想されるのであれば，施用間隔を長くするか(現地か呼吸計テストでの決定に基づいて)，または，寒い期間中，汚泥を保管する．

土壌の表面温度は，一般に，日中は周囲の気温よりも3～5℃高い．多くの土壌処理施設の土壌の表面は，微生物活動により，あるいは黒く，油性の廃棄物が混合されている場合には，熱の吸収が増加するために周囲の気温より5～10℃高くなる[14]．一般的には，気温が10℃以上あり，土壌に霜が残っていない状態であるならば，活発な分解が可能であると推察できる．この論拠に基づけば，処分システムの運転期間は，同じ場所で比較する場合は土壌還元システムより若干長いであろう．

参 考 文 献

1. Banks, L., and S. F. Davis: Desiccation and Treatment of Sewage Sludge and Chemical Slimes with the Aid of Higher Plants, in *Proceedings Symposium on Municipal and Industrial Sludge Utilization and Disposal,* Rutgers University, Atlantic City, NJ, Apr. 6–8, 1983, pp. 172–173.
2. Banks, L., and S. F. Davis: Wastewater and Sludge Treatment by Rooted Aquatic Plants in Sand and Gravel Basins, *Proceedings Workshop on Low Cost Wastewater Treatment,* Clemson University, Clemson, SC, Apr. 1983, pp. 205–218.
3. Bastian, R. K.: *Summary of 40CFR Part 503, Standards for the Use or Disposal of*

Sewage Sludge. U.S. Environmental Protection Agency, Washington, DC, Mar. 8, 1993.
4. Brown, K. W.: *Hazardous Waste Land Treatment,* EPA Report SW-874, U.S. Environmental Protection Agency, Office of Solid Waste and Emergency Response, Washington, DC, Apr. 1983.
5. Burnside, O. V.: Prevention and Detoxification of Pesticide Residues in Soils, in *Pesticides in Soil and Water,* Soil Scientists of America, Madison, WI, 1974, pp. 387–412.
6. Cole, D. W., C. L. Henry, P. Schiess, and R. J. Zasoski: The Role of Forests in Sludge and Wastewater Utilization Programs, in *Proceedings 1983 Workshop on Utilization of Municipal Wastewater and Sludge on Land,* University of California, Riverside, 1983, pp. 125–143.
7. Costic & Associates: *Engineers Report—Washington Township Utilities Authority Sludge Treatment Facility,* Costic & Associates, Long Valley, NJ, 1983.
8. Donovan, J.: *Engineering Assessment of Vermicomposting Municipal Wastewater Sludges,* EPA-600/2-81-075, available as PB 81-196933 from National Technical Information Service, Springfield, VA, June 1981.
9. Farrell, J. B., J. E. Smith, Jr., R. B. Dean, E. Grossman, and O. L. Grant: Natural Freezing for Dewatering of Aluminum Hydroxide Sludges, *J. Am. Water Works Assoc.,* 62(12):787–794, 1970.
10. Jenkins, T. F., and A. J. Palazzo: *Wastewater Treatment by a Prototype Slow Rate Land Treatment System,* CRREL Report 81-14, Cold Regions Research and Engineering Laboratory, Hanover, NH, Aug. 1981.
11. Kuter, G. A., H. A. J. Hoitink, and L. A. Rossman: Effects of Aeration and Temperature on Composting of Municipal Sludge in a Full-Scale Vessel System, *J. Water Pollution Control Fed.,* 57(4):309–315, 1985.
12. Lang, L. E., J. T. Bandy, and E. D. Smith: *Procedures for Evaluating and Improving Water Treatment Plant Processes at Fixed Army Facilities,* Report of the U.S. Army Construction Engineering Research Laboratory, Champaign, IL, 1985.
13. Loehr, R. C., J. H. Martin, E. F. Neuhauser, and M. R. Malecki: *Waste Management Using Earthworms—Engineering and Scientific Relationships,* National Science Foundation ISP-8016764, Cornell University, Ithaca, NY, Mar. 1984.
14. Loehr, R. C., and J. Ryan: *Land Treatment Practices in the Petroleum Industry,* American Petroleum Institute, Washington, DC, June 1983.
15. Metcalf & Eddy, Inc.: *Wastewater Engineering: Treatment, Disposal, Reuse,* 3d ed., McGraw-Hill, New York, 1991.
16. Miller, F. C., and M. S. Finstein: Materials Balance in the Composting of Wastewater Sludge as Affected by Process Control Strategy, *J. Water Pollution Control Fed.,* 57(2):122–127, 1985.
17. Pietz, R. I., J. R. Peterson, J. E. Prater, and D. R. Zenz: Metal Concentrations in Earthworms from Sewage Sludge Amended Soils at a Strip Mine Reclamation Site, *J. Environ. Qual.,* 13(4):651–654, 1984.
18. Reed, S. C., J. Bouzoun, and W. S. Medding: A Rational Method for Sludge Dewatering via Freezing, in *Comptes Rendus, 7e Symposium sur le traitment des euax us'ees,* Montreal, Nov. 20–21, 1984, pp. 109–117.
19. Reed, S. C., and R. W. Crites: *Handbook of Land Treatment Systems for Industrial and Municipal Wastes,* Noyes Publications, Park Ridge, NJ, 1984.
20. Rush, R. J., and A. R. Stickney: *Natural Freeze-Thaw Sludge Conditioning and Dewatering,* Report EPS 4-WP-79-1, Environment Canada, Ottawa, Jan. 1979.
21. Schleppenbach, F. X.: *Water Filtration at Duluth Minnesota,* EPA 600/2-84-083, available as PB 84-177 807 from National Technical Information Service, Springfield, VA, Aug. 1983.
22. Schneiter, R. W., E. J. Middlebrooks, R. S. Sletten, and S. C. Reed: *Accumulation,*

Characterization and Stabilization of Sludges from Cold Regions Lagoons, CRREL Special Report 84-8, U.S. Army Cold Regions Research and Engineering Laboratory, Hanover, NH, Apr. 1984.

23. Sieger, R. B., and G. J. Herman: Land Application Requirements of the New Sludge Rules, *Water/Engineering & Management,* 140(8):30–31, 1993.
24. Sigmund, T. W., and R. B. Sieger: The New Surface Disposal Requirements, *Water/Engineering & Management,* 140(9):18–19, 1993.
25. Sittig, M.: *Landfill Disposal of Hazardous Wastes and Sludges,* Noyes Data Corp., Park Ridge, NJ, 1979.
26. Sommers, L. E., C. F. Parker, and G. J. Meyers: *Volatilization, Plant Uptake and Mineralization of Nitrogen in Soils Treated with Sewage Sludge,* Technical Report 133, Purdue University Water Resources Research Center, West Lafayette, IN, 1981.
27. Sopper, W. E., and S. N. Kerr (eds.): *Utilization of Municipal Sewage Effluent and Sludge on Forest & Disturbed Land,* Pennsylvania State University Press, University Park, 1979.
28. Stotzky, G.: Microbial Respiration, in *Methods of Soil Analysis—Part 2, Chemical and Microbial Properties,* American Society of Agronomy, Madison, WI, 1965, pp. 1550–1572.
29. U.S. Army Corps of Engineers: *Technical Manual—Hazardous Waste Land Disposal and Land Treatment Facilities,* TM 5-814-7, Huntsville Division, U.S. Army Corps of Engineers, Huntsville, AL, Aug. 1984.
30. U.S. Department of Agriculture and Environmental Protection Agency: *Manual for Composting Sewage Sludge by the Beltsville Aerated Pile Method,* EPA 600/8-80-022, EPA Municipal Environmental Research Laboratory, Cincinnati, OH, May 1980.
31. U.S. Environmental Protection Agency: *Process Design Manual: Municipal Sludge Landfills,* EPA 625/1-78-010, available as PB-279 675 from National Technical Information Service, Springfield, VA, Oct. 1978.
32. U.S. Environmental Protection Agency: *Process Design Manual: Sludge Treatment and Disposal,* EPA 625/1-79-011, Environmental Protection Agency, Cincinnati, September 1979.
33. U.S. Environmental Protection Agency: *Composting Processes to Stabilize and Disinfect Municipal Sewage Sludge,* EPA 430/9-81-011, Office of Water Program Operations, Washington, DC, June 1981.
34. U.S. Environmental Protection Agency: *Process Design Manual: Land Treatment of Municipal Wastewater,* EPA 625/1-81-013, Center for Environmental Research Information, Cincinnati, OH, Oct. 1981.
35. U.S. Environmental Protection Agency, U.S. Department of Agriculture, Food & Drug Administration: *Land Application of Municipal Sewage Sludge for the Production of Fruits and Vegetables—A Statement of Federal Policy and Guidance,* Office of Municipal Pollution Control, Washington, DC, 1981.
36. U.S. Environmental Protection Agency: *Process Design Manual: Dewatering Municipal Wastewater Sludges,* EPA 625/1-82-014, Center for Environmental Research Information, Cincinnati, OH, Oct. 1982.
37. U.S. Environmental Protection Agency: *Process Design Manual: Land Application of Municipal Sludge,* EPA 625/1-83-016, Center for Environmental Research Information, Cincinnati, OH, Oct. 1983.
38. U.S. Environmental Protection Agency: *Sludge Composting and Improved Incinerator Performance,* Technology Transfer Seminar Report, Center for Environmental Research Information, Cincinnati, OH, July 1984.
39. U.S. Environmental Protection Agency: National Sewage Sludge Survey, *Fed. Reg.,* 55(218), Nov. 9, 1990.

40. Whiting, D. M.: *Use of Climatic Data in Design of Soil Treatment Systems,* EPA 660/2-75-018, Environmental Protection Agency Corvallis Environmental Research Laboratory, Corvallis, OR, Sept. 1975.

第9章　オンサイト汚水処理

米国では，オンサイトの汚水処理として土壌吸着方式が2 000万基以上用いられている．これらのシステムは長年にわたり，メンテナンスフリーか，わずかの手入れで運転されており，適切な場所選定と設計がなされれば，永続的なシステムになりうるものである．本章では，オンサイト汚水処理の種類，設置場所の評価，オンサイト処理方式，オンサイト排出方式，オンサイト汚水処理運営区について紹介する．

9.1　オンサイト処理の種類

家庭向けのオンサイト処理および排出システムの典型的なものは，腐敗槽と重力式の地中土壌吸着システムから構成されている．他のシステムとしては，工場排水，商業排水，レストラン排水向けに油脂分離槽を有するシステム，複数の家庭からの汚水を対象としたイムホフタンク，および一次処理として，腐敗槽による処理より高級な処理を行うための砂ろ過や好気性処理装置などがある．このように多くの場合，腐敗槽が初段の処理装置として選ばれている．次段の処理である窒素の除去や病原体の除去のために，以下の方式が用いられる．

・間欠砂ろ過床
・循環型細礫ろ床
・安定池（第**4**章参照）
・消毒（紫外線もしくは塩素処理）

腐敗槽処理水を自然界に排出するために広く用いられている方式は，間欠運転方式の，地中自然浸透トレンチである．**図-9.1**に代表的なトレンチシステムの概要を示す．トレンチの深さは通常，0,3～1.5 m で，自治体の保健環境部局により指定されている．

設置場所で，地下水位が高い，地表の傾斜がきつい，土壌層が薄い，土の透水

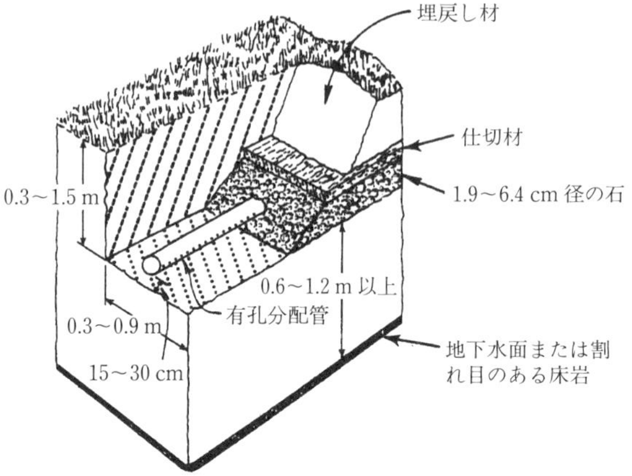

図-9.1　腐敗槽処理水を排出するための典型的なトレンチシステム[16]

表-9.1　様々な現地制約下での環境への排出方式の選定[16]

方　式	サイトの制約条件											
	土壌の浸透性			床岩までの深さ			地下水面までの深さ		勾　配			小区面の場合
	非常に大	大～中	小～非常に小	浅　く多孔性	浅く飛多孔性	深い	浅い	深い	0～5%	5～15%	＞15%	
トレンチ		X	X[*2]			X		X	X	X	X	X[*4]
ろ　床		X				X		X	X		X	
ピット		X				X		X	X	X	X	X
盛り土	X	X	X	X	X	X	X	X	X	X		
土の交換	X	X[*1]	X[*1]	X	X	X	X	X	X	X	X	X[*4]
砂層によるトレンチまたはろ床	X	X	X[*2]			X		X	X	X[*3]	X[*3]	X[*4]
人工的な排水システム		X				X	X		X	X	X[*3]	
蒸発浸透池		X	X[*5]			X		X	X			
蒸発池[*4,*5]	X	X	X	X	X	X	X	X	X			
ET ろ床またはトレンチ[*4,*5]	X	X	X	X	X	X	X	X	X	X[*6]		
ETA ろ床またはトレンチ		X	X			X		X	X	X	X	X

注）[*1] 砂や砂質状ロームを露出するために，表土が除去できる場所のみ
[*2] 乾燥した土壌条件でのみ建設すること．トレンチ型のみ使用すること
[*3] トレンチのみ
[*4] 流速減を提案
[*5] 高い蒸発能が必要
[*6] 南向き斜面にのみ推奨
X は，この制約下でシステムが効果的に機能することを意味する

性が低いなど，従来型の浸透システムではトラブルが予想される場合のために，別の排出手法が開発されている．土壌層の厚さが病原体の除去に必要な厚さに足りない場合には，通常，処理工程の追加がなされたり，別の排出手法が用いられる．設置場所の様々な制約条件に対応した，代替的な自然界への排出方式を**表-9.1**に示す[16]．

9.2 設置場所の評価

オンサイトシステムを設置する地点の土壌の性状が，設置場所の評価にとってきわめて重要である．第**2**，**3**章における土壌と地下水の試験のための技術と基準，現地の評価方法などを参考にする必要がある．設置場所の評価をどの程度まで行うかは，汚水の量と質，土壌の性状，地形・地質などの水の流下に係わる条件，景観，地表の排水システムなどにより異なる．評価は少なくとも，予備調査と詳細調査の2段階で行われる．

9.2.1 予備調査

予備調査の第1段階は，土地開発の当事者と会い，土地利用の現状と将来の姿，想定汚水量および想定水質について決定することである．次の段階は，設置場所に関する以下の情報の収集である．

・土の種類
・土壌の深さ
・地表の勾配
・流出係数
・排出先の状況(川，溝，湿地)
・既存の構造物
・井戸
・土地利用計画
・景観

設置場所に関するデータを収集したあとは，法的規制に

表-9.2 オンサイトシステムにおける一般的な規制要因[10]

1.	セットバックの距離(井戸，泉，表流水，急斜面，境界，建物からの水平距離)
2.	排出のための用地の最大傾斜
3.	土壌特性 深　さ 浸透性
4.	地下水面までの最短距離
5.	腐敗槽(最小サイズ)
6.	浸透地での水量負荷の最大値
7.	砂ろ過層への負荷の最大値

関する情報収集をするために，自治体の規制部局と協議する．代表的な規制項目を**表-9.2**に示す[10]．

9.2.2　詳細調査

現地調査を必要とする主な項目は，土壌の種類と深さ，地下水面までの距離，浸透速度である．自治体の規則により，バックホーによる掘削，ピエゾメーター試験，透水試験が必要である．バックホーによる掘削とピエゾメーター試験は，第**2**章で述べたように，土壌の性状，土壌層厚，地下水位を求めるために用いられる．**図-9.2**に示すように，バックホーの掘削孔にて土壌の断面を詳細に調査することができる．

浸透速度の測定のために広く用いられているのが，透水試験である．透水試験は比較的簡単で，広く用いられているが，同じ土の試料で行った試験の結果が90％以上異なることがある[16,21]．この差違は，試験方法，つまり試験前の試料の水分量や，試験者の技量に起因している．各家庭向けの施設では，**表-9.3**に示す変水位の透水試験を用いても差しつかえない．

水量が日量3.8 m^3 をこえる場合には，浅いトレンチを用いた定水位試験か，第**2**章に示した現場透水試験が有効である．トレンチの定水位試験では，実施設が予定されている場所にまず長さ2～3 mの浅いトレンチを掘る[15]．トレンチに木の枠をはめ込み，そこに**図-9.3**に示すように砂礫を詰める．そしてポンプと

(a) バックホーによるテスト孔の掘削

(b) 露出した土壌や土壌組成の調査

図-9.2　腐敗槽処理水の排出用地の評価[15]

表-9.3 変水位透水試験の手順[16]

1. 試験の数と位置

通常，設置予定区域内の最低3箇所で，透水試験を行う．この試験地点の配置は，予定区域内の一部に片寄らないようにする．土壌性状が大きく変化する場合には，より多くの試験が必要とされる．

2. 試験孔の準備

試験孔は直径15 cmとし，浸透させる層あるいは最も条件の悪い土壌層へ届くようにする．自然の土壌表面を露出させるために，孔の側面を先の尖った器具で掻取り，掻落したものを試験孔の底から取除く．水を注入する際に底面の土がまき上げられないようにするために，1.3～1.9 cmの礫を5 cmの厚さで孔に敷く．

3. 浸漬期間

孔に，きれいな水を，少なくとも水深30 cmまで慎重に満たす．この水深は，少なくとも4時間維持すべきであり，粘土が存在する場合には一晩維持することが望ましい．孔の側壁を水が洗い流さないように，ホースをつけた漏斗や同様の装置を用いてもよい．浸漬期間中水位を自動的に保つために，自動サイフォンやフロートバルブを用いてもよい．正確な結果を得るには，土壌が膨張するのに必要な時間，十分に土壌を浸漬することが非常に重要である．粘土がほとんどないか全くない砂では，浸漬は必要ではない．孔を30 cmまで水で2回満たした後，水が10分以内に完全になくなれば，試験を即座に進めることができる．

4. 浸透率の測定

砂の場合を除いて，浸透率の測定は，浸漬開始後15時間から30時間で終えるようにする．浸漬期間中に孔に落ちた土を総て除去し，水位を砂礫面から15 cm（あるいは孔の底から20 cm）になるように調節する．試験中は，水位は砂礫面から15 cmより高くなってはならない．

調節後直ちに，水位を，30分間隔で定点からの高さとして測定する．試験は，2回の連続測定における水位低下の差が，0.16 cmより小さくなるまで続けられる．そして少なくとも3回，測定を行う．

各測定後，水位を15 cmになるように再調整する．最終の水位低下を浸透率の算定に用いる．

砂や，浸漬期間後に加えられた15 cmの水が30分以内になくなるような土であれば，水位測定を10分間隔で，1時間行う．最終の水位低下速度を，浸透率の計算に用いる．

5. 浸透率の計算

浸透率は，各試験孔の測定時間間隔を最後の水位低下値で除すことにより計算される．この計算結果は，min/cm単位で表わした浸透率になる．区域内の浸透率を決定するためには，各孔から得られた値を平均する（もし，区域内の試験値が8 min/cmより大きく変動していれば，土壌の特性による変化となる．このような状況下では，浸透率を平均すべきではない）．

例：30分間の水位の最終低下量が1.6 cmであれば，浸透率＝30 min/1.6 cm＝19 min/cm

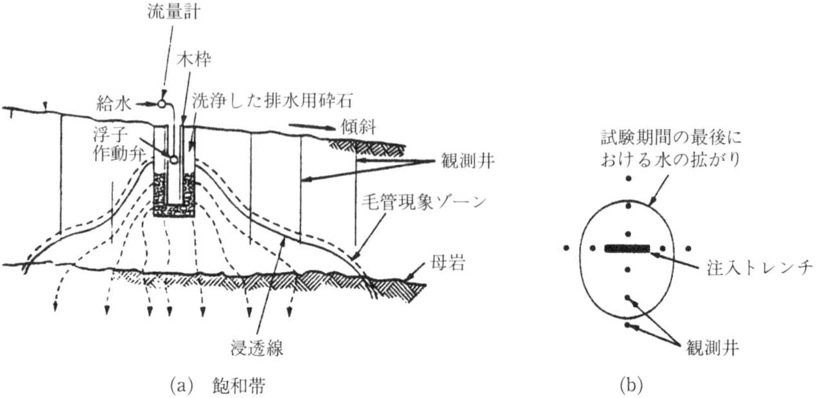

図-9. 3　浸透能測定のための注入試験の現地手順[15]

水位計，フロートで一定の水位を保ち，観測井をトレンチの周りに掘り，水の拡がりを観測する．

試験のため，トレンチには一定の水位に保つために水が供給され，2〜8 日の試験期間中水位が保たれる．水は，図-9.3 に示すように，水平方向および垂直方向に浸透移動する．許容浸透水量は，以下に示す例のように算定される．

【例題-9. 1】

次の注入試験の結果を用いて，浸透可能量を計算せよ．

1.　トレンチの寸法＝長さ 2 m，幅 0.3 m，深さ 1 m
2.　周囲の井戸での観測から得られる排水の拡がり面積は 37 m^2
3.　トレンチ底部での水深は 0.3 m
4.　トレンチ下部での水層の厚さは 0.6 m
5.　毛管現象の生じる土壌層の厚さは 0.3 m
6.　この土壌層での空隙中の水分は 35%
7.　土の間隙率は 0.4
8.　試験期間中の給水量は 15 m^3
9.　試験期間は 120 時間

〈解〉

1.　浸透水＝吸水量－残留水．残留水は次の 3 つの水量を加えたもの：トレンチ内の水，飽和帯の水，不飽和帯の水．

2．トレンチ内の水量の計算

$$W_t = 2\ \mathrm{m} \times 0.3\ \mathrm{m} \times 1\ \mathrm{m} = 0.6\ \mathrm{m}^3$$

3．飽和帯の水量の計算．飽和部分を，角錘台と仮定する．角錘台の底面は 37 m²，高さは 1 m．

$$W_{sz} = \text{土の間隙率} \times [0.5(37\ \mathrm{m}^2 + 0.6\ \mathrm{m}^2) \times 1\ \mathrm{m} - 0.6\ \mathrm{m}^3]$$
$$= 0.4 \times 18.2 = 7.3\ \mathrm{m}^3$$

4．毛管帯の水量の計算．水の拡がり面積と同じ広さと仮定する．

$$W_{cz} = 37\ \mathrm{m}^2 \times 0.3\ \mathrm{m} \times 0.4 \times 0.35 = 1.6\ \mathrm{m}^3$$

5．残留水量＝$0.6\ \mathrm{m}^3 + 7.3\ \mathrm{m}^3 + 1.6\ \mathrm{m}^3 = 9.5\ \mathrm{m}^3$

6．浸透水量＝$15\ \mathrm{m}^3 - 9.5\ \mathrm{m}^3 = 5.5\ \mathrm{m}^3$

7．浸透可能量の計算

$$\text{浸透可能量} = \frac{5.5\ \mathrm{m}^3}{37\ \mathrm{m}^2 (120\ \mathrm{h}/24\ \mathrm{h \cdot d})} = 0.0297\ \mathrm{m/d}$$

ポンプを用いた定水位試験に代る方法として，第**2**章で述べたような 50～100 m² の池を用いた大規模試験がある．もし地下水位が地表から 3～8 m 以内にある場合には，地下水位，水位勾配，水質を求めておく必要がある[18]．浅い井戸や水位計は地下水の試料採取に，また水位計は地下水位のモニターに役立つ．地下水が最高水位に達すると予想される数ヶ月にわたってピエゾメーターでの観測を要求する機関もある．

9.3 オンサイト処理

従来のオンサイト処理システムは，一次処理としての腐敗槽と地中の土壌処理の組合せである．より高度の処理方式として，間欠あるいは循環型の砂もしくは細礫によるろ過，人工湿地（第**6**章参照）がある．レストランや工場からの排水には油脂分の除去のために，油脂分離槽，もしくは余分の腐敗槽が必要である．

9.3.1 腐 敗 槽

腐敗槽は沈澱，浮上分離と嫌気性消化の工程を合せたプレハブの槽である．た

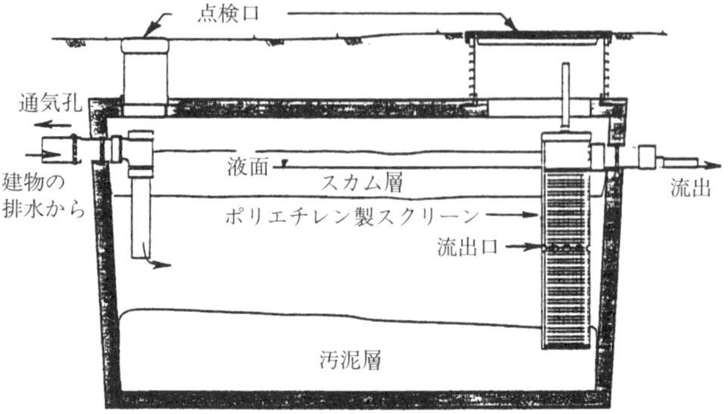

(a) 流出部スクリーン付きの1槽式腐敗槽

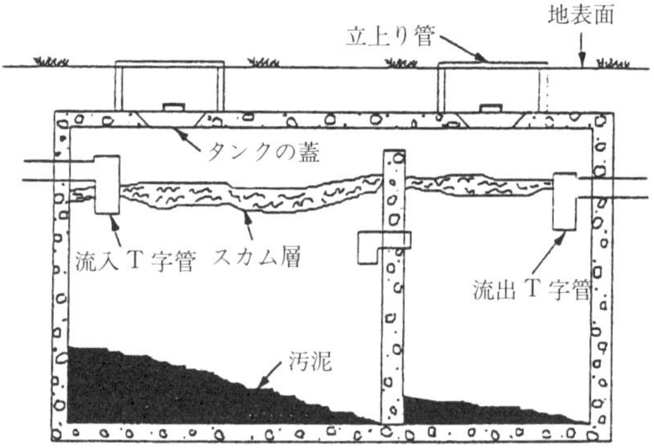

(b) 従来の2槽式腐敗槽

図-9.4　腐　敗　槽

いていの腐敗槽はコンクリート製であるが，ガラス繊維製，鋼鉄製，木製やポリエチレン製の槽も用いられている．ほとんどの規制部局は，木製や鋼鉄製の腐敗槽を認めていない[15]．

1槽式と2槽式の腐敗槽の概要を**図-9.4**に示す．2槽式の内壁は，固形物(沈澱物とスカム)を1槽目に保持するために設けられている．2槽式の代替法として，図-9.4に示すように流出水用のろ過装置を設けることがある．この装置では流出水は，スカム層と沈澱物層の中間に位置する孔からろ過部に入る．スクリーンを通過する流速は遅く，ろ過部への流入孔はおおむね孔径3mmで，目詰りを起さない．もし必要な場合には，スクリーンは取外して，洗浄することができる．これまでの経験では，スクリーンの洗浄は，槽が洗浄されるときに行えば十分である．

流入水中の固形物は腐敗槽で沈み，油分や浮きやすい成分はスカムを形成する．清澄な層が沈澱層とスカム層の間に形成される．沈殿層の厚みが530 mmに達するか，もしくはスカム層の厚みが250mmをこえると腐敗槽は清掃が必要となる．3.8 m^3の槽で，寝室が3つの家屋からの汚水を対象とする場合には，12ヶ月ごとに清掃が必要となる[1]．

腐敗槽は漏水のないようにしなければならない．槽を設置する前後に，槽に水を張り24時間の変化を調べる試験を行ない，漏水と構造的な問題のないことを確認しなければならない．

腐敗槽の容量は，汚水の量により決定される．商業向けと工場向けの場合には実際の汚水量を測定すべきであり，流入水の固形物濃度が250 mg/Lを超え，油脂分を多く含む場合には，槽の容量を大きくするといった配慮が必要である．家庭汚水向けの場合は，汚水量が1.9～5.7 m^3/dでは槽内滞留時間が2～3日，5.7 m^3/d以上では2日が用いられている．

腐敗槽では，懸濁物質(SS)のかなりの部分と生物化学的酸素要求量(BOD)物質の一部が除去される．腐敗槽の固形物保持能力は，槽の設計，流入水の特性，流出部のスクリーンの有無に左右される．流出部スクリーンの有無による腐敗槽処理水の水質の違いを**表-9.4**に示す．

表-9.4　腐敗槽処理水の水質［mg/L］

地　点	設計流量［m^3/d］	流出スクリーンの有無	BOD_5［mg/L］	TSS［mg/L］
Boston Harbor, WA	95	有	120	34
Eastsound, WA	170	無	214	117
Elkton, OR	76	有	122	26
Glide, OR	397	20%	113	53
Irrigon, OR	178	有	93	20
Lapine, OR	121	有	103	—
Loon Lake, WA	397	無	90	45
Montesano, WA	852	有	—	30
Penn Valley, CA	148	有	128	28
Tangent, OR	102	有	104	31
West point, CA	946	有	136	32

9.3.2　イムホフタンク

オンサイト処理システムで，対象とする水量が 38 m³/d をこえる場合には，大容量の腐敗槽とイムホフタンクの比較検討を行うべきである．イムホフタンクは，槽が上下2層になっており，上の槽では沈澱，下の槽では沈澱した固形物の消化が無加温の状態で行われる．下の槽の消化過程において生成するガスは，通気孔から散逸する．上の槽の沈澱部分の底には，昬が突きだしたような板が設けられており，ガスが発生して浮上しやすくなった沈殿物が，下の槽から上昇して上の槽の流出部に来ないようにしている[2,15]．

9.3.3　油脂分離

レストランや他の商業施設，工場などの施設から排出される油脂分は，オンサイト処理で排出するシステムにとっては重大な問題となりかねない．もし前処理で除去できない場合，油脂分は土壌吸着トレンチを目詰りさせてしまう．

油脂分離槽ではたいてい，浮上分離により油脂を分離効果のあるようにするために，滞留時間を30分以上とる．最大流量と水温を測定し，計画値内にあることを確める．油脂分離槽を効果的に使用するためには，定期的に清掃するとともに，熱い油がそのまま溢れ出ないようにする必要がある．油脂分離槽を直列に並べて，油を冷やすとともに，貯留する場合もある．

9.3.4　間欠砂ろ過床

間欠砂ろ過床 (ISF) は，第**4**章で述べたように，表面散水と底部集水装置を備えた，細砂から中砂に属する砂を浅く敷き詰めたろ床である．1800年代末には，マサチューセッツの多くの集落で，腐敗槽の処理水を低速砂ろ過で処理する方式が用いられた．この第1号はマサチューセッツ州 Lenox で1876年に設置された施設である[8]．マサチューセッツの間欠砂ろ過床は，その後のろ過速度19～113 mm/d の高速浸透方式の先駆けとなった．

間欠砂ろ過床の代表的なシステムを**図-9.5**に示す．腐敗槽の流出水は砂層の表面に間欠的に散布される．処理された水は，ろ床の下部に設けられたパイプで集められ，環境中に排出もしくは再利用される．ろ床は上部が開放されたタイプと覆土されたタイプがあるが，後者の方が多い．

間欠砂ろ過床方式の処理性能を**表-9.5**に示す．SS はろ過と沈澱により除去さ

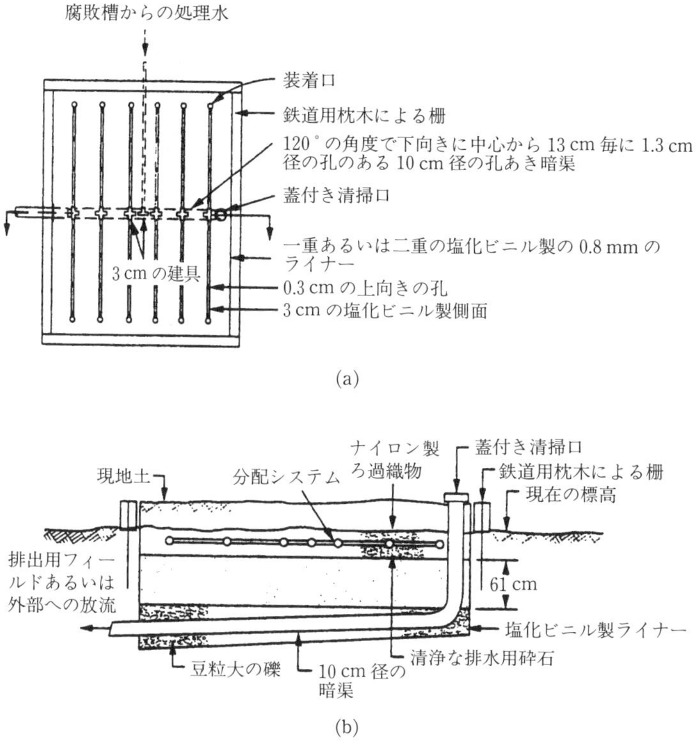

図-9.5　間欠ろ過の構造

表-9.5　間欠砂ろ過の性能

場所と参考文献	有効径 [mm]	水量負荷 [L/m²·d]	BOD₅ [mg/L] 流入水	BOD₅ [mg/L] 流出水	BOD₅ 除去率 [%]	全窒素 [mg/L] 流入水	全窒素 [mg/L] 流出水	全窒素 除去率 [%]
Florida [4]	0.25～0.46	69.2～163.1	148	14.0	90	37	32.0	14
Florida [3]	0.25～1.04	81.4～589.0	57	4.8	92	30	16.0	47
Oregon [13]	0.14～0.3	13.6～36.0	217	3.2	98	58	30.0	48
Stinson Beach, CA [9]	0.25～0.3	50.0	203	11.0	94	57	41.0	28
UC Davis, CA [11]	0.29～0.93	40.9～163.1	82	0.5	99	14	7.2	47
Paradise, CA [9]	0.30～0.50	20.4	148	6.0	96	38	19.0	50

れる．BOD 物質とアンモニアは細菌により酸化される．間欠的な散水と下部排水孔からの空気の流れとにより，ろ床を好気的条件に保つことができる．排水管を満水にすることにより窒素除去を進めることができる．

表-9.6　腐敗槽処理水を処理する間欠砂ろ過の設計基準

設計因子	単位	設計基準 幅	設計基準 標準
ろ　材			
材質		洗浄された耐久性のある粒状物	
有効径	mm	0.25～0.50	0.35
均等係数	U.C.	3～7	＜4
厚　さ	cm	61～91	61
排水用暗渠部分			
種類		洗浄された耐久性のあるレキまたは砕石	
粒径	cm	0.953～1.91	
排水用暗渠			
種類		溝あるいは穴のある排水管	
管径	cm	7.62～10.2	10.2
勾配	%	0～1	平坦
圧力配水			
管渠径*	cm	2.5～5.1	3.18
オリフィス径	cm	0.318～0.64	0.318
オリフィス水頭	m	0.9～1.5＋	1.5＋
横方向間隔	m	0.46～1.2	0.61
オリフィスの間隔	m	0.46～1.2	0.61
設計パラメータ			
水量負荷	L/m²·d	24.6～81.4	48.8
有機物(BOD)負荷	kg/m²·d	0.002～0.01	＜0.005
注入頻度	回/d	4～24	6
注入槽容量	日流量	0.5～1.0	0.5
ろ床平均温度	℃	—	＞5

注）* 径は流量による
参考文献〔10, 15, 16〕より引用

間欠砂ろ過床の設計において重要な要素は，砂の粒径，砂層の厚さ，散水負荷，散水頻度である．一般的にいって，散水負荷が小さく，砂の粒径が小さく，砂層が厚いほど，SS，アンモニア，BOD物質の除去性能が高くなる．砂の粒径が0.25 mmくらいに小さくなると，最終的には目詰りを起すことになり，定期的に固形物の掻取りをしなければならなくなる．もう少し大きめの0.35～0.5 mmの砂を用いれば，散水負荷が50 mm/d以下とそれほど高くなく，また最も寒い月でも平均気温が4℃以上であれば，固形物の掻取りをしなくとも長期間の運転ができる．用いる砂は，よく洗浄し，細かいものを含まないようにしなければならない．広く用いられている設計基準の例を，**表-9.6**に示す．

9.3.5　循環型細礫ろ床

循環型の細礫ろ床付きの腐敗槽においては，腐敗槽処理水は循環槽(**図-9.6** 参照)に入り，ろ層処理水と混合される．循環槽の水はポンプで1時間に2，3回ろ床へ送られる．循環槽に設けられたバルブにより，循環槽の水位に応じて，ろ床の処理水が循環槽へ行くか，そのまま排出されることになる．間欠砂ろ過床と循環型ろ床の主な違いは，循環型ろ床の方が，

① 粒径の大きなろ材を使用していること

② 散水負荷が大きいこと

③ 循環水量比が3：1から6：1であること

などである．地域によっては，粒径の大きい砂を用いた方式を循環型砂ろ床と呼んでいるところがある．

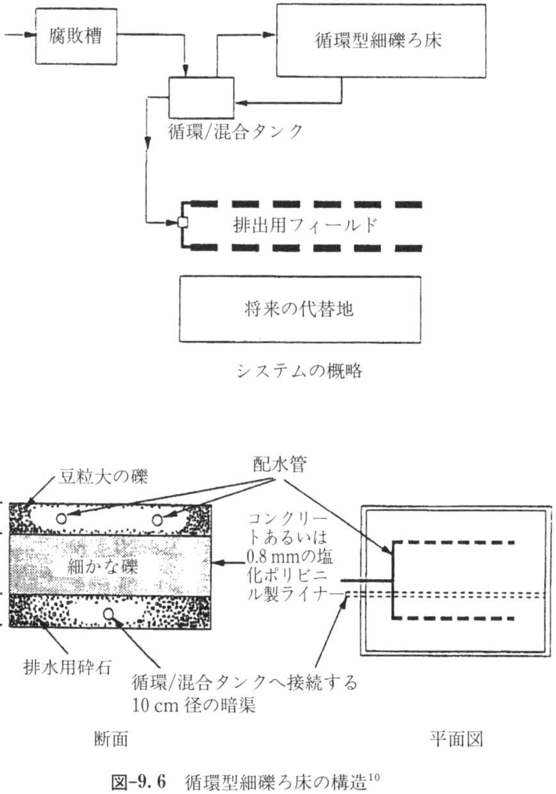

図-9.6　循環型細礫ろ床の構造[10]

表-9.7　循環型ろ床の性能

場所と参考文献	有効径 [mm]	水量負荷 [L/m²·d]	BOD5 [mg/l] 流入水	流出水	除去率 [%]	全窒素 [mg/l] 流入水	流出水	除去率 [%]
Michigan [7]	0.3	122	240	25,0	90	92	34	60
Oregon [13]	1.20	59	217	2.7	99	58	32	45
Paradise, CA [9]*1	3.00	179	134	12.0	91	63	35	44
Paradise, CA [9]*2	3.00	102	60	8.0	87	57	26	54

注）*1 36戸からなるアパート
　　*2 6戸からなるアパート

表-9.8　腐敗槽処理水のための循環型細礫ろ床の設計基準

設計因子	単位	設計基準 幅	標準
ろ　材			
材質		洗浄された耐久性のある粒状物	
有効径	mm	1.0～5.0	3.0
均等係数	U.C.	＜2.5	2.0
厚さ	cm	46～91	61
排水用暗渠部分			
種類		洗浄された耐久性のあるレキまたは砕石	
粒径	cm	0.953～1.91	
排水用暗渠			
種類		溝あるいは穴のある排水管	
管径	cm	8～15	10
勾配	%	0～1	平坦
圧力配水			
管渠径*	cm	2～5	3.8
オリフィス径	cm	0.318～0.64	0.318
オリフィス水頭	m	0.9～1.5＋	1.5＋
横方向間隔	m	0.5～1.2	0.6
オリフィスの間隔	m	0.5～1.2	0.6
設計パラメータ			
水理的負荷	L/m²·d	26.1～203.6	163.1
有機物（BOD）負荷	kg-BOD5/m²·d	0.002～0.01	＜0.005
注入頻度	min/30 min	1～10	5
循環率		3：1～5：1	4：1

注）* 径は流量による
　　参考文献〔10, 15, 16〕より引用

家庭向けのシステムで循環型砂ろ床と間欠砂ろ過床を比較すると，前者では設備が追加されている分，割高になる．しかしながら，間欠砂ろ過床の3～4倍の

散水負荷をかけられることから，処理水量が多くなると循環型砂ろ過床および循環型細礫ろ床の利点が出てくる．

循環型細礫ろ床の処理性能を**表-9.7**に示す．表に示した礫の径であれば，きちんと設計された腐敗槽もしくは同等の処理がろ過の前に行われていれば，ろ床の目詰りはめったに起らない．

循環型細礫ろ床では，90%以上という効果的なアンモニアの酸化(硝化)が期待できる．この方式で注意すべき点は，循環槽のpHが低下しやすいことである．1 mgのアンモニア態窒素が酸化されると，7 mgのアルカリ度が消費される．もし水道の水が軟水で，低アルカリ度の水であれば，アルカリ度不足のため，硝化が進んでいる間，pHを維持することができないこともある．ろ床内でpHが低下すれば，BOD物質やアンモニア除去の細菌の処理能力に支障が生じる．そのときには，炭酸ナトリウムや炭酸カルシウムなどのアルカリ剤を添加すればよい．または，硝化で消費されたアルカリ度の半分を回復することのできる脱窒を，最大限に進めることで対応できる．窒素除去を最大限に進める方法については，次の節で紹介する．

循環型細礫ろ床の典型的な設計基準を**表-9.8**に示す．礫の有効径は3 mmである．文献では，循環型砂ろ過床に用いる砂の径は0.3～1.5 mmである[5]．径の小さいろ材を用いるほどろ床が目詰りしやすくなる．

9.3.6 窒素除去方式

窒素除去のできないことがオンサイト処理の欠点としてよく取上げられるため，オンサイト処理向けの窒素除去方式が提案されてきている．窒素除去方式には次の3つのタイプがある．

・窒素の排出源の分離
・物理化学的処理
・生物学的処理

a. 排出源の分離

家庭から排出される窒素の大半は，トイレ排水に含まれる窒素である．トイレ排水には家庭汚水中の窒素の75%以上が含まれているが，水量では40%にすぎない[17]．排出源分離の発想は，トイレ排水と雑排水を分けて集めるというものである．雑排水は，従来型の腐敗槽と地中浸透というシステムで処理，排出することができ，植物の潅漑，緑化に再利用することも可能である[15]．トイレ排水はオンサイトで，物理化学的処理あるいは生物学的処理により処理することができる．また水洗式でないトイレを使い，コンポスト化したり焼却することでトイレ排水の処理を不要にすることができるほか，別の施設に送って処理することもある[19]．

b.　物理化学的窒素除去

イオン交換，逆浸透，塩素処理，エアーストリッピングなどの物理化学的プロセスが窒素除去に用いられる[15]．イオン交換は，アンモニア態窒素もしくは硝酸態窒素の除去に用いられる．汚水中の陽イオンの中でアンモニアに対して高い選択性を有する天然ゼオライトであるクリノプティロライトは，腐敗槽処理水の処理に使用することができる．イオン交換樹脂は，定期的に再生されねばならない．

腐敗槽の処理水が硝化されておれば，硝酸態窒素は陰イオン交換樹脂を用いて除去することができる．

c.　生物学的窒素除去

窒素除去のために，いくつかの生物学的プロセスが開発されている．このうち4つのプロセスのフローシートを**図-9.7**に示す．泥炭ろ過が提案されているが[19]，最近の調査では，砂層の上部に泥炭を敷いたものと比べて明確な差がないことが示されている[20]．

循環型砂ろ過床とともに嫌気性もしくは無酸素のろ床を用いると，脱窒に必要な嫌気的な条件と滞留時間を確保できる．3番目の重要な要素は炭素源であり，これは腐敗槽処理水から供給される．腐敗槽処理水は嫌気性礫ろ過床の底部に導入され，そこで硝化された処理水と混合される．脱窒後の混合水は循環槽へ入り，ポンプで硝化が行われるろ過槽へ送られる[12]．

2番目のプロセスは，最初のプロセスとほぼ同じであるが，炭素源としてメタノールとかコーンシロップを用いるところが異なっている．嫌気性槽は循環型砂ろ過床の後に来る．

3番目のプロセスは，礫ろ過床を循環型砂ろ過床と組合せているので，循環型砂ろ過の一種である．腐敗槽の処理水は，それより低いところにある砂ろ過床につながっている礫ろ過床に入る．礫ろ過床では，腐敗槽からの処理水は水平に流れ，端に達するとポンプ室に入る．汚水は砂ろ過床に散布され，そこで硝化される．砂ろ過床からの流出水は集められ，第2の循環槽に入り，脱窒のため腐敗槽

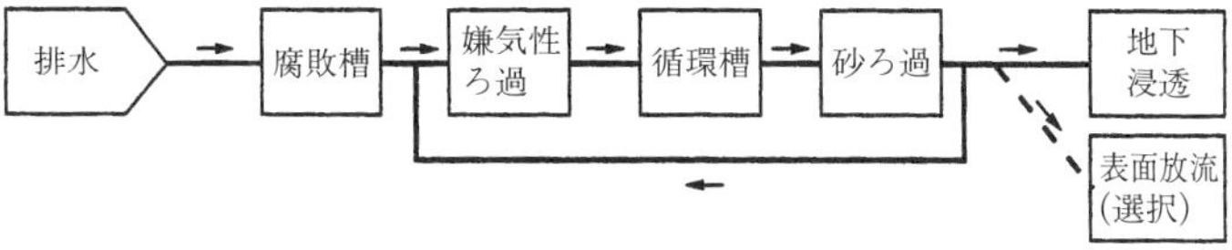

(a) 嫌気性ろ過をもつ循環型砂ろ過

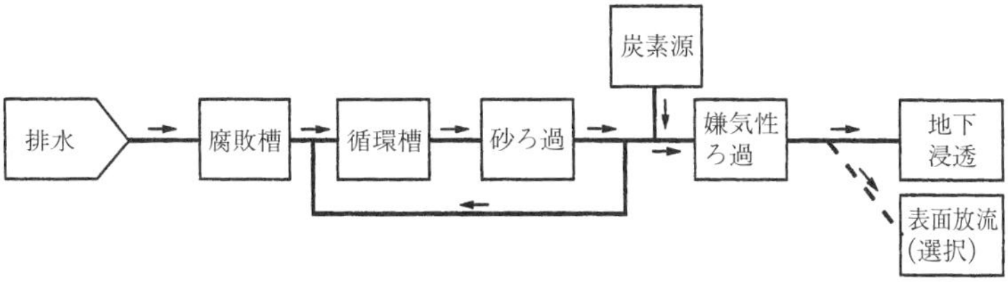

(b) 嫌気性ろ過と炭素源添加の循環型砂ろ過

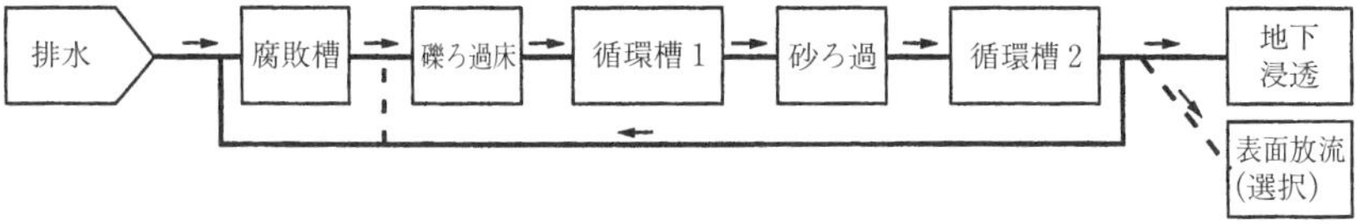

(c) 循環型砂ろ過と礫ろ過床[2]

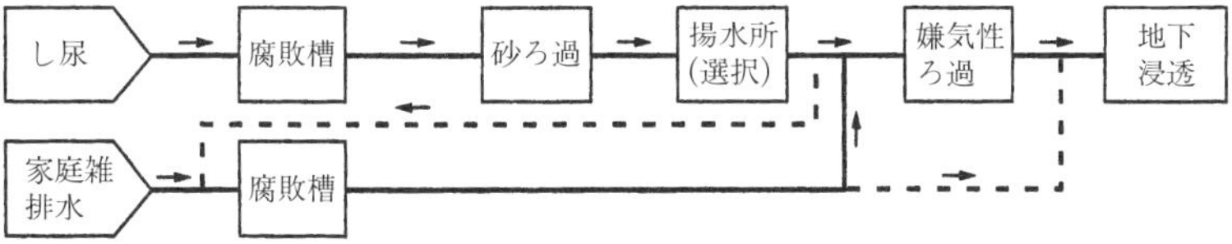

(d) RUCK プロセス

図-9.7 生物学的窒素除去プロセスの例[19]

に戻される．第 2 ポンプ室の流出水の一部は排出される[14]．

4 番目のプロセスは，RUCK 法として知られているプロセスである．このプロセスでは，トイレの排水と雑排水を分けて集め，別々の腐敗槽に入れる．トイレ排水用の腐敗槽処理水は間欠砂ろ過床で処理される．ここで硝化されたあと，雑排水用の腐敗槽の流出水と混合され，嫌気性ろ過床で脱窒される．

これらのプロセスの窒素除去率は，炭素源にもよるがおおむね 50〜90% である．これらのうち最も信頼性が高いのは，炭素源を添加している 2 番目のプロセスであるが，かかる費用と運転の複雑さを十分考慮する必要がある[19]．

9.3.7　プレハブ式処理装置

オンサイト処理では，パッケージプラントとして，商業ベースで販売されているプレハブ式の処理装置が用いられることがある．好気性活性汚泥法の中で，最も広く用いられている2つの方式が，**図-9.8**に示す回分法と連続流式長時間曝

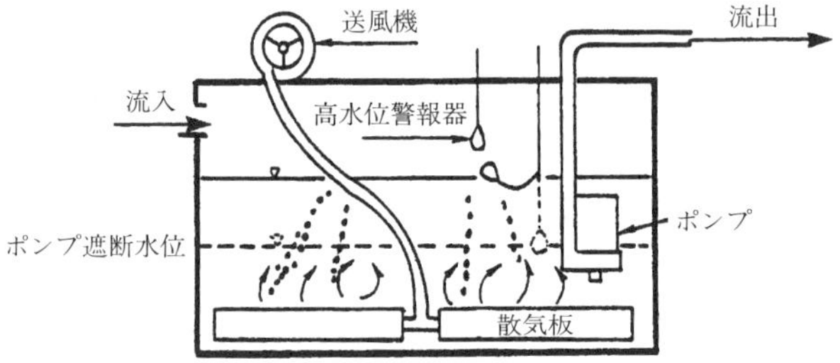

回分式長時間エアレーション

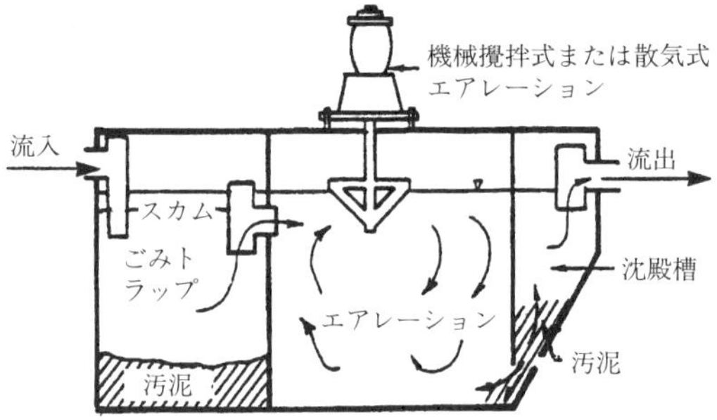

連続式長時間エアレーション

図-9.8　長時間エアレーションによるプレハブ式処理装置の例[16)]

表-9.9　プレハブ式処理装置の性能に影響を与える設計・運転上の因子[18]

1.	水理学的に大きな負荷－特に，過大な能力のポンプの使用により強められる，小規模な集落からの流量の大きな変化
2.	流量およびBOD負荷の大きな変動
3.	暗渠や水路の自己掃流という条件を設計におりこめないほどの遅い流速
4.	長時間エアレーションにおける3：1までの循環率に対応するための汚泥の適切な返送
5.	最終沈殿池からスカム，油を除去するための適切な設備
6.	生成固形物のキャリーオーバーを伴う，最終沈殿池での脱窒
7.	汚泥の不適切な除去や汚泥の扱いや処理に関する不適当な設備
8.	曝気槽のMLSSの適切な制御
9.	適切な消泡制御方法
10.	空気供給率の適切な制御

気法である．中でも，回分法は89%以上という高い窒素除去率で運転することができる．

プレハブ式処理装置の処理性能に影響する設計および運転上の主な要因を，**表-9.9**に示す．プレハブ式処理装置の処理性能は，装置の大きさ，特に沈殿池を従前のように余裕をもって定めることで改善することができる[15]．安定した処理成績を得るための重要なポイントは，定期的に運転状況をチェックし，汚泥をきちんと引抜くことである．

9.4　オンサイト排出方式

処理水の環境へのオンサイトでの排出方式として最も普及しているのは，重力流れの地中浸透トレンチである．この方式は，土壌の深さと透水性が十分得られ，地下水位が低く，地面が割合平らな場合にはうまく機能する．**表-9.1**に示した制約条件を克服するために，様々な浸透方式が開発されてきた．ここで紹介するオンサイトでの排出方式は次のとおりである．

・重力式地中浸透
・加圧式配水方式
・土の交換と追加
・地中浸透と盛土浸透の中間
・盛土浸透
・人工的地下水低下方式
・植物の蒸散作用活用方式

9.4.1　重力式地中浸透

腐敗槽の処理水は，重力により，トレンチあるいはろ床に流れる．トレンチは通常浅く水平に掘られ，深さは0.3～1.5 m，幅は0.3～0.9 mである．

標準的なトレンチの断面を**図-9.9**に示す．トレンチの底部には，150 mmの厚さの礫を敷き，その上に径100 mmの有孔管をトレンチの中央に置く．さらにその上に，礫を詰め，その上に遮断用に建材のシートを被せる．遮断シートの目的は，埋戻し土の中の細かい成分が礫層に入ってこないようにするためである．運転後しばらくは，トレンチの側面と底面が浸透面になっているが，やがて

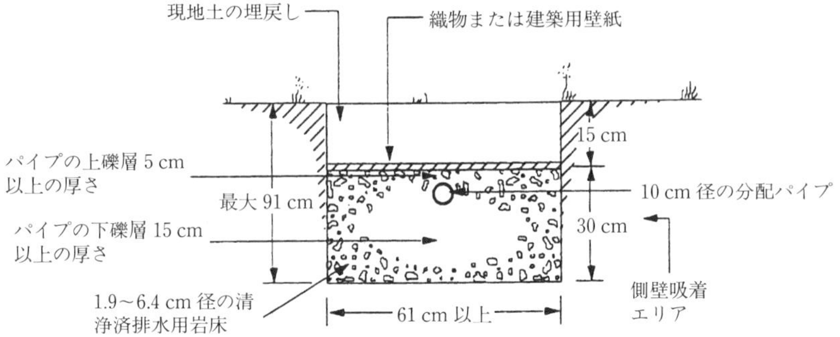

図-9.9　重力式土壌吸着トレンチの断面[10]

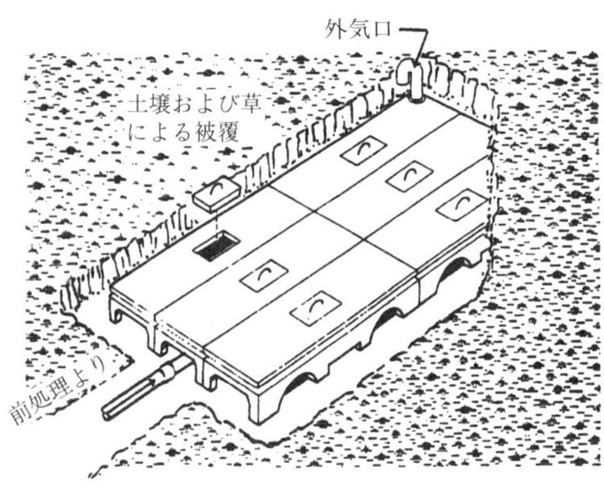

図-9.10　浸透槽の概要[16]

底面が目詰りし，側面が水の通り道となる．

ろ床部は，たんに掘削しただけか，掘削面に 0.9 から 1.8 m の間隔で有孔管を並べたものである．水の通り道は，主に底床面である．底床として土壌浸透面の上層に大きな空隙のある浸透槽をつくることもある．その場合には礫層や遮断シートなどは不要になる．

浸透槽は**図-9.10**に示すように，コンクリート製で，底があいており，有孔管と礫に代って汚水の分配と一時貯留の機能を果す．浸透槽は，連結して，土壌層の上にある大きな空隙のある層とつながっている．汚水は堰や樋などを通して浸透槽へ導かれ，槽の中のあらゆる方向へ流れ，浸透面上に広がる．浸透槽の上部には点検孔が設けられ，必要なときに中を見て作業を行う．浸透槽方式は米国の北東部でよく用いられている．

浸透トレンチおよび浸透槽の設置場所の基準を**表-9.10**に示す．トレンチおよび浸透槽への負荷は，浸透試験の結果と規則の内容，および土の性状に基づいて定めることができる．州の中には，土の性状試験の方が優れているとして，浸透試験を止めてしまったところがある．浸透負荷の設計値として，米国環境保護庁

表-9.10 トレンチと浸透ろ床の一般的な設置場所の基準[18]

項 目	基 準
地形・位置	水平で，水はけの良い地域，斜面の天端，凸状斜面が最適．適切な表面排水がなされなければ，窪地，斜面の底，凹地は避ける．
傾 斜*1	0～25%．25%をこえる傾斜でも可能だが，建設機械の選択が制限される．
水平方向にとるべき間隔の典型*2	
水供給源	15～30 m
表流水，泉	15～30 m
急斜面，人工切通し	3～6 m
敷地境界	1.5～3 m
建築基礎	3～6 m
土 壌	
地 質	砂やローム質の土壌が最適．空隙のある砂礫および浸透性の低い粘土は望ましくない．
構 造	強固な粒状，塊状あるいは柱状の構造が望ましい．層状や構造を呈していない土壌は避けるべきである．
色	明るい均一な色の土は排水が良好で，通気性のよいことを示し，鈍く灰色あるいはまだらの土壌は常時あるいは季節的に飽和することを示しており，適当ではない
層	明確な地質や構造の変化がある層を示す土壌は，水の動きが厳しく制限されないことを確認するために，慎重に評価すべきである．
不飽和の深さ	0.6～1.2 m 厚の不飽和土壌は，排出用地の底面と地下水位が最も高くなる時期の地下水位または基盤との間に存在するはずである．

注）*1 上向き斜面の切通しの深さによって，位置と傾斜は浸透面のためにより制限される．
*2 指針としてのみの使用．安全な距離は地域の規約，地形，土壌の浸透性，地下水の勾配，地質などに基づき，場所によって異なる．
*3 ft×0.3048＝m

(USEPA) が様々な種類の土に対して推奨している値と透水係数を**表-9.11**に示す．

最も安全側の考えでは，目詰りを起した状態で試験した透水係数を用いて浸透負荷を設定するやり方もある．この場合には，トレンチの側面のみを透水面として，放流負荷は 5 $L/m^2 \cdot d$ となる．

もし土壌が粘土分を無視しえないくらい含んでいる場合には，浸透地を 2 つに分け，6ヶ月交代で使用することを勧める．この場合，使用中の浸透地における負荷は 10 $L/m^2 \cdot d$ となる．

表-9.11　トレンチ，浸透ろ床からの排出に関する透水係数および処理量の推奨値[18]

土　質	透水係数 [min/cm]	底面積当りの水量負荷 [L/m²d]*1,2
礫，粗砂	＜0.4	不適切*3
粗～中粒径の砂	0.4～2	48.8
細砂，ローム状砂	2～6	32.6
砂質ローム，ローム	6～12	24.6
ローム，多孔性のシルトローム	12～24	18.1
シルト状粘土質ローム，粘土ローム*4,5	24～47	8.3
粘土，コロイド状粘土	＞47	不適切*6

注）*1 家庭を排水源とする腐敗槽処理水に基づく値．明確に異なる濃度や特性をもつ排水には，安全率を考慮することが望ましい．
*2 側面浸透にも適用の可能性あり．
*3 0.4 min/cm 未満の浸透率の土壌は，0.6 m のローム状砂質土あるいは他の適切な土壌が元の表土の上にあるいは置換されている場合には，腐敗槽処理水の排出に使用することができる．
*4 これらの土壌は，かなりの膨張性の粘土を含んでいなければ使える．
*5 建設中に乱された土．
*6 別の前処理が必要である場合があり，他の処理（ウエットランドまたは蒸発散システム）が要求される可能性がある．

9.4.2　加圧式配水方式

加圧式の配水方式は，重力式と比べて，吸着層に対して均等に給水することができ，不飽和状態を維持しやすく，給水と給水の間の時間を乾燥と通気の状態に保つことが容易となる．加圧しての給水は，サイフォンあるいは低揚程のポンプを用いて行うことができる．

加圧式にすれば，腐敗槽から上り勾配の場所でも吸着層として利用でき，分配の配管が 15～30 cm と浅い場合にも利用できる．腐敗槽処理水をスクリーンに通した水，あるいは砂ろ過床の処理水であれば，0.6～1.2 m 間隔に設けられた 3 mm の孔の管を使うことができる[10]．腐敗槽処理水を直接通す場合は，6 mm の孔が標準的である．

加圧式配水方式の目的は，均等に分配し，配水管の下部を不飽和の状態に維持することであるので，孔の間隔と大きさは均一でなければならない．見掛け密度の高い土では，孔の間隔は 1.2～から 1.8 m に拡げてもよい．どんなタイプの分配方式を用いても目詰りが起きるので，許容浸透能力が 12 L/m²·d 以下の土では加圧式を採用するメリットはほとんどない[10]．

9.4.3 土の交換・追加

土の交換・追加は，吸着層の土壌層厚が薄いとか地下水位が高いという制約を乗りこえるために，他の場所の適当な土を導入するものである．土の選択，交換するタイミングややり方については，十分注意する必要がある．交換方法について守らなければならない項目は次のとおりである．

1. 新しい土を入れる前に，現地の土を掘起して取除いておく
2. 交換は，吸着層の土が乾燥している状態のときに行う
3. 新しい土は，ぎっしり詰りすぎないよう，やはり乾燥している必要がある
4. 上部の 15 cm は，新しい土と元の土をよく混ぜたものを使用する

9.4.4 地中浸透と盛土浸透の中間法

中間システムはウィスコンシン州で開発されたもので，地中浸透と盛土浸透の中間的なシステムである．骨材あるいは礫を(吸着層の)土の上に置き，その上を土で覆う．標準的なシステムでは，現地を耕やしたあと，礫を詰め，礫層の中に配水管を配置し，礫層の上部に合成繊維のシートを敷き，これらの上に 30 cm の土をかぶせている．このシステムは，盛土システムのような 60 cm の砂の層は不要であり，その分コストが安い．

9.4.5 盛 土 浸 透

盛土浸透はいわば底のない間欠砂ろ過床である．盛土の標準的組成は**図-9.11**に示すように，60 cm の砂層，清潔な礫層，分配用の管，遮水シート，覆土であ

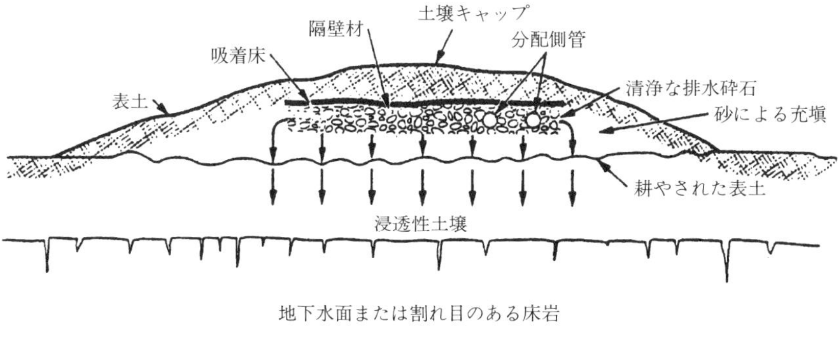

図-9.11 盛土浸透システム[15]

る．加圧式で，1日当り4～6回給水される．

現地の土壌の透水性が良い場合は，盛土浸透は地表勾配が12%程度までは大丈夫であるが，土の透水性が低い場合は，勾配が6%未満のところに限定すべきである．

盛土浸透方式は，最初は1940年代後期に，ノースダコタ農業大学の手で開発された．この方式は，NODAKシステムとして知られており，透水性の低い土，もしくは地下水位の高い地域での活用を目指して設計されてきた[6,18]．

9.4.6　人工地下水位低下方式

吸着層の地下水位が高いところでは，人工的に排水することで地下水位を下げる方法がある．底面排水は，吸着層の周囲から排水するもので，現地が平ら，もしくは勾配が12%以下の場合に用いられる．カーテン型排水は，上り斜面で12%以上の勾配の場合に用いられる[10]．

9.4.7　植物の蒸発散作用活用方式

気候が乾燥しているところでは，蒸発散作用活用方式を用いることができる．腐敗槽処理水は，有孔管を通って，60～70 cm厚の底部にシートを敷いた砂層へと送られる．砂層の表面は，表土で薄く覆われ，そこに植物が植えられる．汚水は，毛管作用を利用して砂層の底部から表面に上昇し，植物の蒸発散作用により，地表まで運ばれる．

蒸発散―吸着併用方式と呼ばれる別の方式では，砂層にシートがない．この方式は，地中浸透が許容される場合に用いることができる．観測用の井戸を設けて，砂層内の水位をモニターする．蒸発散作用活用方式および蒸発散―吸着併用方式のどちらの方式も，設計には水量負荷を用いる．蒸発散作用活用方式の水量負荷は，10年以上にわたる純蒸発散率 ($L/m^2 \cdot d$) のデータから求めた月間平均の最小値を用いる．蒸発散－吸着併用方式では，この値に透水係数の月間平均の最小値を加えた値を用いる．

9.5　オンサイト処理の管理

オンサイト処理は，その大半が運転管理面でほとんど手間のかからないものであり，実際のところ，ほとんど手間がかけられてこなかった．このシステムの失敗の主な原因は，持主が運転管理をまったく無視することにある．運転管理は，戸別の委託契約によったり，あるいは家屋所有者協会や，オンサイト汚水処理運営区に依頼してもよい．オンサイト汚水処理運営区は，オンサイトシステムの適正な管理を提供するための組織であるならば，しかるべき基本的な役割を果さなければならない．またこうした役割は，州や地方自治体の保健環境部局と連携をとって実行される．運営区がうまく機能するためには，次の基本的役割を果す必要がある．

1.　規則　　場所の評価，設計，設置工事，運転に関する規則を定める．必要があれば適宜これらの規則を見直す．
2.　システムおよび計画の確認　　提案されたシステムが規則に合致しているか確認する．通常，設置場所の評価報告には，評価者の土地図面，その場所の開発計画，その場所の土および地下水の状況を記述したものなどが含まれる．
3.　日常の監視　　オンサイト処理の運転条件を決めるためには，稼働しているシステムを日常的に監視する必要がある．監視結果はシステムの修繕，修理，破棄の判断に生かされる．監視の頻度は，システムの複雑さと運営区により異なっている．
4.　記録の保管　　運営区は記録を保管する必要があり，運営区の維持のために料金を徴収する．1つのシステムの記録には，システムの種類，構成要素の記述，運転の経緯，規則に対する適合状況，システムの運転に関連する情報が含まれる．
5.　強制執行　　運営区の規則および命令は，法的に強制力を有している．例えば，システムが設置場所の評価や設計，設置工事の規則に適合しない場合は，許可を出さないだけで十分である．また家屋所有者が運転許可の取得やシステムの欠陥部分の改善を拒否する場合には，運営区は水道の供給の停止，財産の先取特権の設定，あるいは信用証書の破棄などを行うことができる．

オンサイト汚水処理運営区の例を**表-9.12**に示す．表の運営区は，設置場所の評価，検査，修繕修理の指示，システムの機能の監視，水質の測定，啓発活動など様々なサービスを提供している．また家屋所有者に対して，設計，運転管理，

表-9.12　オンサイト汚水処理運営区の例[18]

オンサイト汚水処理運営区	設置年	基数	検査頻度
Georgetown, CA*1	1970	700	一般的なシステム：9月 複雑なシステム：年4回
Paradise, CA*2	1992	12 000	3～7年
San Lorenzo, CA*3	1985	12 000	ローテーション
Sea Ranch, CA*4	1990	867	一般的なシステム：3年 新しいシステム：1年
Stinson Beach, CA*5	1978	635	年2回

注）*1 Georgetown 公共用地域，Auburn Lake Trails, El Dorado 郡
*2 Paradise オンサイト汚水処理運営区の町，Butte 郡
*3 San Lorenzo Valley，環境保健部，Santa Cruz 郡
*4 Sea Ranch オンサイト汚水処理運営区，Sonoma 郡
*5 Stinson Beach オンサイト汚水処理運営区，Marin 郡

融資の斡旋などを行う区もある．Stinson Beach 運営区は，州による新たな法律制定の途を開き，システムの修繕に対して融資を行う計画を進めている．

参考文献

1. Bounds, T. R.: *Determining Septic Tank Septage Pumping Intervals,* Orenco Systems, Inc., Roseburg, OR, 1992.
2. Diachishin, A. N.: Performance Enhancing Modifications of Imhoff Tank/Slow Sand Filter for a Small Community in Ulster County, New York, in *Proceedings of the 6th National Symposium on Individual and Small Community Sewage Systems,* Chicago, American Society of Agricultural Engineers (ASAE), Dec. 16–17, 1991, p. 17.
3. Furman, T. S., W. T. Calaway, and G. R. Gratham: Intermittent Sand Filters—Multiple Loadings, *Sewage Ind. Wastes,* 27(3):261–276, 1955.
4. Grantham, G. R., D. L. Emerson, and A. K. Henry: Intermittent Sand Filter Studies, *Sewage Works J.,* 21(6):1002–1015, 1949.
5. Hines, M. J., and R. F. Favreau: Recirculating Sand Filter: An Alternative to Traditional Sewage Absorption System, in *Proceedings National Home Sewage Disposal Symposium,* Chicago, 1974, pp. 130–136.
6. Ingham, A. T.: *Guidelines for Mound Systems,* California State Water Resources Control Board, Sacramento, Jan. 1980.
7. Loudon, T. L., D. B Thompson, and L. E. Reese: Cold Climate Performance of Recirculating Sand Filters, in *Proceedings of the 4th National Symposium on Individual and Small Community Sewage Systems,* New Orleans, American Society of Agricultural Engineers (ASAE), Dec. 10–11, 1984, pp. 333–341.
8. Mancl, K. M., and J. A. Peeples: One Hundred Years Later: Reviewing the Work of the Massachusetts State Board of Health on the Intermittent Sand Filtration of Wastewater from Small Communities, in *Proceedings of the 6th National Symposium on Individual and Small Community Sewage Systems,* Chicago,

American Society of Agricultural Engineers (ASAE), Dec. 16–17, 1991, p. 155.
9. Nolte & Associates: *Literature Review of Recirculating and Intermittent Sand Filters—Operation and Performance, Town of Paradise,* Prepared for the California Regional Water Quality Control Board, Sacramento, June 1992.
10. Nolte & Associates: *Manual for the Onsite Treatment of Wastewater, Town of Paradise, CA,* Nolte & Associates, Sacramento, CA, July 1992.
11. Nor, M. A.: Performance of Intermittent Sand Filters: Effects of Hydraulic Loading Rate, Dosing Frequency, Media Effective Size, and Uniformity Coefficient, Thesis, Department of Civil Engineering, University of California, Davis, 1991.
12. Piluk, R. J., and O. J. Hao: Evaluation of Onsite Waste Disposal System for Nitrogen Reduction, *J. Environ. Eng. Div. ASCE,* 115(4):725–740, 1989.
13. Ronayne, M. A., R. C. Paeth, and S. A. Wilson: Oregon Onsite Experimental Systems Program, Oregon Department of Environmental Quality, EPA/600/14, U.S. Environmental Protection Agency, Cincinnati, OH, 1984.
14. Sandy, A. T., W. A. Sack, and S. P. Dix: Enhanced Nitrogen Removal Using a Modified Recirculating Sand Filter (RSF) in *Proceedings of the 5th National Symposium on Individual and Small Community Sewage Systems,* Chicago, American Society of Agricultural Engineers (ASAE), Dec. 14–15, 1987, pp. 161–170.
15. Tchobanoglous, G., and F. L. Burton, Metcalf & Eddy, Inc.: *Wastewater Engineering: Treatment, Disposal, and Reuse,* 3d ed., McGraw-Hill, New York, 1991.
16. U.S. Environmental Protection Agency: *Onsite Wastewater Treatment and Disposal Systems—Design Manual.* Municipal Environmental Research Laboratory, Cincinnati, OH, Oct. 1980.
17. University of Wisconsin, Madison: *Management of Small Waste Flows, Small Scale Waste Management Project,* U.S. Environmental Protection Agency Report EPA-600/2-78-173, 1978.
18. Water Pollution Control Federation: *Natural Systems for Wastewater Treatment,* Manual of Practice FD-16, Water Pollution Control Federation, Alexandria, VA, 1990.
19. Whitmyer, R. W., et al.: Overview of Individual Onsite Nitrogen Removal Systems, in *Proceedings of the 6th National Symposium on Individual and Small Community Sewage Systems,* Chicago, American Society of Agricultural Engineers (ASAE), Dec. 16–17, 1991, p. 143.
20. Winkler, E. S., and P. L. M. Veneman: A Denitrification System for Septic Tank Effluent Using Sphagnum Peat Moss, in *Proceedings of the 6th National Symposium on Individual and Small Community Sewage Systems,* Chicago, American Society of Agricultural Engineers (ASAE), Dec. 16–17, 1991, p. 155.
21. Winneberger, J. H. T.: Correlation of Three Techniques for Determining Soil Permeability, *Environ. Health,* 37:108–118, 1974.
22. Winneberger, J. H. T.: *Septic Tank Systems: A Consultant's Toolkit,* Butterworth, Boston, 1984.

付　　　　　　表

付表-A. 1 メートル単位（SI 単位）から米国使用単位への変換率

換算する SI 単位		換算係数	目的の米国使用単位	
単　位	記　号		記　号	単　位
Area				
hectare (10,000 m^2)	ha	2.4711	ac	acre
square centimeter	cm^2	0.1550	in^2	square inch
square kilometer	km^2	0.3861	mi^2	square mile
square kilometer	km^2	247.1054	ac	acre
square meter	m^2	10.7639	ft^2	square foot
square meter	m^2	1.1960	yd^2	square yard
Energy				
Kilojoule	kJ	0.9478	Btu	British thermal unit
joule	J	2.7778×10^{-7}	kWh	kilowatt-hour
megajoule	MJ	0.3725	hp · h	horsepower-hour
conductance, thermal	$W/m^2 \cdot °C$	0.1761	$Btu/h \cdot ft^2 \cdot °F$	conductance
conductivity, thermal	$W/m \cdot °C$	0.5778	$Btu/h \cdot ft \cdot °F$	conductivity
heat transfer coefficient	$W/m^2 \cdot °C$	0.1761	$Btu/h \cdot ft^2 \cdot °F$	heat transfer coefficient
latent heat of water	344,944 J/kg	—	144 Btu/lb	latent heat of water
specific heat, water	4215 J/kg · °C	—	1.007 Btu/lb · °F	specific heat of water
Flow rate				
cubic meters per day	m^3/d	264.1720	gal/d	gallons per day
cubic meters per day	m^3/d	2.6417×10^{-4}	MGD	million gallons per day
cubic meters per second	m^3/s	35.3157	ft^3/s	cubic feet per second
cubic meters per second	m^3/s	22.8245	MGD	million gallons per day
cubic meters per second	m^3/s	15.8503	gal/min	gallons per minute
liters per second	L/s	22.8245	gal/d	gallons per day
Length				
centimeter	cm	0.3937	in	inch
kilometer	km	0.6214	mi	mile
meter	m	39.3701	in	inch
meter	m	3.2808	ft	foot
meter	m	1.0936	yd	yard
millimeter	mm	0.03937	in	inch

Mass				
gram	g	0.0353	oz	ounce
gram	g	0.0022	lb	pound
kilogram	kg	2.2046	lb	pound
megagram (10^3 kg) (metric ton)	Mg (mt)	1.1023	ton (t)	ton (short: 2000 lb)
megagram	Mg	0.9842	ton	ton (long: 2240 lb)
Power				
kilowatt	kW	0.9478	Btu/s	British thermal units per second
kilowatt	kW	1.3410	hp	horsepower
Pressure				
pascal	Pa(N/m^2)	1.4505×10^{-4}	lb/in^2	pounds per square inch
Temperature				
degree Celsius	°C	1.8(°C) + 32	°F	degree Fahrenheit
kelvin	K	1.8(K) − 459.67	°F	degree Fahrenheit
Velocity				
kilometers per second	km/s	2.2369	mi/h	miles per hour
meters per second	m/s	3.2808	ft/s	feet per second
Volume				
cubic centimeter	cm^3	0.0610	in^3	cubic inch
cubic meter	m^3	35.3147	ft^3	cubic foot
cubic meter	m^3	1.3079	yd^3	cubic yard
cubic meter	m^3	264.1720	gal	gallon
cubic meter	m^3	8.1071×10^{-4}	ac-ft	acre foot
liter	L	0.2642	gal	gallon
liter	L	0.0353	ft^3	cubic foot
liter	L	33.8150	oz	ounce (U.S. fluid)
megaliter (L × 10^6)	ML	0.2642	MG	million gallons

付表-A. 2 主要設計要素の変換率

換算するSI単位		換算係数	一般的な米国使用単位	
単位	記号		記号	単位
cubic meters per second	m^3/s	22.727	mgd	million gallons per day
cubic meters per day	m^3/d	264.1720	gal/d	gallons per day
kilogram per hectare	kg/ha	0.8922	lb/ac	pounds per acre
metric ton per hectare	Mg/ha	0.4461	ton/ac	tons (short) per acre
cubic meter per hectare per day	$m^3/ha \cdot d$	106.9064	$gal/ac \cdot d$	gallons per acre per day
kilograms per square meter per day	$kg/m^2 \cdot d$	0.2048	$lb/ft^2 \cdot d$	pounds per square foot per day
cubic meter (solids) per 10^3 cubic meters (liquid)	$m^3/10^3\ m^3$	133.681	ft^3/MG	cubic feet per million gallons
cubic meters (liquid) per square meter (area)	m^3/m^2	24.5424	gal/ft^2	gallons per square foot
grams (solids) per cubic meter (liquid)	g/m^3	8.3454	lb/MG	pounds per million gallons
cubic meters (air) per cubic meter (liquid) per minute	$m^3/m^3 \cdot min$	1000.0	$ft^3/10^3 \cdot min$	cubic feet of air per minute per 1000 ft^3
kilowatts per 10^3 cubic meter (tank volume)	$kW/10^3\ m^3$	0.0380	$hp/10^3\ ft^3$	horsepower per 1000 ft^3
kilograms per cubic meter	kg/m^3	62.4280	$lb/10^3\ ft^3$	pounds per 1000 ft^3
cubic meter per capita	$m^3/capita$	35.3147	$ft^3/capita$	cubic feet per capita
bushels per hectare	bu/ha	0.4047	bu/ac	bushels per acre

付表-A. 3　水の物理的性質

温　度 [°C]	密　度 [kg/m³]	分子粘性係数 [$\times 10^3$ N·s/m²]	動粘性係数 (ν) [$\times 10^6$ m²/s]
0	999.8	1.781	1.785
5	1000.0	1.518	1.519
10	999.7	1.307	1.306
15	999.1	1.139	1.139
20	998.2	1.002	1.003
25	997.0	0.890	0.893
30	995.7	0.798	0.800
40	992.2	0.653	0.658
50	988.0	0.547	0.553
60	983.2	0.466	0.474
70	977.8	0.404	0.413
80	971.8	0.354	0.364
90	965.3	0.315	0.326
100	958.4	0.282	0.294

付表-A. 4　清水中の酸素溶解度*

温　度［°C］	酸素溶解度［mg/L］
0	14.62
1	14.23
2	13.84
3	13.48
4	13.13
5	12.80
6	12.48
7	12.17
8	11.87
9	11.59
10	11.33
11	11.08
12	10.83
13	10.60
14	10.37
15	10.15
16	9.95
17	9.74
18	9.54
19	9.35
20	9.17
21	8.99
22	8.83
23	8.68
24	8.53
25	8.38
26	8.22
27	8.07
28	7.92
29	7.77
30	7.63

注）* 気圧 1 013 hPa，酸素濃度 20.90 % の乾燥大気下での飽和溶存酸素濃度

索　引

自然システムを利用した水質浄化
—土壌・植生・池などの活用—
定価はカバーに表示してあります

2001年8月10日　1版1刷発行
ISBN 4-7655-3176-7 C3051

企　画　(財)ダム水源地環境整備センター
監訳者代　表　石崎勝義・楠田哲也
発行者　長　祥隆
発行所　技報堂出版株式会社
〒102-0075　東京都千代田区三番町8-7
(第25興和ビル)
電　話　営業　(03)(5215)3165
編集　(03)(5215)3161
FAX　(03)(5215)3233
振替口座　00140-4-10

日本書籍出版協会会員
自然科学書協会会員
工学書協会会員
土木・建築書協会会員

Printed in Japan

落丁・乱丁はお取替えいたします.　装幀 海保透　印刷 エイトシステム　製本 鈴木製本